农药使用技术与残留危害风险评估

第二版

李倩　滕葳　柳琪　编著

NONGYAO SHIYONG JISHU
YU CANLIU WEIHAI FENGXIAN PINGGU

化学工业出版社

·北京·

内容简介

本书详细介绍了农药的重要性及农药残留对农产品的危害、农药使用的靶标与靶区、农药的有效使用与使用效果的测定方法、农药使用技术、农药在环境中的残留和降解、农药对生态环境的污染、农药对农作物的污染与危害、农药使用的安全评价方法、农产品中农药残留危害风险评估等内容。在第一版的基础上，增加了食品、农产品单一农药残留的长期膳食摄入和慢性风险评估、短期膳食摄入和急性风险评估方法，食品、农产品中多农药的残留急性、慢性膳食摄入风险评估和最大残留限量估计值计算方法，以及农药残留的食品安全指数法和风险系数法风险评估方法，农药残留联合暴露风险评估方法及农药污染控制对策和措施。

本书可供从事农产品安全生产、管理和监测，食品安全研究与管理，农药研发、使用与管理，食品、农产品农药残留风险评估人员阅读，也可供高等院校农药、植保、农学、园艺、果树、食品安全等相关专业师生参考。

图书在版编目（CIP）数据

农药使用技术与残留危害风险评估/李倩，滕葳，柳琪编著. —2 版. —北京：化学工业出版社，2023.2
ISBN 978-7-122-42405-1

Ⅰ.①农… Ⅱ.①李… ②滕… ③柳… Ⅲ.①农药施用②农药残留 Ⅳ.①S48

中国版本图书馆 CIP 数据核字（2022）第 194416 号

责任编辑：刘　军　孙高洁　　　　　　　文字编辑：李娇娇
责任校对：王鹏飞　　　　　　　　　　　装帧设计：王晓宇

出版发行：化学工业出版社（北京市东城区青年湖南街 13 号　邮政编码 100011）
印　　装：三河市延风印装有限公司
710mm×1000mm　1/16　印张 20　字数 382 千字　2023 年 4 月北京第 2 版第 1 次印刷

购书咨询：010-64518888　　　　　　　　售后服务：010-64518899
网　　址：http://www.cip.com.cn
凡购买本书，如有缺损质量问题，本社销售中心负责调换。

定　　价：98.00 元　　　　　　　　　　　　　　　　版权所有　违者必究

前言

　　人类社会生存发展离不开农药，农药的历史是人类与农作物病虫草害长期斗争的历史。农药的使用在有利于生产的同时，也存在使农产品产生农药残留危害的风险，本书力求既客观地反映农药在农业生产中的巨大作用，又不忽视农药作为毒物的负面影响；既肯定我国在农药生产和使用过程中所取得的巨大成绩，又不否认当前在农药使用过程中存在的不足和对环境产生的压力；既看到禁用长残留农药后我国在防治农药污染中所取得的进展，又不回避当前所存在的问题；既重视病虫草害的综合防治，又强调提高化学防治的技术水平，更好地发挥化学农药应有的作用；在充分发挥化学农药作用的同时，科学合理地使用农药。

　　同时，要重视农产品农药残留危害的安全风险评估。农产品农药残留危害的安全风险评估是指对农产品农药残留危害对人体健康可能造成的不良影响所进行的科学评估，包括危害识别、危害特征描述、暴露评估、风险特征描述等。侧重的是农产品膳食的无毒、无害和符合人体健康应当有的营养要求，重点是对农产品消费是否对人体健康造成急性、亚急性或者慢性危害进行评估，关注的对象是人体健康。

　　本书是在第一版的基础上，根据近年来国内外农药残留危害的研究成果和农药残留危害风险评估方法研究发展趋势，对部分内容和文字进行了修订和内容删减，增加了目前常用的多种农药残留风险评估的方法。

　　本书通过介绍农药对农业生产的重要性、农药施用的靶标与靶区选择、农药的有效使用与使用效果的检查、农药在环境中的残留和降解、农药对生态环境的污染、农药对农作物的污染、农药使用的安全评价方法、农药残留危害风险评估、农药污染控制对策和措施等，希望使读者掌握农药使用知识，以提高读者的农药安全使用意识，并初步了解和掌握农药在环境和农产品生长中的代谢、降解、残留过程，科学使用农药的方法，农药残留量的预测评价和农产品中农药残留危害风险评估的方法。

本书可供从事农产品安全生产、管理和监测，食品安全研究与管理，农药研发、使用与管理，食品、农产品农药残留风险评估人员阅读，也可供高等院校农药、植保、农学、园艺、果树、食品安全等相关专业师生参考。

由于作者水平有限，书中疏漏和不妥之处在所难免，恳请广大读者批评指正。

编著者

2022 年 6 月

第一版前言

化学农药的产生、发展和使用为解决人类温饱、增强社会稳定、促进人类健康作出了重要的贡献。可以说，今天人类社会生存发展离不开农药，农药的历史是人类与农作物病虫草害长期斗争的历史。随着社会的不断进步和农业现代化、集约化程度的不断提高，人类社会对农药的需求量也在不断提高，在今后相当长的时间内，农药在提高单位面积产量中的作用仍是不可代替的。

本书在参考我国当前相关研究成果的基础上，结合作者多年的工作研究以及总结 2007 年度获得山东省科技进步三等奖的"蔬菜质量安全影响因素的风险评估"部分材料，既客观地反映农药在农业生产中的巨大作用，又不忽视农药作为毒物的负面影响；既肯定我国在农药生产和使用过程中所取得的巨大成绩，又不否认当前农药使用过程中存在的不足和对环境产生的压力；既看到禁用长残留农药后我国在防治农药污染中所取得的进展，又不回避当前所存在的一些严重问题；既重视病虫草害的综合防治，又强调提高化学防治的技术水平，更好地发挥化学农药应有的作用；在充分发挥化学农药作用的同时，科学合理地使用农药。

本书通过农药对农业生产的重要性，农药施用的靶标与靶区选择，农药的有效使用与使用效果的检查，农药在环境中的残留和降解，农药对生态环境的污染，农药对农作物的污染，农药使用的安全评价方法，农药残留危害物风险评估，农药污染控制对策和措施的介绍，希望使读者掌握农药使用知识，以提高读者的农药安全使用意识，并初步了解和掌握农药在环境和农产品生长中的代谢、降解、残留的过程及如何科学使用农药的方法，并且结合实例介绍了农产品中农药残留量的预测评价和食品、农产品中农药残留危害风险评估的程序方法。本书可供从事农产品安全生产、管理和监测，食品安全研究与管理，农药研发与管理等工作的人员阅读，也可供高等院校农药、植保、食品安全等相关专业师生参考。

由于作者水平有限，书中不妥之处恳请广大读者批评指正。

编著者

2008 年 5 月

目录

第3章
农药的有效使用与使用效果的测定方法　　　028

第 4 章

农药使用技术 051

第 7 章
农药对农作物的污染与危害　158

第9章
农产品中农药残留危害风险评估   234

第 10 章
农药污染控制对策和措施　　　　　　　　292

第 1 章

农药的重要性及农药残留对农产品的危害

　　中华人民共和国成立以来，我国农业生产量大幅度增长，时至今日，农产品的生产数量已可以满足我国人民的基本消费需要。促进农业增产的因素很多，其中一个重要的因素是广泛采用化学农药有效防治各类病、虫、草害对农业生产的危害。在全国病、虫、草害防治中，化学防治面积占到全部防治面积的 90% 以上。

　　全世界的农药生产使用发展至今，尚无其他更为有效的方法能够完全取代化学农药来防治多达数千种的农业病、虫、草害，尤其是暴发性病虫害。只有化学防治法能够快速控制农业生物性灾害的发生和蔓延成灾。快速防治是化学防治法的重要特点之一，是任何其他防治方法所不具备的。这也是世界各国政府至今一直把农药作为重要的生产资料进行研究、生产和使用的原因。病虫灾害的重要特征是蔓延迅速，而且许多病虫在开始入侵危害时，就已对农作物造成了经济损失，特别是食叶类蔬菜和水果，一旦发病或遭受虫害，其食用价值和商品价值受到的损失就已无法挽回。目前，我国农业生产上仍然面临着一些重大病虫害的威胁，如水稻螟虫、稻飞虱、棉花蚜虫、棉铃虫、小麦锈病、小麦蚜虫、地下害虫、飞蝗、黏虫及禾谷类作物的种传病害等，这些病虫害在中华人民共和国成立后，都曾多次暴发成灾。有些病虫害几乎年年有灾情，严重地威胁我国农业生产，至今仍然是粮棉生产上的严重威胁。这些年来先后入侵我国的稻水象甲、美国白蛾、马铃薯甲虫、美洲斑潜蝇等害虫，由于缺乏针对性的农药防治举措，已发展成为区域性的或扩散性的危害，给我国的农业生产造成了较大的损失。

　　当前世界农业生产面临的主要问题是：农业生产的发展水平如何满足世界人口增长和物质消费水平提高的需要。我国人口众多，土地资源有限，改革开放 40 多年来，人民的消费水平和消费者对食品质量的安全意识逐年提高，于是提高我国农产品的数量和安全质量，已经成为我国农业生产面临的紧迫任务。汉逊在对美国一项连续15年的典型"有机农业"试验结果评价中指出，在大西洋中部罗得拉研究所进行的这种试验，其谷物产量水平比主流农业的产量水平低21%，而所消耗的劳动力则增加了42%。如果为了不使用化肥农药，而想通过这样的低产型有机农业来满足世界人口快速增长对农产品的需求，则必须再开垦出1.47亿公顷以上的耕地才能实现，其结果将严重破坏地球生态环境，恰恰与可持续发展策略背道而驰。所以，现在提出不使用化学农药是不切实际的。

我国是一个农业生物灾害多发、频发的国家。近年来，病虫草鼠害年均发生面积约73亿亩（1亩=666.7m²）次，防治面积达到80多亿亩次。根据农业农村部全国农业技术推广服务中心对主要农作物有害生物种类与发生危害特点的研究，确认我国有害生物种类数量一共有3238种，其中病害599种，害虫1929种，杂草644种，害鼠66种，近些年来病虫的发作范围虽然在增加，但农药作为保障我国粮食、蔬菜水果产量稳定的重要技术条件之一，发挥着极为重要的保障作用。农药的合理使用，给我国每年挽救了5000万吨以上的粮食、600万吨的水果、1500万吨的蔬菜，避免了1000亿元以上的损失，使1元的农药、种子等成本可以获得10~20元的农业收入。但应该看到，我国农作物农药单位面积使用量远高于世界平均水平。中国农作物农药使用量为10.3kg/hm²，日本农作物农药使用量为3.72kg/hm²，法国农作物农药使用量为3.69kg/hm²。2019年我国水稻、玉米、小麦三大粮食作物农药利用率为39.8%，三大粮食作物病虫害统防统治覆盖率达到40.1%。据测算，农药利用率提高1.6个百分点，农民减少生产投入约8亿元，同时也利于减少农药残留，保障农产品质量安全，保护土壤和水体环境。

农药是重要的农业生产资料，对防治有害生物，应对暴发性病虫草鼠害，保障农业增产以及粮食和食品安全起着非常重要的作用。所以，农药的使用是必须的。对农药在农业生产中使用情况的研究表明，农药在喷洒过程中的初步分布为：沉积分布在靶标（作物）上，此部分视为有效量，其占农药喷洒总量的比例称为农药利用率；随气流飘失到空气中，以细小雾滴为主，一般占20%左右；未命中靶标而流失或因雾滴累积而从靶标（作物）上滚落到地面，占40%左右。农药的使用手段效率是比较低的。国外的研究表明，从一般施药机械喷洒出去的农药只有：25%~50%能沉积在作物叶片上，不足1%的农药能沉积在靶标害虫上，只有不足0.03%的农药能起到杀虫作用。所以化学农药虽然是高效的，但使用手段却是低效的。我国农药利用率与发达国家相比，还有很大差距。目前，欧美发达国家小麦、玉米等粮食作物的农药利用率在五成到六成，比我国高出10~20个百分点。

目前，吃饭问题始终是世界上许多国家面临的巨大难题。尤其是2020年以来，受全球新型冠状病毒疫情持续蔓延，以及部分地区洪灾和旱灾极端天气、沙漠蝗虫和草地贪夜蛾等因素的影响，国际粮食市场动荡不稳、贸易限制措施频出，全球粮食安全风险进一步上升，世界多国的粮食安全正面临着巨大的危险隐患。《2022 年世界粮食安全和营养状况：调整粮食和农业政策，提升健康膳食可负担性》概要指出，自 2015 年以来，食物不足发生率保持相对不变；但从 2019 年到 2020 年，食物不足发生率从 8.0%上升到 9.3%，2021 年达到 9.8%的水平。2021 年，共有 7.02 亿到 8.28 亿人陷入饥饿。自从新型冠状病毒疫情暴发以来，这一数字已增加约 1.5 亿人，其中 2019～2020 年间增加 1.03 亿人，2021 年增加 4600 万人。预计到 2030 年，仍将有近 6.7 亿人面临饥饿，占世界人口的 8%，2022 年上半年，这导致粮食价格进一步上涨。与此同时，越来越频繁和严重的极端气候事件正在对供应链造成冲击，低收入国家在这方面首当其冲。"五谷者，民之司命也""粟也者，民之所归也"。自古至今，食为政首，粮食安全不仅事关国家稳定，更事关国计民生和经济发展，解决吃饭安全问题是国际社会和各国政府肩负的共同职责。目前我国的粮食总产量已经达到了世界第一，粮食已经连续保持了 18 年丰产，最近 6 年一直稳定在 6500 亿千克以上，人均粮食占有量达到 474 千克，世界人均粮食占有量为 390 千克，国际通常认为 400 千克是粮食供给标准的安全线。如不使用农药，因受病、虫、草害的影响，人均粮食占有量会在现有基础上降低 1/3 以上。这会给不同国家带来不同的后果，对人均粮食占有量高的国家，只要采取适当措施，可承受这种压力，如丹麦已决定于 1998 年 8 月起全面禁止化学农药的使用；而对于粮食相对短缺的国家，若同样采取这一措施，后果则不堪设想。但减少或合理使用农药，避免农药对生态环境的危害，则是各国共同努力的方向。要确保农业病、虫、草害不对农业生产造成重大损害，使农业生产能够持续保持强劲的增长势头，化学农药防治法是世界农业生产必不可少的手段。自 1960 年以来，在未增加耕地面积的情况下，世界农业粮食产量提高了 4 倍以上，因此得以养活增加的世界人口，这主要是农作物新品种的推广、化肥和农药的使用所做出的贡献。联合国粮农组织农业技术部的研究报告中指出，在可以预见的将来，合成农药仍将保持其在世界有害生物防治中的重要地位。

1.1　农药在我国使用情况

目前，我国已经成为世界第一大农药生产国，2020 年度共登记了 850 个产品（其中大田用农药 797 个、卫生用农药 53 个），仅为近几年正式登记数量平均值的 34%。这主要与《农药管理条例》及配套规章提高了农药企业准入和登记门槛有关，企业需要政策过渡期适应，一些企业受环保、安全生产等政策限制进行兼并、重组或转行也影响了农药登记数量，但从推进农药减量增效和提升农药利用率的总体要求看是有利的。对于农药毒性级别，近年登记的农药产品结构在悄然改变，每年微毒/低毒农药登记数量占当年农药登记总量的比例在稳步上升，从 2013 年的 78.3%上升到 2020 年的 84.8%，年均增长率为 1.1%，每年的中毒、高毒和剧毒农药登记数量占当年农药登记总量的比例相应在逐渐下降。每年微毒/低毒农药新增登记数量占本年度新增登记数量的比例持续 8 年保持在 90% 及以上（年平均值为 93.6%）。8 年来每年在新农药登记中，微毒/低毒农药数量占本年度新农药登记数量比例的年均值为 97%，包括 2020 年已有 4 年达到了 100%。

近年来，我国登记农药环保型剂型的数量在快速上升，剂型优化趋势明显，降低了对人畜和环境的影响。从登记各主要剂型产品数量看，虽然乳油登记数量一直最多，但它占当年产品登记总量的比例却一直呈下滑态势，仅在 2020 年有所上升，与 2019 年相比增加了 26.2%，说明乳油产品的生产许可和登记在适度把关；同样可湿性粉剂比例也在逐年下降，但 2020 年也有所上升，与 2019 年相比增加了 24.7%；而悬浮剂、水分散粒剂和可分散油悬浮剂的比例在持续上升，年均增长率分别为 9.1%、6.7% 和 17.0%。每年登记的新农药中环境友好剂型的种类在增多。从农药的用途类别看，虽然每年杀虫剂登记数量一直处在领先地位，但它占当年农药登记总量的比例在持续下降，而除草剂和杀菌剂的比例在缓慢上升，此情况与发达国家基本类似。

从中国农药需求情况看，2004～2014 年使用情况处于增长阶段，2014 年使用量达到高峰值，使用商品量为 180.77 万吨（折百原药为 59.65 万吨）。2015 年农业部门提出农药使用零增长行动，之后我国农药需求稳中有降，2019 年我国农药使用商品量为 145.6 万吨（折百原药为 48 万吨）。按照农药品种和作物划分，我国农药大类品种以杀虫剂为主导，市场占比为 40%，除草剂为 36.45%，杀菌剂为 22.13%，其他约占 1.4%。作物市场以水稻和果蔬为主导，分别占 32.62% 和 15.75%，麦类和玉米也在 10% 以上。在农作物种植总面积相对稳定情况下，2015 年以来，我国持续贯彻农药零增长行动，农药利用率出现拐点向上态势，2019 年我国水稻、玉米、小麦三大粮食作物农药利用率达到 39.8%，比 2017 年提高 1%，2020 年农药使用量零增长趋势不变。

从省级行政区使用情况看，目前我国农药使用商品量超过 10 万吨的地区为山东、河南、湖北、湖南以及广东等，这些区域农药使用基数高，这和农业禀赋好、经作比例高、复种指数高等因素有关。但随着我国高效农药使用比例提高、统防统治的实行、精准施药等各种方法的叠加，农药使用基数大的地区使用量将会逐年下降。

1.2 农药对农业的作用

农药是指用于防治、消灭或者控制危害农业、林业的病、虫、草和其他有害生物以及有目的地调节植物、昆虫生长的化学合成的或者来源于生物、其他天然物质的一种物质或者几种物质的混合物及其制剂。在过去的一百多年中，农药和化学防治法为世界农业生产做出了重大贡献，农药是保证农作物取得高产的重要农业生产资料。据调查统计，全世界危害农作物的害虫有 10000 多种，病原菌 8000 多种，线虫 1500 多种，杂草也有 2000 多种。我国耕地受草害每年作物产量损失超过 10%，仅粮食损失近 70 亿千克。农业生产上如果离开了农药的使用是不可想象的。以农药残留危害问题突出的蔬菜为例，我国蔬菜栽培面积达到 3 亿多亩，年产量超过 7 亿吨，人均占有量 500 多千克，均居世界第一位。全球蔬菜产量中国占比超过 50%。2018 年全国共有 6665 个蔬菜种类登记在案。发生于我国蔬菜上的各种主要病害 450 多种，虫害 260 多种，草害 200 多种。因此，可以说，凡是有农作物生长的地方，就会有病、虫、草害伴随发生。农作物病、虫、草害不仅严重影响农作物的产量，而且还严重影响农产品的质量，有时甚至造成农业生产绝收。

我国作为世界人口大国，要用占世界 7% 的耕地，供养占世界 24% 的人口。提高产量、保证数量安全，是我国农业生产长期面临的主要任务。因此，农药在我国国民经济中的重要性尤为明显。

1.2.1　农药使用水平与农业产量之间的关系

农药对农作物的稳产、高产做出了巨大贡献，据统计，农药的使用可以挽回 30% 左右的农作物产量损失。我国农业科研单位研究表明，如果不用农药，我国粮食作物的产量将会减少 35%～40%，而瓜果的产量将会减少 40%～60%，第二年可能会导致绝收现象发生。农业农村部全国农业技术推广服务中心对水稻病虫害损失进行了评估，在西南稻区、江南稻区、华南稻区、长江中下游稻区及东北稻区五大稻区进行了完全不防治、农民习惯防治、科学综合防治、防虫不防病、防病不防虫、不防稻飞虱、不防稻瘟病这 7 种情况的试验。从试验结果来看，完全不防治的情况下，在病虫害重发的年份，华南和江南试验点造成的损失分别高达 77.94% 和 59.63%，3 年平均分别为 64.08% 和 50.31%，其他的西南、长江中下游和东北稻区 3 年平均损失分别为 26.47%、28.36% 和 19.67%。从这些数据中可以看出，国家经济发展特别是农业发展还是离不开农药工业，没有化学农药提供的保障，农业所谓的粮食安全、谷物自给自足是根本做不到的，更不可能实现我国粮食产量的十八连增。

日本研究了完全不用农药、降低 1/3 用药量和降低 1/2 用药量所造成的各种重要作物的减产率，结果见表 1-1，这与我国及其他国家的经验数学公式得出的结果很相似。表中苹果、黄瓜等作物所受农药药量的影响特别大。

此外，农业生产水平与农药的使用水平之间还存在平行关系。日本学者把本国和欧美等地区和国家的主要粮食作物在当地产量的平均水平与投入的农药有效成分量进行比较，发现两者之间呈现一种吻合度很高的平行关系。说明农药使用水平对农业生产水平具有显著影响（表 1-2）。

表1-1　农药供应标准降低时作物受病虫危害的减产率

作物	在3种农药供应标准（x）下的减产率/%		
	0（y_1）[①]	1/3（y_2）[②]	1/2（y_2）[②]
水稻	35	15	10
小麦	20	8	6
甘薯	23	10	7
马铃薯	35	15	10
大豆	28	12	8
甜菜	40	17	12
甘蔗	30	13	9
柑橘	34	14	10
苹果	90	38	26
黄瓜（保护地）	94	40	28
黄瓜（露地）	85	36	25
甘蓝	41	17	12
萝卜	55	15	10

① $y_1 = a - ab/2$，y_1 是用药量为 0 的减产率，a 是调查所得无防治时的减产率，b 是无防治减产率中病害和虫害的构成比。

② $y_2 = y_1 - y_1\sqrt{x}$，y_2 是用药量为 1/3 或 1/2 的减产率。

表1-2　农药用量与粮食作物产量的关系　　　　　　单位：g/hm²

地区/国别	农药有效成分用量	主要粮食作物平均单产	地区/国别	农药有效成分用量	主要粮食作物平均单产
日本	10785	10950	澳洲	195	3150
欧洲	1875	6870	印度	150	1650
美国	1500	5190	非洲	8	2430
拉丁美洲	225	3930			

　　研究我国 1951～1980 年间的粮食单产水平与全国农药销售量之间的关系表明，我国粮食的单产水平与全国农药销售量也呈现一种近似平行的关系。而联合国粮农组织（FAO）研究发现，1979～1990 年期间世界农业生产水平与农药消费量之间也呈现出近似平行的关系，结果说明农药使用量与粮食之间的平行关系是一种具有规律性的现象。

　　在农业生产中，因停止使用农药造成减产的情况，可以从另一面证明农药使用量与农业产量之间的关系。GIFAP 1980 年对英国的调查表明，停止使用农药一年，谷物减产 24%、马铃薯减产 27%、甜菜减产 37%；连续两年不用农药则分别减产 45%、42% 和 67%。不使用农药对水果和蔬菜的产量造成的损失尤为严重。如果发生毁灭性病虫害，例如蝗虫、黏虫、黄瓜霜霉病、小麦赤霉病、水稻稻飞虱、苹果腐烂病等，则往往导致绝产。这种实例在中国更多。日本研究了水稻田受病虫杂草危害导致的受害率与农药使用量之间的关系，结果也证明了农药使用量与产量的相关性（表 1-3）。

表 1-3　水稻生产中农药供应率与受害率的关系　　　　　　　　　单位：%

农药供应率	最高受害率	最低受害率	农药供应率	最高受害率	最低受害率
0	26.8	26.8	60	10.7	6.0
10	24.1	18.3	70	8.0	4.4
20	21.4	15.0	80	5.4	2.8
30	18.8	12.1	90	2.7	1.4
40	16.1	9.8	100	0	0
50	13.4	7.8			

上述研究数据表明了农业生产水平的提高与农药使用水平之间存在明确的相关性。使用农药能获得较好的经济效益是公认的事实。

1.2.2　病虫草害发生程度与农药使用量之间的相关性

现代农业集约化和复种指数高的生产方式，为人类提供了更加丰富的农产品，但此种生产方式，也为农业病虫草害的发生创造了良好的生存发展条件。在这种生产条件下，需要投入更多的农药，以适时防治各类农业病虫草害，如果生产中农药供应量不足，会严重影响农业病虫草害的适时防治，往往会给农业生产造成严重的损失。这种情况在我国某些时候表现得尤为明显。如 1991 年的稻飞虱大发生，受灾面积达 0.32 亿公顷，比 1990 年扩大了 41%，其中四川省受灾区域扩大了 3 倍多，以往不发生稻飞虱的北方稻区也暴发成灾。当时，由于适用的农药供应不足，全国稻谷的损失高达 30.8 亿千克。而 1985 年我国小麦赤霉病大发生，由于农药供应不足，致使我国最大小麦产地河南省 50% 的小麦遭灾，损失粮食达 9 亿千克。小麦白粉病的危害和发生面积在我国也呈逐年扩大趋势，在 1990～1991 年连续两年大流行时，发生面积超过 0.12 亿公顷，损失小麦 64 亿千克。历史经验表明，我国暴发性病虫灾害发生的频率是比较高的，暴发性病虫害种类也较多，而形成严重灾害结果的原因往往都是农药供应不足或农药种类不合适。

水稻田病虫草害发生比较严重，目前以化学农药防治为主，水稻是农药施用量最大的农作物之一。稻田农药使用的特点：一是用量多；二是农药在稻田的特殊生态环境中使用，对使用技术要求高，否则，易造成农药对环境的危害。我国和日本都是水稻主产国。我国的水稻播种面积约 0.34 亿公顷，占农田播种面积的 1/4 左右。日本在第二次世界大战后，粮食生产之所以能在很短的时间内快速恢复到自给程度，并迅速达到出口的水平，其主要原因就是在水稻生产过程中大量使用了有机汞和有机磷农药，从而有效地控制了水稻病害和虫害，对战后日本粮食生产起到了关键作用。

根据世界农药使用量的统计，农药的生产量和销售额一直在上升，尽管在有些年份有所波动。世界农药使用量的增长，为有效控制农业病虫草害提供了保障，在世界耕地面积增长极小的情况下，保证了世界食物生产指数（FPI）的增长超过世界人口的增长速度。

现代农业生产率的提高，高产品种的使用与施用肥料相配合，无疑是农业获得高产的主要途径和方法。但高产品种生产的用肥方式，也为病虫草害的产生和发展创造了有利条件，为了确保农业高产丰收，必须及时进行病虫草害的防治。因此，农业生产对农药防治的需求也随着产量的提高而相应提高。迄今只有化学防治法能够把病虫杂草的危害控制在最低程度，这是化学农药销售量总是与农业生产量保持同步上升的根本原因。

1.2.3　农药对农作物的生长有激发作用

植物体的外源物质会对植物产生一种生长激发作用，许多化学物质在一定的剂量下会对植物产生激发作用。许多不以调节农作物生长为目的的农药，在杀虫灭害的同时，也会对作物生长发育产生激发作用，这种激发作用被称为刺激生长作用。农药在一定的使用剂量下，通过多种不同方式对作物产生的生长激发作用，最终会使作物产量有所提高。这种现象已引起科研人员的关注，并且在实际生产中也为部分生产者所应用，其中某些方式易产生负面影响，现已被消费者和政府反对和禁止。

在化学农药防治领域中，植物生长调节剂（plant growth regulator，PGR）是一类专门用于促进和调控植物生长的专用化学农药。这类化学农药在生产过程中的不合理使用，会造成药害或成为一类重要的激素型除草剂。除此之外的其他化学农药均非生长调节型的化学物质，它们对作物所产生的刺激并非生长调节作用，而是一种生长激发作用。许多农药在以较低剂量使用时会发生这种现象。如巴伊金曾试验，在每千克土壤中施用 0.001～0.04g 丙体六六六，小麦的过氧化氢酶活性提高 10%～16%，从而刺激了小麦的生长。巴伊金证明了这种低剂量药剂能降低植株细胞黏度，增强吸水力，促进新陈代谢旺盛，是刺激小麦生长的重要原因。滴滴涕在极低浓度下对番茄和黄瓜也有显著的激发生长作用。但是，有些药剂却需要在比常规使用剂量高时，才表现出对作物有激发生长作用，如拌种剂氯化乙基汞（西力生）在 0.2%的拌种量下，能有效地防治小麦黑穗病，但在 0.3%～0.4%的剂量时，会促使小麦细胞呼吸能量增强，从而对小麦产生激发生长作用。我国农药药效试验和实际生产使用中，有许多关于化学农药"刺激作物生长"的增产报道。化学农药对农作物的激发作用，对农业生产的潜在贡献已引起关注。

另外，生产中使用的许多广谱性的农药，因其广谱性会伤及有益生物（如昆虫天敌、蜜蜂等）而受到批评。但如从另一角度分析，这种广谱性对田间其他害虫发挥的兼治作用，以及对比较次要的害虫或病菌发生的抑制和预防作用，实际上都对作物的健康生长和产量的提高做出了贡献。至于除草剂的作用则尤为明显，杂草的消灭不仅使土壤肥料能被作物充分吸收利用，并且为作物的生长创造了优良的环境条件，这些都是作物的产量得以提高的重要因素。

1.2.4 农药的使用是一种高效的能量转换过程

农业生产过程是在一定的物质基础上的能量投入和产出的过程。所有的农业生产技术措施都可归结为对农田的能量投入过程。其中，农药的使用也是对农田的能量投入形式之一。工业上生产1kg氮素化肥所需的能量为2616.7×10^3kJ(能量单位)，生产1kg磷肥需474.29×10^3kJ。农田施肥过程，可以看成是把化肥的能量投入作物生长的过程，使之转变为作物的能量。农药使用也是能量转换过程。生产1kg化学农药所需能量为$(61 \sim 460) \times 10^3$kJ，平均为$263 \times 10^3$kJ。使用农药对农田所投入的能量，可用生产农药所消耗的能量来表示。国外有关研究结果表明，农业生产所消耗的各类物质能量的关系，如表1-4所示。

表1-4 农业生产的能量投入

材料使用	美国（全部作物，1970）		英国（全部作物，1972）	
	能量消耗/10^6kJ	百分比/%	能量消耗/10^6kJ	百分比/%
燃料	686	44	83.7	35
肥料	370	24	91.2	38
农药	24	1.6	2.1	0.9
机械	303	20	30.2	13
灌溉、运输、其他	160	10	29.8	13

农药的使用是一种以低能量投入换取高能量产出的技术，或以低能量消耗而挽回高于其能量消耗十多倍的能量产出。30多年来新型高效和超高效农药的出现，已把农药的使用量降低到原来的1/50～1/10，这种能量交换的比例将更高。所以，化学农药并非仅仅是一种单纯的有害生物杀伤剂。认识到这一点对于如何正确认识和评价化学农药在高产农业中的作用和意义非常重要。

表1-5中列举了11种农作物每千克产品的可代谢利用能量与产生263MJ能量的作物产量。从表中可以看出，对高热量作物的能量投入产出比较大，而对蔬菜水果则相对较小。但蔬菜水果的单产很高，使用农药所取得的能量产出总量也相应地显著提高。例如白菜224.8kg才能产出相当于263×10^3kJ的代谢利用能量，但白菜的单产可达70000～80000kg/hm²，使用化学农药防治病虫害的增产幅度即便只有

5%，增产量也达 3500～4000kg/hm²，可以产出的可代谢利用能量可达（3500～4000）kg×1.17×10³kJ 即（4095～4680）×10³kJ，比 263×10³kJ 高出 15～18 倍。

表1-5　几种农产品的可代谢利用能量产出

农作物	状态	可产生的代谢利用能量/（10³kJ/kg）	可产生 263MJ 能量的作物产量/kg
小麦	原粮	14.95	17.6
燕麦	原粮	13.10	18.0
马铃薯	未加工	3.18	83.7
甜菜	未加工	2.64	99.6
菜豆	煮熟	2.05	128.2
蚕豆	煮熟	2.89	91.0
苹果	鲜果	1.92	137.0
白菜	鲜菜	1.17	224.8
胡萝卜	鲜菜	0.96	274.0
芹菜	鲜菜	0.33	797.0
蘑菇	煮熟	0.30	876.7

1.3　农药使用的负面影响

农药使用在人类生活和生产中产生积极影响的同时，因为农药属于有毒物质，在生产中使用时也会产生相应的负面影响。

1.3.1　农药与其环境因素相互作用的复杂性

把农药作为一个物质的系统来研究，那么除农药外的物质均为环境，也可称为环境因素。农药对农作物有杀灭害虫、细菌、病毒、草等有益保护作用，而对人类却有各种各样的毒害作用。这些作用，有时是直接发生的，有时是通过空气、水体、土壤等中间介质（可称为媒体）而发生的。各种动物（包括人）和农作物是物质，空气、水体、土壤是物质，充满整个宇宙的热、光、电辐射也是物质，所以不管是直接还是间接发生，农药与其环境因素的作用都是错综复杂的，其中土壤、水、空气中的各种物质是主要的中间环节物质，热、光、电等能量物质是无形的物质。人们已经知道了它们间的相互作用有一定规律，农药与环境因素作用的复杂性，必须在不断探索和研究中与时俱进。

1.3.2　农药残留产生的原因

人们普遍关注的农药残留问题，主要涉及的是农药的毒性问题，以及与此相关的农药残留期限问题、对环境污染问题、对生态平衡的影响问题、对人类健康的影响问题等，所有这些负面影响并非使用农药的必然结果。因为这些影响均受农药使用的"量"和"度"的制约，即农药的施药量超过一定的阈值后，才可能引发某种负面效应。此阈值就是控制农药施药量的重要依据，科学研究和生产实践表明，农药使用产生的负面影响，主要起因于自觉或不自觉地过量施药，或忽视了环境条件对农药行为的影响。至于违反农药使用规定，使用违禁农药产生危害也是我国目前农药残留问题的原因之一。

1.3.3　农药残留的危害作用

作为一类农用化学品，农药属于有毒物品类。因此，农药所涉及的毒副作用问题（即农药的负面影响问题）基本上都是与毒性相关的问题。

农药残留偶尔会发生人的急性中毒事件，但是农药残留所造成的更广泛的危害是引起慢性疾病。当人们无可避免地要在低剂量的农药残留状态下长期暴露时，当人们不得不长期食用含有较低剂量农药残留的食品时，引起慢性疾病的可能性是非常大的。滴滴涕已经在很早以前被许多国家禁止使用，但这种农药所造成的危害还在不断地显现出来，有些危害甚至是终身的。慢性危害包括致癌、致畸、致突的"三致"作用，也包括生殖毒性、生态毒性和其他一些慢性疾病。这种危害不仅单独产生影响，同时还会随着蓄积残留物质品种的增加而产生叠加，协同产生其他的疾病。

1.4　农药在生产中的应用趋势

纵观数千年的人类文明史，人类对农业病虫草害的认识，经历了从不可知到可认识的几个过程；人类对农业病虫草害的态度，经历了从消极躲避到科学预测预报、积极防治的不同阶段；人类对农业病虫草害的防治手段，经历了从机械扑打、利用天然植物药到制造合成化学农药防治的不同时期。化学农药，特别是有机合成农药的应用是人类文明发展的一大标志，它为解决人类温饱、增强社会稳定、促进人类健康发展做出了巨大的贡献。在今后相当长的时间内，化学农药的使用仍将是能耗最低、防治最迅速、效果最佳的农业病虫草害防治手段，是高效农业发展的必由之路。然而，大量事实表明：农药的广泛使用既给人们提供了必要的食品，帮助人类控制了疾病，但同时又是造成土壤、地表水污染乃至影响食品安全的主要因素之一，目前化学农药的不可替代性与环境污染、食品安全的矛盾，使得农药环境化学与生态毒理学的研究愈来愈被人们所重视。

在全球经济一体化，国际竞争日趋激烈的情况下，有效地防治农业有害生物侵害，提高并确保农作物增产增收，保证国内农产品充足供应，科学合理地使用农药是农业生产的重要技术环节。目前，在我国农业病虫草害防治面积中，化学方法防治占 90% 左右。农产品中农药残留也随着农药的使用，日益给消费者的身体健康带来潜在危险，农药残留问题越来越引起消费者的关注。农产品中的农药残留已成为世界和国内消费者关注的焦点问题。鉴于现代农业生产中过量使用化肥和农药带来的问题，国外出现了部分环境保护主义者，提出了全面反对使用化肥、农药的极端主义主张，甚至反对一切通过人工方法产生的物质，如生物工程和基因工程的应用均在被反对之列，主张回归自然的生产方式。这种极端主义主张起源于 Rachel Carson 对人类运用合成化学品的全面反对，但近几十年的人类历史发展充分证明，这种主张是不切合实际的。人类的发展进步不可能离开化学物质，尤其是合成化学物质，化学防治技术无疑仍将是农业生产战线上的主力军。因为，使用化学农药控制农业有害生物，是一种效力和效率都很高，投入和产出比也很高的方法。因此，在实际生产中，不仅受到农业生产者的欢迎，而且也受到世界各国政府的重视，农药的研究开发、科学使用成为重要的国家技术政策之一。

1.5　农药的安全使用与残留危害风险评估

农药使用过程中导致的农药急性、亚急性、慢性和特殊性中毒事件屡有发生，因大量使用农药，水、大气和土壤等均受到了不同程度的污染，在进行病虫草害综合治理和正确选择使用农药品种的前提下，提高和改善农药的使用技术，做到合理安全使用，是防治农药污染的重要措施。农产品中农药残留安全风险评估目的在于，明确影响农产品安全质量的危害发生概率及严重程度的函数关系，并为最终执行风险管理提供科学依据。选择恰当的风险管理办法，以保证对食品消费的风险降至"可接受的范围"。

近年来，我国食品、农产品农药残留风险评估得到了较快发展。由只对农药残留检测数据进行合格与不合格及单一农药成分进行风险评估，逐渐发展到采用联合暴露风险评估技术。随着联合暴露评估技术研究的不断深入和成熟，针对单个农药的评估已逐步向多残留联合暴露评估转变。

1.5.1　农药残留危害风险评估的基本内容

根据目前农业生产上常用农药（原药）的毒性综合评价（急性口服、经皮毒性、慢性毒性等），分为高毒、中毒、低毒 3 类。残留在食品中的农药的母体、衍生物、代谢物、降解物都能对人体产生危害。农药残留物的种类和数量与农药的化学性质、结构等特点有关。

农药残留危害风险分析包括风险评估、风险管理和风险交流。风险评估是重要的第一步，主要包括 4 个步骤：

（1）农药残留危害的识别　确认是否有对人体健康产生不良影响的因子（化学

性、物理性或生物性）存在于食品中。

（2）农药残留危害的危害描述　对农药残留采用一个比较切合实际的固定的风险水平，如果预期的风险超过了可接受的风险水平，这种物质就可以被禁止使用。了解存在于食品中的危害物质所发生危害反应的特性、严重程度以及危害影响时间长短，着重于建立危害物质在不同的剂量下对人体的危害程度与剂量反应关系。

（3）农药残留危害的暴露评估　农药可通过各种途径在农产品、食品中残留，残留在农产品、食品中的农药对人的身体健康将产生不良的影响。膳食中农药残留总摄入量的估计需要食品消费量和相应农药残留浓度。一般有 3 种方式：①总膳食研究法；②单一食品的选择研究法；③双份膳食研究法。明确人类膳食消费过程中，存在于食物当中危害物质数量和食物摄入数量，评估通过膳食摄入的暴露量。

（4）农药残留危害的风险描述　主要整合前面 3 个步骤评估的结果，并且考虑评估过程中的不确定性、概率分配以及潜在身体危害的影响程度，综合起来作为提出风险管理的依据。

1.5.2　农药残留危害风险评估方法的基本种类

1.5.2.1　确定性和概率性农产品的风险评估

确定性风险评估是对危害的点估计；而概率性风险评估是通过概率分布函数产生一个结果的范围性数值。农药的急性暴露估计一般采用点估计，通过某一产品的单一最高残留值和最高消费量计算暴露量，然后除以消费者的平均体重，再与急性参考剂量（ARfD）对比，确定风险程度。因为点估计法操作简单、便于理解，所以非常有效。但是由于残留水平和消费量不是一个单一值，而是一个分布范围，消费者体重也是概率分布，因此点估计法只能是一种食品一次消费时的摄入估计。概率法表示输入因子的不确定性和可变性，每个因子的发生概率和可能的响应频率，都可能影响最终评估结果的概率性分布，这比采用单一值更具有真实性和代表性。另外概率法允许输入值的灵敏度分析，能够表明哪个因素最能影响最终结果。概率性模型技术是基于大范围的潜在暴露的更为真实的估计，而不是简单的"最差（worst case）"估计。应用最为普遍的方法是蒙特卡洛（Monte Carlo）分析，蒙特卡洛对风险评估应用要考虑输入参数的评价，同时要求更为精确和注重确定评估的程序。

1.5.2.2　定性和定量的风险评估

定性风险评估主要是指对风险评估中的危害确认部分，类似于危害分析与关键点控制（HACCP），从食品的"安全性"角度考虑，确认危害的性质和关键点。而定量风险评估是量化风险评估中的各个参数值，可以是简单的确定性，能够发现复杂分析中主要因素和潜在过失；也可以是复杂的随机性，大范围分析增加了复杂性，增加了利用额外参数的难度。

1.5.2.3　长期暴露与短期暴露的风险评估

长期暴露估计是基于农药所处理农产品的规范试验中值（STMR）和不同群体的消费数据，然后将摄入量与该农药的 ADI 进行比较。英国采用"Rees-Day"模型估算国家膳食摄入和总膳食摄入用于长期暴露估计，该模型将 97.5 位点的膳食摄入量与剩余膳食的平均值之和作为膳食摄入量，将最大残留限量（MRL）代替 STMR 用于理论每日最大摄入量（TMDI）的最差估计。而膳食暴露的短期估计基于最高残留（HR）和不同群体的消费数据（不同年龄和性别等），计算结果与急性参考剂量对比。一般采用 97.5 位点上的食品摄入量作为单个食品的国家短期摄入估计量，用 MRL 代替 HR 的监测值来进行最差情形的估计。

第2章

农药使用的靶标与靶区

农药施药质量是指施药后农药在使用对象上的沉积分布状况对病虫杂草产生的防治效果，以及对使用对象的生长地域环境和共生的其他有益生物可能产生的危害程度。农药的使用目的是杀灭或抑制施药对象对农作物的危害，良好的施药质量应是在良好的防治效果基础上，最大限度地减少农药对农业生态环境和有益生物的危害。

对于需要施药的农作物，喷洒农药必须有的放矢，严格按农药使用准则的要求进行。目前我国使用的农药有效利用率，据测算只有30%左右，甚至许多情况下低于10%。造成施药效率低的原因很多，其中对农药使用过程中的目标物不明确、不了解和未正确掌握农药施用技术要求是重要的原因。施药过程中常常出现无的放矢或矢不中的的现象，甚至有些施药者采用"无敌放枪，有敌放炮"的施药方法，造成农药使用过程出现较大的负面危害。在农药使用中，"的"或"敌"是指有害生物的种群，或它们在农田生物群落中的存在位置或分布范围。使用农药时，应该把药物施于预定的目标物"的"或"敌"上。"的"或"敌"又称为"靶标"或"靶物"。农药使用技术中的"靶标"一词是指被农药有目的地击中的目标物，如害虫、病菌、杂草、害鼠及其他有害动物，以及作物、土壤和田水等非生物性物体。病虫草害（"靶标"或"靶物"）所在的目标区称为靶区。鉴于有害生物藏匿在生物群落构成复杂的农田环境之中，如何使用药剂才能满足防治要求，并且同时能够有效地减少农药使用对农产品和生态环境造成的负面影响？对此，农药使用人员首先需要明确了解目标物在农田的活动部位、目标物的特征、目标物与其他非目标物之间的相互关系等，掌握农药使用技术要求，确定农药的合理用量范围；然后根据具体情况选择施药器械和施药方法，使农药与目标物发生最有效的接触。做到有的放矢，降低投入成本，降低农田环境污染风险，取得预期的防治效果。

2.1　农药使用的"靶标"

农田环境构成复杂，在农田中喷洒农药时，首先需要明确农药使用的目标物——靶标。在少部分情况下，如杂草、飞蝗本身就是目标物，农药可以直接施用在防治对象上，此时的防治对象即成为直接靶标，但更多的情况下，农药使用的目标物与非目标物之间往往是交互存在的，农药不能直接施用到防治对象上，必须把农药施用到某种共存的过渡性物体上，然后农药通过间接方式作用于目标物——靶标。如施用在病虫的寄主作物上或害虫的活动范围内（田水、土壤等），通过农药再转移的方式作用到防治靶标上，承载过渡农药的物体被称为间接靶标。间接靶标虽然并不是农药的防治对象，但因为需要通过间接靶标才能使农药进一步转移作用到靶标物上。所以，在使用农药时必须有目的地把农药喷洒在这种并非防治对象的过渡性间接靶标物体上。在农药使用技术中，通常是把使用农药时的靶标区分为直接靶标和间接靶标两大类。

对于直接靶标，在选择使用农药的剂型和施药方法时，主要应着眼于选择药剂在靶标上的黏附效率（或靶标对药剂的捕获能力），无需考虑药剂在地面或地面植被上的黏附效率。如防治蝗蝻时若把蝗蝻作为直接靶标，农药的剂型和施药方法的选择应着眼于药剂在蝗蝻身上的黏附效率（或蝗蝻对药剂的捕获能力），无需考虑药剂在地面或地面植被上的黏附效率。

在实际生产中，若要在地面和植被上形成染毒地带，以阻击蝗蝻的危害迁移扩散，施药时则应主要着眼于药剂在地面和植被上的沉积密度、分布均匀性和沉积量，以及施药的喷洒面积和范围，而其次再考虑药剂在蝗蝻身上的黏附能力和黏附量，此时的地面和植被就是间接靶标。又如在进行消灭种苗外部表面上的病原菌（直接靶标）处理时，农药的剂型和剂量设计只需满足消灭病原菌的要求即可，无需考虑在种苗上的药量和沉积情况，也不需要选择内吸性杀菌剂，此时的种苗是间接靶标。如果目的是消灭种苗内部的病原菌而同时也兼治种苗外部的病原菌，此时种苗即成为直接靶标，必须对药剂种类、施药量和施药方法另行设计。植株上的农药喷洒也是如此，如果目标病虫害发生在植株基部，农药的剂型和喷洒方法就要设计成为能够把药剂输送到植株基部病虫密集部位的方式，让药剂在植株上部的沉积量尽量减少，因为此时的植株基部病虫是需要施药的直接靶标。

2.2　直接靶标

直接靶标就是在进行病虫害防治过程中农药直接施用的对象。如集群飞行的害虫、病原菌、杂草等。这些有害生物也被称为靶标生物。而其他非农药防治的对象被称为非靶标生物，如蜜蜂、鸟类、家禽、家畜等。

2.2.1　害虫靶标

防治效果较好的方式就是害虫可以形成直接靶标状态被农药直接击中毙命。由于不同种害虫的行为差异很大以及同种害虫发育的不同虫态过程区别，在具体的防治过程中，有些害虫和虫态可以成为直接靶标。而有些则不能。

2.2.1.1　害虫的成虫形态

某些害虫的成虫形态可被农药直接喷施到躯体上成为直接靶标。根据成虫的活动特点和行为，可以区分为以下几种情况。

（1）具有集群飞行习性的成虫　如飞蝗、稻飞虱、棉铃虫以及卫生害虫中的蚊、家蝇等。这些害虫成虫群体比较密集，飞翔时容易形成密集飞行，通过喷洒可以使农药有效地击中虫体靶标。对于具有飞翔行为的害虫，作为直接靶标时需要符合三个条件：一是害虫的飞翔状态能持续较长时间；二是飞翔具有一定的规律性，允许有足够的农药喷洒时间；三是飞翔中的种群密度比较大。在这三种情况下，可采用飞机等有效喷洒方式进行喷药，农药命中率很高。对于持续飞翔能力很强但过于分散的种群不易作为直接靶标进行防治。如黏虫，迁飞时并无集群飞翔的行为，在 $1km^2$ 农田上空最多也不过上千头黏虫飞蛾，农药的直接命中率很低，不能作为直接靶标进行防治。

通常飞翔中的害虫一旦降落在作物上或其他物体上，就不再成为直接靶标。除非在作物上或其他物体上降落的害虫仍然保持相当高的种群密度。如飞蝗、黏虫、稻飞虱等，大发生时有时每平方米农田作物上有成千头蝗虫成虫或黏虫幼虫密集，直接施用农药可以获得很高的命中率。把飞翔阶段的害虫作为直接靶标进行打击，可以产生一举两得的效果。因为成虫是害虫的繁殖母体，消灭了飞翔阶段的成虫，不仅可以有效地阻遏当时的虫灾，而且还能有效地抑制害虫繁殖下一代的潜在危险。把害虫成虫作为直接靶标用药时，应采用细雾喷洒法，成虫的触角是重要的靶标部位，细雾对其效果好。触角是虫体接受各种化学信息的重要器官，它能够接受农药、食物及诱集剂所散发出的各种化学信息，而且昆虫在飞行中触角特别容易接受农药雾滴、粉粒和其他化学信息物质。具有神经性触杀作用的化学农药，通过害虫触角极易转移到中枢神经系统引发中毒反应，这样可以取得很好的杀虫效果，粗雾喷洒的效果差。

（2）无集群飞行习性的害虫成虫　此类害虫只有在一种情况下可以作为直接靶标来处理，即害虫种群达到高度密集的情况下。多种蚜虫都有种群密集在作物一定部位为害的习性。例如小麦长管蚜大发生时往往高度密集于麦穗上，以致把整个麦穗都包裹起来。此时麦田的穗部连同麦蚜在一起就成为直接靶标。棉花蚜虫的伏蚜大发生时，易在棉叶背面高度密集，甚至可以布满整个棉叶背面。棉花苗蚜大发生时常布满整株棉苗。苹果绣线菊蚜（苹果黄蚜）、橘蚜及多种其他蚜虫也都有麇集在株梢部为害的习性。只要采取适当的施药方法，都可以把它们作为直接靶标来处理，并可取得很好的效果。

（3）诱杀害虫　利用害虫自行趋向诱饵的特性把混有引诱剂的杀虫剂集中施用或分撒条状带，把害虫引诱到施药的条带区中杀死，这样即可避免在作物上喷洒农药。此种施药方法也可视为把害虫当作直接靶标进行防治。

2.2.1.2　害虫的幼虫形态

（1）幼虫和若虫形态　幼虫和若虫是农业害虫的主要为害形态。幼虫主要是以农作物为食料，活动范围主要集中在农作物的一定部位，幼虫不容易成为农药使用的直接靶标，施药时应将药剂喷洒在幼虫活动的作物上。但是像蝗蝻（飞蝗的若虫形态）、黏虫的幼虫（行军虫），在大发生时往往也会密集成群，给作物以毁灭性的破坏，破坏为害的范围不断持续扩大，这种情况下，害虫的幼虫或若虫就可以作为直接靶标来处理。但散落在地面上或作物枝叶上的药剂对害虫也发挥间接的作用，直接靶标和间接靶标起着共同的作用。在蝗蝻防治中可以采取地面和作物上设置阻击地带的施药方法，把药剂喷洒在蝗蝻运动的前方，形成一条施药地带，使蝗蝻在迁移跃进过程途中接触中毒。此时，对地面及作物植被的施药方法，应按间接靶标的用药原则和方法进行。具体施药防治的原则是：在蝗虫卵孵化初期应把蝗源区作为间接靶区处理；在蝗卵孵化进入高峰期时，应把蝗蝻作为直接靶标处理。直接靶标和间接靶标所采取的施药技术和施药器械是不同的。如对于密集的虫群，粉剂是很好的选择。在蝗群起飞前，采用喷粉法，不仅对靶标沉积率高，工效也远高于喷雾法，而且防治成本远低于其他任何方法。

（2）蛹和卵　蛹和卵是害虫的初级形态。蛹是休眠状态。蛹对药剂的抵抗能力很强，一般不将蛹作为药剂处理的对象。卵对药剂的抵抗力比较强，目前专用的杀卵剂还比较少。通常情况下，卵在作物上的分布比较分散，特别是散产性的虫卵，喷药杀卵的效率更低，农药的浪费比较严重。因此蛹和卵这两种形态不宜作为施药的靶标。虽然卵孵化出的幼虫与施在作物表面的杀虫剂接触后会被杀死，但这属于幼虫阶段的防治方法。

2.2.2　植物病原菌

病原菌是以寄生方式紧密结合在植物体上的，防治植物病原菌，通常采用将杀菌剂沉积在间接靶标上（病原菌的寄主），使药剂同病原菌接触产生触杀作用，从而达到对病原菌进行防治的目的。但在种子或种苗消毒处理过程中，如若病原菌是附着在种子、种苗的表面上，则这些病原菌就是消毒液的直接靶标。选用的消毒剂无需具有内吸性或内渗性，只要对病原菌有触杀作用即可。

生产中采用的种子处理剂，如拌种剂、种衣剂等具有双重功效，这些药剂既可以杀死种子外部附着的病原物，同时也能够杀死侵入种子内部的病原菌，如何采用需要根据实际情况进行选择。

2.2.3　杂草靶标

农业生产上对杂草的防治，是典型的农药直接靶标用药方式。芽后除草通常是将除草剂直接喷洒在杂草上。芽前除草通常是将除草剂施于土壤中，以消灭土壤中的杂草种子或刚萌动的杂草幼芽。土壤是一个复杂的环境，除草剂直接施用在土壤中，是通过土壤再转移到杂草根区，这是土壤施药法的特殊性。把药剂施用在土壤中的实质是要在土壤中建立一个不利于杂草生长的毒理环境，因此尽管杂草是靶标生物，但除草剂的使用须结合农田土壤的性质、构成，以及有机质、土壤水分和腐殖质等具体情况来设计土壤的处理方法，并选择施药量、适宜剂型和施药方法。

对地下害虫和土传病害的土壤药剂处理也采用此方法。

2.3　间接靶标

农业害虫和农作物病原菌（包括线虫），绝大多数情况下是在作物上栖息寄生、取食和生长繁衍的。而在现有的农药使用技术水平下，这些害虫和病原菌还不能够成为直接靶标，施用的农药须喷洒在作物上或病虫活动的范围内，即把农药施用在间接靶标上，通过间接方式转移到害虫和病原菌上发挥作用。间接靶标并非防治对象，但却是最重要的农药处理对象。

间接靶标可以是生物性的也可以是非生物性的。生物性间接靶标主要是寄主植物，如农作物、果树、林木等，以及害虫和病原菌中间寄主的杂草或其他植物。非生物性间接靶标主要是土壤、田水、禽畜厩舍、仓房、包装材料等。

2.3.1　生物性间接靶标

生物性间接靶标是指植物靶标的整体。但除危害作物枝干和果实的害虫、病原菌等情况外，植物性间接靶标的施药部位主要是植物的株冠、叶丛。各种植物的株冠形态和结构差别很大，叶片形状和构成也不同。这些形态特征对于农药的使用方式和效果影响较大。需要根据不同的情况区别对待。通常在农药使用设计和方法选择中，是根据株冠和叶丛结构的不同，将其区分为若干种植物形态结构和类型，这些结构特征同农药有效利用率的关系密切，但这种结构区分并不是植物形态分类学的区分方法。

2.3.1.1　植物株冠的形态特征

根据农药雾流和粉尘流使用对象应有良好的通透性的要求，可将日常生产上的植物株冠类型分为以下三种：

（1）松散型　叶片间距较大，农药雾流和粉尘流比较容易通透。如棉花、黄瓜、玉米、油菜的株冠，以及多数果树的树冠。此类作物的农田小气候条件比较适于农药雾流和粉尘流的扩散分布，易使农药达到需要的沉积分布效果。

（2）郁密型　叶片间距较小，株冠郁闭度较高，农药雾流和粉流在通透时所受的阻力较大。如番茄、马铃薯、茶树、小麦、水稻等。施药时不利于农药雾流和粉流在株冠中扩散分布，采取常规的喷洒方法往往不容易取得满意的农药沉积分布。

（3）丛矮型　株冠簇生，叶片间距窄小、植株低矮、株冠郁密。传统施药方法较难实施，农药雾流通透相当困难，而且叶片背面难以施药。如草莓、花生及多种叶菜类作物。

植物种类繁多，株型各异，但基本上可以用上述三种类型作代表。在农药使用过程中须根据实际情况，结合农药使用的要求，制定相应的农药使用技术方法。

有些作物的株冠形状会随生长过程的变化而发生变化。如棉花在现蕾初期的株型近于丛矮型，到成株期则成为松散型。幼龄茶园的茶树基本属于丛矮型株冠，而成龄茶园则是典型的郁密型株冠。许多矮化树型果树，如苹果、柑橘、荔枝等树冠相对比较紧密，有些已近于郁密型树冠。而篱型和格栅型树冠则比较有利于施药。

2.3.1.2　植物的叶片形态特征类型

叶片形状同样是形态各异。可以区分为四大类型：阔叶型、窄叶型、针叶型、小叶型。

（1）阔叶型　双子叶植物的叶片大多宽大平展，在株冠中往往有较大的冠层空间，有利于农药雾流和粉流的通透。例如棉花、黄瓜、茄子、向日葵、芋头、香蕉、苹果及多种其他果树。单子叶植物中的玉米、高粱也具有宽大的叶片。具有松散型株冠特征的作物都可能具有阔叶型的叶片特征，具有阔叶型特征的松散型株冠作物，对农药雾流和粉流的通透性较好。但是采取常规喷洒方法时，农药在叶背部的沉积能力较差，而且上下层叶片之间容易出现叶片上下屏蔽现象，妨碍农药向下层穿透。

（2）窄叶型　禾本科单子叶植物是使用农药较多的窄叶型作物。如小麦、水稻、粟、糜等。韭菜、葱、蒜等也属于窄叶型作物，但其田间群体结构完全不同于稻、麦类大田作物，所以农药使用技术的要求也有很大差别。此类植物的叶片多为直立型，株丛中农药雾流和粉流的上下通透性比较好，采取适当分散度的农药雾流时，叶片的正反两面也都有比较好的农药捕获能力。但有些品种的后期叶片生长茂盛，也会影响农药雾流在株丛中的通透性。需要根据具体情况和施药目的做出判断，相应地调整农药使用方法。

（3）针叶型　叶呈针形或细窄叶型，如茴香、芦笋，以及各种松柏科针叶树。针状叶或细窄叶对粗大的农药雾滴捕获能力差，农药的有效利用率也较低。因此需要选择细雾喷洒技术，选择适当的施药机械类型和农药剂型，以提高农药的有效沉积率。

（4）小叶型　小叶型植物株冠多为郁密型结构。如茶树属于小叶型作物，幼龄茶既属于小叶型植株，茶树株冠又属于郁密型，同时植株也近于丛矮型，集三种特征于一身。豆科植物很多也属于小叶型结构。在豆科植物中花生也是具有丛矮型株冠的小叶郁密型作物。此类作物施药比较困难。

2.3.1.3　叶势

除了植物株冠及叶片形态外，叶片的伸展状态也是农药使用时需要关注的方面。叶片伸展状态是指叶片与植株垂直中心线的夹角，称为叶势。阔叶作物的叶片一般为平展叶势，禾本科作物的叶片则多为直立叶势。平展叶势和直立叶势是相对而言的。一般对平展叶势类型的作物，农药在叶面上主要是沉降沉积；农药在直立叶势类型的作物叶片上，主要是撞击沉积。因此施药器械的类型和喷洒方式需要依此选择和调整。

例如茶树上的叶片既有平展的也有直立的，嫩叶以直立型的叶势为主。棉花的叶片还有向光性行为，一日之内可以出现平展型叶势和近于直立型叶势的交替变化，但这种行为也正是农药使用技术中可以利用的方面。

2.3.2　非生物性间接靶标

农田中的非生物性间接靶标主要是土壤和田水，特别是稻田水，许多在稻田中使用的农药往往需要施用于田水之中。农民一般会使用带有农药的地膜覆盖在农田土面上进行防除杂草，其中地膜就是农药使用的一种非生物性间接靶标。除草剂通过地膜把药剂转移到杂草上，工厂预先加工好的商品也可以把它看成是除草剂的一种剂型。用除草剂处理土壤防除杂草，土壤是间接靶标。但药剂处理土壤时，也可以把土壤作为直接目标物来对待。许多农药都可以用于土壤的处理，以杀死土居性的病虫杂草。所以土壤是农药使用中很重要的靶标。

2.3.2.1　土壤

生成土壤的母质本身是复杂的。各地土壤的矿物质构成有着显著差别，所含的矿物成分种类及其理化性质对于农药的理化性质和药剂的行为影响很大。

土壤是一个整体，成土母质是土壤的主体，它与土壤生物群落、土壤水分、有机物质、化肥、空气等其他组分紧密结合在一起，形成了比地面上的农田环境复杂的土壤环境系统。土壤施药就是要把农药施在这样一个复杂系统中，药剂同土壤的任何部分都是密切联系在一起的，药剂还可以通过土壤水、雨水或灌溉水的作用进行扩散分布。所以土壤与地面上施药的情况完全不同。

各地的土壤构成虽然互不相同，但均可由上而下分为若干层。其中，最重要的是上部耕作层，土传或土居性有害生物和其他非有害生物的生长、繁殖主要是在这一层中进行，农作物的生长主要在这一层中完成。土壤处理的农药也是分布在这一层中，虽然有些情况下农药还可能向更深层渗透扩散。

土壤具有一定的酸碱性、持水能力、物质置换能力和吸附能力，这些性质是土壤肥力的基本条件，对农药使用效果的影响很大，土壤微生物和土壤的 pH 对农药在土壤中的稳定性和持久性，往往是很重要的破坏性影响因素。土壤的胶粒和腐殖质对某些农药可产生较强的吸附能力，使农药在土壤中的移动受到阻滞而难以扩散分布，而某些农药则不容易被吸附，能够自由扩散，扩散下渗又会成为农药影响土壤环境质量的因素。要根据当地的具体情况确定土壤农药使用的方法。

（1）水稻田土壤与旱田土壤的差别　水稻田土壤与旱田土壤有很大差别。其质地、组成、物理化学性质以及土壤生物群落都不同。稻田土壤一般处在一种厌气状态下，pH 值一般为 6 左右（偏酸性），生长期间水稻有自动调整土壤酸度的能力。在稻田中农药的行为受到许多特殊限制。稻田土壤虽然也可以作为农药使用的靶标，但一般必须在放净田水后才能进行稻田土壤处理，处理完毕以后再灌水。这种情况下，不仅需考虑农药与稻田土壤的关系，还必须考虑农药与田水的关系。因为田水会在田外水系中串流，并且可能流入周边的水域中。如果使用的是长残效农药，而且毒性系数比较高，特别是在田水中扩散分布性能比较强的农药，就可能发生水环境串流污染。所以，水稻田农药土壤处理必须慎重选择农药品种和剂型，并需仔细设计安排施药作业计划。所以，稻田土壤和田水是农药使用中尤为重要的靶标，施药时必须格外谨慎。

（2）土壤中生物群落的复杂性　土壤中有许多有害于作物生长的病、虫、杂草及害鼠等，但也有许多有益生物以及其他非有害生物，包括微生物和无脊椎动物。其中有些是形成土壤肥力的重要因素，如腔肠动物中的蚯蚓，微生物中的固氮菌、氨化细菌、硝化细菌等，还有放线菌、木霉菌、步行甲等许多益菌和益虫。这些有害生物和有益生物组成了非常复杂的土壤生物群落。所以在使用农药时必须仔细选择适用农药品种、剂型、使用时期和剂量。有些农药可能对有益生物有害，但也有些农药可能对它们有益。科学地使用农药，一方面要防止其不良影响，另一方面要充分发挥农药的有益影响。

（3）土壤水和地下水的作用　土壤水和地下水是土壤中最难以确定的变动因子。因为地下水的迁移运动、降水量的变化主要受自然环境因素的影响。此外，农田灌溉水可以预测和控制，但却不取决于农药使用者的主观需要。这几种农田水对农药的使用有很大影响。

土壤是一个复杂的环境系统和生态系统，与地面上的作物生态环境完全不同，在地面农田生态环境中，除作物本身以外，其他成员都具有较大的流动性和逃逸外迁的可能。而土壤系统中的成员都是在以土壤和土壤水分为载体所组成的相对固定的环境之中。所以在土壤中使用农药时，必须详细了解土壤的性质，包括土壤肥力资料在内。这样使用农药才可以做到心中有数。

除了施药防治已经存在的土壤害虫和土居性病原菌外，有时还需要对土壤进行预防性处理，使土壤具备抵御外来有害生物侵染的能力，如杂草种子、害虫、病原菌等，这是一种土壤预防保护措施，最终的目的还是在于防治病、虫、草害。

2.3.2.2　田水

水是很好的农药转移载体，许多农药可直接施用在稻田水中，利用田水使农药扩散分布，再同有害生物接触。例如，油质农药制剂和非可湿性粉剂施于田水中后漂浮在水面上，并在水面上扩散，遇到稻株茎基部又会发生爬壁现象而扩散到稻株上，这种施药方法对于稻飞虱、纹枯病、稻螟虫等病虫害效果较好。在稻田灌水口施药，让药剂自行流入稻田后，再自行扩散分布的施药方法，在我国稻区使用比较普遍。具有内吸作用的农药，以大粒剂和撒滴剂方式抛撒到田水中，使之迅速沉入水底，在田泥表面上向周围田水做水平扩散，这种施药方式，有利于药剂很快被稻根吸收进入稻株取得良好的效果，如杀虫双、杀虫单、杀螟丹、井冈霉素等农药属于具有内吸作用的农药。但需要注意的是稻田水可与周边水系流通交换，并且可能进一步流入外围水域中，这是田水施药必须考虑的问题。

2.3.2.3　其他非生物性间接靶标

为了预防病原菌和害虫，有时需要在畜厩、禽舍中进行防疫喷洒，在粮仓中进行残效喷洒，以及在设施农业中对设施中的装置、设备和其他各种仓房进行杀虫剂残效喷洒和杀菌剂防疫喷洒。此时的处理对象都属于非生物性间接靶标。

2.4　病原菌和害虫的分布型

有害生物在农田中的分布是不均匀的，农作物病虫害的发生大多分布在植株的一定部位上。各种农业致病菌和农业害虫在农田中分别有各自特定的生态位，往往呈现出各种不同状态的种群分布型。例如小麦长管蚜暴发时集中在小麦穗部为害，在灌浆期，约96%的长管蚜麇集在小麦穗部而小麦植株的其余部分几乎无蚜虫分布，这是典型的害虫密集分布实例。小麦赤霉病也是在麦穗部入侵为害。小麦禾缢管蚜和纹枯病则分布在小麦植株基部。病原菌和害虫在作物上有一定的分布特征，可以区分为若干分布类型。这种分布型对于农药使用方法的选择至关重要。

与病虫生态学分布型有所不同，与农药使用有关的分布型是生态学分布型的某一阶段或若干阶段。在这些阶段中，病虫的分布状态有利于农药的科学使用，有助于正确选择农药的分散状态和正确选择施药手段和施药方法。这种分布状态区分也是从农药使用技术的需要而提出的，虽然可以参照分类学中的生态位的概念，但并不完全相同。

2.4.1　密集分布型

有害生物种群相对集中在作物的特定部位为害，称为密集分布型。

典型的密集分布型害虫如多种蚜虫，一般均密集于作物的嫩梢部为害。小麦长管蚜分布在小麦植株的上部和叶片正面，这种分布型非常有利于喷洒农药，特别当小麦抽穗后，蚜量急剧上升，且绝大部分都密集在穗部。因此防治麦长管蚜不需要把药液喷洒到中下部。但麦二叉蚜则密集在小麦下部叶片背面，防治二叉蚜就要求把药液喷施到小麦植株下部。此外如苹果树绣线菊蚜（苹果树黄蚜）、梨二叉蚜（梨蚜）等，均密集在树枝嫩梢上为害，即分布在树冠的冠面上，而树冠内膛分布很少。荔枝椿象也是主要集中为害荔枝树的嫩梢、嫩芽、幼果部位。

病害一般分布比较分散，但也有密集型。例如小麦赤霉病、水稻纹枯病等。小麦赤霉病的主要为害部位是麦穗部，于小麦始花期入侵为害，施药部位是穗部。水稻纹枯病则由稻基部水面上漂浮的菌核侵袭水稻植株基部而发病。喜欢在水稻基部茎秆上密集为害的还有褐飞虱的成虫和若虫、水稻黑尾叶蝉的若虫等。

2.4.1.1　枝梢密集分布型

这是蚜虫的典型分布特征。其他病虫害的发生也有许多是从枝梢部开始的，虽然不一定密集，但也是施药的有效靶区。蚜虫的种群密集特性比较有利于施药，分布为害部位又大多在枝梢部，因此一般只需向植株冠面层喷洒农药。小麦长管蚜也属于这种分布型，因此只需对麦穗部喷洒农药。水稻蓟马也有群集在水稻叶尖上为害的习性。又如茶树上多种病虫害分布在茶树冠面 4~6cm 的叶层为害，也可视为这种分布型，采取有利于在冠面上沉积的农药使用技术即可取得良好效果。

2.4.1.2　株基部密集分布型

比较典型的是稻飞虱、稻叶蝉、纹枯病等病虫。稻飞虱为害时全部集中在离水面 3~5cm 高度范围内的稻株基部取食为害。只有在稻飞虱种群密度过大时才向稻株上部扩散转移为害。茶树黑刺粉虱也可划入这种类型，往往集中在茶树下部枝干上为害，与茶树树冠病虫分别属于截然不同的生态位，因此施药方法也完全不同。小麦二叉蚜和小麦禾缢管蚜也主要在小麦植株下部为害（在大发生时也会上麦穗为害），与喜欢在小麦穗部为害的长管蚜分布在截然不同的生态位。

2.4.2　分散分布型

分散分布型主要分为叶面分散分布型和可变分布型两种形式。

2.4.2.1　叶面分散分布型

多数叶部入侵的病原菌的分布属于这种类型。因为此类病原菌大多是由气流传播，病菌孢子沉降到作物叶片上，然后侵染发病。有人研究过病原菌孢子在农作物上的分散分布规律，发现与农药微粒的分散分布现象十分相似。对于此类病害须采取株冠层对靶喷药法。害虫也有类似的分散分布型，但害虫的分散分布行为是由于种群生存发展要求，而不是由于气流的作用。稻飞虱的迁飞行为受气流的影响极大，降落到为害地区之初也有很强的分散分布特征，这种现象是否能在施药方法上加以利用，值得研究。

大多数害虫在叶背面栖息为害，尤其是白昼，同光照和空气湿度有关。白粉虱还有趋嫩性，即主要分布在植株上部较嫩的叶片背面，并随着植株的不断长高而向上层嫩叶迁移。这种行为在使用农药时可加以利用，即农药喷洒的靶标部位应该是植株株冠层上层，特别是叶背部。伏蚜没有这种趋嫩现象，但棉花苗蚜及其他多种蚜虫则大多集中在枝梢嫩叶上为害。

害虫在农田中的生态位也会随着环境的变化而发生较大的差别和变化。这与各种害虫的习性和选择性取食有关。也与害虫种群密度的变化有关。如现蕾期的棉花蚜虫，虫口密度较小时主要分布在嫩叶背面为害，但虫口密度增加以后也会分布到叶正面和鲜嫩的叶柄上为害。又如烟蓟马，成虫有趋嫩性，会随着植株不断长高而上移，但若虫则主要分布在植株中、下部为害。因此即便防治对象是同一种害虫，也要根据田间实际情况来确定农药使用策略，及时调整施药方法。

有害生物在作物植株上的分布呈分散状态，虽然分布的部位有时不一定包括植株的所有部位，不过对于农药使用技术的选择已没有重要意义，在这里都作为分散分布型。例如棉花伏蚜在棉株上的分布（表 2-1），虽然上部叶片蚜量占 44.61%，下层占 24.41%，并不是均匀分布，但对于农药使用来说，必须作整株喷洒。棉铃虫也是分散分布（表 2-2），但上、下差别更大。

表 2-1　伏蚜在棉株上的分布

采样点	各部位的虫量/头														
	上部					中部					下部				
	近轴叶片		离轴叶片		茎	近轴叶片		离轴叶片		茎	近轴叶片		离轴叶片		茎
	正面	反面	正面	反面		正面	反面	正面	反面		正面	反面	正面	反面	
1	12	792	20	895	80	35	390	68	535	130	10	260	15	419	20
2	5	618	5	1130	70	15	419	3	475	25	5	380	3	531	0
3	16	570	4	590	150	0	349	21	765	15	7	264	0	372	7
4	4	475	11	862	28	10	293	4	612	30	0	337	14	590	4

采样点	各部位的虫量/头														
	上部					中部					下部				
	近轴叶片		离轴叶片		茎	近轴叶片		离轴叶片		茎	近轴叶片		离轴叶片		茎
	正面	反面	正面	反面		正面	反面	正面	反面		正面	反面	正面	反面	
5	0	512	7	798	47	5	364	5	705	10	21	412	20	618	1
总计	37	2967	47	4275	375	65	1815	101	3092	210	43	1653	52	2530	32
所占比例/%	0.21	17.16	0.27	24.72	2.17	0.38	10.50	0.58	17.88	1.21	0.25	9.55	0.30	14.63	0.19
总计/%	44.61					30.62					24.41				

表2-2　棉铃虫幼虫在棉株上的分布[①]

采样点	各部位的虫量/头						
	顶尖	上部蕾	上部叶片		下部叶片		下部蕾
			正面	反面	正面	反面	
1	2	1	3	0	1	0	1
2	1	0	3	1	1	1	1
3	0	2	4	1	1	0	1
4	1	0	4	2	1	1	1
5	0	0	3	0	2	0	0
6	3	1	1	0	1	0	0
7	2	3	2	1	1	0	0
8	0	1	3	0	0	0	0
9	1	0	3	0	0	0	1
总计	10	8	26	5	8	2	4
所占比例/%	15.87	12.70	41.27	7.94	12.70	3.17	6.35

① 每采样点调查10株，幼虫虫龄1～2龄。

2.4.2.2　可变分布型

有些有害生物的分布随着作物的生长或有害生物种群密度的变化而发生改变。如棉蚜在棉苗期是很典型的密集型分布，蚜虫主要分布在顶部嫩叶嫩芽上，虽然当种群密度过大时会扩展到其他嫩枝嫩叶上。但是伏蚜的分布就变成了典型的分散分布，虽然主要是分布在叶背面。白粉虱的虫卵均集中产于叶背面而且都是植株上部的嫩叶，这时期很像是密集分布。但是当上方又长出新的嫩叶来时，产卵部位也随之上移，而原来的老叶上的白粉虱则继续生长发展。因此逐渐变成整株分散分布。

稻飞虱是在稻株基部密集分布的害虫，但当虫口密度过大，害虫大发生时就会向植株上部扩散转变为整株的分散分布。

黄瓜霜霉病的分布也是随着植株的长高而不断向上层新叶子发展，成为整株分散分布型。

可变分布型在很多病虫害中都存在。在进行农药使用技术决策时应对病虫害的分布型首先查明。病虫在作物上的分布状况复杂多变，上述分布型只是一些供参照的实例，各地农药使用者可以根据此理对当地的病虫害发生分布情况进行调查分析，可以作为以后使用农药时的设计和选型依据。

2.5　农药的靶区和有效靶区

根据以上病虫害的各种分布类型，就可以提出靶区与有效靶区这两个术语及其概念。喷洒农药时，靶区通常是指主要的目标区，如植物的根区、株冠上层、株冠下层、树冠的冠面、内膛等。当这些区位中发生了病虫害，它们就成为施药的靶区。选定靶区的含义是可以向靶区集中施药而无需对作物整株施药。目前的施药器械和使用技术水平完全可以做到。而这样使用农药可以大幅度提高农药有效利用率，节省农药。

但是即便病虫害是发生在这些靶区中，然而种群的分布状态可能有所不同，有些病虫的种群或菌落可能是比较集中的，也可能并不集中而是平均分布的。前者就是在靶区中的有效靶区。突出"有效靶区"这一点，是为了进一步把农药的喷洒目标集中或相对集中到病虫密集的部位，这样就可以进一步提高农药的有效利用率。例如对于在树冠冠面发生的病虫害，采取静电喷雾法就可以取得较好的效果。因为防治冠面病虫害并不要求药雾进入树冠内膛，而静电喷雾法恰好能够在冠面上形成良好的雾滴沉积。

也有许多病虫害的施药靶区本身就是有效靶区，如水稻稻飞虱、纹枯病都是集中在稻株茎基部为害，稻株茎基部既是靶区，又是有效靶区。采用手动喷雾器的双向窄幅喷头在水稻下层喷洒可以取得很好的效果，稻株上层不会有农药沉积。小麦长管蚜和小麦赤霉病都是为害小麦穗部，穗部就是有效靶区，而小麦植株株冠上层也正好是施药的靶区，两者也恰好重合。这种情况下，也只有采取窄幅雾头的侧向细雾喷洒方法才能使药雾比较集中在小麦株冠上层，取得很好的防治效果。我国水稻、小麦种植面积很大，稻、麦上面的这些重要病虫害如果都能够充分运用有效靶区的概念指导科学用药，其经济效益和社会效益即很可观。

第 3 章

农药的有效使用与使用效果的测定方法

在选定了农药使用的靶标和有效靶区之后，不论是直接靶标还是间接靶标，在农药施用后必须能同靶标形成真正接触才能发挥药效作用。接触现象分为表观接触和有效接触。如液滴在叶片表面上的附着状态，究竟是有效接触还是表观接触？

3.1　农药同靶标的表观接触

表观接触，就是药剂虽然喷到了生物体表面上，但并未同表面发生真正的接触，药液很容易从叶面滚落。例如雾滴比较小时，喷施在作物上的雾滴可能仅仅是挂附在植物表面，不容易判断是否发生了有效接触。但是若采取大容量喷雾法，接触不良的雾滴就会发生雾滴聚并现象，形成粗大药珠而从叶面滚落。

许多施药者以为只要把农药喷洒到农田中就可以达到防治的目的，并不在意药液在作物上的附着情况。长期以来在有些农民中已经形成一种认识，即喷洒农药要把被施药的作物喷湿、喷透，直到植株开始出现药水滴淌，他们把这种药液滴淌现象作为农药已喷透、喷匀的标志。这种易导致药液大量损失的喷施方法应引起重视。如在水稻上喷洒敌百虫水溶液或杀虫双药液时可以发现，稻叶上并无药液沉积，即便是把稻叶插入药液中，叶片也不会被沾湿。这样的喷洒方法，药液基本上都落在田水中，导致农药的有效利用率很低。但长期以来，许多农药使用者一直对这种过量喷洒方法深信不疑。

药液滴淌现象可由多种原因引起，但主要是与药液在靶标表面上的接触状况有关。同时也与施药器械的性能有关系。常用的大水量喷雾器械，喷雾量很高，极易发生药液滴淌现象。如果使用方法不当，过量喷雾，药液的流淌损失更大。上述例子中的药液滚落现象是由于药液湿润性能差，从而导致药液同靶面接触不良造成的。但如果药液湿润性能过强也会导致药液从叶面的流失，这是发生滴淌现象的另外一个原因。在农药使用技术研究中，把不湿润现象引起的药液从叶面滴淌现象称为药液滚落；把过度湿润现象引起的药液滴淌现象称为药液流失。药液滴淌现象对农药的有效利用率影响最大。

3.2　农药同靶标的有效接触

在喷洒药液时，药液是否发生了有效接触，接触的程度如何，须经过一定的检测方法验证才能加以确认。

3.2.1　接触与有效接触

从表面化学的观点看，所谓接触，是指药液与靶标表面之间形成了界面（这里是指药液同靶标表面之间的"液/固界面"），即药液表面的分子与靶标表面的分子之间不存在空气分子。这是物理化学概念上的接触现象，是实质性的接触。所以使用"有效接触"一词，以区别于表观接触。另外有效接触也是指这种接触对于农药的使用是有效的。

因为表观接触实际上是一种虚假现象，农药使用中确认药液与施用对象的有效接触很重要，只发生表观接触现象的药液在靶标表面上极不稳定，容易受震动而脱离靶标表面。即便未发生震动脱落，药液水分蒸发后遗留的药剂沉积物在靶标表面上也很不稳定，仍可能由于种种原因而脱落。检查药液是否是与被施药对象达到了真正的接触，可将初始沉积的药液液滴吸走，如在靶体表面上留下一个边界清晰稳定的湿润液斑，且液斑的直径与初始沉积的液滴直径基本相同时，说明药液与受体发生了有效接触。若不能显现液斑，则说明并未发生真正接触。若液斑的直径比初始液滴的直径小，表明湿润性能较差。

3.2.2　接触与湿润展布

湿润现象是药液在物体表面上的一种界面行为。湿是药液同表面接触后发生的药液同靶标表面黏附的现象。如果药液表面同靶标表面的附着能力足够强，则在药液雾滴的重力作用下，药液会自动向周围靶面延展。湿就是药液开始同表面发生有效接触的过程。能够发生有效接触才会出现药液向周边延展的现象，即湿润过程。药液延展现象会在靶标表面上持续进行，使雾滴铺展而形成液斑。这是湿的动态发展过程，一直到液/固界面张力与液滴的重力达到动力学平衡，液斑趋于稳定。这种现象即称为湿润展布现象，简称湿展现象。用于增强药液湿润展布性能的助剂称为湿润展布剂，简称湿展剂。

因各种药液在靶标表面上的湿展能力有所不同，药液的沉积能力也各不相同。湿展力差的雾滴展布面积比较小，而湿展力强的则比较大，但湿展力太强，则可能使药液在靶标表面上的持留量降低，并发生药液从靶标表面流失的现象，即滴淌现象。

农药喷雾中所使用的药液主要是以水为分散介质，包括乳浊液、水溶液或水悬液。水是喷雾用农药有效成分的通用介质。而病虫杂草的靶标最外层则是由长碳链蜡质分子所组成的疏水性（或亲脂性）表面。如果药液中尚未加入湿润助剂，则不能同疏水性表面亲和，因此不能形成有效接触界面。但是有些靶标表面对水也具有不同程度的可湿润性，如白菜、棉花等作物及一些杂草，这与靶标表面蜡质分子的化学结构特征有关。有些昆虫的体表也并非绝对不可湿润。问题在于这种自然的可湿润程度是否能满足农药使用的要求。因此，需要确立一种可量化的物理指标。通常采用两种指标：一是药液沉积量；二是接触角。

农药使用中，喷洒的药液雾滴降落在靶标表面上时，最初出现的是三重相：液相（药液）/气相（空气）/固相（靶标表面）。

如果三相同时存在，会出现两组界面，即液/气界面和固/气界面。在此状态下药液与靶标表面并未发生实质性接触，因为其间被二层空气所隔绝。但是表观上似乎液、固是互相"接触"的。如果施以外力稍加振动，液滴就会脱落，不留下液斑。所以说这种表观接触是无效接触。但是如果药液中含有某种具有湿润作用的物质（湿润助剂）来加强药液表面与靶标表面之间的亲和力，即两者分子之间的键合能力强于液/气和固/气界面的键合力，排走了空气层，即可形成液/固之间的新界面。此过程就是药液湿润靶标表面而形成有效接触的机制。

只有形成了有效接触以后，药液中的农药有效成分才能转移到生物体发生作用，这是就直接靶标而言。在间接靶标上，只有药液发生有效接触，才能在靶标表面上留下农药有效成分的牢固沉积物，然后才能通过各种方式同间接靶标上的有害生物接触。

3.3 农药的沉积分布以及同有害生物的接触

施用在间接靶标上的农药如何同有害生物发生接触，是使用技术中的重要问题。因为这种施药方法是最常用的方法。

3.3.1 生物性间接靶标

喷洒到植物上的农药分为两部分：一部分沉积在有害生物靶标上直接发生作用，但这部分所占的比例不大；大部分农药则沉积在作物尚未受害的部分，这部分农药虽然并未同有害生物直接接触，但仍然可以对有害生物发生致毒作用。这种作用是通过以下几种途径实现的。

3.3.1.1　有害生物的被动接触

被动是从有害生物的角度，主要是活动性很小的有害生物来讲的，如多数蚜虫、介壳虫之类的害虫以及各种病原菌等。农药可以通过多种方式从药剂的沉积部位向周围扩散分布到有害生物着生部位而发生接触。对这样的有害生物靶标而言，就是一种被动接触。这种接触作用是基于以下几种机制。

（1）农药的溶解扩散作用　有些农药能溶解在靶标表面的各种来源的水分中，如露水、雨水以及作物所分泌的液体等。溶解的药剂即可随这些水分扩散到有害生物着生部位，同害虫或病原菌侵染体发生接触。这种被动接触对于杀菌剂的使用非常重要。作物表面的水分中往往还会含有一些有助于农药溶解的物质，如脂类、芳香油类、胺类、有机酸类以及其他物质，因作物的种类而异。有人认为，农药甚至可以通过这种方式从作物上部的农药沉积部位逐渐扩散分布到作物的下层，并称这种现象为农药的二次分布。不过从农药的实际使用剂量水平和作物株冠的复杂性来说，这种二次分布不可能有重要的实际意义。因为不可能通过这种方式产生均匀的整株分布。但是在农药沉积范围内，例如在同一叶片上，这种二次分布是很重要的。

（2）农药的气化熏杀作用　有些农药具有一定程度的气化能力（一般蒸气压大于 2mPa 的农药即可能表现有这种能力）。因此，可以在气体状态下扩散到着药点附近的有害生物靶标上。例如某些有机磷杀虫剂、抗蚜威、毒死蜱、百菌清、杀虫双及其他具有适当蒸气压的农药。不过通常是在触杀作用或胃毒作用等主要作用方式之外兼具一定的熏杀作用，而并不是熏蒸剂，一般只能在药剂沉积部位的周边范围内表现出这种作用。不过有些农药的气化能力相当强，其扩散范围可能比较大，则又当别论。如敌敌畏、抗蚜威等杀虫剂，杀菌剂中的硫黄、百菌清等，都具有较强的气化或升华性能。硫黄、百菌清等杀菌剂还可以采取电热或其他加热方法加速它们的气化速度，均有利于增强有害生物对农药的被动接触摄取。

（3）农药的内吸作用　内吸性农药对病原菌而言属于被动接触，而对于害虫则属于主动接触，因为害虫必须通过刺吸行为而摄取药剂。

3.3.1.2　有害生物的主动接触

这是指有害生物主动与农药接触。由于有害生物的行为特征和运动习性，使它们在运动过程中主动与农药发生接触。

（1）害虫　在作物靶标上的多数害虫都有很强的活动习性。主要是幼虫（若虫）和成虫的取食和爬行行为。在爬行通过农药沉积物时接触农药；在运用气溶胶状态的农药时，飞翔中的害虫对飘浮状态农药的捕集；使用诱杀剂等，都属于害虫对药剂的主动接触。不同的害虫其爬行运动的距离和速度有很大差别。爬行距离较长的害虫所接触到的药剂剂量较大。因此，喷洒农药时必须明确药剂沉积量的要求。对于爬行距离较长的害虫，药剂沉积量可相对较小；反之则应较大，以便害虫能接触到足够的有效剂量。由于害虫的种类不同，对农药的半数致死量（LD_{50}，$\mu g/g$）差别很大，确定喷药量时须根据具体的害虫对象和药剂种类，通过毒力测定和药效试验确定，也可参照有关农药手册和植保手册等技术资料确定。有些资料上规定的农药沉积密度，如每平方厘米叶面上应沉积多少雾滴或粉粒，只能作为参考。因为在实际防治工作中存在许多可变因素。必须根据当地的实际情况和实践经验做出符合实际的决定。

（2）病菌　病菌对杀菌剂的主动接触与害虫有所不同。在作物上危害的病原菌主要是通过孢子萌发时产生的吸器和菌丝与杀菌剂沉积物相接触，因此也属于主动接触。病原菌还可以通过其释放的某些物质加速杀菌剂的溶解，而后主动摄取杀菌剂。杀菌剂在靶面上的扩散分布也可以使病原菌处于被动接触摄取的状态。这两种摄取方式对于保护性和铲除性杀菌剂的使用具有重要意义。菌丝在叶片表面上不会延伸很长，所以杀菌剂的沉积密度（用杀菌剂微粒的单位面积上的沉积微粒数来表示）对药效的影响较大。药剂的雾滴和粉粒的分散度愈高，雾滴或粉粒数愈多。病菌与药剂的接触频率愈高。

这里有两个因素互相交叉：一是菌丝与药剂微粒的距离；二是药剂微粒的溶解扩散距离。这是两个互补的相关因子。溶解扩散距离大的药剂其微粒沉积密度可以较小，即每平方厘米表面上的药剂微粒数可以较少；反之则应较大。以保证药剂与病原菌有较高的接触概率。

3.3.2　非生物性间接靶标

主要是农药在土壤这种间接靶标中与有害生物的接触问题。农药能被土壤水或地表水淋溶而向土壤下层扩散分布，先决条件是土壤对农药的吸附作用应很小，否则药剂在土壤中很难发生移动，农药就不可能自由扩散到与有害生物靶标接触的程度。由于农药在土壤中的扩散移动而同有害生物接触，对有害生物来说即属于被动接触。所以，土壤药剂处理和土壤熏蒸法的使用，均属于有害生物对药剂的被动接触。虽然土居性害虫和土传病害也会由于害虫的移行运动和病原菌的菌丝体生长延伸，而同土壤中的药剂发生主动接触，不过就农药对土壤的处理而言，这种害虫主动接触现象处于次要位置。

与药剂在土壤中的运动行为关系最大的是土壤的吸附性。土壤吸附作用可能有多种机制，如静电结合、物理结合、氢键结合、化学配位键结合等，都会使农药分子被吸附在土壤颗粒上，不能自由活动。同时农药理化性质的不同也会表现出被吸附程度的差异。在农药的土壤环境毒理学中采用农药的"吸附系数（K_d）"来表达，即在具有一定水/土比的土壤平衡体系中，吸附在土壤上的农药量与土壤水溶液中的农药浓度之比值。此系数越大，表明吸附程度越强，农药的自由活动能力越小。

　　了解主动接触与被动接触两种形式，其意义在于农药的制剂形态和施药方式可以根据农药同有害生物接触的形式而作相应的选择和调整。对于主动接触的有害生物，要求农药在靶标表面上达到适宜的沉积密度，并且具有较强的滞留能力，这样可以取得较好的防治效果和较长的残效。这就需要提高药剂在靶面上的附着力和防雨水冲刷能力，因此需要选择靶面黏附力较强的农药剂型。同时应选择细雾喷洒技术，使农药在靶面上分散分布均匀，并且沉积密度较大，以提高有害生物同药剂接触的概率和接触剂量。对于被动接触类型的有害生物，特别是暴发性病虫害，要求则不高。因为此类病虫害的防治要求速效和高效，无需要求残效。

3.4　农药的分散度与靶标接触的关系

　　分散度的定义是一定量的农药的总表面积（S）与总体积（w）之比值，亦称为比表面积，比值越大说明分散度越高，也就是农药的颗粒或雾滴越细。一定量的农药，无论是固态或液态，在其总体积保持不变的前提下，破碎成颗粒或分散成雾滴的数量越多，则其总表面积也扩增得越大。

　　比表面积值的增大对于农药的剂型加工和毒理作用具有十分重要的意义，可概括为以下 3 方面。

3.4.1　增加靶标表面的覆盖度和接触面积

　　靶标表面覆盖度和接触面积的增加，在毒理学上的意义很大。它表明在不增加农药用量的条件下，药剂同有害生物接触的概率即可大幅度提高，药剂进入有害生物体内的剂量会大幅度增加。即药剂的比表面积增大既可提高药剂发挥毒力作用的能力，又可以减少农药的施用量，这种现象早已被大量事实证明。勃奇菲和麦克纽在用二氯萘醌防治马铃薯早疫病的经典研究中，比较了不同粉粒细度对于防治效果的影响。以 95%防治效果作为比较标准，粒径 24.5μm 的药剂需用 1000mg/L 的药液浓度，而粒径缩小到 0.81μm 的药剂只需 120mg/L 的药液浓度。细的颗粒在靶面上的分布密度远大于粗颗粒，这无疑会极大地提高药剂颗粒同病原菌的接触概率，使病原菌吸收的药剂剂量增加。

　　哈达威等用滴滴涕粉剂对蚊虫进行了药效比较试验，滴滴涕的不同粉粒直径和沉积量下的杀虫效果见表 3-1。

　　滴滴涕是一种强脂溶性接触杀虫剂，药剂能直接被昆虫体壁的蜡质层吸收，并在表皮蜡质层中扩散。同时，很快转移进入虫体内的神经系统，粉粒越细，扩散转移也越快。因此研究药剂的分散度是接触杀虫剂毒理研究的重要内容之一。

表 3-1   滴滴涕的粉粒直径及施药剂量同杀虫效果的相关性

粉粒直径 /μm	粉剂沉积量 / (μm/cm²)	不同接触时间后的蚊虫死亡率/%			
		1min	2min	3min	4min
10～20	6	26	93	100	100
20～40	56	3	45	80	100
40～80	444	3	5	30	60
CK	0	—	—	—	3

3.4.2   提高药剂对生物体表面的通透性

极小颗粒的药剂比粗大颗粒的农药易于透过生物体表面进入体内。如粒径为 0.01～0.1μm 的微乳剂的效果显著高于其他剂型。因为如此微小的药剂微粒比较容易穿透生物体表皮。在黄瓜霜霉病的游动孢子上观察到孢子的动态溶胀破裂现象，这种现象在极低浓度的磺酸盐（0.001mg/L）的作用下瞬间发生，可在光学显微镜下直接观察。如果用孢子囊做试验，则可以观察到原生质因质膜破裂而出现的原生质团从子囊壁挤出外溢的现象。

3.4.3   比表面积的增大加速了药剂的气化速度和溶解速度

对于具有一定蒸气压（一般在 1mPa 以上）的药剂，其比表面积增大能显著加快药剂的气化速度，有利于发挥药剂的气体熏杀作用。许多农药具有这种特点，如百菌清、抗蚜威、毒死蜱等。温度升高或分散度提高可加强其气化速度。而在分散度低的状态下，以接触致毒作用为主的药剂，在分散度提高后则表现为很强的熏杀作用，即通过改变分散度可以改变药剂的主导作用方式。百菌清通常是以可湿性粉剂的剂型供喷雾使用，也可以采用粉尘剂的剂型使用，粉粒细度一般在 20～40μm，残效期可达 10～15d。但百菌清烟剂的残效期则仅 4～5d。这是由于百菌清烟剂这种超细分散状态下分散度被极大提高，其微粒直径小于 0.1μm，有效成分升华速度显著加快，因此在作物表面上的残存时间就会相应地缩短。在加温温室中，把粉状百菌清原药直接撒在加热管道上，即可防治黄瓜霜霉病的发生，就是利用温度提高百菌清气化速度，但同时必须使药剂达到一定的分散度，以扩大其气化面积，使空气中的百菌清含量达到一定浓度，才能控制病原菌孢子的活动。这种使用方法近似于熏蒸法。电热硫黄蒸发器在温室中使用，也是基于相同原理。

用 1～16μm 的几组硫黄粉粒对菌核病菌的孢子发芽率进行杀菌效果比较试验表明：1～2μm 的极细粉粒悬浮液，对孢子发芽抑制率达 50%时，所需药量比 15～16μm 粉粒所需剂量降低到几十分之一。

气态药剂分子对于生物体表皮或细胞膜具有很强的渗透能力，更容易进入昆虫气门，并且很容易通过其气管末梢的微气管进入虫体的循环系统，随之分布转移到体内有关作用靶位发生致毒作用。这是杀虫剂毒理学中的熏蒸作用方式。杀菌剂的气态分子则可透过细胞膜而直接进入细胞内。早年麦柯伦就已证明了硫黄的气体能透过远比细胞膜厚的火棉胶膜囊袋而杀死囊袋中的真菌孢子而无需同孢子直接接触，药剂的溶解速度随药剂分散度的提高而相应地加速，有利于杀菌剂毒力的发挥。除了在叶面水分中的直接溶解作用之外，也可经过某些间接化学作用而发生溶解现象。如波尔多液制剂在叶面上的沉积物，在水中的溶解性极低，但叶面水中所含的酸性物质或胺类物质，会使碱式硫酸铜溶解而转变成水溶性铜，比较容易被病菌孢子和菌丝吸收。此时沉积物的分散度同样对溶解作用的速度有很大影响。

3.5　农药与靶标表面的界面化学现象

农药与靶体表面之间的界面具有多变性。界面现象是药液落到靶标表面上时，两表面之间发生接触而出现的一种瞬时现象。因为药液中的水分很快就会蒸发消失。以水为介质的农药雾滴在生物体表面上所形成的两相之间的表面接触现象，液滴呈球面形（或称为透镜形）；两相交接面是一个圆。从圆周的任一点引出一条对于球面的正切线，此线与圆面在垂直面上的夹角，称为接触角，通常用来表示雾滴的湿润能力。液体在固体表面的接触角用 θ 表示。$\angle\theta>90°$：液体在受药表面上不湿润，不展布；$\angle\theta=90°$：液体在受药表面上只湿润，不展布；$\angle\theta<90°$：液体在受药表面上既湿润又展布；$\angle\theta=0°$：液体与固体互溶。接触角愈大，表明液滴对靶面的湿润性能愈差，反之则表明湿润性愈强。但水分一旦蒸发消失，这种接触角就不再存在。在水分消失的过程中接触角便随着逐渐缩小，称为后退角，直至消失。特别是采取细雾喷洒时，雾滴中的水分蒸发更快。在农药药液这一相中包含有多种物质，如溶剂、表面活性剂、农药有效成分及其他杂质和水。当水分蒸发后，其他非挥发性组分仍遗留在靶面上。这些物质会与靶面形成新的界面。

3.5.1　水分蒸发后农药遗留物与靶面之间的界面

各种农药经溶剂稀释液稀释后喷雾，如果喷洒的是农药水溶液，水分蒸发后遗留物是原先溶于水中的农药结晶，同靶面之间不能形成良好的接触界面，所以接触往往是不牢固的。我国多年使用的杀虫双、敌百虫商品中均不加湿润剂或其他助剂，其喷雾遗留物即属于这种状况。而如果水分蒸发后，所遗留下来的是农药的有效成分和农药助剂的混合体，其中的表面活性剂在无水状态下保持一种高浓度的溶胶状态，农药有效成分及其他成分都在胶状物中。其中，农药有效成分为固态微粒的各种剂型如可湿性粉剂、悬浮剂等，制剂中均含有表面活性助剂。喷洒液能在靶面上湿润展布，水分蒸发后的固态遗留物也同表面活性剂形成胶黏状物附着在表面上，同靶面之间仍能保持比较良好的接触，故黏附比较牢固。如果使用的是乳油制剂，当乳油中的溶剂还未蒸发消失时，农药将保持其原有的油状液。这种农药遗留物药斑会在靶面上平展，形成良好的接触界面，无析出物，也无接触角，遗留物同靶面接触牢固。如果溶剂较快蒸发消失，则遗留物将呈胶状物附着在靶面上，同靶标表面结合比较牢固。

3.5.2 农药遗留物吸收自然水分后的状态

农药在靶面上的遗留物能吸收空气和环境中的水分（包括水雾、露水、雨露等）恢复成液态物，同靶标表面重新建立新的液/固界面。实际上在农田环境中这是一个不断交替进行的过程。白天空气湿度小，药液水分蒸发；夜间则会有各种凝结水被遗留物吸收。所以，在农药与靶体表面之间存在一种非常复杂多变的界面交替现象。直到药剂遗留物消失。若不能形成有效沉积，农药不可能发生上述作用。但是，在沉积完成以后，由于水分的蒸发—农药遗留物的形成—吸收自然水分—生成新界面这样的反复过程，使得药剂同靶标表面之间的关系比较复杂。

3.6　农药的剂量转移

农药从施药器械喷出以后直接到达生物体内的靶标部位的量较少，能到达作物靶标上的量较多，而中间要经过一系列的传递过程，才能最后到达生物体靶标的部位，这种现象称为农药的剂量转移现象。

农药的剂量转移现象涉及农药的有效利用，也涉及农药的作用机制和如何提高农药的毒力水平问题。有专家提出了农药的剂量转移流程图表示方法，较全面地概括了农药从施药器械喷出进入环境后的去向。其中从施药器械到作物表面的"转移"实际上是农药的机械输送过程，不属于毒理学的剂量转移过程。此表示方法可以给如何防止农药向环境中散失提供原则性的指导作用。

3.6.1 从施药器械向施药目标物的传递过程

农药喷洒后的问题是药剂在目标作物上的沉积率。需要关注的是如何大幅度减少农药向非靶区域的扩散，同时又能大幅度提高其在靶标生物上的有效沉积量。

3.6.2 从间接靶标向有害生物靶标的转移

沉积在各种间接靶标表面上的农药如何向有害生物体转移，这是涉及防治效果的实质性的剂量转移过程。除了杂草这样的直接靶标外，杀菌剂、杀虫剂的使用，几乎都存在此转移过程。有害生物对农药沉积物的主动接触和被动接触，是从有害生物的视角观察；若从农药沉积物的角度观察，就是农药的剂量转移问题。

在沉积了杀虫剂的靶标表面上，害虫通过各种形式的活动而同药剂沉积物发生接触（主动接触），药剂即被转移到虫体上。这时只是同害虫的体壁发生了接触，药剂进入虫体这一步转移是在药剂同虫体体壁的接触之后进行的，发生在药剂沉积物与虫体表面之间的接触界面上，是一个界面化学过程。这是接触性杀虫剂的转移方式。昆虫躯体的其他部位还分布有大量的各种形状的化学感受器，特别是昆虫的足的跗垫上。这些化学感受器在足的爬行过程中便同靶标表面上的农药沉积物发生接触。咀嚼口器的害虫则通过嚼食植物叶片或其他部分而同时摄入沉积的药剂，完成农药的剂量转移。

若药剂具有气化性，则通过害虫的气孔而被摄入，昆虫体躯两侧有两排气孔，是气态药剂进入昆虫体内的主要通道。昆虫的触角也能接受气态药剂，这时药剂气体的分子是通过触角上密布的大量化学感受器而被接受的。

上述部位是农药向昆虫体内转移农药的主要途径。除了通过气门进入，杀虫剂只要通过了害虫体表蜡质层，对上表皮的穿透就比较容易。所以昆虫体壁的蜡质层是杀虫剂向害虫体内转移的重要障壁。

3.6.3　植物体靶面上的剂量转移

当植物体是直接靶标（如杂草）时，药剂喷洒到植株上即完成了宏观毒理学意义上的剂量转移的最终一步。在植物体上的剂量转移大多数是在植物叶片上进行的，包括作物、果树和杂草。药剂也可以从土壤中向植物的根系转移，并被吸收进入植物体。

在叶片表面上的剂量转移有两种情况。一种是内吸性农药从叶面向叶片内部转移——内渗或内吸。内渗性农药只能渗透进入叶内，也可能从施药的一面渗透到叶片的另一面（有时把这种现象称为农药的"内渗性"），但不能在植物体内运输传导。农药渗入叶片的主要障碍是叶片表面角质层及其外侧的蜡质。各种植物叶片的解剖构造虽有不同，但都有一定程度的拒水性。药液的湿润性能会提高药液的通透能力，主要是帮助水分渗入角质层后使角质发生溶胀现象，使药剂易于通过。另一种是非内吸渗透性的农药在植物表面上从施药原点向周围扩散分布，即农药的二次分布或再分布现象。这种再分布也需要借助湿润展布剂和自然凝结水。这种剂量转移方式对非内吸性和非内渗性的农药特别重要，因为可以扩大药剂的扩散分布面积，从而有利于提高农药的有效利用率。

3.7　农药的田间分布要求

农药在农田和作物上的沉积分布状况是最直观的施药质量依据，也是最便于进行施药质量检测的指标。因为施用后的农药都以一定的分散状态（雾滴、颗粒、粉粒、烟粒等）沉积到靶标和靶区内。农药分散状态下的运动行为受多种因素影响，如与施药机具的工作压力、雾化性能、施药时的气流、小气候条件、作物的株形和田间群体结构及施药人员的技术和技巧等多种因素有关。因此，农药的施药质量受多种因素的制约，而这些因素中许多都属于动态因素，例如气流等小气候条件都是动态可变因素，甚至施药人员（特别是手动植保机械的操作人员）的操作技术也是可变的。但农药分散状态却相对稳定。

农药使用技术的本质是农药的分散度。分散度即物质的比表面积——农药物质的总表面积与其总体积的比值。颗粒或者雾滴尺寸越小则比表面积越大，农药的喷施过程则包含两个分散步骤：一是通过施药器械把农药分散为很细而均匀的粉粒或雾滴；二是把农药细粉（烟雾）或细雾分散到空气中，形成农药粉末（烟雾）或雾滴在空气中的分散体系，空气成了农药的分散介质。最后农药粉粒（烟雾）或液滴才沉积到作物上或飘落到环境中。而农药在作物上的沉积效率（有效沉积率），在大气中的扩散、飘移、穿透能力则完全取决于农药的分散度；分散度越高则扩散、飘移、穿透能力越强，受气流影响也越大。从病虫害防治效果来说，也是分散度愈高、药效愈好，农药用量也愈少。

许多农药使用人员在农药喷洒时，要把作物喷到"全湿"，即希望作物表面全部喷上药液，使之形成"液膜"，认为这样才能使病虫无漏网之鱼，把"全部喷湿"作为一种施药质量标准来掌握。但在实际生产中，这样的"标准"是不符合病虫害化学防治要求的。

将整株喷湿的喷洒标准来自一种不正确的认识，即认为整株喷湿的方法可以使植物表面上形成一层"药膜"而把植物保护起来，认为这样可以比较彻底地消灭病菌和害虫。但是实际上不可能形成这样的"药膜"。下面通过分析来说明植物的药液承载能力，使现有的喷洒方法不可能满足整株喷湿的要求；另外，即便能够把植株喷湿，液膜也不可能持久。因为除了不易蒸发挥干的油状药液外，喷雾液都是以水为介质，并且在大容量喷洒法中药剂的含量都是很低的，一般不超过 0.1%，绝大部分是水。水作为药剂的运载体，喷到作物上以后很快便会蒸发逸失，遗留下来少量的农药有效成分及助剂，呈微细的固体颗粒、结晶或油珠，散在作物表面上，而并不是"药膜"。

3.7.1　作物对药液的承载量

靶标作物表面上对药液的承载量有多大？需要多少药液才能使作物表面上全部被药液遮满？赫赛等早年的研究结果表明，即便每公顷喷洒 4750L 药液也只有 75% 的叶片上能接受到药剂。此量相当于每亩（1 亩=666.7m²）要喷 317L 药水。根据在绝对均匀喷洒情况下（要求每平方毫米叶面上能有 1 个雾滴）的理论计算，在 1hm²

表面上就需要 200μm 的均匀雾滴药液 42L，500μm 的均匀雾滴药液则需 655L 之多。200～400μm 的雾滴即属于常规大容量喷雾法。如果叶面积指数在 2～4 之间，则所需药液量就要增大 2～4 倍之多。这是理想状态的计算数字，在实际施药时是不可能做到的，施药液量将远大于此量，因为田间作物叶片不可能呈水平面状态，并且还存在枝叶互相交叉的情况。从药液沾满叶面所需要的量来计算，假设药液在叶表面上的液膜厚度为 0.2mm 的均匀液层，1hm^2 表面上就需要 2000L 药液（相当于每亩134kg 药水）。如叶面积指数达到 2～4 则所需药液还要增加到 4000～16000L。如果考虑到病虫害发生时，害虫常在叶正反两面都有分布，则"全面喷湿"也包括叶背面，用药量还需再增加一倍。显然，这样的农药喷洒量实在是太大了。由此可见，所谓"全部喷湿"，不应作为农药喷洒的质量标准。

　　实际生产中没有必要把作物全株喷湿。摩泽提出，对于植物病害的防治，农药的覆盖率只要能达到 40%即可，而对于害虫的防治仅需 5%的覆盖率就可以达到防治要求，因为害虫是能够活动的。一般来说，药剂的覆盖率能达到 33.3%（即覆盖面积达 1/3 左右）就可以同时满足病害和虫害防治的要求。格兰姆·勃拉斯曾经对各种尺寸的雾滴的覆盖面积，同时对每一雾滴中所包含的农药有效成分作了计算，见表 3-2。

表 3-2　雾滴尺寸及其覆盖面积与每一雾滴中所包含的农药有效成分[①]

雾滴尺寸 /μm	每个雾滴的覆盖面积/cm^2	每 1L 药液所能生成的雾滴数	1L 药液的雾滴的总覆盖面积/cm^2	每一雾滴中所包含的农药有效成分/ng
20	3.14×10^{-6}	2.38×10^{11}	747320	0.08
50	1.96×10^{-5}	1.50×10^{10}	294000	1.30
100	7.85×10^{-5}	1.90×10^{9}	149150	10.40
300	7.07×10^{-4}	7.1×10^{7}	50197	280.00

　　① 所用药剂为溴氰菊酯，有效成分含量为 20g/L。以下几种害虫的溴氰菊酯半数致死量（LD$_{50}$，ng/虫）为：按蚊（Anopheles stephensi）0.04；小菜蛾（Plutella xylostella）1.13。

　　从表 3-2 中可见，300μm 的雾滴尺寸如果是由 1L 药液所生成，若为均匀雾滴，可得 7.1×10^7 个雾滴，其覆盖面积约为 5.02m^2，而 50μm 的雾滴（细雾喷洒）则可覆盖 29.4m^2。假定这些雾滴全部喷洒到叶片上，而叶片总面积为 1hm^2，则覆盖率仅为 0.05%～0.3%。但是每 1 个雾滴所包含的溴氰菊酯的量足以使 3 种害虫中毒（半数致死量），即便 LD$_{95}$ 值是 LD$_{50}$ 值的 2～3 倍剂量，2～3 个雾滴也足以杀死 1 头害虫了。

　　Moser 和 Graham Blass 的雾滴覆盖面积是拿圆球形雾滴的投影面积来计算的。但是雾滴沉降到叶片表面以后，除非雾滴完全不能湿润并展开在叶面上，一般药液所形成的雾滴都会在叶面上不同程度地展开呈凸透镜状的液斑。实际上雾滴的覆盖面积应该以液斑的覆盖面积来计算。雾滴与液斑直径的相关性，两者的比值称为雾滴的展开系数。雾滴尺寸与展开系数呈正相关，雾滴越粗则展开系数越大，表明雾滴的覆盖能力强。

展开系数与温度及雾滴坠落高度均呈正相关性，温度及雾滴坠落高度高则雾滴展开面积就大。但是药液的黏度大会降低展开系数。

3.7.2　农药在作物上的覆盖要求

Cislo 和 Bein 的一项研究结果比较准确地说明了在叶片上形成怎样的覆盖状态才能获得最佳防治效果。他们用了无内吸作用的氧氯化铜（王铜）的悬浮液在蚕豆植株上对蚕豆灰霉病进行防治效果试验。用转碟喷雾机喷洒，以获得雾滴尺寸比较均匀的药雾，并选用了 180μm 和 330μm 两种尺寸差异明显的雾滴。为了明确药剂用量、雾滴尺寸及覆盖率同叶面菌源量的关系，并设定了 1μL 和 10μL 两种菌液接种量。

从雾滴尺寸（μm）、施药剂量（μg/cm²）和菌液的体积（μL）三种因素的交互影响来分析，要获得 1μL 灰霉菌接种菌液体积 100%的抑制效果，以 180μm 的雾滴计，只要达到 5%左右的覆盖率，1μg/cm² 的药剂沉积量即可。以 330μm 计，覆盖率要达到 10%才能获得相同防效。当接种菌液体积增大到 10μL 时，对雾滴覆盖率的要求均降低，以 180μm 处理，覆盖度达 1%即可获得良好的防治效果。根据所得试验数据，Cislo 等提出了一个近似拟合公式来表示防治效果与这些参数之间的关系：

$$\log_e[-\log_e(1-P)] = 0.95\log_e N + 0.54\log_e A - 0.038W^{-\frac{1}{2}} - 0.37 \qquad (3\text{-}1)$$

式中　P——接种菌源的抑制率，%；

　　　N——雾滴密度，雾滴数/cm²；

　　　W——每一雾滴中所含杀菌剂的剂量，μg；

　　　A——与沉积的杀菌剂相交叠的菌液液滴的面积，cm²。

此拟合公式虽然是对氧氯化铜的试验结果，但是对于任何保护性杀菌剂具有普遍性。对于内吸性杀菌剂，由于药剂渗透到叶片内部以后的输导作用，会使药剂扩散到叶片其他未着药部分，因此参数 A 将会发生很大变化，需要另行测试。A 的作用比 N 和 W 的作用小，参数 N 和 W 起决定性作用。

试验和计算表明，喷洒的雾滴直径缩小 50%以后，雾滴数会增加 8 倍。或者说在施药条件下药剂同病原菌的接触机会增加了大约 8 倍，从而防治效果得以明显提高。

Abdallah 等通过研究试验，提出了沉积雾滴的几种参数，说明了雾滴沉积覆盖同防治效果的关系。试验药液中添加了紫外线照射下可显示的荧光示踪剂。药液用单雾滴发生器产生所需雾滴，氧化镁板测定雾滴的实际直径（μm）。雾滴直接施于烟叶上，每片叶 $4cm^2$。雾滴从发生器上喷出后呈线条状雾滴带，等距滴落在叶片表面上。所采用的参数是：

50%致死雾滴密度及 90%致死雾滴密度（LN_{50} 及 LN_{90}）——分别表示可获得 50%和 90%杀虫效果的单位面积内的雾滴数（雾滴数/cm^2）。

50%致死的雾滴扩散距离及 90%致死的雾滴扩散距离（$LD_{ist,50}$ 及 $LD_{ist,90}$）——50%有效距离及 90%有效距离。分别表示雾滴或药剂颗粒的扩散分布能力。D 即表示扩散距离半径（mm）。

生物有效面积（BA）——可以获得 50%杀虫效果的有效面积。

试验结果见表 3-3。

表 3-3　雾滴尺寸和药剂浓度对氯氰菊酯杀虫效果的影响[1]

	雾滴尺寸的影响		三种药剂浓度的影响		
	10%	10%	5%	10%	20%
雾滴尺寸/μm	114	59	117	107	113
$LD_{ist,50}$/mm	0.415	0.318	0.325	0.385	0.460
$LD_{ist,90}$/mm	0.262	0.165	0.186	0.207	0.277
BA/mm^2	0.541	0.318	0.332	0.466	0.665
LN_{50}/（雾滴数/cm^2）	92	157	151	107	75
LN_{90}/（雾滴数/cm^2）	232	585	460	371	207
LD_{50}/（μg/cm^2）	7.137	1.688	6.331	6.863	11.333
LD_{90}/（μg/cm^2）	17.997	6.291	19.288	23.797	31.278

[1] 雾滴尺寸的影响和药剂浓度的影响采用了不同的剂型配方。

从右列数据（三种药剂浓度的影响）中可清楚看出：随着药剂浓度的变化，获得 50%和 90%杀虫效果所需的雾滴密度也相应变化，雾滴所含药剂浓度越高则所要求的雾滴密度越小，而雾滴的扩散距离半径（D）则相应增大，生物有效面积（BA）也相应扩大。

Herrington 和 Bein 的研究表明，在雾滴尺寸不变（210μm）、雾滴中药剂浓度也不变（150mg/L 药液）的情况下，单纯增加雾滴数，从每平方厘米 5 滴增大到 10 滴，杀菌剂磺酸丁嘧啶对于豌豆白粉病的防治效果并不加强。但若雾滴数不变（7.5 滴/cm^2）而把雾滴尺寸从 140μm 增大为 280μm 则防治效果显著提高。这与磺酸丁嘧啶的内吸作用有关。

这些研究结果说明，农药在作物上的沉积覆盖密度，要根据沉积到叶面上的药剂的有效作用范围，如表 3-3 中所提出的生物有效面积来考虑，有效面积越大（即 D 值越大）则雾滴密度也相应越小。有效面积的大小取决于沉积下来的药剂的剂量（即雾滴的药剂浓度）和药剂的性质。但是由于药剂的沉积覆盖过程有多个互变因素影响到最终防治效果，如药剂雾滴的细度、沉积密度、每一雾滴中的有效成分含量等，通常根据作物生长状况确定施药方法和施药器械以后，再根据雾滴细度（雾滴谱）来决定雾滴中有效成分的含量，进而决定雾滴沉积的密度，即覆盖率。

病原菌和害虫在农田中的分布是以作物的生长空间（包括土壤）为依托的立体分布。病原菌和害虫在植株不同部位繁殖危害，这些特定部位即所谓的"生态位"。为了便于选择正确的农药喷洒技术和选用适宜的喷洒机具，通常把病虫的活动状态区分为密集分布型、分散分布型和可变分布型等几种。从农药使用技术标准化的要求来说，主要关注的是病虫究竟分布在整个株冠中还是密集在特定的部位，像麦长管蚜、茶毛虫等，或者是在作物生长的某一阶段内分散分布，另一阶段又变成密集分布。明确了分布的特点和状态，使用农药时便能有的放矢，从而提高农药的有效利用率。

病虫在农田中还存在平面分布的类型，不过这种分布类型方面的差别主要对了解病虫害发生发展的动向和趋势以及病虫测报工作有重要意义。对于需要进行化学防治的农田而言，必须进行全田喷施农药。有些特殊情况，如小麦锈病发病初期，在麦苗上首先出现发病中心，此时喷药消灭发病中心，对于控制后期病情的严重程度十分有利。在检查发现了发病中心点之后只须定点喷施药液即可，无须全田喷药。又例如水稻二化螟、三化螟，其防治指标要求每亩有枯梢团 40 个以下或 30 个以下的只打枯梢团，也可以不全田喷药。这种情况比较少，要根据病虫害防治指标的特别要求做出决定。

需要注意的是，一般情况下对于内吸性药剂的着药部位也必须要严格喷洒均匀。内吸药剂在植物体内的运动和输导取决于植物的蒸腾液流运动规律。蒸腾液流是植物体内营养物质的一种向顶性运动，所以通常内吸性药剂都是向顶性输导作用或称为质外体输导作用。此类内吸性药剂可以从植物的根部、茎秆部进入植物体，也可以从叶部进入；但从叶部进入后主要是向叶片的边缘部（对网状脉叶片而言）或叶尖部（对平行脉叶片而言）运转，很难向着药部位的后方运转，更不能从着药的叶片向未着药的叶片运转。着药于叶片叶脉一侧的药剂也很难运转到另一侧。目前，只有极个别药剂具有向基性输导运转的能力。药剂进入植物体内后，必须首先转移到韧皮部参与共质体运动，才能发生向基性输导和运转，这称为共质体输导作用。除草剂草甘膦是具有很强的向基性输导作用的药剂，只需在植物顶部叶片上着药，草甘膦便能迅速向下输导到基部而把根杀死。所以草甘膦无需喷洒，只需采用一种药液涂抹器把药液涂在顶层少量叶片上便能奏效。这是在农药使用中的一个特例。

全田喷施农药，要求农药在全田的水平分布达到一定的均匀度，避免局部药量过多或过少的不均分布现象发生。农药喷洒情况受许多因素的影响，特别是气流对雾滴运动的影响，操作人员素质和技术水平的影响都比较大。在现代化农业中利用拖拉机牵引或机载喷雾机施药，消除了许多人为因素的影响，喷洒作业可以用现代化的仪表和电脑控制，气流的影响现在也可以通过喷雾机械的改造、设计来克服。

我国在相当长的时期内还将保持小规模分散的农业体制，绝大部分地区还难以实现农药使用的全面机械化，仍将以小型手动喷药机具为主。手动植保机具的使用受人为因素的影响很大，特别需要加以规范化和尽快实现标准化。

田间农药喷洒要实现绝对均匀是不可能的，但是必须有一个相对的、可以检验的标准，这种标准应该既能保证预期的防治效果，又能够把农药的用药量降到尽可能低的水平，同时还应能避免或在一定程度上减轻农药使用后的负面效应。

3.7.3 关于药剂沉积与药剂的再分布

分散沉积在靶标作物上的药剂颗粒或油珠可以通过药剂的"再分布"而扩大作用范围。农药在作物表面上可以通过多种途径和方式向周围扩散分布。如通过雨、露水中随水进行扩散分布是最重要的途径。植物表面分泌出的化学物质如胺类、羧酸类、油类（包括精油）等往往对某些较难溶于水的农药有助溶作用，可增强其再分布作用。除了在同一表面上扩大其作用范围（即生物有效面积）外，由于雨、露水的滴淌还可扩散分布到下面的叶片上。不过，较强的雨水和露水也可使农药发生淋溶作用而损失。具有内吸性的药剂，从着药点进入作物体内，能够在体内通过内吸输导作用而进行植物体内的再分布。

蒸气压大、挥发性高的农药，可通过产生农药蒸气向四周扩散。例如百菌清、硫黄有升华作用，杀虫双有熏蒸作用等。这些性质会使农药的作用范围扩大，属于农药的再分布过程。

农药的再分布现象是一种自然现象。有些现象有地区性，例如露水，在气候比较潮湿的地区以及温室大棚中容易发生结露。若能把农药的施药技术与露水对农药的再分布作用结合起来，将会提高药剂的覆盖率和覆盖均匀度，使农药在作物上的分布更均匀。

3.7.4 农药在作物株冠层中的分布

在作物生长的中后期，植株比较高大、枝叶稠密，要使农药穿透株冠层而到达中下部是比较困难的。各种类型的作物表现也有所不同。在小麦一类的禾谷类作物上，30cm 高的小麦用不同的喷雾角度喷雾，结果见表 3-4。

表 3-4 喷药位置和喷雾角度对雾滴分布的影响

喷药位置	三种喷雾角度下的沉积量/（μg/cm²）		
	0°	30°	60°
株冠上层 1/3 处	55	90	428
株冠中层 1/3 处	91	296	183
株冠下面土	814	493	238

喷雾角 0°是喷头垂直向下喷洒，虽然植株中下部着药高于上部，但土壤表面的着药量特别多，比下部和上部分别高约 9 倍和 15 倍。喷头倾斜 30°和 60°可减少土壤表面着药量，提高中下部着药量。这说明调控喷头的喷洒角度可以改变雾滴在作物上的沉积分布状况。这在叶片直立类型的禾本科作物上效果比较明显，而对于棉花等双子叶阔叶作物，叶片呈平展型，情况就有所不同。Budge 曾用靶面宽度分别为 2mm、10mm 和 100mm 的靶体，分别代表针叶类、稻麦窄叶类和棉花类阔叶作物，进行不同风速（0.2～1.2m/s）和不同雾滴尺寸条件下，雾滴对株冠的穿透行为研究。结果表明，雾滴尺寸大于 150μm 的雾滴是以沉降沉积为主，株冠对雾滴群的吸收性质主要取决于株冠形态和结构。在直立叶型的稻麦田中的雾滴沉积就属于这种情况。而在棉花类阔叶作物田中，平展型的大叶片对于雾滴的沉降沉积会产生阻碍，导致雾滴对株冠的穿透比较困难。只有采用下插式吊杆喷洒法，使喷头插入株冠中进行侧喷或采用不同喷角的组合喷头，才能提高雾滴在整株上的沉降效率。

喷洒的雾滴尺寸小，则水平方向上的撞击沉积作用加强，同时受小气候气流运动的影响也增强。由于雾滴尺寸比较小，其水平运动加强从而有利于雾滴在株冠层内扩散穿透，并使雾滴在株冠内的分布比较均匀。小气候中的水平气流将有助于雾滴的水平扩散分布。因此，对于叶密度（单位株冠容积中的叶面积）比较高、叶型比较复杂的作物，采用有气喷头进行细雾喷洒，会显著提高农药在作物株冠层中的分布。有气喷头有很多种，须根据作物种类和田间群体结构特征来选择最适宜的喷头和喷洒方法。

3.8　农药的施药量

农业生产中的施药量并不是农药使用中的一个固定不变的参数，而是由选用的施药器械、施药方法、农药剂型来决定的。比如采取低水量细雾喷洒方法，施药量会比大水量粗雾喷洒法降低很多，因为药液的流失量大幅度降低，甚至不会发生流失。农药的有效利用率可以提高到 40%以上，甚至达到 60%～70%。同时，毒力空间的选择也会改变施药量。在农田中选择的毒力空间愈小则整块农田中的施药量也愈低。例如在防治小麦长管蚜时采取了雾角为 25°的窄幅低水量细雾喷洒法，雾头方向为水平侧喷，即毒力空间选定在小麦株冠的顶层，采取高位层流层喷洒方法，每公顷麦田的施药量比大水量粗雾喷洒法可至少降低 55%。在水稻田进行株冠下层侧向喷洒细雾防治稻飞虱，即选择的毒力空间为水稻株冠的基层，采取低位层流层喷洒方法，施药量比压顶垂直喷洒细雾（毒力空间选定为整个株冠层）降低 25%，比粗雾下喷法降低 60%以上。

由此可知，我们必须把毒力空间的大小或相对于农田整块植被的体积比，以及药液雾化细度看作农田施药量的参数，不应把施药量看作不变的常数。

3.9　农药的混合使用

我国各种商品混配制剂数量众多。混合使用和制剂混配是重要的农药使用方法。正确的混合和混配可扩大和提高农药使用的效率，但目前我国的农药混配使用情况还是需要加以改进的。实际生产中只有在几种有害生物发生时期、施药适期和药剂的持效期匹配的情况下，才能使用混配制剂。其他情况下使用混配制剂至少会造成一种混用药剂的无用浪费，不但增加了农民的经济负担，增加了农田环境的压力，而且还增加了农产品多残留和高残留的风险。一次同时混用多种农药是造成农药使用者中毒事故发生的重要原因，也是导致农产品农药残留超标的重要原因。如把毒性水平较高的两种有机磷农药或有机磷与氨基甲酸酯农药混配使用则风险更大。从毒理学角度看，这样的混配是否必要和合理是值得怀疑的。据调查，有时农民会自行混合使用多种农药进行病虫害的防治，有些菜农甚至把多达 4~5 种农药混合在一起使用，并称之为"四合一""五合一"，这种做法是错误的，发生毒副作用的危险性很大。

在农药施药方法设计中，应把农药的混合使用问题作为重点环节考虑。因为，当混配的农药中各组分的防治对象，分布在靶标作物的不同层次和部位时，就会发生喷洒时的雾流导向问题。如不考虑喷洒农药的雾流导向，则势必采取地毯式全部喷湿喷透的方式，使不同的防治对象都能接受到药剂。此种喷药方式靶标作物上的农药会大量流失，进而造成土壤环境污染的问题。如果选择高分散度的高飘移性剂型和制剂，通过农药的喷施使作物整株陷于一个庞大的毒力空间之中，此种方法会造成比较严重的田外环境的环境污染问题。所以，混合农药的使用技术和施药方法的选择非常重要。

3.10　农药使用效果的检查

3.10.1　变异系数标准

农药沉积覆盖的均匀性越高越好，但是实际生产中做不到绝对均匀，因此，通常用变异系数（CV）的大小来表示可以或应该争取达到的均匀度。在设计比较严密的小区试验中，往往可以得到<10%的 CV 值。用手动喷洒法作常量常规喷洒，也能得到较好的均匀度，但这种较好的均匀度往往是反复过量喷洒的结果所致，是以大量药液流失为代价的。例如在一次棉田后期用工农-16 型手动喷雾器喷施三氟氯

氰菊酯乳剂的小区试验中，进行整株全面喷洒，在药液流失严重的情况下，棉株上、中、下三层的药剂沉积变异系数可以分别达到 18.8%、17.1% 和 12.0%。因此，为了准确地表达农药的有效沉积率和沉积分布的均匀度，柯希和伍克提出了"一次喷洒沉积量"的概念，即 DUE 值。

DUE 值含义：农药沉积量水平（ng/cm²）除以一公顷农田所使用的农药的量（g）。这样就排除了因过量喷洒农药所造成的农药沉积分布均匀度高的假象。

根据农药的种类、防治的对象以及施药机具，不同用途和用法的参考 CV 值见表 3-5。

表 3-5　各种喷洒法的 CV 值参考标准

农药使用方法及防治对象	较好的 CV 值/%
低容量喷洒法（施除草剂）	30
低容量喷洒法（施杀虫剂和杀菌剂）	50
超低容量喷洒法（施杀虫剂和杀菌剂）	0

如果田间检测所得的变异系数低于表 3-5 数值，说明喷洒质量比较高，如果高于此值则说明喷洒技术和田间作业方案需要作相应的调整，如喷幅、喷洒行间距、喷头高度等，以及必要时更换喷头种类。

3.10.2　雾滴沉积密度标准

与 CV 值的参照标准相关的是雾滴的沉积密度标准。对沉积密度的要求同农药制剂的规格（有效成分含量、剂型等）有一定关系，汽巴-嘉基公司研究开发部农药使用技术组制定了一个参照标准，见表 3-6。

表 3-6　各种喷洒法的雾滴沉积密度参照标准

使用方法	雾滴沉积密度/（个/cm²）	使用方法	雾滴沉积密度/（个/cm²）
低容量（LV）喷除草剂		低容量和超低容量（ULV）	
芽前施药	20[①]～30	喷杀虫剂	20[①]～30
芽后施药（内吸性）	30[①]～40	喷内吸性杀菌剂	20[①]～30
芽后施药（触杀性）	50[①]～70	喷非内吸性杀菌剂	50[①]～70

① 主要推荐标准。

内吸性农药的雾滴密度允许小一些，是因为内吸药剂被植物体吸收后能在植物体内扩散，相当于在体内进行第二次分布。

这里用雾滴密度作为标准，主要是因为自 20 世纪 60 年代以来，细雾低容量喷洒法已成为农药使用技术发展进步的主流，雾滴的数量可以代表农药的量。但是农药的沉积量应该以农药有效成分的量为基础，雾滴密度的标准必须考虑到这些雾滴中所包含的农药有效成分量是否能满足对病虫害防治的最低要求，即必须考虑到所选用农药的药液的浓度。

3.10.3　不匀率与变异系数及其测定

农药全田沉积的不均匀性称为"不匀率"，也称为农药沉积率的"变异系数"，用 CV 值来表示。变异系数的含义是：检查点上的实际农药沉积量相当于全田平均沉积量的标准偏差的百分率。

平均沉积量本应是预定的单位面积施药量，但是实际上往往不是如此。所以还是要通过全田采样测定后确定。特别是常规大容量粗雾喷洒法，由于药液流失等原因，预定的单位面积施药量与实测药剂沉积量差距甚大。

3.10.3.1　变异系数的测定方法

测定变异系数须在田间布置采样点，以便收集农药进行检测。

（1）采样点的放样布置　测定雾滴的田间水平沉积分布均匀性，无须作垂直多层采样，只须布置在作物株冠顶层即可。采样材料一律平放，采样面朝上。

如果作物有比较平展的顶叶，采样材料可以直接粘贴在顶叶上，但以不被旁边的枝叶遮蔽为准，以免妨碍采样板捕集雾滴。顶叶的倾斜角以不大于 20° 为宜。

最好的办法是采用一种简易的采样架，其构造由三部分组件构成：一块采样板，52mm×76mm，可以用塑料板、铝板或木材做成，厚度 2～3mm，板中央有孔以便用一只平头螺钉把采样板固定在一只连接柱上；连接柱用铝材或工程塑料制作，便于反复使用；第三件是插杆，长度可根据当地作物种类而定，如高、矮物都有，最好采用伸缩插杆，以便根据作物随时调节插杆高度。

插杆插在作物行间，以采样板暴露在作物顶部，不受枝叶遮蔽为宜，以避免雾滴沉降受影响并防止已沉积的雾滴被枝叶抹掉。

采样纸放在采样板上，用双面胶带粘定为最方便。剪取一小片双面胶；除去一面的保护纸膜后粘在采样板中部。再撕去其上面的保护纸膜，把采样纸粘上即可。采样纸的编号采用 10 位序数法：年份、月份、采样行号、采样点号。

这种编号方法可以作为资料档案保存，作为以后检查和分析防治效果和施药质量的依据。积累的档案资料将可以作为建立使用技术标准的基础材料。

（2）采样纸的种类和选择及其他雾滴采样法　许多材料均可作采样纸，但要求纸面不会发生吸收扩散现象，使雾滴能保持原来的滴斑形状。国际推荐的几种采样纸如下：

① 罗密柯采样纸　一种白色的光面纸,适用于低容量和超低容量喷洒法的细雾

采样，亦可用于油雾法雾滴采样。但药液中须加入一定量的染色剂作为示踪剂。我国生产的一种颜料耐晒翠蓝（直接耐晒翠蓝 GL），能抵抗阳光照射而不易褪色。染色剂丽春红 2R（罂粟二甲苯胺红，亦称二甲苯胺丽春红）、灿烂丽春红 5R、丽春红 G（罂粟红 G）等，都是在阳光下稳定的水溶性示踪剂。可从化工原料商店和化学试剂商店购得。在喷雾液中只需加到 0.1%～0.2% 即可。也可就地选用其他染色剂或颜料，但须能抗阳光，并易从被沾污的人体和用品上洗脱。碱性蕊香红（即罗丹明B）、藏红花素、孔雀绿等也可选用。

② 水敏纸　一种黄色的光面纸，专用于水质喷雾液的采样。对水极为敏感，水和水质雾滴落到水敏纸上立即显现蓝色斑点，可以长期保存不褪色。但是使用时必须注意防止田间其他水分的干扰，取纸时也不可用手指捏纸面，否则也会染上印迹。这种纸使用时十分方便，国内尚未生产，需用时只能从瑞士诺华公司（前汽巴-嘉基公司）采购。水敏纸可以检测很细的雾滴。保存时必须密封防潮，或放在干燥器中。

③ 油敏纸　这种纸专门用于检测油质农药的雾滴，如超低容量喷洒法所使用的超低容量油剂、油雾剂等。油质雾滴接触到油敏纸后立即显现黑色斑点。因此油剂中无须另加示踪剂。医用心电图纸也是油敏性纸，用过的心电图纸的边余料可以加以剪裁利用。

④ 荧光示踪法　药液中加入荧光示踪剂可以使雾滴在紫外线照射下在暗室中呈现为发光的雾点。这种方法可在各种不吸水或吸水后荧光示踪剂无扩散性的纸上进行采样。但是必须注意所选用的纸本身是否含有荧光增白剂之类的添加剂，以免干扰荧光雾点的检测。荧光增白剂在紫外线照射下发出蓝紫色或青色荧光，主要是苯并咪唑、联苯胺、二氨基芪之类的衍生化合物，也可以作为荧光示踪剂使用。用于荧光示踪法的荧光剂种类很多，较常用的如荧光素钠，可从化学试剂商店购得，检测分辨率高，使用量也较小，一般只用 0.1% 即可。应注意的是太细的雾滴有时不易观察到。因此，荧光示踪法更多的用途在于叶面雾滴沉积情况的比较观察以及农药沉积量的定量分析（荧光分析法）。作为沉积状况比较观察用时直观效果很好并且可以摄影记录保存，但须在暗室内用高速感光胶卷 400 定的胶片于紫外灯光下摄影。

因此，荧光示踪法如用于田间雾滴沉积分布状态观察比较，不必用采样纸，直接采摘不同部位的叶片即可。

⑤ 孔穴印迹法（氧化镁板印迹法）　所谓孔穴印迹法，即在一种比较疏松的粉末淀积薄层上捕集雾滴，由于雾滴的撞击作用而在粉末淀积层撞出相应的孔穴，检查孔穴数即可得知雾滴沉积密度。作为雾滴沉积密度检测，可以采用多种粉末，最早曾用炭末、石蜡等物质，其在不完全燃烧状态下所产生的黑烟即炭的微粒，使之熏在玻璃板上，即形成一层炭粉末的淀积层。用于接受雾滴，即在炭粉末的淀积层上产生孔穴。不过必须采取透射光检查，即在玻璃板的下面有透射光，才能从上面看到被雾滴撞出的孔穴。

最常用的是氧化镁板孔穴印迹法。氧化镁（MgO）是将镁条点燃使镁氧化而产生的极细的白色粉末，呈烟态。洗净烘干若干片载玻片并排放在一起，用支架架起，在玻片下方点燃镁条产生氧化镁的白烟，使之熏在载玻片向下的一面上。每一片载玻片约需 10cm 长的一段金属镁条（可从化学试剂商店购得）。点燃镁条时会产生极亮的光，因此，操作时必须戴黑色护目镜。制得的氧化镁板必须放在干燥器中熟化一天再用。从氧化镁板上检查雾滴孔穴同样必须采取透射光镜检。

氧化镁板印迹法不仅可以作雾滴密度检测用，也是测量雾滴直径的一个基本参比方法。因为雾滴在氧化镁粉末上所撞击产生的孔穴，其直径与雾滴直径的关系比较恒定。前面已讲到，雾滴在任何表面上沉降时都会展开呈凸透镜状的液斑，同一种药液在不同的表面上其展开系数会有所变化，而且随雾滴尺寸的变化而发生变化。但氧化镁板上的展开系数很稳定，不因药剂种类、剂型而发生波动。对于 15μm 以上的各种雾滴的展开系数均为 1.163，即孔穴直径比雾滴实际直径大 16.3%。检查出孔穴直径后乘以 0.86，即为雾滴之真实直径。所以氧化镁板印迹法被用作其他雾滴尺寸检测方法的参比法。

氧化镁板印迹法虽然可以作为雾滴沉积密度检测法使用，但不如上述各种采样纸方便，因此只有在同时需要检查雾滴密度和雾滴尺寸时才采用氧化镁板法。

3.10.3.2　化学测定法

用化学分析法测定沉积物中的农药有效成分含量，可以得到最准确的沉积量数据。但是化学分析法操作步骤比较复杂而且需要有专门的化学实验室和分析专用仪器和试剂。因此，若没有特别的需要，一般可不采用此法。

但是与化学分析法有相似准确性的方法还有比色法和荧光分析法。这两种方法的共同原理是把染色剂或颜料以及荧光剂按一定的比例和量准确加入喷雾液中，并确定其与农药有效成分的量的比例关系，或"沉积当量"。喷洒后，从采样材料上或直接从叶片上用适当的溶剂（最好直接用水）把沉积物洗脱，经过定容后用比色法或荧光法测定洗脱液中的显色剂或荧光剂的含量，根据它们与所测农药的"沉积当量"关系便可计算出农药的沉积量。

荧光法的检出灵敏度要高于比色法，但很多荧光示踪剂在阳光下的稳定性较差，也会造成一定的误差，各有利弊。从推广应用面的角度来说，比色法比较容易推广应用，投资也相对较低。

比色法的关键是要选择适当的着色剂，而且必须对阳光稳定，从靶标上的洗脱率（或回收率）高，与所测试的农药或其助剂不发生反应而且在溶剂中也稳定。

丽春红 G 是一种较为理想的着色剂，适用于水质喷雾液。经过在阳光曝晒下的稳定性测试，证明在 0.5h、1.0h、1.5h 和 2.0h 的阳光直接曝晒后，未发生光分解。喷洒在玻璃板上的洗脱回收率为 100%（蒸馏水洗）。在几种作物叶片上的水洗脱回收率为：大豆叶 93.05%，水稻叶 97.65%，温室番茄叶 83.76%，棉花叶 108.4%（棉叶上可能有某种干扰物质）。证明丽春红 G 的叶片洗脱回收率极高，但对准备进行测试的作物最好先做一次洗脱回收率试验，用以校正测试结果。

采用比色法或荧光分析法时，如直接从叶片表面洗脱后测定，最后必须测量叶面积，然后才能计算出沉积量（$\mu g/cm^2$）。叶面积可用叶面积仪快速测量，也可以用方格纸测量，但比较慢。

丽春红比色法一般是在可见光分光光度计上进行。在不便于使用比色计的地方，也可以采用较简单的比色管对比法。由于丽春红 G 性质稳定，水溶液可长期保存，因此可以把它配制成一系列递降浓度的溶液，分别装在内径一致的玻璃试管中，并严密封口。最好选用正方形试管。系列浓度溶液之浓度级差为 5×10^{-6}，共制备 15 管。测试洗脱液的丽春红浓度时，须把洗脱液装在同样直径的玻璃试管中，与标准系列浓度管相参比。不过这种方法相对比较粗放。使用此法时，喷雾液中丽春红 G 的浓度应比较高，使洗脱液的浓度在系列浓度标准管的中部稍偏高，这样可以减少视觉造成的误差。

第 **4** 章

农药使用技术

常用的农药使用技术方法有熏蒸法、喷雾法、喷粉法和气溶胶使用法等，农药使用是农药向目标物的机械输送过程。农药喷洒所输送的药量是施药量，是指单位农田面积上所施用的农药制剂之量，用 g/hm² 表示。

4.1 农药使用的三阶段

农药使用技术研究的中心问题，是如何使农药有效地到达有害生物体的全部历程。从农药喷洒开始，直至农药到达有害生物，是一个漫长而又比较复杂的历程。这一历程包含两个阶段，即农药的喷洒阶段，和农药到达作物上以后的沉积、分布、接触转移阶段。最后农药进入有害生物体内开始发生致毒作用，表现为药效，可以视为农药使用的第三阶段。

4.1.1 机械输送阶段

第一阶段即农药的机械输送过程。这一过程是利用喷洒机械所产生的机械力和风力把农药加以分散后喷出，借助于水或空气的运载作用把农药输送到目标作物上。此阶段所涉及的科学技术问题是施药器械选择、喷洒方式和操作方法的设计以及防止农药的飘移、流失等问题。所要解决的技术关键是如何准确地把农药输送到目标物上，如何减少农药的浪费和损失，如何提高农药的有效利用率。

4.1.2 剂量转移阶段

第二阶段是农药沉积物向有害生物进行的实质上的剂量转移过程，直到药剂进入有害生物体内才结束。在此期间，药剂会经历一系列物理化学性质的变化或同生物体所产生的外分泌物或生物活性物质发生不同形式的相互作用。如果最终药剂未失去毒力，或已转化成为毒力更强的新物质，即可进入生物体内继续完成其微观毒理学进程，最终发挥致毒作用，表现为药效。此过程中涉及大量毒理学问题，农药可能在物理化学性质、作用方式和毒力水平方面发生某些变化。因此与第一阶段的机械输送过程有本质的不同。

4.1.3　致毒作用阶段

第三阶段中农药的全部转移运动过程，是为有害生物接受必要的中毒剂量创造条件。因为有许多生物的和非生物的因素对沉积在生物体表面上的农药，从质和量两个方面都会发生重要影响。例如生物体的各种分泌物、生物体表面的微气候、农药沉积物的分散状态和沉积分布状态、有害生物的行为特征和它们对农药的摄取方式等。

4.2　施药靶区的选择

施药前首先必须明确施药靶区，有的放矢。明确施药靶区是为了建立一个相应的明确的毒力空间，避免出现地毯式喷洒的后果。

4.2.1　施药器械的选择

我国的施药器械现在还有待于提高，可供选择的机种和类型不多。但是有一点必须明确，即手动的大水量粗雾喷洒器械应尽快淘汰。这种施药机具无例外地只能导致药液大量流失（一般在 80%左右，甚至更多），而且不可能用于建立有效的毒力空间。其结果不可避免地会继续出现地毯式喷洒的现象。对于分散的个体农民来说，基本的选择原则是应该选用可调控的低水量细雾喷洒器械。尤其是气力式细雾喷洒器械，其对靶标喷洒的性能最佳，药剂的消耗量最小。

4.2.2　农药剂型的选择

合格的商品农药制剂一般只要求制剂本身的理化性质稳定，配制成药液后有效成分的分散度和稳定性符合商品标准。从宏观毒理学来说，上述剂型性能方面的所有差别，都可能对药剂在生物体上的剂量转移现象和效率产生显著影响，从而影响药剂宏观毒理的表现。

为了解决这个问题，喷雾助剂的使用已日益引起重视。这种助剂可配加在喷洒液中，以改善药液在生物体上的湿润展布性能以及其他理化性能，例如防止药液蒸发干涸、增强药液黏着性、防雨水冲刷等。我国生产的某些农药是未加湿润展布剂的，如杀虫双、敌百虫等。直接加水配制成的药液，在一些作物（特别像水稻、小麦、甘蓝等）上根本不能湿润展布，有些使用者往往自动加一些洗衣粉以提高药液湿润展布性能。这种做法其性质也类似于使用了喷雾助剂，不过洗衣粉并不是适宜的喷雾助剂。

4.2.3 农药喷洒方式的选择

农药喷洒方式是指喷洒器械的使用技巧。所谓技巧，这里是从宏观毒理学意义上提出的要求，即如何把农药有效地喷洒到毒力空间内，并使药剂在毒力空间内的沉积效率大幅度提高。农药喷洒方式包括如下几方面。

4.2.3.1 喷洒路线的设计

正确设计路线，目的在于把农药准确地喷洒在选定的毒力空间内，避免不应有的浪费。不论大型机动喷雾机械还是小型手动喷雾器械，喷雾路线的设计都很重要。一方面为了避免漏喷，另一方面更为重要的也是为了避免重喷，特别是手动喷雾器械。正确的喷洒路线的设计可以避免发生这种重喷现象。使用手动喷雾器时，弓字形喷洒路线能够有效地避免重喷和漏喷。对于宽行距条播作物，药剂需要集中施用在作物行中，只需逐行喷洒即可，但是必须采用窄幅喷头，以避免药雾洒落在行间。

4.2.3.2 喷洒部件的选择

喷洒部件是农药喷雾的关键部件。对农药药液的喷雾量、雾化性能、雾流导向具有决定性作用。对农药在生物体表面上的沉积分布状态也具有决定性的作用。因此，在农药宏观毒理学中，对于有害生物对农药的剂量摄取至关重要。性能低劣的喷洒部件不能为有害生物提供有效的剂量摄取条件。

我国手动喷雾器械的喷洒部件，如扇形雾喷头，在大水量喷雾法中它是有利于避免药雾重喷的一种喷头。若用于侧喷时，也有利于把药雾相对集中喷洒在作物一定的高度，便于把毒力空间控制在一定范围内。例如温室白粉虱的发生是跟随着黄瓜叶层的上移而逐渐向上发展，这种侧喷方法有利于把药液相对集中喷洒在白粉虱的活动层内。作为粗雾喷洒用的激射式喷头则有利于喷洒除草剂。但是可以调节距离的可调喷头存在一些问题，联合国粮农组织的文件中明确提出不推荐此种喷头，因为容易造成操作人员在调节喷头时沾染药液，从而引发中毒事故。但是更重要的问题是这种喷头做远距离喷洒时，实际上喷出的已经不是雾而是很粗的液滴，极易掉落地面。并且远喷时雾流的冲击力很大，很容易把已沉积在作物上的药液重新击落。这种喷洒方法的药剂有效利用率无疑将显著低于一般大水量喷雾法。

4.2.3.3 农药的使用方法

农药的使用方法较多，农药的正确使用，对农药的使用效果极为重要；同时对农产品和农业环境的安全也至关重要，下面通过农药使用的示例介绍农药的使用方法。

（1）局部施药 "局部施药"泛指农药只施用于靶体的某一部位，一般不会发生农药在环境中扩散分布的现象。局部施药方法包括以下各种：

种苗处理法——如拌种（包括种衣剂处理）、浸种、浸苗、浸秧等。

树干局部处理法——如包扎法、树干注射法和涂抹法等。

株心施药法——如玉米、高粱、甘蔗在心叶中投放颗粒剂或滴注药液防治钻心虫。

根区施药法——如水稻田把药剂注入稻丛根区，棉花田在棉花根区钻孔投放颗粒状药剂等，也称为"穴施法"。

堆施法——此法主要用于诱杀害虫，用作堆施的药剂需配加诱引物质作诱饵。

虽然局部施药法基本不会发生农药进入自然环境的情况，但是如果所用农药有足够的稳定性，仍然可能通过某种方式进入环境，不过对环境的压力已很小了。

土壤处理如果采取撒施颗粒剂或浇灌药液，也可以作为局部施药法，因为与喷雾、喷粉、喷烟雾相比，土壤处理法基本上也没有多少药剂进入大气中。但是对于土壤环境有可能造成污染风险，特别是水的淋溶作用，是可能引起土壤环境污染的重要原因。淋溶水主要来自雨水、灌溉水。许多农药虽然水溶度很小，但是也可以被缓慢地淋溶到下层。土壤的成分、土壤性质、有机质含量等许多因素对于农药淋溶作用都会产生影响。表 4-1 是关于农药淋溶性与农药在水中的溶解度、土壤吸附常数的关系。

表 4-1　农药的水中溶解度、土壤吸附常数与农药淋溶性的关系

农药在水中溶解度/(mg/kg)	土壤吸附常数 K	农药淋溶性
$>3000\sim10^6$	0~50	很强
300~3000	50~150	强
30~300	150~500	中等
2~30	500~2000	弱
0.5~2	2000~5000	微弱
<0.5	>5000	不淋溶(不移动)

在水中溶解度很大、降解半衰期很长（例如大于三周）而土壤吸附常数又比较小的农药就比较容易进入地下水。

（2）全部施药（或"全面施药法"）　对整块农田进行全部施药，通常都必须采用农药喷施机具，农药以高度分散的状态进入环境，沉积到作物上并部分坠落到土地上或田水中。主要包括空中施药和地面施药。

① 空中施药　空中飞行器（包括固定翼和旋翼机）喷洒农药是工效最高、最经济有效的施药方法，但是农药在环境中扩散的可能性也很大，虽然在设备和技术上已经取得了很大的进步。飞机喷洒颗粒剂和微胶囊剂农药正在取得新的成功，将进一步降低飞机喷药的环境风险。

在产业化的大片农田上使用飞机施药，特别是采取超低空（1～2m 高度）飞行喷洒，对环境的污染风险很小，并不比高功率的机引或机载喷雾机风险大。迄今飞机喷洒农药仍是工业先进国家的重要施药手段，尤其是美国和俄罗斯等国，飞机喷洒农药的面积都在 50%以上。对于飞机喷洒中的农药雾滴运动行为、沉积分布状态都已做了大量深入的研究。利用固定翼飞机的向下气流甚至可以喷洒极细的油雾，向下气流可以使油雾以 3m/s 的速度向下沉降，而直升机的下向气流更强，能使油雾获得 5～6m/s 的下降速度，尤其是直升机可以减低水平飞行速度甚至可以悬停在空中，因此完全能够抵御风的飘移作用。

由于种种原因，特别是自从农业实行了生产承包责任制以来，我国农田分散、小型化，更不利于实施飞机喷洒作业。但是固定翼飞机喷洒农药的工作也并未中断，主要用于扑灭飞蝗、某些地方的麦蚜防治等方面。由于农田面积小而分散、障碍物较多（树木、农舍、电线杆等），飞行高度一般在 7m 以上，不能实行超低空飞行，因此雾滴扩散的距离比较远。因此，在飞机喷洒作业中，进行环境着药情况检测的范围比较宽，除了农田外，附近的其他农田、池塘、河流以及养殖场等都应根据飞机喷洒作业区及农药可能扩散到的地方，设计一份较全面的检测网点布置。近年来，无人机喷洒农药技术发展起来，为农业提供了良好的农药施用技术方法。

② 地面施药　从环境问题方面分析，地面施药可分为三种类型，需在环境质量检测时特别注意。

第一种是叶用作物，特别是蔬菜、茶叶、中草药等作物，此类作物上的农药通过其食用或饮用部分（叶片）直接进入人体。这里存在一个矛盾，从病虫害的防治效果分析，要求农药在叶部的沉积量高，因为大多数病虫的栖息和活动部位是在叶部。而从农药残留量水平分析则希望叶部的农药残留量低。研究者注意到，化学性质稳定的农药如过去的有机氯农药和拟除虫菊酯类农药在茶叶上的原始附着量主要取决于使用剂量，与环境温度关系不大，但降雨对于非内吸性药剂有明显的淋失（即转移到土壤中），对内吸性药剂则影响小。化学性质不稳定的农药如有机磷类的原始附着量则不仅取决于使用剂量，还受环境温度和农药自身蒸气压的影响，施药时环境温度愈高则其原始附着量愈低，所以农药本身若蒸气压高则原始附着量就低。据此提出了一种茶树上农药原始附着量的预测模式，数学表达式为：

$$C_0 = 6.48 \times 10^3 IMDL^{-1} - 8.31 \tag{4-1}$$

式中　C_0——原始附着量，mg/kg 茶叶；

　　　D——使用剂量（有效成分），g/亩；

　　　I——制剂中的有效成分含量，%；

　　　L——使用时加水稀释倍数；

　　　M——每亩茶园的施药液量，L（≤1000）。

这种分析方法的理论依据同样可以延伸应用到其他叶用作物上。

第二种是旱田大田作物，包括林木果树等。在这些环境中，农药除小部分直接进入人体如通过粮食、水果及其他食用部分，大部分通过各种形式进入环境，包括植物残体转为肥料、落叶入土、焚烧、淋溶等。因此需要根据各类作物上农药喷洒后的趋向设定环境质量检测对象和方法。

第三种是水田作物，主要是水稻。在我国水稻种植面积有 3000 万公顷，农业病、虫、草害均很严重，因此农药使用量很大，农药品种也特别多，而且农药使用次数也很多。尤其南部多雨地区，往往因为喷药后不久便降雨，必须重新施药。这种种植系统把田水与地区水系紧密联结在一个网络中，农药落入田水后很容易扩散到地区水系中。20 世纪 80 年代初曾经从上海市黄浦江水中检出六六六，在太湖水系中检出的量更高，就说明了农药进入水系后的扩散能力很强，对环境的压力很大。但是同时必须指出，这种水系扩散的重要的原因，在我国主要是由于农药使用技术不规范。20 世纪 90 年代末期作者曾在山东西部原棉花生产地区，后改种玉米的地块中采集土壤、地边路旁的排水沟中采集雨水，同时，采集 20 多年从未种植过农作物，一直作为打麦场使用的土壤和下挖一米深后的农田土壤进行六六六、滴滴涕等农药残留检测，均检出六六六、滴滴涕等农药残留。说明农药残留的扩散能力是很强的。

4.3 具体作物施药技术示例

农药的使用技术是决定农药对病虫害作用效果的重要条件之一，也是决定农产品农药是否残留的原因之一。正确的农药使用技术是非常重要的。

4.3.1 棉田的施药技术

棉花是农药使用比较多的重要经济作物之一。我国棉花种植在 20 世纪 90 年代长时期遭受棉铃虫为害而未能得到很好的控制，抗药性问题虽然是原因之一，但是农药使用技术方面存在的问题可能尤为突出。我国农药使用的手段，包括棉田在内，基本上都是采用背负式手动喷雾器。这种喷雾器的性能不能满足棉田中后期对施药质量的要求。格兰姆-勃拉斯早在 1978 年曾经指出："抗药性是一个非常复杂的问题，对每一种情况都必须仔细分析判明其性质。解决抗药性问题的策略主要是减轻其田间选择压力，而精细的农药使用技术就可以为此做出贡献。"所谓精细使用技术就是农药的有效利用率可以因此而得到提高。

棉花生长到中后期的棉田是一个郁闭度比较高的生态环境。上下层棉叶之间的障蔽作用很突出，采取大水量粗雾喷洒法雾滴很难沉积到中下层叶片上。棉花浓密的株冠层对雾滴有"过滤"作用，即雾滴云进入棉花株冠时首先被上层叶截获，未被截获的雾滴继续向下沉降穿透，但截获的雾量越来越少，这种现象被称为雾滴衰减，伍克和柯西对这种衰减趋势作了较详细的研究，棉花株高平均达 1m，行间已完全封垄，叶面积指数为 3～4。喷洒的农药为溴丙磷，采取超低容量喷雾法，雾滴体积中径（VMD，μm）为 90μm，数量积中径（NMD，μm）为 40μm，雾滴均匀度 DR 值 2.25（VMD/NMD）。药液中加入了荧光剂。棉田布点分三层用克罗米河纸采集雾滴。记录雾滴沉积分布密度并同时测定药剂的有效沉积量（ng/cm²），再把此值折算为药液沉积量（nL/cm²）。得到农药雾滴穿透棉花株冠层的衰减趋势。顶层、中层和底层棉叶的正反两面沉积量如表 4-2。

表 4-2　棉叶正反面的着药情况

叶位	叶正反面平均雾滴沉积密度		叶反/正面的沉积比	叶正面的一次喷洒沉积量[①] /[（ng/cm²）/（g/hm²）]
	叶正面	叶反面		
顶层	613	237	0.39	1.95
中层	359	14	0.04	1.14
底层	215	10	0.05	0.68

① "一次喷洒沉积量"是把各测点的药剂沉积量（ng/cm²）除以每公顷施药量（g/hm²）所得数值（简称 DUE 值）。

所得数据表明，用 VMD 为 90μm 的细雾滴喷洒，雾滴进入棉花株冠的雾滴衰减趋势比较小；顶层叶的叶背面也有相当多的雾滴沉积，但是衰减比较突出。因为在株冠层内的雾滴运动主要是沉降沉积，受水平气流的影响很小，所以在叶背面的沉积量远小于叶正面。顶层叶背面有较高的沉积是由于受上部空气湍流的影响使雾滴在叶背面发生撞击沉积作用。但这只有细雾滴才可能发生，若采用粗雾大容量喷洒，雾滴的运动主要是沉降沉积而受空气湍流的影响很小。

根据雾滴沉积情况可以计算出一个雾滴沉积密度中值（DD$_{50}$），即超过此密度和低于此密度的叶片各占 50% 时的沉积密度。根据此值和所用药（此例中为丙溴磷）的毒力水平，可以从据此建立的预期田间防治效果同 DD$_{50}$ 的相关曲线上找出合理的田间施药量。DD$_{50}$ 值可从坐标上找出。

用溴氰菊酯对棉田进行吹雾法喷洒农药实验，喷药方法为：用吹雾法对棉株进行植株侧向喷雾、用吹雾法对棉株进行植株压顶喷雾和采用常规大容量喷洒法对棉株进行压顶喷雾，然后检测农药在各部位的沉积分布情况。各方法雾滴在棉田不同部位的沉积分布情况，以棉株顶心部最多，其他部位的沉积量符合雾滴衰减规律。但 VMD 值 37.8μm 的两种吹雾喷洒法的雾滴沉积量均显著高于常规粗雾喷洒法，高达 45.4%～240%，沉积分布情况见表 4-3。防治效果见表 4-4。

表 4-3　几种喷洒方法溴氰菊酯在棉株各部位的沉积分布情况[①]　单位：g（a.i.）/hm²

检测部位	不同喷洒方法溴氰菊酯在棉株各部位的沉积分布状况[②]								
	风送气流喷洒（侧喷）			风送气流喷洒（压顶喷）			常规粗雾喷洒（压顶喷）		
	56.25	37.50	28.20	56.25	37.50	28.20	56.25	37.50	28.20
顶心	18.37（+190.3）[①]	10.96	8.18	19.94	14.98	8.97	6.33	3.84	2.68
蕾	4.39（+211.3）	2.85（+241.0）	1.69	2.80（+98.6）	1.94（+132.1）	1.75	1.41	0.84	0.56
上部叶	0.63（+222.2）	0.38（+160.3）	0.26	0.49（+152.6）	0.31（+108.2）	0.24	0.19	0.15	0.09
下部叶	0.47（+229.8）	0.29（+211.8）	0.20	0.21（+45.4）	0.15（58.1）	0.10	0.14	0.09	0.06

① 用溴氰菊酯 2.5%乳油（有效浓度），喷雾量：风送气流侧喷为 15L/hm²；同法压顶喷为 22.5L/hm²；常规粗雾喷洒法（压顶喷）为 300L/hm²。

② 顶心和蕾以 μg/个计，叶片上以 μg/cm²计。

注：1. 括号中数字是比常规粗雾喷洒法相同剂量的沉积率提高百分率。

2. 56.25、37.50 和 28.20 分别指三种不同的用药量。

表 4-4　溴氰菊酯 2.5%乳油在不同喷洒方法下对二代棉铃虫的防治效果[①]

用药量/[g(a.i.)/hm²]	喷洒方法	防治效果/%			平均/%
		1	2	3	
56.25	风送气流喷洒（侧喷）	90.23	86.97	93.55	90.25
	风送气流喷洒（压顶喷）	87.72	84.15	80.05	84.00
	常规喷洒法（压顶喷）	73.16	71.24	65.66	70.02
37.50	风送气流喷洒（侧喷）	80.00	82.67	82.53	81.74
	风送气流喷洒（压顶喷）	78.72	81.18	78.80	79.56
	常规喷洒法（压顶喷）	60.09	64.15	59.38	61.20
28.20	风送气流喷洒（侧喷）	72.00	70.16	73.29	72.48
	风送气流喷洒（压顶喷）	70.42	68.67	68.24	69.11
	常规喷洒法（压顶喷）	43.05	39.21	42.90	41.72

① 参比表 4-3 的沉积量分布。

　　结果与伍克和柯西所测定的沉积规律基本上是一致的。从表 4-3 和表 4-4 的两组数据可清楚看出，常规粗雾喷洒法所产生的药雾对棉花株冠层穿透能力和沉积效率很差，因此防治效果也很差。常规粗雾喷洒法造成药液严重的流失，这是其沉积效率很差的另一重要原因。表 4-3 中显示，采取风送气流喷洒法时（使用的是 3WC-6A 型手动喷雾器），压顶喷与行间侧喷的效果和药剂沉积量差异不明显（只是下部叶片差异稍为显著），这是细雾滴在气流吹送下在株冠层内具有较大的扩散分布能力，细雾滴的沉降速度又比较慢的缘故。

　　所以，对于棉花以及与棉花的株型、结构和田间群体结构相类似的作物，如果希望药剂在株冠层内有比较好的沉积分布，选用细雾喷洒法在风送条件下进行操作就可以取得良好的效果。但是，背负弥雾喷粉机的风力过大则反而不利于药剂的均匀沉积和有效利用。

4.3.2　水稻小麦类农田的施药技术

与棉花田相比，水稻和小麦田的株型、叶型、田间群体结构完全不同。叶面狭窄，叶片基本上是直立型（包括一部分较长叶片的下垂部分）。株冠层是上下通透型，郁闭度不大。这种结构虽然有利于雾滴通过，但是行距比较窄，在一定程度上也对雾滴的运动产生阻滞作用。虽然总体上看水稻和小麦的叶片是直立型，但实际上仍然呈现不同的倾角。与地平面的夹角越大则接受雾滴沉积的能力越弱，但是细雾滴（<100μm）在风力较小情况下的沉积能力都很高。而 200μm 以上的粗雾滴则沉积能力都差。因此常规大容量喷洒法在土面上的沉积量很高而在植株上很少；但是柯西曾经通过改变喷洒角度而提高了小麦植株中下部的沉积量（达 39.43%～70.76%），从而减少了药剂落到土面上的量。

Lect 曾经通过不同分散度的雾滴在大麦植株上的沉积情况分析了叶势与沉积量的关系。选用的雾滴尺寸为 100μm、200μm、300μm、400μm、600μm。大麦叶片与土面（水平面计）的夹角为 0°、30°、45°、60°。雾滴的沉降速度均取其末速度（液力式 80° 喷角的扇形雾喷头，液压 400kPa/cm^2，喷头高度为离植株表面约 30cm）。结果表明，在温室内分蘖期大麦叶上，300μm 和 600μm 的雾滴在各种角度的叶片上沉积率（相当于地平面沉积量的百分率）均很低，200μm 的比这两种粗雾滴稍高，而 100μm 的雾滴比粗雾滴高很多倍。株高 35cm 的田间大麦植株上，300μm 和 400μm 的雾滴沉积率有所提高，特别是夹角较大的倾斜叶上，但仍然是细雾滴的沉积率最高。粗雾滴沉积率提高的原因是田间条件下的地面水平气流提高了粗雾滴在倾斜叶面上的撞击沉积能力。细雾滴的沉降速度较慢，所以在无风和有风条件下的沉积率均比较高。粗雾滴在叶面上发生的雾滴反弹现象也是导致其沉积率低的重要原因，而 100μm 的雾滴则不会发生雾滴反弹。

在我国水稻和小麦田所进行的多年试验中也用大量数据证明了同样的结论。

4.3.3　阔叶蔬菜的施药技术

白菜、甘蓝、花椰菜等阔叶蔬菜的株型对于农药雾滴的捕获和持留，情况比较复杂。特别在莲座期以后，莲座叶、球叶、茎生叶等形状差异极大，雾滴的沉积效率随之也发生较大变化。总的说来，大容量粗喷洒法会有大量药液流入叶层之间的夹层空间并随后泄漏到地面，留在叶片上的药液很少。郭世俭等比较了花椰菜莲座后期风送式气流雾化法的细雾滴喷洒与液力式雾化法的粗雾滴喷洒在花椰菜植株上的药剂沉积分布状况。田间风速 0.6～2m/s，平均 1.3m/s，相对湿度 50%，气温 21℃

喷洒三氟氯氰菊酯2.5%乳油的加水稀释液。用1.3mm喷孔片的工农-16型背负式喷雾器，施药液量为每公顷525L。用3WC-6A型手动吹雾器，施药液量为每公顷30L。检测药剂的沉积量，细雾喷洒法的沉积量显著高于粗雾喷洒法（表4-5）。中层叶和内层叶的细雾沉积量分别比粗雾沉积量提高64.3%和21.3%。在叶片背面的沉积量，细雾喷洒为0.006μg/cm²，粗雾法0.0017μg/cm²。

表4-5　两种喷雾法药剂在花椰菜叶部的沉积量　　　　　　单位：μg/cm²

喷洒方法	三氟氯氰菊酯在各叶位上的沉积量		
	内层叶	中层叶	外层叶
细雾喷洒法[①]（很低容量）	0.0114	0.0276	0.0122
粗雾喷洒法（大容量）	0.0094	0.0168	0.0120

① 采用3WC-6A型手动吹雾器。

花椰菜莲座后期的中层叶叶形大而且长得较高，大部分叶片呈45°～70°的倾角，因此很有利于捕获和持留细雾滴。内层叶包在莲座中心部位，叶片基本直立，细雾滴容易沉积而粗雾滴在大水量下极易向叶基部流落。外层叶片基本呈平展状态，所以对粗细雾滴的接受能力差别较小，但粗雾滴容易发生药液流失或滚落。

吴罗罗等在实验室内利用天车自动推进式喷雾试验装置采取匀速前进的平推压顶喷雾法进行喷洒试验。喷头离盆栽甘蓝植株顶部30cm。采用2种喷孔片的喷头：0.7mm孔径的圆锥雾喷头，VMD/NMD为215.7/118.6；1.3mm孔径的圆锥雾喷头，VMD/NMD为258/1350。一组喷洒甘蓝（叶片宽35cm），一组喷洒用滤纸剪出的模拟靶，以消除药液在叶片上发生弹落和流失所造成的实际沉积量误差。

比较叶片上、中部，及下部的沉积量，结果见表4-6。这些试验结果可以作为参考依据。

表4-6　粗雾雾滴在甘蓝叶片和滤纸片上沉积量的差异

实验材料	在两种孔径喷孔片所产生的沉积量/（μg/cm²）	
	0.7mm 喷孔片	1.3mm 喷孔片
甘蓝叶片		
上、中部	2.68	1.80
下部	1.42	0.61
滤纸片		
上、中部	4.24	4.24
下部	2.35	2.35

选择喷洒方法须考虑到病虫害在植株上的分布状态。例如菜粉蝶幼虫（菜青虫）

虽然是分散分布型害虫，但在为害盛期也相对集中在茎生叶部分，在田间随机调查15 个点的情况见表 4-7（15 个点的总幼虫数）。从总体叶片来看，茎生叶上虫口占76.3%，说明其相对集中性。

表 4-7 菜粉蝶幼虫在大白菜上的田间分布型

实验样品	外叶		茎生叶		球叶	
	正面	背面	正面	背面	正面	背面
虫数/头	8	6	114	8	14	10
比例[①]/%	5.0	3.8	71.3	5.0	8.8	6.3

① 相对于总虫数（160 头）的百分比。

用细雾喷洒法和粗雾喷洒法喷甲萘威 25%可湿性粉剂的喷雾液，在 2 种用药量下的叶面沉积分布情况显示出细雾喷洒法的沉积量远高于粗雾喷洒法（表 4-8），特别是在茎生叶正面的沉积量比粗雾喷洒法高出 137.5%。由于菜青虫的为害和活动部位有 71.3%是在茎生叶正面，所以这意味着在防治菜青虫时选用细雾喷洒法有可能大幅度降低药剂用量。

表 4-8 甲萘威两种喷洒方法下在白菜叶片上的沉积分布

检测部位		细雾喷洒法（气流雾化）/（$\mu g/cm^2$）		粗雾喷洒法（液力式）/（$\mu g/cm^2$）	
		62.5g/亩	37.5g/亩	62.5g/亩	37.5g/亩
外叶	正面	2.75	1.65	2.50	1.60
	背面	2.00	1.20	0.50	0.30
茎生叶	正面	4.75	2.85	2.00	1.20
	背面	3.00	1.80	0.50	0.50
球叶	正面	1.30	0.78	0.75	0.45
	背面	1.00	0.60	0.38	0.23

4.3.4 细叶类植物的施药技术

在农作物中属于细叶植物的比较少，如胡萝卜、茴香等及其他具有狭长叶裂的植物，现在还没有此类作物上的农药雾滴沉积分布规律的直接研究报告。但是在针叶树树冠上的沉积分布研究结果可以作为具有相似叶形的作物上使用农药时的参考。

Paraben 等利用荧光示踪剂检测法进行了在红棕（或美国松）和云杉上用直升机喷雾，然后从离地面 1.8m 高处采叶样测定雾滴沉积分布情况的试验。其中，苏云金杆菌制剂（Bt 制剂）用每公顷 18.70L 水剂的施药液量，敌百虫用 9.35L，甲萘威用

4.675L，后两种是油剂。分别加入 1%碱性蕊香红-B（即"罗丹明-B"）和另一种红色染料作示踪剂。喷雾在早晨进行，以减少雾滴蒸发、飘移以及热力学升腾作用对雾滴沉积的影响。三种喷雾液的雾滴直径分别为 VMD 350μm、280μm 和 270μm。检测结果表明，沉积在针叶上的雾滴尺寸均在 70μm 以下（表 4-9），与农药的种类和剂型无关。说明细针形靶标容易捕获细雾滴。其实这种现象早已在流体力学研究中获得了理论解释。Johnston 等研究了各种靶面宽度对于各种细度雾滴的捕获效率（用捕获系数 E 表示），表明在 1m/s 风速下，靶标迎风面的直径越小其捕获系数越高。

表 4-9 针叶上的雾滴沉积分布

雾滴尺寸范围/μm	Bt 制剂		甲萘威		敌百虫	
	雾滴数	累计百分数	雾滴数	累计百分数	雾滴数	累计百分数
<4	96	12.15	137	11.40	353	18.85
4~10	226	40.76	236	31.03	323	36.10
10~15	172	62.63	106	39.85	200	46.78
15~21	43	67.97	139	51.41	228	58.95
21~31	114	82.40	254	72.54	338	77.00
31~41	31	86.32	76	78.86	116	83.19
41~61	45	92.02	88	86.18	57	86.23
61~81	27	95.44	73	92.25	108	92.00
81~121	16	97.47	45	95.99	87	96.64
121~151	8	98.48	26	98.15	21	97.76
151~200	9	99.62	17	99.56	24	99.04
>200	3	100	5	99.98	18	100
总计	790		1202		1873	

由此可见，对于细叶类作物无疑应选择细雾喷洒法。粗雾喷洒法必定会导致大量药液脱靶从而大幅度降低农药的有效利用率。

第 5 章

农药在环境中的残留和降解

农药在环境中的散布、运转、残留、生物吸收（或浓缩）和对人体、生物的影响，即农药残留及宿命研究，是农药安全合理使用的理论基础工作之一。为了更好地认识农药对环境的污染，首先需要从农药残留和农药降解的研究入手。农药残留是指农药使用后残存于生物体、农副产品和环境中的农药原体、有毒代谢物、降解物和杂质的总称，残存的数量称为残留量。在一般情况下主要是指农药原体的残留量和具有比原体毒性更高或相当毒性的降解物的残留量，其大小与多种因素有关。农药降解可以从两个方面理解：一是农药降解表现为农药残留量的减少，这是由农药的挥发、扩散、各种化学反应和生物稀释等作用而引起的；二是农药原体的代谢，在化学、光化学、生物化学反应的作用下农药分子结构发生了变化，农药原体的数量也不断减少。一般来说，这是一个无害化的过程，主要表现为农药原体及其代谢产物数量的减少和毒性的下降，最后形成无害的或基本无害的化合物，其中只有含有害重金属的农药例外。在此过程中最关心的是两个问题：一是农药降解的速度，它决定了农药残留量的大小和农药影响环境各要素的时间；二是中间降解产物的类型以及它们的毒性，这关系到农药残留毒性的变化程度和对环境的影响程度。

5.1 影响农药残留降解的因素

影响农药残留降解速度的因素可分为三类：农药性质、农药残留降解的环境条件、农药受体。影响农药残留性的相关因素见表 5-1。农药降解速度可用降解半衰期（$t_{1/2}$），即农药数量减少一半的时间表示。

表 5-1　农药残留性相关因素

类别	因子	残留性大小
农药	挥发性	低＞高
	水溶性	低＞高
	施药量	高＞低
	施药次数	多＞少
	加工剂型	粒剂＞乳剂＞粉剂
	稳定性（对光解、水解、微生物分解等）	低＞高
	吸着力	强＞弱
土壤	类型	黏土＞沙土
	有机质含量	多＞少
	金属离子含量	少＞多
	含水量	少＞多
	微生物含量	少＞多
	pH	低＞高
	通透性	好气＞嫌气
其他	气温	低＞高
	温度	低＞高
	表层植被	茂密＞稀疏

5.2　影响农药降解速度的主要农药性质

农药的稳定性是影响农药降解的主要因素。农药稳定性是指农药在空气、土壤、水和各种生物体中经受化学、物理和生物作用攻击的能力。如果农药稳定性强就不易发生变化而保持其原来的性质。在植物保护中为保持一段时间的药效，各种实用农药都有一定的稳定性，否则就不会达到其使用的目的。因此，农药的稳定性对于植物保护和环境保护是有一定矛盾的。

5.2.1　光稳定性

农药在环境中的持留性取决于农药的降解性能，农药在环境中的降解分生物降解、化学降解和光降解三种类型。残留在地表、水体上层、植物表面及分散在大气层中的农药，无不受阳光照射。因此，农药的光解性能是评价农药在环境中持留性的一个重要指标。农药可以吸收一定的光能量或光量子，发生光化学反应。光化学反应是通过农药分子的异构化、键断裂、分子重排或分子间反应生成新的化合物。环境中农药的光化学反应可在气相（对流层、平流层）、水相（气溶胶、地表水和地面水等）、固相（植物外部组织，土壤或矿物表面）中发生。农药的光降解是其在环境中主要的降解途径之一。许多降解产物的毒性和在环境中的残留不亚于母体化合物。

农药光解是农药真正的分解过程，它不可逆地改变了反应分子，强烈影响着某些农药在环境中的归趋。另外，通过农药光降解的研究，能够简单地获得一系列的光降解产物，推测其在环境中的部分降解途径，了解农药使用的安全性，指导农药的使用。

5.2.1.1 农药在水体中的光解

对于农药在水体中的光解，有学者指出在其他条件相同的情况下，使用不同的光源（自然夏季光、模拟太阳光、高压汞灯），对农药的光解产物没有影响，只是影响其形成的动力学速率。而其他因素如 pH 值、有机质（DOM）、溶解氧等都在很大程度上影响农药的光解途径和产物的形成；另外对于在水体中具微溶解性的农药，研究其在惰性有机溶剂中的光解也有利于进一步探索其光解机理。

（1）农药在不同水体中的光解 水体不同，农药光解速率和路径也有所不同。20mg/L 乙草胺水溶液在高压汞灯照射下，开始时光解速率较快，随着时间的延长，降解速率逐渐放慢。乙草胺在所选 3 种类型水溶液中降解速率为：去离子水＞河水＞稻田水，光解半衰期分别为 7.12min、10.12min、12.46min。而百菌清在几种自然水体中的光解与去离子水比较，除了海水，河水和湖水都促进了其光解反应，这是因为自然水体中含有的有机质吸收光辐照，引发反应物进行间接光解。而在海水中，百菌清分子与 DOM 通过弱范德瓦耳斯力结合，这种结合力随着水体中含盐量的增加而增加，从而影响污染物的光解。

由此可以看出，不同水体中农药的光解不同，应该归因于其中 DOM 和含盐量及其他因素的不同，这些因素会不同程度地影响农药的光解反应。

（2）可溶性有机质的影响 水体和土壤中广泛分布的有机质影响污染物的光化学转化和降解情况。其中腐植酸（HA）是一种聚合酚类大分子，除了影响污染物的溶解性、反应性以及微生物降解外，当 $\lambda=290nm$ 时，还能通过吸收光能产生自由基、活性氧中间体，引发污染物的光解反应。很多研究发现，腐植酸促进了有机磷农药的光降解；对均三氮苯类除草剂的光解也有光敏化作用，特别是对于莠去津。有机质与污染物分子的相互作用很大程度上依赖于波长、温度、pH 值、离子强度以及溶液中离子的种类。

Klaus Hustert 通过从土壤中提取有机质，考察其对杀菌剂腐霉利和乙烯菌核利在波长小于 290nm 条件下光解的影响，结果发现，有机质增加了腐霉利和乙烯菌核利的光解速率，而且富里酸（FA）的敏化作用比腐植酸的强，因为 HA 和 FA 能够吸收紫外线并将其能量转换给溶解氧（$^3O_2$），产生单分子氧（$^1O_2$）和其他一些活性物质，如 H_2O_2、O_2^-、OH^-，这些活性物质加快了腐霉利和乙烯菌核利光氧化反应的速率。

对于除莠剂氟乐灵，有机质却表现出一定的猝灭作用，由于不同水体有机质含量不同，光解速率也有很大差异，湖水＜河水＜海水＜去离子水。这是因为有机质对于氟乐灵的吸附，捕获体系产生的自由基 OH^- 以及对辐射光衰减的缘故。虽然有些学者指出有机质对 OH^- 的影响很小，但是也有报道表明，有机质是水体中 OH^- 的主要来源，影响污染物的转化。为了进一步确定有机质的影响，研究人员分别提取 HA 和 FA 来考察其对除莠剂氟乐灵的光解影响，发现了相同的现象。除了与污染物竞争光子，有机质还与氟乐灵结合，芳香胺类物质很容易在水体中与有机质共价结合，阻止其光解反应的进行；水体中有机质对氨基甲酸酯农药也表现出光猝灭作用。

有学者研究了有机磷农药的结构与有机质光解影响的关系，虽然光解速率常数与化学结构之间的系统关系没有得到，但是仍发现光解反应性随着芳香环 N 原子的增加而增加，而含有 C_1 和碳氢链结构的刚好相反。且他们通过电子自旋共振（ESR）分析光辐射产生的自由基，发现腐植酸盐对于有机磷农药的光解没有敏化作用，甚至比空白条件下的光解速率还要低，这是因为腐植酸盐的弱感光性及内部光滤作用，阻止农药的光解。他们发现，那些本身对光迟钝的有机磷农药对腐植酸的光敏作用更为敏感。

（3）水体中无机盐的影响　水体中化肥的施入以及各种无机盐对农药的光解也有一定的影响。在甲草胺的光降解过程中，单独加入一种化肥，结果表明，硝酸钾对其具有明显的光敏化作用，磷酸二氢钙则表现出光猝灭作用，同时碳酸氢铵、硝酸铵和尿素则几乎没有影响。水体中 NO_3^- 的存在促进了除莠剂的光解，而且半衰期随着 NO_3^- 浓度的增加而减小。这可能是亚硝酸盐/硝酸盐在水体中吸收光发生光氧化反应的缘故。

在腐植酸敏化光解有机磷农药时，几种金属离子表现出很强的光猝灭作用，顺序依次为：Cr（Ⅲ）＜Co（Ⅱ）＜Mn（Ⅰ）＜Cu（Ⅱ）。这可以从金属离子对腐植酸的荧光猝灭和产生的自由基捕获强弱来解释。Cu（Ⅱ）强的猝灭作用在于其能够失去外部结合水，与腐植酸具有非常强的配位结合能力。而 Cr（Ⅲ）和 Co（Ⅱ）只能通过外部结合与腐植酸形成配合物。

（4）有机溶剂的影响　有机溶剂对农药光解的影响，除了上述影响农药本身的光解速率外，还对其光解路线有很大的影响，对比农药克百威在甲醇、乙醇、乙腈、氯仿和水中的光解，发现有不同的光解产物；而杀虫剂硫代氨基甲酸酯类在水、甲醇和正己烷中表现出完全不同的降解途径。

（5）水体中 pH 的影响　农药的水降解与其在环境中的持久性是密切相关的，它是影响农药在环境中的归宿机制的重要依据之一，也是评价农药在水体中残留特性的重要指标。农药的水解是一个化学反应过程，是农药分子与水分子之间发生相互作用的过程。农药水解时，一个亲核基团（水或—OH）进攻亲电基团（C、P、S 等原子），并且取代离去基团（Cl、苯酚盐等）。早在 1933 年人们就已认识到动力学性质不同的两种亲核取代反应,一种是单分子亲核取代反应(S_N1),另一种是双分子亲核取代反应(S_N2)。对于大多数反应而言,很少有纯 S_N1 或 S_N2 反应,常常是 S_N1 与 S_N2 两种反应同时存在。在动力学上,S_N1 取代过程的特征是反应速率与亲核试剂的浓度和性质无关,对于有光学活性的物质则形成外消旋产物,并且反应速率随中心原子给电子的能力增加而增加,其限速步骤是农药分子(RX)离解成 R^+,然后 R^+ 经历一个较快的亲核进攻。S_N2 的反应速率依赖于亲核试剂的浓度与性质,并且对于一个具有光学活性的反应物,它的产物构型将发生镜像翻转,这是由亲核试剂从反应物离去基团的背面进攻其中心原子的双分子过程所致,即与中心原子(碳原子等)形成较弱的键,同时使离去基团与中心碳原子的键有一定程度的削弱,两者与中心碳原子形成一直线,碳原子与另外三个相连的键有伞形转变为平面,这是 S_N2 的控制步骤,需要消耗一定的活化能。

一般说来,农药在水体中的水解动态,杀虫剂较杀菌剂、除草剂和植物生长调节剂易于发生水解,有机磷酸酯类农药和氨基甲酸酯类农药的水解活性要高于有机氯类农药,一些拟除虫菊酯类农药也易发生水解反应。部分农药可以在 pH 值为 8～9 的溶液中水解。溶液的 pH 值每增加一个单位,水解反应速率将可能增加 10 倍左右。田芹等的研究结果证实,毒死蜱在水体中的降解量与溶液 pH 值呈正相关,pH 值越高,降解越快,如在 20℃、pH 5 的去离子水和 pH 9 的河水中,6d 降解率分别为 58.4% 和 77.2%,而 Macalay 等报道在 25℃,pH 值为 5.9、6.11 和 9 的蒸馏水中毒死蜱的水解半衰期分别为 33d、141d 和 10d,说明碱性水解是毒死蜱在水体中降解的重要途径。

(6)温度的影响　根据解离常数(pK_a),阴离子可经历弱酸性到中性或碱性环境。其水解过程中最重要的第一步是受水攻击发生脲桥裂解,抑或在碱性条件(高 pH 值)下,受羟基离子攻击使脲桥断裂。基于此,Sarmah 等提出了氯磺隆、甲磺隆和醚苯磺隆等 3 种除草剂在不同 pH 值的缓冲液中的水解模型,描述了 pH 与水解速率之间的关系。每步反应的速率常数均表现出温度制约关系,这与阿伦尼乌斯(Arrhenius)方程相符,且在恒温下保持恒定。该研究与过去报道的结果类似即 OH⁻ 攻击脲桥碳基(碱性条件)的方式最易引起水解反应,而受中性水攻击时非解离状态分子(酸性条件)的水解反应较近中性 pH 下阴离子至少快 1000 倍,温度是影响农药水解的重要因素。一般来说,提高反应温度有利于水解的进行。温度每升高 10℃,农药的水解速率常数增加 2～3 倍。Beiyer 等研究结果证实,磺酰脲类除草剂的水解反应表现出明显的温度效应,并可用一级动力学方程很好地描述。田芹等采用正交实验设计法考察了 pH 值、水质、温度等环境因素对毒死蜱在环境水体中降解的影响,发现三种因素对水体中毒死蜱降解的影响大小为温度>pH 值>水质。温度是影响毒死蜱在水体中降解的主要环境因素,随温度升高,毒死蜱的降解加快,温度每升高 10℃,毒死蜱的降解速率增加 2 倍。

（7）水解活化能的计算　水解活化能的大小是反应各种化合物水解难易程度的指标，Arrhenius 提出用下列公式计算活化（E_a）与频率常数（A）。

$$K = A \cdot \mathrm{e}^{-\frac{Eh}{RT}} \tag{5-1}$$

$$E_a = -RT \ln K + RT \ln A \tag{5-2}$$

式中　R——摩尔气体常数，8.3144J/（K·mol）；

　　　T——热力学温度，K；

　　　Eh——氧化还原电化。

若用两个不同温度时求得的水解常数 K 值分别代入式（5-1），导出式（5-3）。

$$\lg \frac{K_2}{K_1} = E_a \cdot \frac{\left(\dfrac{1}{T_1} - \dfrac{1}{T_2} \right)}{2.303R} \tag{5-3}$$

不同温度与不同 pH 条件下测得的水解常数 K 值代入式（5-3）和式（5-2），求出各种供试农药在水解过程中的活化能（E_a）与频率常数（A）。

活化能小于 33494.4J/mol 的化合物在常温下易发生水解反应，当化合物的活化能大于 167.5kJ/mol 时，在室温、pH 为中性的条件下就不易发生水解反应。

（8）农药的水解因子在农药安全性评价中的意义　除直接施入水体的农药外，通过径流等途径进入水域的农药均属环境的污染物，农药在水体中的降解方式与水环境状况有关。地表水的 pH 值一般在 7 左右，水温随季节变化，从 0℃至 30℃左右。而地下水的酸碱度与地表水相比，略偏酸性，且地下水的温度变化范围又较小。在自然界中农药的降解作用是各种降解过程综合作用的结果，比用水解试验求得的半衰期短得多，但农药进入略偏酸性、水温又较低的地下水后，其水解或生物降解作用都比地表水要低得多，同时也不存在光降解作用，因此防止农药对地下水的污染尤为重要。

5.2.1.2　农药在土壤中的光解

农药在土壤表面的光化学降解是决定农药在环境中转化、消失的重要途径，研究农药在土壤中的光解具有重要的环境学意义。长期以来，土壤组成的复杂性和土壤的非均质相体系，给农药土壤光解研究带来了困难。

土壤是一个复杂的非均质相体系，影响农药在其表面光解的因素非常复杂，土壤质地、湿润程度、有机质含量等都会影响农药的光解过程。

（1）土壤类型对农药光解的影响　土壤质地对农药在土壤表面的光降解有重要的影响，不同地方的土壤对相同的农药光解有不同的作用。苄嘧磺隆（一种磺酰脲类除草剂）在不同类型的土壤（红壤、砖红壤、黄褐土、黄潮土、砂姜黑土）中的光降解表明：苄嘧磺隆在质地较粗的砂姜黑土、黄潮土上光解较快，而在质地黏重的红壤、砖红壤中光解较慢；土壤有机质含量对苄嘧磺隆光解也有很大影响，在质地较黏但有机质含量较低的黄褐土中光解速率明显加快。苄嘧磺隆在各种土壤中的光解特性与土壤有机质、土壤质地不同有很大关系。黏粒是土壤质地中影响农药光解的最重要的因素，与黏土矿物的类型关系不大。砖红壤、红壤中的主要黏土矿物是高岭石，只有少量的蒙脱石；黄潮土、砂姜黑土中的主要黏土矿物是蒙脱石，少量高岭石；而黄褐土中的主要黏土矿物是伊利石、蛭石。从实验结果可以得出初步的结论：吸附在土壤有机质上的苄嘧磺隆可免受光解，附着在黏土表面的有机质可能降低其光降解活性。

毒死蜱在所选择的两种土壤（红壤和沙壤）中的光解也有差异，干燥条件下在红壤中的光解速率是在沙壤中的 1.32 倍。可以看出，土壤质地是影响农药光解的重要因素之一。

有学者通过加入硝酸钠、铁、腐植酸来模拟土壤中的成分，研究了土壤组成以及肥料对农药氯硝柳胺光解的影响，结果表明，在光照条件下，提高硝酸钠的浓度不会影响其光解模型，但是会生成少量的杀螺胺，而当硝酸钠浓度大于 20mg/kg 时，氯硝柳胺的光解半衰期延长；在黑暗条件下，铁离子和硝酸盐的加入对氯硝柳胺光解半衰期的影响很小；而腐植酸即便是在黑暗条件下也对氯硝柳胺的半衰期有非常明显的影响。

（2）土壤粒度的影响　到目前为止，农药土壤光解的研究方法主要有两类：一类研究将通过 2mm 筛的土壤尽量按自然状态置于玻璃皿或玻璃盘中进行光照，另一类研究是将土壤制成薄层或薄膜进行光解。这种土壤物理状态显然与土壤真实环境不符。最大的差异是构成土壤大小不同的粒径或团粒结构的作用。

有学者研究氯氰菊酯等几种农药在土壤中的光解，比较粒径对农药在土壤中的分布和光解速率的影响。在研究中，土壤粒径指的是将未受外力作用的湿润土壤风干后筛分的粒径，其中包括了土壤的团粒、微团粒或颗粒，以及土壤中的各种有机、无机成分，能够反映土壤的自然物理状态。试验发现：在充分平衡的条件下，农药在土壤中的吸附量与土壤粒径有关，在合肥地区的黄棕黏质壤土和宣城地区的红棕黏质壤土中，氯氰菊酯、溴氰菊酯、氰戊菊酯、氟乐灵 4 种农药均在 0.1～0.25mm 和 0.25～0.5mm 粒径范围含量最高，1.0～2.0mm 的较大粒径范围含量最低。与 2 种黏质壤土截然不同，在砀山地区沙质壤土中，氯氰菊酯、溴氰菊酯、氰戊菊酯的含量则随粒径增大而提高。而且不同土壤粒径，农药的光解速率有显著差异。在黏质壤土和沙质壤土中，氯氰菊酯等 3 种农药均是在 0.5～1.0mm 粒径范围光解最快，半衰期为 34.07～42.78h（沙质壤土）、44.93～55.0h（黏质壤土），比率是混合土样的 1.24～1.50 倍；在 0.1～0.25mm 粒径范围光解最慢，半衰期为 56.50～77.70h（沙质壤土）、65.04～88.03h（黏质壤土），比率为混合土样的 0.76～0.88 倍。而 0.1mm 以下和 0.1～0.5mm 粒径范围的光解速率分别略低于和非常接近于混合样。3 种农药在沙质壤土的光解速率除了明显快于黏质壤土外，在 1.0～2.0mm 粒径范围的光解速率也表现出显著差别。沙质土中 1.0～2.0mm 粒径范围 3 种农药的光解速率均快于混合样品，为 1.17～1.20 倍；而黏质土壤中这一粒径范围的光解速率接近混合样（0.99，氯氰菊酯）或略大于混合样品（1.05，溴氰菊酯；1.07，氰戊菊酯）。这说明一定的土壤团粒结构的孔隙通气性，有利于农药在土壤中的光解，土壤中的空气和氧在农药光解中也有重要的制约作用。而 0.1mm 粒径范围的土壤农药光解速率快于 0.25mm 粒径，可能是由于在小于 0.1mm 的土粒中，包括较多细度更小的粉粒和黏粒，而黏粒含有较多农药光解催化中心。

除草剂莠去津在土壤中的光解过程，由于紫外线的穿透能力很差，莠去津的光解只发生在土壤的近表面，土壤颗粒越大，紫外线的穿透能力越弱，莠去津的光解也越弱。这是土壤粒度影响紫外线穿透能力，进而影响莠去津光解速率的缘故。

（3）土壤湿度的影响　在其他条件都相似时，土壤是否含有水分对农药的光解影响也很大。水除了有利于农药从土壤内部迁移到表面外，还有助于光解产物的迁移；在研究 2 甲 4 氯丙酸（MCPP）和苯基二氯化膦（DCPP）等农药时发现，干土时的光解速率明显低于湿土时，虽然在干土条件下，与其他降解过程比较，光解仍处于主导地位；土壤中的水分有利于溶解有机质，减少其光猝灭作用。而 MCPP 较 DCPP 光解速率快的原因是在土壤表面的吸附程度的差异。乙草胺和丁草胺在相对湿度为 80% 的土壤中，光解深度和光解速率均大于在无水条件下，乙草胺在相同湿度下光解深度较丁草胺大，是因为其溶解度大，更容易从土壤内部向土壤表面迁移。土壤湿度对甲基对硫磷、氟乐灵和三唑酮也均有加速光解作用，这种影响对氟乐灵光解表现得最为明显。在 15% 的湿润土壤条件下，氟乐灵在所选四种土壤中的光解非常迅速，光解半衰期仅为 8.5～24h；而在风干土壤中，氟乐灵则表现了很强的光稳定性，在所选土壤中的光解半衰期最长达 509.6h，其半衰期分别是湿润土壤中的 11.2、13.4、20.5 和 21.2 倍，表明水分对氟乐灵在土壤光解中有重要作用。甲基对硫磷在 4 种风干土壤中的光解半衰期是湿润土壤的 2.5、2.0、1.9 和 3.0 倍，三唑酮则分别是 1.5、1.4、1.8 和 2.0 倍。这说明土壤湿度对不同类型农药的光解是不同的，而且土壤类型不同，差异性也有所不同。这可能与农药的光化学反应类型有关，土壤中水分在光照下也可能形成自由基，水分还可能改变土壤的吸收光谱范围。另外水体中含有很多金属和硝酸盐离子，这些都有助于形成羟基自由基，羟基自由基会与污染物进行反应。

除了上述原因外，土壤湿度在辐射能的分布和穿透方面也起着很大的作用，对于农药氯硝柳胺在土壤中的光解，湿度大大提高了放射能在土壤中的分布范围，在一定湿度土壤中，放射能是干土中的 3 倍，氯硝柳胺在干土中的光解半衰期是一定湿度时的 2～5 倍。

Phillip 等在特殊土壤光解设备条件下考察了干土和 75%湿度土壤时，农药磺草灵、三氯吡氧乙酸、三氟羧草醚和莠去津的光解行为，浓度为 5μg/g，不管是黑暗还是辐照条件下，在干土中的光解时间要比湿度条件下长得多，半衰期为 2～7 倍。对于莠去津，湿度对其光解影响非常重要，另外湿度对光解产物也有一定的影响。

（4）土壤 pH 的影响　土壤 pH 也是影响农药光降解的重要因素之一。在土壤组成、湿度都相同的条件下，丁草胺的光解速率和光解深度随着 pH 的升高而加快和加深，这说明 OH^- 有利于丁草胺的光解。另外莠去津在土壤中光解时，在其他条件恒定的情况下，中性土壤中莠去津的光解速率最慢，随着酸度或碱度的增加，莠去津的光解速率加快。这表明 H^+ 和 OH^- 能够催化这个光化学反应。

（5）土壤中有机质的影响　土壤中污染物的降解和转化受其中有机质的影响很大，有机质的存在促进或抑制污染物在土壤中的光解。

干土中有机质的存在大大影响除草剂苄嘧磺隆的光解速率，腐植酸（HA）和富里酸（FA）的存在对除草剂苄嘧磺隆的光解产生猝灭作用，猝灭作用随着 HA 和 FA 的浓度升高而增加（如表 5-2、表 5-3），HA 比 FA 的光猝灭作用要强，而且两者同时存在时对苄嘧磺隆的光解产生协同猝灭作用。

表 5-2　HA 对于除草剂苄嘧磺隆光降解的猝灭作用

苄嘧磺隆 /（mg/kg）	HA /（mg/kg）	光解动力学参数			相对光解速率	光猝灭效率/%
		$k^①$/h	R^2	$t_{1/2}$/h		
10	0	0.0148	0.99	46.8	1.00	
10	5	0.0089	0.99	77.9	0.60	38
10	10	0.0079	0.99	87.7	0.53	50
10	20	0.0043	0.93	161.2	0.29	92
10	40	0.0032	0.94	216.6	0.22	102

① k：农药降解速度。

表 5-3　FA 对于除草剂苄嘧磺隆光降解的猝灭作用

苄嘧磺隆 /（mg/kg）	FA /（mg/kg）	光解动力学参数			相对光解速率	光猝灭效率/%
		k/h	R^2	$t_{1/2}$/h		
10	0	0.0148	0.99	46.8	1.00	
10	5	0.0099	0.99	70.0	0.67	30
10	10	0.0084	0.99	82.5	0.57	44
10	20	0.0077	0.99	90.0	0.52	50
10	40	0.0045	0.98	154.0	0.30	90

HA 能够通过猝灭农药分子激发态来降低其光解速率，而且 HA 的存在会增加土壤对农药的吸附容量，本身作为过滤器增加农药分子的光稳定性，阻止其进行光解。

HA 能降低苄嘧磺隆的光解速率，因为其本身吸收光辐照，又有较高的消光系数。在土壤中，HA 与其他物质竞争吸收光辐照。在可见光或接近紫外光（310～450nm）条件下，HA 作为敏化剂提高一些污染物的直接光解。很多有色有机污染物都在 280～315nm 的范围吸收光，HA 由于较高的消光系数，对污染物的光解表现出明显的猝灭作用。除草剂苄嘧磺隆在 300nm 以上吸收很弱，因此 HA 阻碍其光解反应的进行。

另一个原因可能是苄嘧磺隆部分与 HA 发生结合（从 FTIR 谱图可以获得），结合部分没有办法参与光解反应的进行。

HA 对于苄嘧磺隆的光解猝灭大于 FA，在于其分子结构的不同，HA 具有更高的芳香性和聚合度，有利于结合苄嘧磺隆分子，阻止其进行光解。

（6）土壤深度的影响　光化学降解是大量施用到土壤中的农药化学品消失的重要途径。农药土壤中的光化学降解包括直接光解和间接光解两种类型。由于土壤颗粒的屏蔽，使到达土壤下层的光子数急剧减少，因而只有土壤表层的农药能接受光能发生直接光解，如莠去津在土壤中的光解深度只有 0.10～0.23mm。但是土壤中普遍存在的光敏物质使农药发生间接光化学转化，受光照的土壤表面形成许多氧化剂，对外源性化学物有潜在的降解能力。研究显示，单线态氧在光照土壤某些部位明显形成。这些氧化剂将许多砜型农药转化为亚砜型农药；转化的这些光解产物比母体农药残留期更长、毒性更强、水中溶解度更大。农药在土壤中直接光解的深度局限在光子能达到的土层部位，而间接光解可稍微深一些，很显然，单线态氧垂直移动的深度要大于光子能所能穿透的土层厚度。有学者研究不同深度苄嘧磺隆的光解，并通过数学模型评价了实验结果，农药在土壤层的光解应该包括两部分：表面直接光解和农药从土层下部黑暗区向土层上部光照区的扩散迁移。

有学者在考察农药氯硝柳胺在土壤中的光解行为时发现，随着土壤深度的增加，辐射光的穿透能力下降，即便是 0.5mm 的土壤厚度层也能阻止 95%的入射光，土壤深度大于 1.5mm 或更深时，能够透过的光更少，在土壤浅表面处（<1.5mm），这种穿透能力与土壤的湿度有很大的关系。穿透干土的光中只有 20%能够穿透湿土，因为干土的颗粒结构松散，留有一定的空隙让光穿透；而水分的存在缝合住颗粒之间的空隙，使得光不能够穿透土壤。因此在 0.5～1.0mm 深度，一定湿度光的穿透能力与 1.5～2.0mm 深度干土中的穿透能力相当。

很显然，氯硝柳胺的光解量随着土壤深度的增加而减少，而土壤深度的农药萃取量却是呈上升趋势。由表 5-4 可以看出，在一定深度，氯硝柳胺的光解半衰期与土壤深度有关，总的趋势是光解半衰期随着土壤深度的增加而增加。在 2.5～3.0mm，半衰期差别不大；土壤深度≤2.0mm，这种差别就非常大，充分说明光解反应发生在土壤深度为 2.0mm 甚至更浅的地方。土壤接受大量农药，发生吸附、光解等反应，而且光解反应一般发生在土壤表面，速率比较快，成为农药在土壤中降解的一种重要形式，因此应尽快建立农药土壤光解的统一评价方法，使这一评价方法尽量接近真实土壤的表层结构，使实验评价结果真实反映农药在自然条件下的光解情况。仔细分析农药光解的过程不难发现，此类研究仍然存在着不少弊病和局限性。其一，目前已经报道的研究报告多在水中进行，而实际上光解过程主要是在作物体表、土壤表面和大气中进行，因此所得研究结果与在真实自然环境条件下的降解规律吻合度较小；其二，不少学者注重光解产物的分离与鉴定，由于经费等的制约，对光解产物的毒理学研究开展得较少。

表 5-4　不同土壤深度时，氯硝柳胺在不同湿度土壤中的半衰期

深度/mm	湿度调整土壤 $t_{1/2}$/h	湿度没调整土壤 $t_{1/2}$/h	空气干燥土壤 $t_{1/2}$/h
3.0	194.57	N/A	1063.87
2.5	181.26	N/A	1109.04
2.0	161.88	352.01	419.86
1.5	132.74	N/A	511.62
1.0	121.12	N/A	369.62
0.5	95.58	N/A	199.19

注：N/A 表示"未调整"。

表 5-5 中列出了影响农药在土壤中降解的主要环境因素及其对残留性的影响趋势。"<"符号前表示快，符号后表示慢，而对 pH 值仅反映的是大多数农药的规律。对于土壤水分和透气性的影响趋势主要取决于降解微生物的类型，是属于厌气菌还是好气菌，所以用"<或>"表示。在土壤、水和水体底泥中微生物降解起着重要作用。温度、水分、透气性、pH 值、有机质含量、金属离子等都对微生物活动有影响，当这些因素的综合效应是促进降解微生物活动时，即可加速农药的降解速度；如综合效应是抑制性的，则降解速度减慢。

表 5-5　环境因素对土壤中农药降解速率的影响趋势

因素	农药降解速率	因素	农药降解速率
土壤质地	沙<黏	土壤水分	淹<或>干
有机质	少<多	透气性	差<或>好
pH 值	碱<酸	温度	高<低
金属离子	多<少	土壤微生物	多<少
植被	疏<密	灭菌	不灭菌<灭菌

5.2.1.3　三种农药在自然环境中的光解

百菌清、多菌灵、双氟磺草胺三种农药在自然环境和模拟的实验条件中的光解。

（1）百菌清在自然环境中的光解　百菌清在海水中 4 个星期完全降解，而在地

面水中，有太阳光辐照情况下，降解半衰期不超过 1h，模拟海水条件下的半衰期为8～9 天。淡水中微生物活动对于 C—Cl 键的断裂非常重要。

据报道不同水体中百菌清的自然光和模拟太阳光条件下的光解，遵循一级反应动力学过程，结果见表 5-6。

表 5-6　百菌清在不同水体和光照条件下的光解动力学参数

光解介质	$t_{1/2}$/h	光照/h	R^2
自然光辐照（室外）			
蒸馏水	47.8	0.014	0.990
海水	45.6	0.015	0.997
河水	9.3	0.075	0.994
湖水	7.0	0.099	0.984
模拟光辐照（太阳试验）			
蒸馏水	6.8	0.102	0.994
海水	7.9	0.088	0.996
河水	1.2	0.576	0.999
湖水	1.0	0.662	0.997

由表 5-6 可以看出，水体不同，百菌清的光解速率也不同；另外与模拟太阳光比较，百菌清在自然条件下光解相对要弱一些，这是因为模拟光的强度始终保持恒定，而太阳光的强度一天中随时间变化，同时也会受到云层遮挡等的影响。百菌清的主要光解产物见表 5-7。只有在自然水体和有腐植酸加入的水体中，表 5-7 中才有产物（1）和（5）生成，通过分析，（1）为苯甲酰胺，这是第一次发现百菌清在自然水体中光解有苯甲酰胺产生，说明水体中有机质的光敏作用有助于羟基自由基的生成。而其他产物的生成说明百菌清可以直接光解，也可以通过其他物质的敏化进行间接光解。

表 5-7　百菌清的主要光解产物

化合物	保留时间/min	M/（m/z）	碎片/（m/z）
苯甲酰胺（1）	9.4	121	105，77，51
一氯 1,3-二氰苯（2）	17.9	162，164	127，100，75
二氯 1,3-二氰苯（3）	21.8	196，198，200	161，125，75
三氯 1,3-二氰苯（4）	25.6	230，232，234	159，124，75
未定性（5）	27.0		198，188，165，91.77
百菌清（6）	28.7	264，266，268	118

（2）多菌灵的自然光解　选取一定时间的太阳光来考察农药的光解，溶剂不同，其光解特性也不同。多菌灵是一种高效低毒内吸性苯并咪唑类杀菌剂，在植物病害防治中具有重要作用。徐宝才等选择合肥地区（北纬 31.8°）6～10 月、晴朗无云

或少云天气、8：30～16：30 的太阳光作为光源，在距地面 15m 高的平台上进行多菌灵的光解实验，石英管与太阳光源成 30°角，光强为 30000～112500lx。结果发现：在相同的太阳光源下，多菌灵在不同溶剂中的光稳定性差异很大。多菌灵在正己烷、甲醇中相对稳定，太阳光照 40h 几乎没有变化；丙酮的存在促进了其光解的进行。而在高压汞灯条件下，降解速率完全相反，丙酮中光解最慢。

　　另外，在不同的自然水体中，多菌灵的光解速率也非常慢，表明其难以直接光解，只有在其他物质（如核黄素、Fe^{3+}）的敏化作用下，才能够发生间接光解；另外与其他农药混合使用时，对其光解也有一定的影响，如丁草胺对多菌灵有很强的光猝灭作用。

　　（3）双氟磺草胺在自然水体和土壤中的光解　对于同一种农药，其在土壤和水体中的光解行为也不同。农药双氟磺草胺微生物降解非常快，所以在自然水体中的光解贡献很小，但是在土壤表面微生物活性很低，光解就显得非常重要，从而在土壤和水体中表现出不同的光解途径。在土壤中光解时，双氟磺草胺第一步生成 5-羟基双氟磺草胺和 N-(2,6-二氟苯基)-5-氨磺酰-1H-1,2,4-三唑-3-羧酸等；双氟磺草胺微生物降解中也有 5-羟基双氟磺草胺生成，5-羟基双氟磺草胺的光解比较快，因此其对于双氟磺草胺的光解有很大贡献。而在水体中光解时，双氟磺草胺最终生成两种不同的光解产物，没有 ASTP 中间体生成。因此可以推断，双氟磺草胺在自然环境中的光解速率取决于 5-羟基双氟磺草胺的光解速率。

　　分解速度在不同种类的农药和同类农药之间有很大差别，因此把它列为判断农药稳定性的重要指标。据江希流等的实验结果表明，在实验的另三种农药中，六六六的光分解半衰期最长，克百威最短，而甲基对硫磷居中。另据中国农科院茶叶所资料，在三种有机磷农药中辛硫磷的光分解速度最快，对硫磷最慢，而马拉硫磷居中。天然除虫菊只能作为室内卫生用药，不能在大田使用。因为在除虫菊的结构中，存在着在紫外线照射下，容易遭到氧原子攻击的光敏中心而发生光分解。如果以适当的化学基团来代替对紫外线敏感的基团，就可削弱光分解作用，而作大田农药使用。拟除虫菊酯就是于 20 世纪 70 年代开发的具有一定光稳定性的农药。据N.Takanshi 资料，氯氰菊酯的光分解速度要快于氰戊菊酯。有机氯农药对光稳定，除虫脲等昆虫几丁质合成抑制剂对光也较稳定，是该类农药残留降解速度慢的重要原因。

5.2.1.4　农药在环境中的光稳定性评价

　　除了要通过试验求得农药在环境中的稳定性的实验数据外，还须建立农药在环境中残留性的等级划分标准。R.LMetealf 用农药在土壤中的降解半衰期将农药在环境中的残留性划分为 5 个等级：①<1 个月；②1～4 个月；③4～12 个月；④1～3年；⑤3～10 年。评价农药在土壤表面的光降解性能可借用上述等级划分标准。

评价农药在水体中光降解性能时，因水生生物对农药的反应远比陆生作物敏感，因此，有专家建议相应地划分为以下 5 个等级：①＜5d；②5～15d；③15～30d；④30～90d；⑤＞90d。按照上述等级划分标准，克百威、甲基对硫磷和林丹 3 种农药，除林丹在土壤表面的光降解速率稍小一些外，其他农药在水和土壤中的光解速率均较大。因此当 3 种农药进入环境后，如能充分接受阳光照射，短期内就能消失。最后需要指出的是光降解只是农药在环境中降解的一种形式，全面评价农药在环境中的持留性，还必须同时研究农药在环境中的生物降解和化学降解。

农药的主要光化学反应类型及其产物，将对环境产生各种影响，即农药光化学转化的环境意义主要有以下几方面。

（1）光解产物的生物活性增强　一般光氧化或光异构化反应产物生物活性增加，如含硫醚键的农药在光照下生成亚砜和砜，其生物活性增加；光化狄氏剂对某些蝇类的毒效高于狄氏剂，硫代磷酸酯类杀虫剂的光异构产物对胆碱酯酶的抑制作用增强。

（2）光解后药剂失活、毒性降低　萘乙酸（NAA）是一种应用广泛的植物生长调节剂。实验室研究表明，NAA 在水溶液中迅速光解生成邻苯二甲酸和萘甲酸而失去活性。为避免这一现象发生，应在下午或晚上施用 NAA，而且盛入不透光的容器中，以免在贮运中光解失效。高毒的环境污染物二噁英（TCDD）可迅速进行光还原反应，生成低毒产物。

（3）光解产物对哺乳动物或环境生物的毒性增强　对硫磷在田间、植物表面、尘埃表面及蒸汽中可光氧化为毒性更高的对氧磷。虽然对氧磷可继续进行光水解，但在叶面上、尘埃和空气中积累的数量足以危害操作人员，造成接触或呼吸中毒。

5.2.2　农药的化学稳定性

不同分子组成的农药，因化学结构的不同，稳定性不同。如杀虫剂中的有机氯农药，除草剂中的一些均三氮苯类农药，它们在环境中的残留期长。绝大多数品种的有机磷农药都是由磷酸酯、硫代磷酸酯或其卤代物构成的酯类化合物，它们大都容易与水发生水解反应，影响稳定性；有机氯农药由于含有电负性强的氯元素，通过合成反应生产的氯代烃化合物性质都相当稳定，难以水解；氨基甲酸酯类农药因分子中含有酸性基团羧酯和碱性基团甲氨基两种不同性质的离子，由于电荷不同形成静电引力，提高了其稳定性能，如甲萘威、杀虫单等。而有些因有机取代基不够稳定，如异丙威、速灭威等稳定性一般。无机盐杀菌剂，如硫酸铜，是由强酸弱碱组成的化合物，化学性质很稳定，其所含水分因挥发或潮解时致使颜色由蓝变白，但不影响其使用效果。

5.2.3　微生物降解稳定性

微生物作用对于环境中农药降解具有重要意义，农药在土壤中的降解作用是土壤中农药消失的主要途径，是土壤净化功能的重要表现，包括光降解、化学降解和微生物降解作用等，但其中由微生物引起的微生物降解作用尤为重要。微生物的降解影响着土壤中农药的行为和归宿，可以说，任何一种化学药剂，不管是持久的、短期的、活性的、非活性的、稳定的、迁移的等，都可以被土壤中的微生物代谢。尽管微生物涉及的范围广泛，但不应将其群体看成是全能的。土壤微生物对农药的降解活性受土壤 pH、有机质、土壤水分含量、温度、充气条件和阳离子交换量（CEC）等因素的影响，同时，农药的不同化学结构也影响微生物对它的降解作用。在某种条件下，微生物可以降解某些农药，以其为碳源和能源，最终分解为 CO_2 和 H_2O，而在另一条件下，某些化学制剂却能阻止微生物的降解，但当它被吸附到黏土矿物上时，则不易降解。

对于在环境中本来存在的化合物和模拟自然化合物结构而人工合成的化学物质一般较易被微生物降解，如拟除虫菊酯和抗生素类农药。一些人工合成的农药在微生物降解时会产生诱导反应，即在重复用药时农药的降解过程会加速。这说明土壤微生物对农药的降解有一个适应过程。

微生物降解农药的过程可表示为：农药（土壤）+微生物（酶）→微生物（酶）+降解产物（中间产物、CO_2、H_2O）。

该过程包括以下几个方面：①农药在土壤中的吸附、固定和形态转化；②微生物在土壤中的分布、酶在土壤中的存在形态；③土壤酶（脱离活体的酶）对农药的分解作用；④农药或其初级分解产物透过活体细胞壁进入活体细胞内；⑤活体细胞内酶对农药的进一步降解。

微生物能以多种方式来代谢农药（表 5-8），且受环境的影响。凡影响土壤微生物正常活动的因素［如温度、水分、有机质含量、氧化还原电位（Eh）和 pH 等］及农药本身性质，都将影响微生物对农药的代谢。因此，就一种微生物和一种农药而言，不同的环境条件可能会有不同的降解解毒方式。微生物降解农药的途径主要有脱氯作用、氧化还原作用、脱烷基作用、水解作用和环裂解作用等。如带硝基的农药可被还原为氨基衍生物；氨基甲酸酯类、有机磷类和苯酰胺类可经过酯酶、酰胺酶和磷酸酶发生水解；苯酚则可经过细菌和真菌的作用发生环裂解而转化为硝基苯。总之，农药的生物降解是农药从土壤环境中去除的最为重要的途径。

目前的研究，很多是把消毒和不消毒的土壤进行比较，来证实微生物是农药降解的主要机制，但这一方法还存有不足之处；因为土壤的消毒过程破坏了土壤的理化结构，实际上就排除了农药降解的其他机制。研究利用消除、控制或减少微生物活性的其他方法评价土壤微生物群体的作用似乎更加科学。

表 5-8　微生物代谢农药的方式

酶促反应	（1）不以农药为能源的代谢
	①通过广谱的酶（水解酶、氧化酶等）进行作用
	a.农药作为底物
	b.农药作为电子受体或供体
	②共代谢
	（2）分解代谢：以农药为能源的代谢，多发生在农药浓度较高且农药的化学结构适合于微生物降解及作为微生物的碳源被利用的情况下
	（3）解毒代谢：微生物抵御外界不良环境的一种抗性机制
非酶方式	（1）以两种方式促进光化学反应的进行
	①微生物的代谢物作为光敏物吸收光能并传递给农药分子
	②微生物的代谢物作为电子的受体或供体
	（2）通过改变 pH 而发生作用
	（3）通过产生辅助因子促进其他反应进行

此外，农药还可通过与土壤中的原生动物、节肢动物、环节动物、软体动物等及各种植物相互接触，而被其中一些生物吸收利用，从而降解转化为毒性较低的物质或完全从土壤环境中消失。但大量的研究表明动植物参与农药降解更多的是通过与土壤微生物发生协同作用来进行。如植物根系和土壤动物体分泌的胞外酶，可促进农药的微生物降解；又如蚯蚓可吞食土壤中的微生物和农药，蚯蚓的消化系统可分泌大量的消化酶，从而促进消化道内的微生物降解农药。

5.2.3.1　农药降解菌

土壤中存在着丰富的微生物类群，可以对农药起到一定的降解作用，其中细菌由于其生化上的多种适应能力以及容易诱发突变菌株等特性，在农药的降解中起着重要作用。

农药降解菌的获取一般是从土壤、水体或污泥等污染环境中直接分离筛选或经富集培养。降解农药微生物的富集培养方法主要有：批培养即液体富集培养法、土壤环流法、连续流动培养法。恒化器是一种有效的连续培养法，用目标农药作为恒化器培养中的生长限制底物，筛选出可以降解目标农药的微生物菌株或诱发出有降解能力的突变菌株。

已经分离到能降解农药的微生物很多，但是目前还很难预见某一种或某一属的微生物能专门转化某一类农药，因为某种农药可能会有多种降解菌，同一菌株也可能对多种农药具有降解作用。这里仅列出部分能降解农药的农药降解菌和一些藻类，以及它们所降解的农药（表 5-9）。

表 5-9　部分有机农药的部分微生物降解者

微生物（属）	农药
无色杆菌属	氯苯胺灵、2,4-滴、滴滴涕、2,4,5-涕
气杆菌属	滴滴涕、异狄氏剂、甲氧滴滴涕
土壤杆菌属	氯苯胺灵、滴滴涕、茅草枯、毒莠定、三氯乙酸
产碱杆菌属	茅草枯、三氯乙酸、抑芽丹
交链孢属	茅草枯
节杆菌属	茅草枯、2,4-滴、二嗪磷、草藻灭、毒莠定、西玛津
曲霉属	莠去津、毒莠定、扑草净、西草净、西玛津、敌百虫、2,4-滴、利谷隆
芽孢杆菌属	滴滴涕、茅草枯、利谷隆、毒莠定、灭草隆、三氯乙酸
拟杆菌属	氟乐灵
葡萄孢霉属	毒莠定
头孢霉属	莠去津、扑草净、西草净
枝孢霉属	莠去津、扑草净、西草净
棒状杆菌属	茅草枯、2,4-滴、滴滴涕、地乐酚、二硝基酚、百草枯
黄杆菌属	茅草枯、2,4-滴、氯苯胺灵、毒莠定、马来酰肼、三氯乙酸
镰孢霉属	艾氏剂、莠去津、滴滴涕、西玛津、敌百虫、五氯硝基苯
毛霉属	滴滴涕、五氯硝基苯
链孢霉属	地茂散（杀真菌剂）
诺卡氏菌属	茅草枯、2,4-滴、丁酸、五氯硝基苯、毒莠定、丙烯醇、三氯乙酸
假单胞菌属	丙烯醇、茅草枯、2,4-滴、氯苯胺灵、滴滴涕、敌敌畏、灭草隆、异狄氏剂、地乐酚、二嗪磷、二硝基酚、西玛津、五氯酚
酵母属	克菌丹、毒莠定

5.2.3.2　土壤根际环境的农药降解

　　根际环境是土壤中的一个很特殊的部分，在根际环境中，土壤、植物、微生物、水分、养料、空气、根系分泌物及体外酶等形成一个特殊的复合体，既具有一定的土壤环境特性，又具有许多不同于土壤本体的物理、化学和生物化学特性。

　　根际的定义范围很小，一般是离根数毫米到 1 厘米的范围。但是，就一棵植物的根系或者一个植物群落的根系而言，根际也是一个很广泛的概念，其范围将随植物种类的不同而不同，也与植物的群落结构有关。

　　最早对根际的定义是由根系周围微生物繁殖的不同而提出的，主要是发现在根的周围环境中微生物的数量远远多于非根际环境中的微生物数量。根际环境的特性实际上还有一个辐射范围，从根的表面开始，各种根际环境的特性向外呈梯度变化。超出定义的根际范围以后，仍然有一定的区域呈过渡状态，直到与普通土壤性状完全一致。在这个过渡区域，仍然表现出一些与根际环境类似的特征。因此，广义的根际环境可以再延伸一定的空间，或者可用"外根际"环境来描述。

不同植物的根系生长发育情况不同，或者同株植物的不同生长期的根际环境也不同，主根、侧根和根毛，新根、老根和死根等各不相同，例如新根和老根的分泌物，代谢产物和根系的活动状况等都不同。因此，各自所形成的根际环境也就不相同，农药污染物质在这些性质不相同的根际环境当中当然就会有不同的命运。另外，根际环境的变化有相互作用和相互抑制的特点，如根际分泌物的增加，引起 pH 值变化，从而引起微生物的活性变化，导致养分有效性变化，植物生长特性受到影响，再对植物根系的活动进行调节，这一系列的反应既有抑制作用，也可能产生促进作用。总之，各种作用相互联系、相互影响，并处于不断变化之中。

根际环境包含有土壤圈、水圈、大气圈和生物圈，在根际环境中这些圈层之间互相进行物质和能量的交换，在这里植物根系进行生长、呼吸、吸收和分泌活动，微生物同样进行生长、发育、分解有机物、合成细胞体、分泌各种酶等。生物与水、大气和土壤综合作用，对根际环境中的污染物产生各种影响作用，影响污染物的迁移转化及最终命运。前面所述及的土壤酶系统，最活跃的区域就是根际区域。根际区域包括所有的植物根系所分泌的酶或其他活性物质。另外，根标区域包含有比非根际区域高 10～100 倍的微生物数量，可以想象在根际区域的各种酶和活性物质要比非根际区域高很多倍。根际区域中土壤酶的作用再加上大量根际生物的直接作用，根际区域内的农药污染物质的降解和代谢也必将比非根际区域要快得多。研究表明，水稻根际环境中农药对硫磷已降解 22.6% 时，非根际环境中仅降解了 5.5%。

就农作物而言，根际环境中对农药污染物或其他污染物的高效降解是避免作物自身遭受污染或者农产品遭受污染的第一道屏障。这道屏障对于保护人体健康、禽畜安全等具有非常重要的作用。因此发挥根际生态系统的正常生态功能，能有效地降解各种污染物质，避免污染农作物或农产品，同时也可减少土壤中污染物质的向外转移，使农药的污染范围得到控制。

5.2.4　农药挥发性

农药施撒期间和施撒后由于挥发造成的损失量，少则占用药量的百分之几，多则占 50% 以上。农药挥发损失之所以被重视，是因为这不仅关系到减小的农药化学效力会大大妨碍有害生物的防治，而且也会污染与害虫防治无关的地区，伤害无害生物，给环境带来不良后果。农药挥发性是指在气温 20℃ 时，单位体积空气中的饱和蒸气量，以 mg/m^3 表示，此时称为挥发度，它也可用蒸气压（Pa）表示。农药挥发性直接取决于农药在生产车间和喷洒田间空气中的农药蒸气压大小，在一定程度上也说明农药在生产和使用中的危险程度，特别对高毒农药更是如此。另外，农药挥发性也影响着农药在环境中的扩散程度。按照农药的挥发性和经呼吸吸入急性中毒的阈浓度，苏联把农药分成三类：极危险农药，其挥发性大于急性中毒的阈浓度；危险农药，挥发性相当于急性中毒的阈浓度；低危险农药，挥发性小于急性中毒的阈浓度，大部分农药属于此类。敌敌畏属急性高毒农药，按挥发性分类又为极危险农药。目前允许在蔬菜上使用的农药，一般对人低毒或降解速度快。在农作物上降解快，其重要原因之一是与其高挥发性有关。不同农药间的饱和蒸气压相差很大（表 5-10），敌敌畏与氯氰菊酯相比相差 8.12×10^4 倍，而克螨特与氯氰菊酯相比相差 2.03×10^7 倍。挥发性明显高的农药有克螨特、敌敌畏、百菌清、速灭威、丙溴磷和一些熏蒸剂。

表 5-10　某些农药的饱和蒸气压（20℃）

农药	蒸气压/Pa	挥发性比例/%	农药	蒸气压/Pa	挥发性比例/%
氯氰菊酯	1.97×10^{-5}	1	甲萘威	5.33×10^{-3}	266.7
氰戊菊酯	3.73×10^{-5}	1.87	速灭威	36.0	1.82×10^6
克百威	2.67×10^{-3}	133	克螨特	399.9	2.03×10^7
γ-六六六	1.25×10^{-3}	62.7	百菌清	1.33	6.75×10^4
对硫磷	5.04×10^{-3}	252	敌敌畏	1.60	8.12×10^4

5.2.4.1　农药挥发速率——回收率的测定

测定方法有气体饱和法、蒸气压力计法等，在进行正式实验之前，应先对实验装置的回收率进行测定，以确定利用装置研究农药挥发作用时的精确度。

农药在玻璃皿表面上的挥发速率与各药品的蒸气压和分子量的二分之一次方呈正比。其数学表达式为：

$$V_R = V_P \times \sqrt{M} \tag{5-4}$$

式中　V_R——农药的挥发速率；

　　　V_P——农药的蒸气压；

　　　M——分子量。

具体实验结果与计算值的规律是一致的。其挥发速率基本上是随着蒸气压的增加而增加。因此，可以认为药品的蒸气压是影响农药在结晶皿上挥发速率的重要因素。

5.2.4.2　不同农药在水体中的挥发速率

水体中农药的挥发作用，不仅与其蒸气压有关，而且与农药在水中的溶解度有更加密切的关系。因此，不同的农药在同一水体中的挥发速率是大不相同的。

农药在水体中的挥发速率与在玻璃皿表面上的挥发速率是明显不同的。实验证明，农药在水体中的挥发速率主要受农药水溶解度的影响。水溶解度大，挥发率则小，反之亦然。

5.2.4.3　农药在土壤表面的挥发作用

土壤是个复杂的体系，土壤中农药的挥发速率也受到多种因素的制约，存在于土壤中的农药往往受到土壤中有机质和土壤胶体的吸附作用的影响。农药分子还会与土壤中的有机的或无机的化合物以结合态的形式存在。这些作用都直接地影响着农药的挥发速率。在同一种土壤中，不同的农药具有不同的吸附能。因此，农药的挥发速率相差很大，农药在土壤中的挥发速率与农药在玻璃皿和水中的挥发速率相比，明显不同。因此，可以认为农药在土壤中的挥发速率主要取决于土壤的吸附常数。

要了解某种农药的挥发作用，首先要研究农药是处于什么样的条件下和哪种介质之中，这样才能全面地了解农药在环境中的迁移转化规律。同种农药在不同的介质中的挥发速率相差很大，不同的农药在同种介质中的差别也是很大的。总的说来，大部分的农药在土壤中的挥发速率均小于在水体中和玻璃皿表面的挥发速率，这与农药在土壤中的形态是密切相关的。

5.2.4.4　农药挥发速率的数学计算

农药挥发速率的研究，除了在实验室模拟条件下进行外，还可根据农药的理化性质由数学公式的计算求得。

农药在水体中的挥发速率与在玻璃皿表面上的挥发速率是明显不同的。实验证明，农药在水体中的挥发速率主要受农药水溶解度因素的影响。

$$\frac{C_{\mathrm{w}}}{C_{\mathrm{a}}} = \frac{S \times 8.26 \times 10^{6} \times T}{P \times M \times 10^{6}} \tag{5-5}$$

式中　C_{w}——农药在水中的浓度，μg/mL；

　　　C_{a}——农药在空气中的浓度，μg/mL；

　　　S——农药在水中的溶解度，μg/mL；

　　　T——热力学温度，K；

　　　P——农药的蒸气压，Pa；

　　　M——农药的分子量。

农药在水中的挥发速率受水溶解度等多因素影响。

农药在土壤表面的挥发速率，同样可以由数学公式的计算求得。农药在土壤表面的挥发作用，除受其水溶解度因素的影响外，还受到土壤的吸附作用影响。因此，农药在湿土表面和空气中的分配比，即挥发速率的大小，可用下列数学公式求出。

$$\frac{C_{\mathrm{ws}}}{C_{\mathrm{a}}} = \frac{C_{\mathrm{w}}}{C_{\mathrm{a}}} \times \frac{1}{r + K_{\mathrm{d}}} \tag{5-6}$$

式中　C_{ws}——农药在湿土中的浓度，μg/mL；

　　　C_a——农药在空气中的浓度，μg/mL；

　　　C_w——农药在水中的浓度，μg/mL；

　　　r——土重/水重（湿土中）；

　　　K_d——土壤吸附常数。

其中 C_w/C_a 项可通过式（5-5）求得。因此，计算土壤表面农药的挥发速率，只要将 $1/r$ 和土壤吸附常数（K_d）代入式（5-6）中即可求出。农药在土壤表面的挥发作用随土壤吸附常数的增加而降低。吸附常数越大，挥发性越小，反之亦然。

有专家认为根据式（5-6）计算的农药在土壤表面挥发速率的大小，求得的值如 $<10^6$ 的为易挥发性农药；$10^5 \sim 10^6$ 之间的为微挥发性农药；$>10^6$ 的为难挥发性农药。

综上所述，在评价农药的挥发性能时，首先可通过数学计算的简便方法，求得农药挥发性能的基本数值。然后，再根据不同的水质条件及特定的土壤类型，在实验室内进一步研究。

5.2.5　农药水溶性和脂溶性

农药水溶性的定义为：在一定温度下，农药在一定量纯水中达到饱和溶解时所含农药的量（S_w），其单位可以用质量浓度（g/kg、mg/kg）表示，也可用体积浓度（g/L、mg/L）表示。为了方便，农药在水中的溶解度通常以 mg/L 表示。在浓度低时，所有单位都呈比例变化；在浓度高时，必须考虑溶质粒子间的相互作用。

农药的溶解度主要取决于农药和溶剂的性质及外界的温度和压力。关于物质的溶解特性，有相对于客观事实的"相似相溶"经验规律；物质较易溶解在与其结构相似的溶剂中。现在更多被人应用的是根据分子极性来估算溶解度。溶质和溶剂同为极性或非极性时，溶解度可能大，反之，则小。

影响农药在环境中迁移、转化的因素中，水中的溶解度是一重要的理化参数。具有较高溶解度的农药能迅速为水循环所分散，水生生物对这些物质的生物富集因子亦相对较小，土壤和沉积物对这些农药的吸附系数也相对较低，同时也比较容易被土壤中的微生物所代谢。水溶性较高的农药有杀螟丹、杀虫双、杀虫单、杀虫环、杀虫环草酸盐、铜制剂、霜霉威、多菌灵盐酸盐等，它们的水溶解度都在 10g/L 以上。水溶性高的农药容易被作物根系吸收和在植物体内转移。在土壤中它们的移动性大，可以渗漏至土壤剖面下层，甚至会通过径流和农田排水污染地面水。

大部分农药如弱碱性农药易接受一个质子而变成正电荷。质子化除草剂与土壤胶粒的负电荷结合而发生吸附，不溶于水或难溶于水，这主要与农药分子的基团有关，很多农药带有苯环和烷基，它们具有疏水性，从而使农药具有亲脂性。农药的脂溶性与它们在环境中一些行为有关，脂溶性高的农药很容易被土壤吸附，也很难在土壤中移动，一般不会污染地下水，作物根系的吸收量也较少；农药喷施于作物表面很容易渗入蜡质层，但因水溶性差，农药向内部组织的继续渗透受阻，这样农药主要集中在作物各器官的表面。

5.2.5.1 影响农药在水中溶解度的因素

（1）水解反应动力学 农药的水解是一个化学反应过程，是农药分子与水分子之间发生相互作用的过程。农药分子经过水解反应，将改变其分子结构，其毒性和环境归宿机制可能也会发生相应的变化。农药（RX）与水之间的反应遵循二级反应动力学规律，即式（5-7）。通常情况下，水是大量过剩的，因此对有机组分浓度来说，在一定温度下其水解反应可用假（拟）一级反应速率表达式描述；RX 的消失速率$-\mathrm{d}[RX]/\mathrm{d}t$ 正比于化合物的浓度[RX]。

$$\frac{-\mathrm{d}[RX]}{\mathrm{d}t} = K_\mathrm{T}[RX] \tag{5-7}$$

$$t_{\frac{1}{2}} = \frac{0.693}{K_\mathrm{T}} \tag{5-8}$$

式中，K_T 为水解速率常数。

这种一级关系具有重大的环境意义，因为从式（5-7）得到的 RX 的水解半衰期与其浓度无关，在反应条件不变时，如温度、pH 等稳定，在较高浓度时得到的结果可以外推到 RX 浓度低时应用。

（2）特定酸碱催化水解 有机物分子除了受到 H_2O 分子亲核攻击发生中性水解外，其水解反应对特定酸碱的催化效应也非常敏感，即 H^+、OH^- 都能明显地催化有机物分子的水解反应。H^+ 与 OH^- 浓度为 10^{-7}mol/L 时，H^+ 和 OH^- 的特定酸碱催化效应就能显著地加快水解反应。因此，即使在 pH 7.0 的情况下，也应当考虑 H_2O 分子自身离解产生的 H^+ 和 OH^- 所产生的影响。特定酸碱催化水解反应之所以能发生，从能量的角度看，是因为 H^+ 和 OH^- 提供了另外一个更为有效的反应机理，只需较少的活化能，有机物分子就能进行水解反应。在特定酸催化反应中，H^+ 降低了具有离去基团原子（即反应中心）的电子云密度，使反应中心的原子易于受到 H_2O 分子的亲核攻击。OH^- 的亲核反应活性远远高于 H_2O 分子，约是 H_2O 分子的 10^4 倍，因此在水解反应中考虑到 OH^- 的贡献所得到的反应速率要快于仅仅考虑 H_2O 分子的亲核攻击的水解反应。

因此式（5-7）所表示的水解反应速率式，对大多数有机物水解反应过于简化。考虑到酸碱催化的影响，有机物分子的水解反应动力学方程可用下式来描述：

$$K_\mathrm{T} = K_\mathrm{H}[H^+] + K_\mathrm{O} + K_{\mathrm{OH}}[OH^-] + \sum_i K_{\mathrm{HA}i}[HA_i] + \sum_i K_{\mathrm{B}i}[B_j] \tag{5-9}$$

式中 K_T——总水解速率常数；

K_H——特定酸催化水解速率常数；

K_O——中性水解速率常数；

K_{OH}——特定碱催化水解速率常数；

K_{HA_i}——一般酸催化水解速率常数；

K_{B_i}——一般碱催化水解速率常数；

[H$^+$]——氢离子浓度；

[OH$^-$]——氢氧离子浓度；

[HA$_i$]——一般酸浓度；

[B$_j$]——一般碱浓度；

i,j——可能存在的不同酸碱。

式（5-9）右边第一项表示 H$^+$产生的特定酸催化作用。这种催化作用在 RX 类型的化合物 S$_N$1 和 S$_N$2 反应中是常见的。RX 在 H$^+$的作用下可以质子化，使 X 更易成为易离去基团，如胺的水解，或使中心碳更易为亲电子的酯水解。

相应于中性水解的第二项可以写成二级速率常数：

$$K_O = K_{H_2O}[H_2O] \tag{5-10}$$

然而对于 S$_N$2 反应，由于水溶液系统中水的浓度基本上是常数（55.5mol/L），且是大量过量的，K_o 可更简单地被处理成假一级。

式（5-9）中，第三项代表 OH$^-$的特定碱催化作用。这种作用在所有类型水解反应中都可见到。OH$^-$的催化作用表明，OH$^-$是比水强得多的亲核试剂。然而 OH$^-$特定碱催化作用不是 S$_N$1 反应的特点，因为 OH$^-$并不参与该反应速率控制步骤的反应。

式（5-9）中最后两项表示除 H$^+$和 OH$^-$外的酸/碱产生的广义酸/碱催化的可能性。当水解速率常数在缓冲溶液中测得时，这种过程对某些类型化合物的 K_T 值有显著影响。由于不能预测在水溶液环境中可能存在的酸碱组分类型和浓度，不可能估计广义酸/碱催化作用的重要性。因此，通常把式中最后两项略去，K_T 的表达式可写为：

$$K_T = K_H[H^+] + K_O + K_{OH}[OH^-] \tag{5-11}$$

当有机物（农药）浓度较低，在缓冲溶液或强碱、强酸介质中，由于 H$^+$和 OH$^-$浓度变化不大，K_T 可视为常数。在温度、pH 值等一定的条件下，农药的水解半衰期（$t_{1/2}$）与水解反应速率常数的关系为：

$$t_{1/2} = \ln\left(\frac{2}{K_T}\right) \tag{5-12}$$

通常 K_T 或半衰期 $t_{1/2}$ 可用来评价农药水解速率的快慢。

关于农药在水中溶解度的影响因素，除了农药本身的分子特性外，温度、盐度、溶解有机质及 pH 等对溶解度的影响较大。

（1）温度 水中的溶解度是温度的函数，但函数的大小和方向（即符号）是变化的。在多数情况下，溶解度随温度升高而增加，但也有相反的。如苯的溶解度随温度增加而增加，但二氯苯的溶解度却降低。有时某些物质在一定温度范围内随温度升高，溶解度增加，在另一温度范围时又随温度升高而减小，这依赖于物质的本性。例如 2-丁酮，在 80℃ 以上，溶解度随温度升高而加大，在 6～80℃ 之间，溶解度随温度升高而减小。

有机化合物水解速率随温度升高而增加。速率常数和温度间的关系通常可用式（5-13）来表示。

$$K = Ae^{\frac{-E_A}{RT}} \tag{5-13}$$

式中　K——水解速率常数；

　　E_A——该条件下的反应活化能，J/(mol·K)；

　　A——频率因子，具有与速率常数相同的单位；

　　R——摩尔气体常数，8.3144J/(K·mol)；

　　T——热力学温度，K。

根据式（5-14）将 $\lg K$ 对 $1/T$ 作图得一直线，其斜率等于 $-E_A/$（$-2.303RT$），而截距等于 $\lg A$。

$$\lg K = \lg A \frac{E_A}{2.303RT} \tag{5-14}$$

从 Eyring 反应速率理论（过渡态理论）可推导出另一温度关系为：

$$K = \left(k\frac{T}{h} \right) e^{\frac{\Delta H^* R}{T}} e^{\frac{\Delta S^*}{R}} \tag{5-15}$$

式中，k 为玻尔兹曼常数；h 为普朗克常量；ΔH^* 和 ΔS^* 分别为反应的活化焓和活化熵。

ΔH^* 可由 $\lg K/T$ 对 $1/T$ 图的斜率计算，而 ΔS^* 可以从下列方程的截距计算：

$$\lg \frac{K}{T} = \lg \frac{k}{K} - \frac{\Delta H^*}{2.303RT} + \frac{\Delta S^*}{R} \tag{5-16}$$

热力学活化参数 ΔH^* 和 ΔS^* 除可以描述与温度的关系外，有时还能解释该反应的反应机理。另外，有研究者采用下列形式的关系式拟合数据：

$$\lg K = \frac{-A}{T + B\lg T + C} \tag{5-17}$$

理论上讲，温度对速率常数的影响是非常复杂的，上述的方程式都不能 100%

地反映速率常数与温度的关系，因为式（5-2）中 E_a 和 A，式（5-16）中 ΔH^* 和 ΔS^* 以及式（5-17）中常数 B 和 C 本身也都是随温度而变化的。通常情况下，催化和非催化的反应途径会表现出相当不同的温度关系，基于 K_T 的曲线图明显是非线性的，而这种图的（非线性）斜率和截距就没有任何物理意义。为此，式（5-14）～式（5-16）可以适当地分别应用于酸水解速率常数（K_H）、中性水解速率常数（K_O）和碱水解速率常数（K_{OH}），而不能用于拟合总的水解速率常数（K_T）。农药的水解活化能通常对水解速率常数和温度间的关系有着重要影响。对于多数有机化合物，假定其水解反应的活化能在 71.1～75.3kJ/mol 之间，这时在 0～50℃的范围内，水解速率常数对温度的变化是相当敏感的：温度升高 1℃，水解速率常数将提高 10%；温度升高 10℃，水解速率常数将提高 2.5 倍；温度升高 25℃，水解速率常数的值将增加 10 倍。季节性温度变化 10℃，昼夜变化 1℃或在水生系统中不同区域间 5℃的温差，农药水解速率的变化相应为 10%～250%。

（2）盐度　水中的盐度和矿物质导致溶解度下降。例如，几种多环芳烃（如萘、蒽等）在海水（含 NaCl 35g/L）中的溶解度低于淡水 30%～60%，盐度和溶解度的关系可用下式表示：

$$\frac{\lg S^1}{S^2} = K_s C_s \tag{5-18}$$

式中　S^1——纯水中体积摩尔溶解度；

　　　S^2——盐水中体积摩尔溶解度；

　　　K_S——盐度经验参数；

　　　C_S——盐的物质的量浓度。

对于极性极小的农药，$\lg S^1/S^2$ 的值在 0.04～0.4 之间。

（3）溶解有机质　许多研究表明，如果存在溶解的有机质（如河水和地表水中自然存在的腐植酸和灰黄霉素），可导致许多有机物溶解度升高。溶解度的下降与除去溶解有机质有直接关系。然而芳烃的溶解度不受此影响。另外发现，当从土壤提取 1mg/L 有机酸时，滴滴涕的溶解度将比纯水增加 20～40 倍，对于 2,2′,5,5′-四氯联苯、胆甾醇和邻苯二甲酸酯的溶解度也显示出同样的作用。表面活性剂也可增加溶解度。

（4）pH　H^+ 浓度可影响有机物的溶解度。pH 增大，有机酸农药的溶解度增高，有机碱农药则相反。中性有机物（如烷烃或氯代烃）的溶解度也受 pH 的影响。特别是在氧化性环境中，pH 将有较大改变。这时在预测水解反应速率时，必须考虑酸/碱催化作用的影响（表 5-11）。

表5-11　有机功能团水解反应中酸/碱催化作用显著的pH范围

种类	酸催化	碱催化	种类	酸催化	碱催化
有机卤化合物	无	>11	酰胺	<4.9～7①	>4.9～7②
环氧化合物	<3～8①	>10	氨基甲酸酯	<2	>6.2～9②
脂肪族酸酯	<1.2～3.1	>5.2～7.1②	磷酸酯	<2.8～3.6	>2.8～3.5
芳香族酸酯	<3.9～5.2①	>3.9～5.0②			

① 在水生环境典型的pH范围（5<pH<8）之内，酸催化可能是重要的。
② 在水生环境典型的pH范围（5<pH<8）之内，碱催化可能是重要的。

一般说来，杀虫剂要比杀菌剂、除草剂、脱叶剂和生长调节剂易于水解。有机磷酸酯和氨基甲酸酯类杀虫剂的水解活性高于有机氯类杀虫剂，一些菊酯类杀虫剂也易于发生水解反应。部分农药可以在pH 8～9之间迅速水解。溶液的pH每增加一个单位，水解反应速率将可能增加10倍左右。环境体系的pH对农药的水解反应半衰期的影响是非常重要的，它常常决定了农药水解反应速率的大小。

5.2.5.2　溶解度的估算

有机污染物的水溶解度也可以通过多种途径进行估算，现在人们使用较多的方法有：无限稀活度系数法（UNIFAC法）；从结构估算溶解度伊尔曼法（Irmann法）。

（1）UNIFAC法　根据溶解度定义及水的密度可得：

$$\frac{S_w}{55.23 + S_w} = X_w \qquad (5\text{-}19)$$

式中　S_w——农药在水中的摩尔溶解度；

X_w——农药在水中的摩尔分数。

$$S_w = \frac{55.23 X_w}{1 - X_w} \qquad (5\text{-}20)$$

当农药在水中溶解度很小时：

$$X_w \approx \frac{1}{r_w^\infty} \qquad (5\text{-}21)$$

溶解度以对数表示即得：

$$\lg S_w = -1.74 + \lg(r_w^\infty - 1) \qquad (5\text{-}22)$$

这里r_w^∞可由UNIFAC法计算得到。该法主要用以计算水溶性较小的有机农药。

（2）Irmann法　Irmann提出三种从结构信息估算烃类和卤代烃类溶解度的方法。这里用25℃时为液体的有机物，对于固体需知其熔点。

该法涉及原子的取代常数和结构常数，从近200种化合物的测定值中得出下列方程。

对于25℃为气体的物质，Irmann建议用下列方程：

$$-\lg S_气 = x + \sum y_i m_i + \sum z_j n_j \tag{5-23}$$

式中，$-\lg S_气$ 可按下法计算：

① 基值 x，它依赖于化合物的类型。

② 各种原子类型的分布 y_i，乘以它们出现的频率 m_i。

③ 各种结构单元的分布 z_j，乘以它们出现的频率 n_j。

x、y、z 值可从表 5-12 中查到。

对于 25℃为固体的物质，Irmann 建议用下列方程：

$$-\lg S_固 = -\lg S + 0.0095(T_m - 25) \tag{5-24}$$

因此 0.0095 是基于熔化熵为 54.43J/（mol·℃）得到的。

④ 方法误差　表 5-12 中总结了包括 Irmann 基于原子和结构常数获得的数据。

表 5-12　基于原子和结构常数获得的数据

结构	化合物类型	N_0[①]	x 值[②]
C_6H_6	芳烃化合物	53	0.50
X,H,=C	卤代烃[③]，非饱和脂肪烃，有卤原子在非饱和碳上的，以及在分子中有氢（无氟）	6	0.50
F,H,(Cl)—C	卤代烃，饱和脂肪烃，分子中含氢	8	0.50
X,H,—C	卤代烃，饱和脂肪烃（无 F）	47	0.90
X,—C 或 F(X),—C	多卤代烃（有 F），饱和脂肪烃（分子中无氢）	12	1.25
X,=C	多卤代烃（无F），非饱和脂肪烃	—	0.90[④]
H,C	烃，脂肪烃	21	1.50
—	环烷烃	—	−0.35[④]

原子	位置	N_0[①]	y 值
C			0.25
H			0.125
F	在芳烃 C 上	1	0.19
	在饱和烃 C 上	19	0.28
Cl	在芳烃和非饱和烃 C 上	22	0.675
	在饱和烃 C 上	41	0.375
Br	在芳烃和非饱和烃 C 上	31	0.795
	在饱和烃 C 上		0.495
I	在芳烃和非饱和烃 C 上	13	1.125
	在饱和烃 C 上		0.825

官 能 团	结构单元	N_0[①]	z值
—C=C—	纯脂肪化合物的双键（非共轭体系）	16	−0.35
—C=C—C=C—	脂肪族共轭双键	—	−0.55[④]
—C≡C—	纯脂肪烃化合物的三键	9	−1.05
$\underset{=CH}{\overset{X}{\mid}}$, $\underset{—CH_2}{\overset{X}{\mid}}$	除卤素外，含 H 的基团在饱和碳上	54	−0.30
—CHX—	非端位重复基团	—	−0.10[④]
$\underset{C}{\overset{C}{\mid}}$—C—C , $\underset{C}{\overset{C}{\mid}}$—C—C—R	带有脂肪链分支或非端位单取代	17	−0.10

① 用于测定参数化合物的数目。
② 如在分子中代表两种以上化合物类型，使用最小的 x 值。
③ 除特别指定外，X 代表任何卤素。
④ 近似值。

（3）基本步骤

① 写出分子结构式。

② 从表 5-12 中确定化合物类型和合适的值。

③ 从表 5-12 中找出合适的 y、z 值，根据在分子中出现的频率（n_i 和 n_j）汇总。

④ 将步骤②和步骤③得到的数值代入式（5-23），求出在 25℃ 的溶解度。

⑤ 如物质在 25℃ 是固体，则从式（5-24）求溶解度。

⑥ 如物质在 25℃ 是气体，则从式（5-23）得到的溶解度是气-液两相共存时的溶解度。

（4）估算邻溴异丙苯的 S 值（$C_6H_{11}Br$） 邻溴异丙苯的基本类型是芳烃，从表 5-12 中知 $x=0.50$。

农药的水溶性对农药在环境中的迁移性/吸附性、生物富集性以及农药的毒性都有很大影响。水溶性大的农药容易从农田流向水体，或通过渗漏进入地下水，也容易被生物吸收，导致对生物的急性危害；水溶性小的农药容易被土壤吸附，在环境中不易引起更大范围的污染；水溶性弱、脂溶性强的农药容易在生物体内积累，易引起生物的慢性危害。

5.2.5.3 正辛醇/水分配系数

农药在正辛醇/水两相中的平衡浓度之比称为农药的正辛醇/水分配系数（即 K_{ow} 值），它是农药的一个基本的环境参数。农药的 K_{ow} 值反映了该农药的亲脂性/亲水性的大小，是研究农药环境行为和多种环境数学模型的重要参数，也是农药评审登记和环境安全性评价研究中一个必备的参数。

正辛醇是一种长链烷烃醇，在结构上与生物体内的碳水化合物和脂肪类似，因此，可用正辛醇/水分配系数来模拟研究生物/水体系。农药的正辛醇/水分配系数是衡量其脂溶性大小的重要理化性质。研究表明，有机农药的分配系数与其水溶解度、生物富集系数及土壤、沉积物吸附系数均有很好的相关性。因此，有机农药在环境中的迁移在很大程度上与它的分配系数有关。此外，农药的生物活性亦与其分配系数密切相关，所以，在农药的环境研究方面，分配系数研究是不可缺少的。

K_{ow} 是无量纲的值，一般在常温（20～25℃）下测量（温度对 K_{ow} 影响不大）每摄氏度引起的变动通常在 0.001～0.01 的 lgK_{ow} 单位之间，对有机农药通常为正值。

正辛醇/水的分配系数与某农药在正辛醇中的溶解度与其在水中的溶解度之比是不同的，这是因为正辛醇/水二元体系的有机相和水相不是纯的正辛醇和纯水。

在平衡条件下，正辛醇相含有 2.3mol/L 的水，而水相则含有 $4.5×10^{-3}$ mol/L 的正辛醇。如果农药的浓度≥0.01mol/L，K_{ow} 就是农药浓度的函数。

（1）分配系数的数学表达　农药在正辛醇与水相体系中的分配系数定义为一定温度下，农药在正辛醇与水两相混合体系中达到平衡分配时，其在正辛醇与水相中的平衡浓度之比。可用式（5-25）表示。

$$K_{ow} = \frac{c_O}{c_W} \tag{5-25}$$

式中　c_O, c_W——分别表示一定温度下农药在正辛醇与水相中的平衡浓度；

　　　K_{ow}——个无量纲的值，通常用 lgK_{ow} 来表示。

根据 Nernst 定理，式（5-25）只适用于农药单分子所形成的溶液，如果农药在正辛醇或水中有离解或缔合作用，则可修正为式（5-26）。

$$K_{ow} = \frac{a_O}{a_W} \tag{5-26}$$

式中　a_O, a_W——分别表示农药在正辛醇与水相中的活度。

（2）分配系数的环境意义　农药的 K_{ow} 值反映了其亲水性或亲脂性的大小，可用来说明农药从水体向环境生物体的转移和积累，估测农药在环境生物中的生物富集性。在定量结构活性（QSAR）研究中，K_{ow} 是一个最有用的参数。Hansch 用 K_{ow} 作为标准研究化合物的活性已被普遍接受并得到广泛应用。根据农药的 K_{ow} 值以及 K_{ow} 与农药的分子结构变化和农药的生物学、生物化学或毒性效果的变化关系，可预测农药的生物活性。这对于指导新农药的设计开发具有十分重大的意义。

对农药在环境中的行为和归宿研究时，发现 K_{ow} 与农药的其他基本理化性质或环境行为参数，如水溶性（S_W）、土壤沉积物吸附系数（K_{OC}）、生物富集系数（BCF）、毒性［如半数致死浓度（LC_{50}）、有效中浓度（EC_{50}）、最大无影响浓度（NOEC）等］以及生物降解等之间有很好的相关性，利用 K_{ow} 与农药在各种不同环境介质中的降解半衰期，能够预测农药在环境中的行为与归宿，K_{ow} 已成为农药对环境影响研究的一个关键参数。

　　研究农药在正辛醇与水中的 K_{ow}，对于农药环境安全评价具有十分重要的意义。它表示了化合物分配在有机相（如鱼类、土壤）和水相之间的倾向，如具有较低 K_{ow} 值的农药（如≤10），可认为是比较亲水性的，因此，它们具有较高的水溶性，因而在土壤或沉积物中的吸附系数以及在水生生物中的富集因子相对较小。相反，如果农药具有较大的 K_{ow} 值（如大于 10^4），那么，它就是非常憎水的了。

　　（3）分配系数的测定与估算方法　获得农药在正辛醇与水相体系中 K_{ow} 的方法有多种，包括直接的摇瓶测试法和间接的如高效液相色谱法、π取代常数法、碎片常数和结构因子法及其他多种回归方程估算法等（见表5-13）。其中摇瓶法是经典方法，其他方法都必须以摇瓶法为基础。

表 5-13　农药 K_{ow} 的几种估算方法[①]

编号	结果方法	所需资料
1	π取代常数法	类似物 K_{ow} 及取代基常数
2	碎片常数和结构因子法	分子结构及碎片常数、结构因子
3	活度系数法	在正辛醇与水两相中的活度系数
4	溶液自由能法	在两相中的溶剂自由能
5	高效液相色谱法	HPLC 相对保留时间及基准方程
6	分子连接性指数法	分子结构及连接性指数
7	分子表面积法	分子结构及 TSA
8	回归方程法	S_W、K_{SW}、K_{OC}、BCF 及回归方程

① TSA 表示分子总表面积；K_{SW} 表示农药在其他溶剂/水中的分配系数。

　　（4）K_{ow} 值的估算方法　分配系数除用实验测定外，还可以用 Leo 碎片法估算得到，利用 Leo 碎片法估算 K_{ow}，是基于从经验得来的碎片常数 f 和结构因子 F 的加和，可以写成式（5-27）。

$$\lg K_{OW} = f + F \tag{5-27}$$

　　由于碎片常数值和结构因子可以由表查得，故这一方法唯一要输入的信息是化合物的结构参数。某一碎片可能有不同的 f 值，这取决于它所连接的结构类型（脂肪族或芳香族），就整体而言，大约有 200 个 f 值是可以用的，必须考虑 14 种不同的因子，如不饱和度、多卤代、支链和极性氢碎片等。

　　由于有许多 f 和 F 值可用，因此这一方法是相当有用的，只有很少人工合成的化合物，其 $\lg K_{ow}$ 不能计算。

　　对于复杂的分子，最好能找到一个结构相似分子的测定值，那么这一新化合物的 $\lg K_{ow}$ 值就可以通过 F 值进行估算。

$$\lg K_{OW}（新化合物）=\lg K_{OW}（类似化合物）\pm f \pm F \tag{5-28}$$

例如，希望对 RBr 化合物（R 为任何有机物的基础结构）$\lg K_{OW}$ 值进行估算，而 RCl 实测值是已知的，那么则有：

$$\lg K_{OW}(RBr) = \lg K_{OW}(RCl) - f_{Cl} + f_{Br} \tag{5-29}$$

由此看出，一个新化合物的 $\lg K_{OW}$ 值取决于几个碎片常数值，由于许多 f 值和显得比较混乱的 F 值包含在这一方法中，因此读者在使用之前必须仔细研究运算步骤，并用几个化合物进行试算。

为了使读者熟悉本方法，举例介绍。

例1　估算 H—C₆H₅—CH 的 $\lg K_{OW}$ 值（其中 $f_{CH_3}^1 = f_{CH_3}$）。

$\lg K_{OW} = 3.45$，测定值=3.15

例2　估算 O₂N—C₆H₅—NH₂ 的 $\ln K_{OW}$ 值。

$$f_{C_6H_5} = 1.90 - f_H^{\phi} = -0.23 + f_{NH_2}^{\phi} = -0.23 + f_{NO_2}^{\phi} = -0.03$$

$\lg K_{OW} = 1.41$，测定值=1.39

（5）农药 K_{OW} 值与其他环境参数的相关性　国内外学者已提出多种农药 K_{OW} 值的实验测定方法，并将多种农药的 K_{OW} 值与其在水中的溶解度（S_W）、土壤吸附系数（K_{OC}）、水生生物富集因子（BCF）等重要的环境参数进行了相关性研究，提出了许多经验方程。

① 农药 K_{OW} 值与水溶解度 S_W 的相关性　水中的溶解度（S_W）是农药重要的物理化学参数，它与对环境的危害性有直接关系，也是农药制剂形式的重要依据之一。已有许多科学工作者对包括农药在内的许多有机化合物的 K_{OW} 值与 S_W 值进行了相关性研究，拟合出的相关性方程不外乎两种形式，即：

$$\lg K_{OW} = a - b[\lg S_W + c(mp - 25)] \tag{5-30}$$

和
$$\lg K_{OW} = a - b\lg S_W \tag{5-31}$$

式中，a、b、c 为拟合系数；mp 为农药熔点。

从拟合的物质类型范围来看，有将各种类型物质一起拟合的，也有分类拟合的。其提出的拟合方程列于表 5-14。

由表 5-14 中所列的线性回归方程可以看出，$\lg K_{OW}$ 与 $\lg S_W$ 均呈负相关，即 K_{OW} 越高，S_W 值越低。拟合方程中系数 a 通常为 5 左右，b 值通常为 0.6～1.0，系数 c 通常小于 0.02。根据不同样本数的拟合计算结果，Isnard 等指出，作拟合计算时样本量应足够大，n 越小，拟合结果越不可信，越缺乏代表性。

表5-14　各种类型物质一起拟合方程

物质类型	样本数 n	相关性方程	相关系数
各类有机化合物（含农药在内）	300	$\lg K_{OW}=5.10-0.68\lg S_W$	0.965
		$\lg K_{OW}=5.31-0.72[\lg S_W+0.0038(mp-25)]$	0.965
各类有机化合物（含农药在内）	125	$\lg K_{OW}=4.4646-0.5841\lg S_W$	0.8335
各类有机化合物（含农药在内）	103	$\lg K_{OW}=4.9586-0.8101[\lg S_W+0.0052(mp-25)]$	0.8919
各类农药	34	$\lg K_{OW}=5.01-0.67\lg S_W$	0.9700
有机磷杀虫剂	26	$\lg K_{OW}=5.2294-0.8284[\lg S_W+0.0142(mp-25)]$	0.9294
氨基甲酸酯类杀虫剂	8	$\lg K_{OW}=6.5086-0.9743[\lg S_W+0.0156(mp-25)]$	0.9374
有机氯杀虫剂	13	$\lg K_{OW}=4.7791-0.6974[\lg S_W+0.0003(mp-25)]$	0.6939
所有杀虫杀螨剂	53	$\lg K_{OW}=5.0334-0.8041[\lg S_W+0.0037(mp-25)]$	0.9131
脲类除草剂	13	$\lg K_{OW}=5.1008-0.9070[\lg S_W+0.0031(mp-25)]$	0.9430
其他除草剂	29	$\lg K_{OW}=4.6122-0.7012[\lg S_W+0.0067(mp-25)]$	0.7988
所有除草剂	42	$\lg K_{OW}=4.7042-0.7076[\lg S_W+0.0060(mp-25)]$	0.8150
杀菌剂	8	$\lg K_{OW}=4.3899-0.5903[\lg S_W+0.00124(mp-25)]$	0.7207

② 农药 K_{OW} 值与土壤吸附系数 K_{OC} 的相关性　土壤对农药的吸附直接影响到农药的生物活性，它也是农药在土壤环境中归宿的支配要素之一，土壤对农药的吸附通常采用 K_d、K_f、K_{OC} 值进行描述。K_d 是达到吸附平衡时农药在土壤中的浓度之比；K_f 是土壤吸附量 C_S 与水中平衡浓度按 Freundlich 方程（$C_S=K_fC^n$）拟合的系数；K_{OC}（土壤有机碳吸附系数）是 K_f 与土壤有机碳含量（OM%）的比值。

国内外已有多位学者对农药 K_{OW} 值与 K_{OC} 值之间的相关性进行了研究，提出了各自的拟合方程，列于表 5-15 中。

从表 5-15 所列拟合方程可以看出，$\lg K_{OC}$ 对 $\lg K_{OW}$ 的拟合斜率趋近于1，这说明 K_{OC} 与 K_{OW} 之间趋近于一种倍数关系，而不是一种指数关系，土壤有机碳对农药的吸附与农药在正辛醇/水两相中的分配机制有一定程度的相似性。

表5-15　K_{OW} 值与 K_{OC} 的拟合方程

物质类型	样本数 n	拟合方程	相关系数 r
各类物质（包括农药）	45	$\lg K_{OC}=0.54\lg K_{OW}+1.337$	0.8602
二硝基苯胺、除莠剂	9	$\lg K_{OC}=0.94\lg K_{OW}+0.02$	—
农药（除莠剂、熏蒸剂）	13	$\lg K_{OC}=1.029\lg K_{OW}-0.18$	0.95
多环芳烃、二硝基苯胺、除莠剂	19	$\lg K_{OC}=0.937\lg K_{OW}-0.006$	0.97
多环芳烃、二硝基苯胺、除莠剂	10	$\lg K_{OC}=1.001\lg K_{OW}-0.21$	1
各类物质（包括农药）	109	$\lg K_{OC}=\lg K_{OW}-0.3023$	0.996

③ 农药 K_{ow} 值与生物富集因子（BCF）的相关性　农药的 BCF 是用来描述水生生物体内（如鱼类）富集趋势的指标，是农药环境危害性评价中极其重要的参数，它等于农药在生物体内的浓度与在水中的浓度之比。生物从生活环境与食物中不断吸收低剂量的物质，逐渐在体内积累浓缩的过程，也称生物浓缩或生物富集。这是某些处于食物链高位的动物受农药污染与危害的原因之一，如滴滴涕在水中的溶解度只有 1μg/L，而生活在其中的鱼类，其体内的滴滴涕浓度可达数万倍以上。因此，农药在生物体内的富集性是评价农药的生态环境安全性的重要指标。

生物富集因子（BCF）表示平衡时农药在生物体内的浓度与农药在水环境中浓度的比值，可用式（5-32）表示：

$$BCF = \frac{平衡时农药在生物体内的浓度}{农药在环境介质中的浓度} \tag{5-32}$$

分子和分母的单位必须相同，如 μg/L，BCF 值的范围在 $1\sim10^6$。

农药的生物浓缩性与农药和生物体的性质有关：脂溶性农药易于在生物体内富集，含脂肪高的生物体易于富集农药。BCF 值愈大，说明生物机体对农药的富集能力愈强。BCF 值与农药的正辛醇和水两相间的分配系数 K_{ow} 呈正相关。通常认为，S_w 在 $50\sim500$mg/L 之间的农药不会在生物体内富集；S_w 在 $0.5\sim50$mg/L 之间的农药在生物体内可能有富集作用；S_w 小于 0.5mg/L 的农药易在生物体内富集。

从生物富集因子的定义看，如果要测定 BCF，就必须测定生物体中农药平衡时残留的浓度，需要测定它们的富集和释放速率。另外，测定农药残留浓度，必须有充分的时间以保证平衡条件的建立，而且往往用流动体系，以保持试验中农药浓度的相对稳定。

农药从水到生物富集的途径，已有许多实验证明了它的重要性。然而，也有证据表明，在一定环境条件下，通过食物链放大也是很重要的。本节简单介绍生物富集因子的估算方法。这种估算方法是基于生物富集因子与农药其他特征常数的相关性进行的，例如 BCF 与 K_{ow}、S_w 等的关系。

在 K_{ow} 值与 BCF 值相关性研究中，许多人用它们之间的回归方程来预测有机物在水生生物体内的浓度，结果发现有较大的误差。实际上这种误差主要是由各种水生生物脂类的含量不同，及其化学成分差异而造成的。类似于土壤对农药吸附系数 K_f 用土壤有机碳含量标准化为 K_{OC} 一样，研究者们将 BCF 值用水生生物脂类含量进行标准化为 BCF_1，用 lg（BCF_1）与 lgK_{ow} 进行关联，结果发现它们之间有很好的线性关系，而且与水生生物种类无关。

将研究者们提出的部分拟合方程列于表 5-16 中。从表中所列方程看，lg（BCF_1）与 lgK_{ow} 有正向线性关系；从总体看，lg（BCF_1）随 lgK_{ow} 的变化斜率均小于 1，这说明水生生物对农药等有机物的富集机制不完全等同于在溶剂间的分配，它受水生生物生理作用的影响。为了减小拟合的误差，Connell 等还提出了多项式拟合方程。

表 5-16　lg（BCF₁）与 lgKOW的相关性

物质类型	样本数 n	拟合方程	相关系数 r
各类物质（包括农药）	84	lg（BCF₁）=0.76lgK_{OW}-0.23	0.9072
各类物质（包括农药）	32	lg（BCF₁）=0.899lgK_{OW}-0.623	0.95
氯代苯系列	7	lg（BCF₁）=0.438lgK_{OW}-1.918	0.991

　　测定农药的 K_{OW} 值已有多种实验方法，各有优缺点和适用对象、适宜测定范围，在测定新农药的 K_{OW} 值时，应结合该农药的性质、具备的实验条件和要求的精度，选择合适的测定方法。根据农药的 K_{OW} 值可以较好地预测其 S_W、K_{OC}、BCF₁ 值，对农药的环境行为研究和新农药的合成有好的指导作用。

5.2.6　农药制剂

　　同一种农药，不同的制剂在环境中的降解速度是不一致的。一般来说，农药的残留性顺序为粉剂＞乳剂＞可湿性制剂。如果使用颗粒剂，农药的残留期长，但只集中在施药部位。

　　化学结构相似的同类农药具有相类似的农药降解性质，在其他降解条件相同时，杀虫剂的残留性次序是有机氯农药＞拟除虫菊酯农药＞有机磷农药和氨基甲酸酯农药。一些除草剂的残留性次序是取代脲类、均三氮苯类和磺酰脲类除草剂＞苯甲酸和酰胺类除草剂＞氨基甲酸酯和脂肪酸除草剂。在所有农药中含重金属农药的残留期最长。大部分磺酰脲类除草剂，如氯磺隆、甲磺隆、苄磺隆等在土壤中的残留期较长，其降解半衰期在一个月左右，但属该类的 2 甲·唑草酮和噻吩磺隆残留期短，降解半衰期为一周左右。

5.2.7　农药受体对农药降解速度的影响

　　农药在环境中的降解受到农药性质和环境条件的影响，而且不同类型农药的降解速度是有一定差别的，环境条件的影响也有规律可循。因不同污染途径，土壤、水、植物、动物和大气含有不等数量的农药，继而发生残留降解。不同农药受体中农药降解速度是不同的，呈现的规律明显。农药在动物中的降解速度要比在植物中快，而在植物中要比土壤中快。如拟除虫菊酯农药在鼠中的降解半衰期仅为几个小时，而在蔬菜中是 2～5d，在土壤中要 1 个月左右。

　　这种差别主要与生物降解的效率有关，在动物中存在各种酶系统对农药进行生物降解，而且与葡萄糖衍生物、氨基酸等化学物质发生共轭反应，使原来不溶于水的农药转化为易溶于水的共轭物而随尿和粪便排泄到体外，此过程在动物体内农药降解中起着重要作用。在植物中也存在着降解农药的酶系统，对除草剂的降解就是很好的例子。现在认为植物对除草剂的抗性在很大程度上取决于植物对除草剂的降解解毒能力。一般来说，农药在环境地表水中的降解速度要比土壤中快（表 5-17），氰戊菊酯和丁草胺在河水和稻田水中的降解速度要比在土壤中的降解速度快得多，氰戊菊酯在水中的降解速度快于蔬菜中的降解速度。

表 5-17　二种农药降解速度的比较（上海地区）　　　　　　单位：d

农药	旱地土壤	蔬菜	河水	稻田水
氰戊菊酯	18.7	2.4	0.54	0.38
丁草胺	12.3		2.12	0.88

注：表中数值为农药的 $t_{1/2}$。

在同一类受体中，同一种农药的降解速度也有很大差异，这种差异并不是由环境条件不同而引起，而是由受体的某些性质引起的。对一些农药在果树作物和其他大田作物，包括粮食、蔬菜、茶叶、棉花等的降解半衰期结果列于表 5-18 中。33 种农药在果树作物（果实）上的降解半衰期平均为（11.9±6.7）d，而其他大田作物的降解半衰期仅为（3.5±2.0）d，其平均值两者相差 3.4 倍。显然，农药在果树作物上降解慢于其他农作物。农药在果树作物上降解慢与两个因素有关，一是果树果实的生长速度较慢，生物稀释作用不明显；二是未成熟果实多为酸性，而大多数农药在酸性介质中比较稳定。

表 5-18　农药在果树和其他作物上的降解速度　　　　　单位：d

农药	果树	其他作物	农药	果树	其他作物
代森锌	5.3	1.0	氰戊菊酯	14.0	3.4
乙烯菌核利	4.4	4.3	乙硫磷	24.8	3.4
三唑酮	12.0	2.7	乐果	12.2	2.1
对甲抑菌灵	8.0	3.0	抑菌灵	13.4	3.7
甲基代森锌	8.2	2.3	乙氧嘧啶磷	8.0	1.9
腐霉利	9.3	3.8	二嗪磷	7.5	1.7
甲基嘧啶磷	14.5	1.9	氯氰菊酯	12.2	2.7
抗蚜威	9.0	1.7	三环锡	17.0	5.5
亚胺硫磷	8.0	3.5	毒死蜱	6.9	1.6
稻丰散	7.2	2.3	百菌清	15.0	4.9
溴氯磷	12.6	2.2	灭螨猛	4.9	3.3
甲基对硫磷	2.3	1.4	丁硫威	30.0	5.0
氧乐果	9.6	3.3	克菌丹	6.7	3.7
灭虫畏	5.5	1.9	三唑锡	10.9	3.5
甲霜灵	17.7	1.6	苯霜灵	9.0	5.0
异硫磷	21.0	12.4	滴滴涕	15.8	10.0
氟氰菊酯	30.3	4.1			

注：表中数值为农药的 $t_{1/2}$。

5.2.7.1 农药在环境中的降解模式

农药被施用于环境中，便通过各种途径迁移、转化，或者经过生物代谢，使环境中农药在数量上和毒性上都发生变化。

（1）农药在环境中的生物降解 农药施入农田，进入环境后人们普遍关心的是农药原体数量和其代谢产物毒性的变化。在一般情况下代谢产物的毒性小于原体，所以农药原体数量的变化显得更为重要。农药被施用后，基本上有三个去向：一是作用于靶标生物，并对靶标生物起着控制的作用。二是被非靶标生物所接受，被非靶标生物所接受的农药可能发挥一些作用，既包括不利的作用，也包括无用的作用，即非靶标生物可能与农药并不发生任何作用。三是农药进入环境中，包括大气环境、水环境和土壤环境，并随环境介质的迁移而迁移。在迁移过程，伴随发生物理的、化学的和生物的转化过程。

当农药与靶标生物接触时，首要的是农药发挥其毒效作用，以达到施用农药的目的。但并非所有靶标生物都会被毒杀，或者至少有靶标生物种群的一部分存活。存活的部分靶标生物就是农药的第一降解者。农药与靶标生物接触，并通过渗透等方式进入生物体内，经过一系列的酶促反应和代谢过程，农药的毒性被降低，农药分子的结构等都会随代谢过程发生变化，并转化成为生物体生理代谢过程中的中间产物，然后参与代谢，这样最终可被彻底降解为 CO_2 和 H_2O。但大多数的农药分子在靶标生物体内只能发生某些过程的代谢，而不是完全的代谢降解。靶标生物对农药的降解最关键的是毒性的降解。毒性降解是农药分子上某个基团被取代、氧化或者脱除，或者是某个具毒性的化学键的消除。有时，靶标生物也可以通过适应或改变体内环境，而使农药分子的毒性作用不能发挥。例如体内部分器官或细胞器 pH 值的变化使只能在特定 pH 值下才能发挥毒性作用的物质失去发挥作用的条件。

非靶标生物往往是农药施用环境中的主要生物群体，如施用杀虫剂时的农作物或者害虫天敌等非害虫的生物群体。因此，非靶标生物对农药的降解是一个重要的降解途径。在一些作物生长茂盛的农田施用农药，大部分的农药被非靶标生物——作物群体所截获。这时的非靶标生物可以通过分泌体外酶降解吸附于作物体表的农药分子。农药可通过作物体表渗透入作物体内，在作物体内经过代谢而降解，主要有生物水解和生物氧化等代谢过程。一些农药分子进入非靶标生物体内，一方面发生降解，另一方面则形成积累。在生物体内积累的农药，对大多数非靶标生物可能是无毒的，但是，通过食物链的传递放大后，其对于生态系统的毒性或者是其他的副作用就会表现出来。

进入环境中的农药主要靠环境微生物对其进行降解。一般而言都是藻类、细菌、真菌等土壤和水体中的微生物。土壤环境和水体环境是农药污染物质的最终归属，即使被生物所截留的部分农药也会因为淋洗等原因而大部分进入到水体或土壤环境中。土壤和水体环境中存在大量的微生物，能对各种污染物质进行有效降解。既有一般的毒性降解，也可以对多种有机农药物质进行完全降解，将其矿化为 CO_2 和 H_2O。

（2）农药降解的数量变化规律　农药被施用于环境中，便通过各种途径迁移、转化，或者经过生物代谢，使环境中农药在数量上和毒性上都发生变化。农药物质经过代谢或转化后，一般情况下毒性变小，所以，农药原体物质的数量变化是最受关注的。研究发现，环境中农药的数量变化过程符合一定的规律，而且这些规律都可以进行数值描述，构建相应的数学模型。这样的模型如果参数来自田间实际观测，模型就可用来预测农药在环境中可能存在的浓度和相对应的时间，从而了解农药在不同环境条件下的残留动态变化。另外，模型的预测还可为防治农药污染，制定农药污染的环境标准和卫生标准提供科学依据，也可以指导农业生产中的合理用药以及安排用药时间和收获时间。

在一定的环境条件下，环境中农药的浓度（C）会随着时间而变化，即：

$$\frac{dc}{dt} = -KC \tag{5-33}$$

式中，K 为降解常数。该模型的积分形式为

$$C = C_0 e^{-Kt} \tag{5-34}$$

式中，C_0 为农药在环境中的起始残留浓度；t 为自施药后的降解时间。将模型的形式转化为线性方程的形式：

$$\ln C = \ln C_0^{-Kt} \tag{5-35}$$

该方程就是典型的一元一次回归式。可以针对任何一种农药的实际使用情况测定一系列时间（t）下的实际浓度值（C），以及初始浓度值 C_0。通过这一组 t 和 C，用最小二乘法求得降解常数 K，也就是该直线的斜率，即农药降解的速率。求得回归方程后，计算回归方程的相关系数，如果回归方程的相关系数达到显著或者极显著的相关水平，则说明该种农药在该环境条件下的降解符合一级动力学降解模式。任何农药在各种不同作物上的使用都可以通过田间试验观测而获得其一级动力降解模型。

当降解模型一旦确定，就可以根据模型预测农药在环境中的半衰期，即当 $C=1/2C_0$ 时的时间。但需要说明的是，任何农药在某一特定环境中（例如某种作物）建立的一级反应动力学模型的参数是有条件的参数。将模型引用或外推至其他环境时，必须慎重考虑，权衡环境条件的相似性及模型的适应性。除此之外，C_0 的飘移可能影响很大，在条件允许时，实测 C_0 值对模型的引用将有很大的帮助。

在许多的农药降解的试验观测中，发现降解开始时其降解速率要比后期的降解速率高很多。虽然这些数据在进行对数转换后作回归分析仍可达到显著相关或极显

著相关的水平，但是误差比较大，特别是前期的误差，或者对 C_0 的估计值相差很大，不能真实地反映农药的实际降解过程。因此，考虑将模型对农药的降解过程进行分段模拟，即将前期降解较快的一段与后期降解较慢的一段分开，模型则由两部分构成，见式（5-36）。

$$C = Ae^{-\alpha t} + Be^{\beta t} \tag{5-36}$$

式中，A 和 B 为农药浓度值；α 和 β 为两个阶段的降解常数，规定 α 为前期的降解常数，因此有 $\alpha > \beta$，当时间为 t_0（$t=0$）时，$A+B=C_0$。

显然，这个模型已经不能用线性回归的方式求得参数，但可用非线性回归方法求得参数 A、B 和 α、β。例如就农药氟乐灵在土壤中的降解试验观测，可获得一级反应动力降解模式：

$$C = 458.7e^{-0.0245t} \tag{5-37}$$

相关系数 $r = 0.982$，达极显著相关水平。但 $C_0 = 458.7\mu g/kg$，与实际观测值（$750\mu g/kg$）相差甚远。而两段法的模型为：

$$C = 463.1e - 0.090t + 288.9e^{-0.020t} \tag{5-38}$$

当 $t=0$ 时，$C_0 = 463.1 + 288.9 = 752$（$\mu g/kg$），与实测值非常接近。两个模型的模拟值与实测值的比较，很显然，两段法模型的模拟值更接近实测值，即使在前段和后期，甚至全过程都是这样。

考虑农药在环境中的吸收与降解的不同过程，下列模式可以描述吸收与降解两个过程的动态关系。

$$C = A(e^{-\alpha t} - e^{-\beta t}) \tag{5-39}$$

当某生物体内农药随时间变化时，即与环境中的农药浓度（C）和吸收农药的吸收常数（K_a）有关，也与环境中农药的降解常数有关，还与其体内的降解有关（α）。因此，可推导得

$$C = \frac{K_a C_0}{\beta - \alpha}(e^{-\alpha t} - e^{-\beta t}) \tag{5-40}$$

比较式（5-39），即：

$$A = \frac{K_a C_0}{\beta - \alpha} \tag{5-41}$$

5.2.7.2 多次施药的农药残留量数学表达式

农业生产中经常对某一作物多次使用同一种农药。设该农药的降解符合动力学一级降解规律，可用 $C=C_0 e^{-Kt}$ 表达，而且 K 和 $t_{1/2}$，在整个施药期保持基本一致，每次施药量和药液浓度相同，即每次单独施药在农药受体上的起始浓度 C_0 相同，每次施药的间隔期也相同，为 L 天。这时第一次施药的农药残留量为 $C_1=C_0 e^{-Kt}$，经 L

天第二次施药的$(C_2)_{min}=C_0+C_0\mathrm{e}^{-Kt}$，其中后项为第一次施药经 L 天的残留量，即为第一次施药的最低值$(C_1)_{min}$。当进行 n 次施药时，经推导得：

$$(C_n)_{max} = C_0\left(\frac{1-\mathrm{e}^{-nKL}}{1-\mathrm{e}^{-KL}}\right) \tag{5-42}$$

$$(C_n)_{min} = C_0\left(\frac{1-\mathrm{e}^{-nKL}}{1-\mathrm{e}^{-KL}}\right)\mathrm{e}^{-KL} \tag{5-43}$$

$$(C_n)_t = C_0\left(\frac{1-\mathrm{e}^{-nKL}}{1-\mathrm{e}^{-KL}}\right)\mathrm{e}^{-Kt} \tag{5-44}$$

第 n 次施药的$(C_n)_{max}$ 和$(C_n)_{min}$ 是$(C_n)_t$ 的特殊情况，而$(C_n)_{min}$ 为$(C_{n+1})_{max}$ 的前期农药残留量。

表 5-19 中列出了间隔期 L 为 10d 时，不同 K 值和 $t_{1/2}$ 时的 C_{min} 值，即前次施药对总残留量的贡献值，以 C_0 表示。当农药降解半衰期为 5d 和 10d 时，前一次施药的残留量对总残留量的贡献是比较大的，如果施药间隔期进一步缩短，其贡献量更大，这就解释了长残留农药在作物上易累积的原因。然而对于 $t_{1/2}$ 小于 2.5d 的农药，前次施药对总残留量的贡献是很小的，当 $t_{1/2}=1$d 时，甚至可以忽略不计，能以一次施药的农药起始浓度代表农药的起始污染程度，但对于 $t_{1/2}>2.0$d 的农药是不适宜的。

表 5-19　不同 K 值时的$(C_n)_{min}$ 值

K/d	$t_{1/2}$/d	$(C_1)_{min}$/%	$(C_2)_{min}$/%	$(C_3)_{min}$/%	$(C_4)_{min}$/%
0.0693	10	50.0	75.0	87.5	93.5
0.1386	5	25.0	31.25	32.81	33.21
0.277	2.5	6.25	6.64	6.66	6.67
0.346	2	3.14	3.23	3.24	3.24
0.693	1	0.98	0.10	0.10	0.10

上述农药在环境因素中降解数学模式的要点列于表 5-20 中。农药在环境中的降解是复杂的，而且又受取样和分析技术的限制，显然不能单凭上述模式来描述所有的农药降解类型和残留动态变化情况，对有些降解类型还需作进一步的研究。

根据以上模型，多次施用农药的残留量会比一次施用时的残留量更大。可以用该模型指导农业生产中农药使用的时期和使用次数，以防止作物中的过量农药积累。

表 5-20 农药降解数学模式要点

名称	数学表达式	特征参数	适应范围
一级降解	$C=C_0e^{-Kt}$	K、$t_{1/2}$	农药直接受体
双室模型	$C=Ae^{-at}+Be^{-\beta t}$	A、B、a、β	降解前快后慢
一级吸收降解	$C=A(e^{-at}+e^{-\beta t})$	a、β、A	农药间接受体，$C_0=0$
	$C=Ae^{-at}+Be^{-\beta t}$	a、β、A、B	农药间接受体，$C_0\neq0$
多次施药	$(C_n)_t C_0\left(\dfrac{1-e^{-nKL}}{1-e^{-KL}}\right)e^{-KL}$	K、L	C_0、K、L 保持一致

5.2.8 计算示例一

经田间试验得到一套氰戊菊酯农药在蔬菜上的残留量数据，测定次数 $n=7$，实测农药起始浓度为 1000μg/kg，残留量呈逐渐下降趋势。假设该农药降解符合式（5-34）所示的降解模式，需求出式中的 C_0 和 K，或者是式（5-35）中的 $\ln C_0$ 和 K，以及 r 和 S。可按如下步骤进行计算。

（1）把浓度 C 转算为 $\ln C$（表 5-21）。

（2）计算降解时间 t 和 $\ln C$ 的均值，以 $\bar{t}$ 和 $\overline{\ln C}$ 表示。

（3）计算每次测定数据的 $(t-\bar{t})$ 和 $(\ln C-\overline{\ln C})$ 值及其平方值和平方值之和。

（4）计算 $(t-\bar{t})$ 和 $(\ln C-\overline{\ln C})$ 的乘积及其之和。

（5）按下式计算 K 值。

$$K=\frac{\sum(t-\bar{t})(\ln C-\overline{\ln C})}{\sum(t-\bar{t})^2} \tag{5-45}$$

将表 5-22 的数据代入式（5-45），得：

$$K=\frac{10.308}{28}=0.368 \tag{5-46}$$

（6）按 $a=\bar{y}-b\bar{x}$ 计算。

$$\ln C_0=\overline{\ln C}-(-0.368) \tag{5-47}$$

$$t=5.868+0.368\times3=6.972$$

经反对数计算 C_0=1066.4μg/kg，与实测浓度相差 66.4μg/kg。

（7）该农药降解的数学表达式如下：

$$C=1066.4e^{-0.368t} \tag{5-48}$$

或 $$\ln C=6.972-0.368t$$

（8）按下式（5-49）计算 r。

$$r = \frac{\sum(t-\overline{t})(\ln C - \overline{\ln C})}{\sqrt{[\sum(t-\overline{t})^2][\sum(\ln C - \overline{\ln C})^2]}} \qquad (5\text{-}49)$$

$$= \frac{10.308}{\sqrt{28 \times 3.821}} = \frac{10.308}{10.343} = 0.997$$

经查相关系数检验表，当 $n-2=5$ 时达到显著和极显著时的 r 值分别是 0.754 和 0.874，说明此例的 r 值为极显著，可用动力学一级降解模式表示。

（9）按下式（5-50）计算 $S=0.186$。

$$S = \sqrt{\frac{(1-r^2)[\sum(\ln C - \overline{\ln C})^2]}{n-2}} \qquad (5\text{-}50)$$

当 $\ln C \pm 2S$（$\ln C \pm 0.372$）时，有 95.4% 的测定残留值落在此范围内，S 值越小，其回归线的精度越高。

（10）计算农药的降解半衰期　设农药降解符合动力学一级降解模式，农药已降解 50%，降解时间为 $t_{1/2}$，则 $1/2C_0 = C_0\mathrm{e}^{-Kt_{1/2}}$，可消去，则 $1/2 = \mathrm{e}^{-Kt_{1/2}}$，代入计算得 $t_{1/2}=0.693/K$，在上例中 $t_{1/2}=0.693/0.368=1.88\mathrm{d}$。用同样方法可计算出农药降解 90% 和 99% 的时间，即 $t_{0.9}=6.26\mathrm{d}$，$t_{0.99}=12.5\mathrm{d}$。

上例氰戊菊酯在蔬菜上的残留降解情况，按回归式的计算值列于表 5-21 中，相关数据处理见表 5-22。

表 5-21　氰戊菊酯在蔬菜上残留量的计算值

项目	降解时间/d						
	0	1	2	3	4	5	6
$C_{\text{计算}}$/(μg/kg)	1066.4	738.0	510.8	353.5	244.7	169.4	117.2
$\ln C_{\text{计算}}$	6.972	6.604	6.236	5.868	5.500	5.132	4.764
与实测误差/(μg/kg)	66.4	12.0	0.8	46.5	12.5	5.6	7.2

在数学上因 $\sum(t-\overline{t})^2 = \sum t^2 - (\sum t)^2/n$，$\sum(\ln C - \overline{\ln C})^2 = \sum(\ln C)^2 - (\sum \ln C)^2/n$ 和 $\sum(t-\overline{t})(\ln C - \overline{\ln C}) = (\sum t\ln C) - (\sum t)(\sum \ln C)/n$，所以也可以先计算 t、$\ln C$、$t\ln C$、t^2 和 $(\ln C)^2$ 各数值之和，然后按（5）～（9）的步骤计算 K、$\ln C_0$、r 和 S 值，再计算降解半衰期，其计算结果是一致的，两种方法的具体计算值都列在表 5-21 和表 5-22 中。

为进行上述数理统计，农药的测定次数需在 5 次以上。因种种条件限制只有两次农药测定数据时可用下列方法估算 K 值和半衰期。设定该农药的降解符合动力学一级降解模式，两次测定的对数值为 $\ln C_1$ 和 $\ln C_2$，时间为 t_1、t_2，则

$$\ln C_1 = \ln C_0 - Kt_1, \quad \ln C_2 = \ln C_0 - Kt_2$$

$$\ln C_1 - \ln C_2 = (\ln C_0 - Kt_1) - (\ln C_0 - Kt_2) = Kt_2 - Kt_1$$

$$K = \frac{\ln C_1 - \ln C_2}{t_2 - t_1} \qquad (5-51)$$

在图中也有两条垂直线，其相应的 t_1 和 t_2 为 2 天和 4 天，$\ln C_1$ 和 $\ln C_2$ 为 6.234 和 5.460。以这些数代入，则：

$$K = \frac{6.234 - 5.460}{4 - 2} = \frac{0.774}{2} = 0.387$$

$$t_{1/2} = \frac{0.693}{0.387} = 1.79 \qquad (5-52)$$

在此例中经两点法计算的 $t_{1/2}$ 与全过程统计的 $t_{1/2} = 1.88$ 天非常接近。

经过对大量试验数据的统计证明：农药在一些直接受体上的降解是可以用 $C = C_0 e^{-Kt}$ 的数学模式表示的。当农药直接施至植物、土壤和水中时，它们称之农药的直接受体，这些受体的农药起始残留浓度在整个降解过程中是最高的。并可用 $0.693/K$ 来计算农药降解的半衰期。这种模式的优点是计算简单方便、直观性强，经计算的 $t_{1/2}$ 或 $t_{0.9}$ 能较好地反映农药降解速度和在环境中可能存在的时间，具有实用价值。

此外，关于农药的动力学一级降解模式还需说明以下几点，式中的 K 值和由此计算的 $t_{1/2}$ 是一个综合特征参数，也可说是经验数据，仅在试验条件范围内或与此相似的情况下有效，在引用时需慎重；在有些试验中回归式的 r 值为显著，但计算值与实测值误差较大，特别是 C_0 值发生较大的飘移，有时这与降解条件和降解机制变化有关，严格的试验要求和可靠的取样、分析方法是获得农药实际降解情况的必要条件。

表 5-22　氰戊菊酯在蔬菜上残留降解的数据处理

n	t/d (x)	$C/$（μg/kg）	$\ln C$ (y)	t^2 (x^2)	$(\ln C)^2$ (y^2)	$t(\ln C)$ (xy)	$t - \bar{t}$ ($x - \bar{x}$)
1	0	1000	6.908	0	47.72	0	3
2	1	750	6.620	1	43.82	6.620	2
3	2	510	6.234	4	38.86	12.468	1
4	3	400	5.991	9	35.89	17.973	0
5	4	235	5.460	16	29.81	21.84	1
6	5	175	5.165	25	26.68	25.825	2
7	6	110	4.700	36	22.09	28.2	3
均值	3		5.868				
总和（$\sum$）	21		41.078	91	244.87	112.93	

续表

n	$(t-\bar{t})^2$ $(x-\bar{x})^2$	$\ln C-\overline{\ln C}$ $(y-\bar{y})$	$(\ln C-\overline{\ln C})^2$ $(y-\bar{y})^2$	$(t-\bar{t})(\ln C-\overline{\ln C})$ $(x-\bar{x})(y-\bar{y})$
1	9	1.04	1.082	3.12
2	4	0.752	0.566	1.504
3	1	0.366	0.134	0.366
4	0	0.123	0.015	0
5	1	0.408	0.166	0.408
6	4	0.703	0.494	1.406
7	9	1.168	1.364	3.504
均值				
总和（$\sum$）	28		3.821	10.308

5.2.9　计算示例二

在历时较长、测定次数多的农药残留试验中发现，农药残留量在前期减少很快，而后期较慢。这时如果用一级降解模式统计，r 值仍可达到显著，但剩余标准误差较大，发生 C_0 值的飘移，反映农药降解的实际情况较差。对该类农药降解可用双室模式表示。

$$C = Ae^{-\alpha t} + Be^{-\beta t} \tag{5-53}$$

式中，A 和 B 是两个农药的浓度值，当降解时间 t 为 0 时，$A+B$ 为农药起始残留浓度；α 和 β 是该试验条件下的两个农药降解常数，α 反应前期的降解速度，而 β 反应后期的降解速度，一般是 $\alpha>\beta$，即前期降解快于后期。

式（5-53）中的 A、B、α 和 β 可用数学上的残数法或非线性回归借助计算机处理而得，这里仅举例介绍易掌握的残数法。经试验得到一组除草剂氟乐灵在土壤中农药残留降解的测定数据（表 5-23）。经统计该除草剂降解符合动力学一级降解模式，其表达式为：

表 5-23　氟乐灵在土壤中降解的实测浓度和残数浓度

时间/d	实测 C/（μg/kg）	外推 C /（μg/kg）	残数值 /（μg/kg）	$\ln C$	时间/d	实测 C /（μg/kg）	$\ln C$
0	750	288.9	461.1	6.134	70	70.7	4.258
10	380	236.5	143.5	4.962	85	56.7	4.038
35	185	158.6	26.4	3.273	105	27.8	3.325
50	117	106.2	10.8	2.370	135	14.0	2.639
60	83.8	87.0			180	8.8	2.175

$$C = 458.7\mathrm{e}^{-0.245t} \qquad\qquad (5\text{-}54)$$

回归式的 r 为 0.982，达极显著，全过程的降解 $t_{1/2}$ 为 28.3d。然而，表达式的 C_0=458.7μg/kg 与实际的农药浓度 750μg/kg 相差甚远，而且也很难反映氟乐灵在前期降解较快的情况。对测定数据的分析可发现氟乐灵在土壤中的降解具有前快后慢的特点，可以用双室模型表示。

（1）确定农药前后期降解的转折点　因在双室模型中 $a>\beta$，经一定时间后双室模型式中 $A\mathrm{e}^{-\alpha t}$ 将趋于零，因此式可写为 $C=B\mathrm{e}^{-\beta t}$，据测定数据就可计算 B 和 β。在此重要的是确定降解快慢的转折点，在此例中可选择药后 60d 或 70d，这种选择带有一定的主观性。

（2）计算 B 和 β 值　可根据转折点之后的农药残留实测数据，用最小二乘法原理计算得到 $C=B\mathrm{e}^{-\beta t}$ 或 $\ln C=\ln B-\beta t$ 中的 B（或 $\ln B$）和 β。在此例中应用药后 70d 的测定数据，统计结果是 $C=288.9\mathrm{e}^{-0.020t}$（或 $\ln C=5.667-0.020t$），r 为 0.971，为极显著水平，据 β 计算的农药后期半衰期为 34.6d，在此求得的 B 和 β 分别是 288.9μg/kg 和 0.020d^{-1}。

（3）计算外推法浓度和残留浓度　根据 $C=288.9\mathrm{e}^{-0.020t}$，用反对数法计算出 0～60d 的外推浓度值，此时的实测值即为农药的残数值。以 0d 为例，残数值=750–288.9=461.1（μg/kg）（表 5-23）。

（4）计算 $C=A\mathrm{e}^{-\alpha t}$ 式中的 A 和 a　根据得到的农药残数值用最小二乘法原理计算 A 和 a，在此例中 $C=463.1\mathrm{e}^{-0.090t}$，$r$ 为 0.973，达到极显著，经计算前期 $t_{1/2}$=7.7d。求得的 A 和 α 分别是 463.1μg/kg 和 0.090d^{-1}。

经上述计算已得到 A、B、α 和 β，则氟乐灵在土壤中的降解模式可写成：

$$C = 463.1\mathrm{e}^{-0.090t} + 288.9\mathrm{e}^{-0.020t} \qquad\qquad (5\text{-}55)$$

当 t=0 时，C_0=463.1+288.9=752.0（μg/kg），与实测的氟乐灵浓度非常接近。表 5-24 列出了用两种降解模式计算的农药残留量和与实测值的差值，显然双室模型的误差要比一级降解模式小得多，最明显的是表现在农药起始残留浓度上，一级降解的误差为 291.3μg/kg，而双室模型仅为 2μg/kg。氟乐灵在土壤中的降解的实测值都比较靠近双室模型曲线，而实测的起始浓度离一级降解模式较远。

表5-24　两种降解模式农药残留量计算值与实测值比较

药后时间/d	0	10	35	50	60	70	85	105	135	180	小计
实测值/(μg/kg)	750.0	380.0	185.1	117.0	83.8	70.7	56.7	27.8	14.0	8.8	1693.9
一级计算值降解/(μg/kg)	458.7	359.0	194.5	134.7	105.5	82.5	57.2	35.0	16.8	5.6	1449.5
差值/(μg/kg)	291.3	21	9.4	17.7	21.7	11.8	0.5	7.2	2.8	3.2	386.6
双室计算值模型/(μg/kg)	752	424.8	163.2	111.4	89.9	72.1	52.9	35.4	19.4	7.9	1729
差值/(μg/kg)	2	44.8	21.9	5.6	6.1	1.4	3.8	7.6	5.4	0.9	99.5

农药在环境中降解具有明显前快后慢性质的情况有：高挥发性农药在土壤和植物上的降解，如氟乐灵、杀螨特等；一些脂溶性农药在稻田水中的降解，如拟除虫菊酯、一些脂溶性除草剂等，它们易被土壤吸附，而在前期水中农药浓度下降很快；一些农药在水体表层水中的降解，在前期因农药向下层水的扩散而浓度下降很快。在这些例子中，植物土壤、稻田水和表层水都是农药降解的中心室，而相应的侧室是大气、稻田土和下层水。在表 5-25 中列出了一些应用双室模型计算的丁草胺、氟乐灵、氰戊菊酯在一些环境因素中降解的数学表达式，其共同特点是前期的降解 $t_{1/2}$ 远快于后期，两者相差 4.16～85 倍。

表 5-25　农药双室降解模型的一些实例[①]

农药	环境因素	$C=Ae^{-at}+Be^{-\beta t}$	$t_{1/2}$/d	
			前期	后期
丁草胺	水田水	$C=732.4e^{-2.625t}+e^{-0.533t}$	0.26	1.30
丁草胺	池塘水	$C=63.4e^{-3.271t}+6.98e^{-0.317t}$	0.21	2.23
氟乐灵	土壤	$C=421.0e^{-0.100t}+328.8e^{-0.0185t}$	6.9	37.5
氟乐灵	土壤	$C=940.0e^{-0.087t}+560.5e^{-0.021t}$	8.0	33.3
氰戊菊酯	稻田水	$C=355.4e^{-2.617t}+2.42e^{-0.118t}$	0.27	5.82
氰戊菊酯	稻田水	$C=462.2e^{-0.900t}+19.58e^{-0.209t}$	0.77	3.39
氰戊菊酯	表层水	$C=30.68e^{-12.35t}+1.78e^{-0.1009t}$	0.08	6.8
乐果	井水	$C=680.0e^{-3.640t}+750e^{-0.108t}$	0.19	6.42

① 农药浓度水中为 μg/L，土壤中为 μg/kg。

可以预测当试验时间较长，测定数据多时，特别是前期的测定频率增加时，很多农药在环境因素，其中也包括在农作物上的降解可用双室模型来处理数据。只有当前后期降解速度一致或基本一致时，应用 $C=C_0e^{-Kt}$ 模式才是最合理的。

5.2.10　计算示例三

氰戊菊酯在底泥中的吸收降解模式。在较复杂的农药残留试验中，农药残留量在某一环境因素中有一个上升的过程，经一定时间达到最高点后逐渐下降。显然这里发生着农药降解和吸收的双过程，达到最高值之前以吸收占优势，以后以降解为优势。在我们的众多研究中，水稻土、池塘底泥、鱼、水草、下层水和水生动物中农药残留量的动态变化都属于这种类型，它们都属于农药间接受体，都是主要从稻田水和池塘水、河水中吸收农药。在一些设施作物的残留试验中也发现农药残留量有升高现象，这与设施农作物接受空气沉降农药有关。对于这种类型的农药降解，可用二级吸收模式来表达农药残留量的动态变化，即：

$$C = A(e^{-\alpha t} - e^{-\beta t}) \tag{5-56}$$

这里以鱼体中农药的降解为例说明，鱼体中的农药浓度随时间的变化与鱼体中农药浓度 C、农药降解常数 a 和从水中吸收农药的吸收常数 K_a 有关，而水中农药浓度随时间的变化与水中农药浓度和水中农药的降解常数 β 有关。经过一系列的数学运算得到：

$$C = \frac{K_a C_0}{\beta - \alpha}(e^{-\alpha} - e^{-\beta t}) \tag{5-57}$$

式中，C_0 为水中农药起始浓度。从式（5-57）看出，鱼中的农药浓度与水中农药浓度 C_0、农药在水中和鱼中的降解常数 β 和 α、鱼对水中农药的吸收常数 K_a 等因素有关。设 $A=K_a C_0/(\beta-\alpha)$，则上式可写作：

$$C = A(e^{-\alpha t} - e^{-\beta t}) \tag{5-58}$$

当 $t=0$ 时，则 $C=0$。在式（5-58）中，一般 $\beta>\alpha$，所以经一定时间后 $e^{-\beta t}$ 项趋于零，则式可简写成 $C=Ae^{-\alpha t}$，进而可根据农药残留测定数据用最小二乘法原理求得 A 值和农药在鱼中的降解常数 α，并再用残数法求得常数 β。在此降解模式中可求出最高残留量浓度（$C_{\max}$），这对于防治农药对鱼类的危害有实际意义。为此，先需求出达到最高浓度的时间。

$$t_{\max} = \frac{\ln\beta - \ln\alpha}{\beta - \alpha} \tag{5-59}$$

再以 $t_{\max}$ 代入就可求得 $C_{\max}$。这里以得到的一套氰戊菊酯在池塘底泥中残留降解数据为例作具体运算。氰戊菊酯施于池塘水面，池塘底泥为农药间接受体，从水中吸收氰戊菊酯，起始浓度为零，共有 10 次测定数（表 5-26）。

表 5-26　氰戊菊酯在底泥中实测浓度和残数浓度

药后时间 /d	实测 C /（μg/kg）	外推 C /（μg/kg）	残数值 /（μg/kg）	$\ln C$	药后时间 /d	实测浓度 Cl（μg/kg）	$\ln C$
0	0	141.6	141.6	4.953	23	66.1	4.203
1	15.9	137.4	121.5	4.800	30	57.2	4.046
4	45.6	125.6	80.0	4.382	37	50.2	3.916
9	75.6	108.1	32.5	3.481	42	42.1	3.740
16	77.6	87.6	10.0	2.303	50	30.0	3.400

（1）计算 A 和 a 值　在式（5-58）中因 $\beta>a$，经一定时间 $e^{-\beta t}$ 趋于零，可简写为 $C=Ae^{-\alpha t}$，在此例中该时间定在药后 23d，根据 23d 后的 5 次农药残留测定数据，

用最小二乘法原理计算出 A 和 a，得 $C=141.6\mathrm{e}^{-0.030t}$ 或 $\ln C=4.953-0.030t$，$r=0.986$，为极显著水平，$t_{1/2}=23.1\mathrm{d}$。求得的 A 和 a 分别是 $141.6\mu\mathrm{g/kg}$ 和 $0.030\mathrm{d}^{-1}$。

（2）计算外推值和残数值　根据 $C=141.6\mathrm{e}^{-0.030t}$ 计算时间为 $0\sim16\mathrm{d}$ 的外推浓度，外推浓度减去相应时间的实测浓度即为残数浓度，例如药后 1d 外推值为 $137.4\mu\mathrm{g/kg}$，实测值为 $15.9\mu\mathrm{g/kg}$，则残数浓度为 $121.5\mu\mathrm{g/kg}$。

（3）计算 β 值　根据 $0\sim16\mathrm{d}$ 的 5 次农药残数值数据用最小二乘法原理计算 β 值，得 $C=141.6\mathrm{e}^{-0.030t}$，$\beta$ 为 $0.167\mathrm{d}^{-1}$。两次计算的 A 值有一定差异（$141.6\mu\mathrm{g/kg}$ 和 $146.3\mu\mathrm{g/kg}$），但很接近，在此 A 值用 $141.6\mu\mathrm{g/kg}$，则氰戊菊酯在池塘底泥中的降解可写成 $C=141.6\,(\mathrm{e}^{-0.030t}-\mathrm{e}^{-0.167t})$，并且 $\beta>a$。

（4）计算 $t_{\max}$ 和 $C_{\max}$ 把 β 和 a 分别代入式（5-59），则：

$$t_{\max}=\frac{\ln 0.167-\ln 0.03}{0.167-0.03}=\frac{1.71}{0.137}=12.5\,(\mathrm{d})$$

以 12.5d 代入，则：

$$C=141.6(\mathrm{e}^{-0.030\times12.5}-\mathrm{e}^{-0.167\times12.5})=97.3-17.5=79.8$$

氰戊菊酯在底泥中达到最高浓度的时间是药后 12.5 天，最高浓度 $79.8\mu\mathrm{g/kg}$。

表 5-27 的数据说明底泥中氰戊菊酯实测值与计算值之间误差很小，用一级吸收降解模式能较好地反映农药在间接受体中的残留量动态变化，并能计算出达到最高值的时间和浓度。

表 5-27　氰戊菊酯在池塘泥中降解的实测值与计算值比较

药后时间/d	0	1	4	9	16	23	30	37	42	50
实测值/(μg/kg)	0	15.9	45.6	75.6	77.6	66.1	57.2	50.2	42.1	30.0
计算值/(μg/kg)	0	17.6	53.0	76.5	77.8	68.0	56.6	46.4	41.4	32.6
差值/(μg/kg)	0	1.7	7.4	0.9	0.2	1.9	0.6	3.8	0.7	2.6

在表 5-28 利用一级吸收降解模式统计的例子中，农药为氰戊菊酯，农药受体有稻田土、池塘底泥、白鲢和大棚草莓，除大棚草莓外，它们都属农药间接受体。稻田土、鲢鱼和大棚草莓达到农药最高值的时间比较短，为 $1.29\sim2.62\mathrm{d}$，而池塘底泥比较慢，为 $5.04\sim12.5\mathrm{d}$。鱼体中氰戊菊酯达到最高值需 2d 左右，此时也是发生农药中毒、鱼死亡的主要时期。

大棚草莓属于农药直接受体，农药浓度 C_0 不等于零，但因接受空气中农药，有时农药最高浓度出现在药后 $1\sim2\mathrm{d}$。当用农药一级吸收降解模式表达时，其表达式可写成：

$$C=A\mathrm{e}^{-at}-B\mathrm{e}^{-\beta t} \qquad\qquad （5-60）$$

表 5-28　氰戊菊酯的一级吸收降解模式

农药受体	$C=A(e^{-\alpha t}-e^{-\beta t})$	t_{max}/d	$C_{max}/(\mu g/kg)$
稻田土	$C=2689.7(e^{-0.072t}-e^{-2.940t})$	1.29	2391
稻田土	$C=286.5(e^{-0.061t}-e^{-2.080t})$	2.16	241.3
稻田土	$C=1504.2(e^{-0.108t}-e^{-2.080t})$	1.5	1212.8
池塘底泥	$C=91.6(e^{-0.010t}-e^{-0.786t})$	5.04	82.6
池塘底泥	$C=146.1(e^{-0.030t}-e^{-0.167t})$	12.5	79.8
白鲢	$C=109.4(e^{-0.043t}-e^{-1.361t})$	2.16	97.6
白鲢	$C=116.8(e^{-0.099t}-e^{-1.840t})$	1.67	104.4
大棚草莓	$C=3791.3(e^{-0.114t}-2305.4e^{-0.436t})$	2.62	2078

在具有吸收性质的农药降解试验中，因吸收农药占优势的时间一般都较短，往往仅得到少量测定数据，甚至仅一个峰值，只能用两点法而不能用残数法来确定 β 值，为克服此不足可加大前期的取样密度，以得到 5 个以上数据。

5.3　部分农药在田间土壤中的吸附与降解特性

绝大多数有机农药不是电解质，在溶液中不以离子形态存在，对于大部分水溶性农药在水中也主要以分子形态存在。因此，对于绝大多数农药，物理吸附是农药在土壤、底泥和水体中的主要吸附形式，而物理化学吸附和化学吸附起的作用很小。对于分子型的有机农药被土壤吸附可用 Freundlich 方程描述。

$$C_s = \frac{x}{m} = K_d C_e^{1/n} \qquad (5-61)$$

式中　C_s, C_e——土壤-水系统中经振荡平衡后土壤和水中的农药浓度；

　　　　x——土壤所吸附的农药量，μg；

　　　　m——土壤重量，g；

　　　　K_d——农药的土壤吸附常数，K_d 越大，吸附能力越强；

　　　　$1/n$——常数。

对式（5-61）取对数，根据农药土水分配试验数据用最小二乘法原理就可求得 $\lg K_d$ 和 $1/n$ 两个参数。

第 6 章

农药对生态环境的污染

农药作为一类特殊化学物质，包含许多不同类型的化合物。它们分别具有性质完全不同的生物活性，对于为害农业生产的有害生物能分别发挥相应的杀伤、抑制、行为调控、生长调节等作用，消除有害生物的为害，保护或促进农作物健壮生长，从而达到农业增产丰收的目的。农药也能直接对作物进行化学调控，可以根据生产上的需要利用农药的植物生长调节作用，改变作物的生长特性。如使植株矮化、伸高，防止落花落果，进行化学整枝等。在害虫防治方面，也可利用化学合成的昆虫性外激素和其他激素型化学物质对害虫进行行为调控，从而达到对害虫种群治理的目的。对于杂草的防治还可以合成利用植物化感物质来进行杂草种群调控。作物病害的防治则可利用生长调节剂类型的化合物处理作物，使作物体内产生抵御病原菌入侵的次生物质，或形成阻止病菌扩展蔓延的生理生化障碍，抑制病害的发生，或形成木栓层阻止已入侵的病菌进一步扩散。总之，人类可以通过各种天然的和合成的化学物质对任何有害生物进行有效的防治或控制。而这一切是在农田生物群落中、在土壤和水田等自然环境中进行的。因此，农药的使用必然会对农田环境产生一定的影响。

农药对生态环境的影响可以归纳为：农药对水、土壤和大气等环境要素的污染；农药对环境生物产生的污染和危害，这些生物有昆虫、鱼类、鸟类、无脊椎动物、哺乳动物、野生植物和微生物等；农药对农作物的污染，通过食物链对其他农畜产品产生污染。

6.1　农药对水环境的污染

水体中农药主要有以下几个来源途径：大气飘移和大气降水、农田农药流失、水面直接喷施农药、农药厂点源污染等。

6.1.1　农药在水体环境中的迁移

农药在土壤环境中的移动性越强，或者迁移率越高，农药进入水体环境的量就越大。农药的水溶性越高，进入水体的可能性越大。我国因农业和卫生所使用的农药量较大，大部分没有直接发挥作用的农药被转移到了环境水体中，因此造成了我国各大江河湖泊的农药污染，甚至连海洋也受到一定程度污染。有研究表明，地球的南、北极的水域中也有农药的残留，只是没有造成严重污染。美国在地下水中检测到 130 多种农药的残留物或这些农药的代谢降解产物，绝大部分农药是在农田中使用的。可以确定的是农田水体是最先遭受污染的水体，也是受污染最严重的水体。根据农药的来源，不同水体遭受污染的程度和次序可归纳如下：农田水＞田间沟渠水＞塘水＞浅层地下水＞河流＞深层地下水＞海水。

农田水体是遭受农药污染最严重、最频繁的水体。农田水体不仅仅是指稻田或其他水生作物的生长的田块，也包括农田水的排放水体，或者循环使用的水体，还包括一些旱作地的灌溉水。农田中施用的农药一部分直接进入农田水体中，一部分进入农田土壤中，土壤中的农药最终也被溶解进入水体中，农田水是直接遭受农药污染的水体，是环境水体中的农药污染物质的重要来源之一。

6.1.2　农药对水生生物的危害

在农药对水生生物的影响中，人们最关心的是农药对鱼类的危害。农药对鱼类的急性毒性用 LC_{50} 表示，即在一定实验条件下试验鱼种死亡 50% 的农药浓度，单位为 mg/L。试验鱼种一般为鲤鱼。在表 6-1 中列出一些国家使用的农药对鱼毒性的分级标准，试验鱼为鲤鱼，试验时间 48h。

表 6-1　农药对鱼毒性的分级标准（LC_{50}）

毒性级	中国	日本	苏联
高度	＜1	＜0.5	＜0.5
中等毒	1～10	0.5～10	0.5～5
低毒	＞10	＞10	＞5

按我国毒性分级标准部分属于对鱼类高毒的农药见表 6-2。

表 6-2　对鱼类高毒的农药

农药	鱼类高毒农药
有机氯农药	绝大多数有机氯农药
拟除虫菊酯	绝大多数拟除虫菊酯农药，如氯氰菊酯、氰戊菊酯、氟氰菊酯、溴氰菊酯等（醚菊酯、溴灭菊酯和乙氰菊酯除外）

农药	鱼类高毒农药
杀螨剂	如克螨特、阿维菌素、灭螨猛、哒螨灵、苯螨醚、唑螨酯、吡螨胺等
含重金属农药	如三唑锡、三环锡、苯丁锡、福镁锌、硫酸铜、有机汞农药等
有机磷杀虫剂	如溴硫磷、毒虫畏、毒死蜱、乙硫磷、倍硫磷、地虫硫磷、马拉硫磷、甲拌磷、伏杀硫磷、辛硫磷、溴氯磷、线硫磷、氯唑磷等
氨基甲酸酯类农药	如噁虫威、丙硫克百威、克百威、丁硫克百威、唑蚜威和涕灭威等
含酚农药	如地乐酚、五氯酚、五氯酚钠、五氯酚钙、氯硝酚钠等
除草剂	如甲羧除草醚、丁草胺、乐草灵、乙氧氟草醚、二甲戊乐灵、毒草胺、氟乐灵等
杀菌剂	如苯霜灵、克菌丹、敌菌灵、百菌清等
其他一些农药	如氟虫腈、丁醚脲、鱼藤酮和浏阳霉素等

6.1.2.1 农药对鱼类的急性毒性研究

农田中的农药会通过雨水淋溶等途径进入水环境。鱼类急性毒性资料是评价有毒化学物质和工业废水对水生生物的危害最常用的依据之一。进入水环境中的农药经食物链逐级浓缩后对水生生态系统构成了严重威胁，甚至最终危害到人类健康。农药对水生生物的急性毒性和生物富集性与农药的合理施用密切相关，是农药环境安全评价的重要参数。生物浓缩系数是指生物体中农药浓度与生物生存水中农药浓度的比值，比值越大说明农药越易在生物体内积累。生物浓缩系数和农药性质及生物种类密切相关。脂溶性农药和长残留农药易被水生生物浓缩，例如海水和湖水中滴滴涕可被水生植物和水生无脊椎生物浓缩 1000～100000 倍，甚至更高。据美国环保署的分级，生物浓缩系数＞8000 时为高度积累，700～8000 时为中度积累。对于非长残留农药生物浓缩系数比较低，如氰戊菊酯对空心莲子草、白鲢鱼与相应时间水中的农药浓度比值都没有超 1000 倍。

（1）急性毒性试验方法　黄勤清以金鱼（*Carassius auratus*）为实验材料，对 26 种常用的不同厂家生产的农药或同种农药的不同剂型，按田间推荐使用浓度条件下对金鱼的急性毒性效应进行了研究。每个处理浓度重复 3 次并设空白对照组，处理组和对照组各放 20 尾金鱼，连续观察 8h；每天更换一半的相同浓度的药液，每 24h 记录试验鱼的死亡数量，统计死亡率。试验金鱼死亡的判断标准：中毒后的试验金鱼，后鳃盖停止活动，用玻璃棒或小镊子轻轻刺激尾柄部位无反应，即可确定为个体死亡。

（2）中毒症状　金鱼中毒初期，表现为浮头、乱窜、冲撞缸壁，急躁不安，并有狂游跃出水面的现象。随着时间的延长，鱼游动能力减弱，最终静卧缸底。中毒初期，金鱼体色不变，体表黏液少，黏液分泌随着中毒时间的延长而增多。对照组中的金鱼处于正常状态。

（3）急性毒性试验结果　供试的 26 种农药对金鱼的毒性各不相同。试验鱼在

24 h 的死亡率表明，苏云金芽孢杆菌（Bt）、吡虫啉、甲胺磷和多菌灵这 4 种农药在正常使用浓度下对金鱼完全无毒。而其余的 22 种农药则在不同程度上对金鱼产生药害，其中灭多威、杀灭菊酯、阿维菌素、异丙威、敌敌畏、毒死蜱、高效氯氟氰菊酯、百草枯、草甘膦、高效氯吡甲禾灵和草甘膦异丙胺盐对金鱼的毒性最大，在试验条件下能完全致死所有的参试金鱼。

　　a. 杀虫剂对金鱼的毒性　研究涉及了有机磷类（甲胺磷、敌敌畏和毒死蜱）、氨基甲酸酯类（灭多威和异丙威）、硝基亚甲基类（吡虫啉）、菊酯类（甲胺磷）等化学农药以及 Bt 等生物农药，有机磷农药因具毒效大、易分解、残留周期短等特点而被广泛应用于我国农业生产中，各种不同杀虫剂对供试金鱼的毒性各不相同。对于甲胺磷，研究结果表明其对金鱼安全无毒，对鮸状黄姑鱼的毒性试验则表明其对该农药较为敏感。

　　b. 杀菌剂对金鱼的毒性　多菌灵为广谱性、高效低毒内吸性杀菌剂，对多种作物由真菌（如半知菌、子囊菌）引起的病害有防治效果。研究结果表明其正常使用时对金鱼安全无毒，可用于金鱼鱼病的防治及鱼塘消毒。

　　c. 除草剂对金鱼的毒性　除草剂本身以及其降解物进入水体后，对鱼类的健康养殖构成了严重威胁。范立民等人以白鲢为材料，研究了丁草胺的毒性。结果表明其作用 96 h 的 LC_{50} 仅为 0.134mg/L，为高毒性农药，应对其加以管控，尽可能地降低对水生环境的风险性。而百草枯和草甘膦在正常使用浓度下均对金鱼具有很强的毒性，在鱼塘附近农田中应避免使用。

　　d. 水体直接施药　是水中农药的重要来源。为防治蚊子幼虫施敌敌畏、敌百虫和其他杀虫剂于水面；为杀灭血吸虫寄主钉螺施五氯酚钠和为清洁鱼塘施敌百虫于水体；为消灭渠道、水库和湖泊中的杂草而使用水生型除草剂，如敌草隆、西玛津和草甘膦等。农药直接施入水体的特点是绝大部分农药进入水环境，水中的农药起始浓度高，可达到 mg/L 级；施药时农药集中于水膜和表层水中，随后农药向下层水、水生生物和底泥中迁移，水膜和表层水中农药降解符合双室降解模式；下层水、底泥和水生生物为农药的间接受体，农药残留具有吸收和降解双过程的特点，农药吸收主要发生在前期，农药对生物的急性危害也主要发生在这时，农药的降解可用一级吸收降解模式表示。

6.1.2.2　农药对鱼类的毒性差别较大

　　嘧啶氧磷、乐杀螨、杀虫环、三硫磷和对甲抑菌灵的 LC_{50} 都为 1.0mg/L，也可以说是对鱼有高毒的农药。表 6-2 表明，对鱼高毒农药大部分属杀虫剂和杀螨剂，只有很小一部分属除草剂和杀菌剂。对鱼高毒的农药的 LC_{50} 也有很大差别，拟除虫菊酯农药一般都属高毒农药，但也有低毒的，联苯菊酯与乙氰菊酯的毒性可相差 5 个数量级（表 6-3）。

表6-3　一些拟除虫菊酯农药对鱼的LC₅₀　　　　　单位：μg/L

农药	LC_{50}	农药	LC_{50}	农药	LC_{50}
联苯菊酯	0.2	四溴菊酯	1.6	胺菊酯	180
三氟氯氰菊酯	0.2	甲氰菊酯	2.0	溴氟菊酯	220
氟氰菊酯	0.52	氯菊酯	5.4	溴灭菊酯	3600
溴氰菊酯	0.54	氟氯氰菊酯	10	多来宝	5000
氰戊菊酯	1.0	氟胺氰菊酯	14	乙氰菊酯	>50000
氯氰菊酯	1.0	苯醚菊酯	17		

对鱼高毒的农药不能直接喷于水面，以免发生严重的死鱼事件和危害其他水生生物，也不宜用作水田和稻田农药，因稻田排水和降雨径流均能发生农药流失而导致对鱼和其他水生生物的危害，其中包括虾类，后者对农药一般比鱼类更为敏感。

除鱼类外农药也可能对虾、蟹、蛙、水中浮游动物、水蚤和其他水生生物产生危害，这在农药使用时是必须注意的，特别是在鱼虾、蟹养殖密集区更应注意。

6.1.3　稻田施用溴氰菊酯农药对邻近鱼塘浮游动物的影响

溴氰菊酯是一种高效低毒的拟除虫菊酯类农药，对于防治棉花、蔬菜、稻田、果树等上的害虫具有较好的效果。但由于该农药对水生生物具有较强毒性，溴氰菊酯对鱼塘中枝角类、桡足类、轮虫、原生动物等浮游动物具有较强毒性。试验鱼塘（A塘）与对照鱼塘（B塘）水质相同，浮游动物种类、数量基本一致。稻田施药2h后，将稻田水排入试验鱼塘，以开始排水时为0时刻，分别于0h、2h、4h等不同时间在试验鱼塘的各采样点采集水样，观察计数各类浮游动物的现存量的变化，同时进行鱼塘水体中溴氰菊酯农药残留量的气相色谱法检测。对照塘同时排入不含有溴氰菊酯农药的稻田水，并与试验塘同步采样。

6.1.3.1　对照鱼塘浮游动物的消长规律

鱼塘中浮游动物包括枝角类、桡足类、原生动物和轮虫。其中枝角类主要有水蚤、秀体水蚤；桡足类主要有镖水蚤、剑水蚤；轮虫主要有水轮虫、旋轮虫、短轮虫；原生动物主要有变形虫、草履虫、棘尾虫。对照鱼塘中浮游动物现存量百分率受环境条件的影响，在0~25d内呈上下波动的趋势，但无明显的随时间变化的规律。其中枝角类波动范围82.4%~123.5%，桡足类波动范围88.4%~118.7%，轮虫波动范围79.3%~114.0%，原生动物波动范围63.8%~116.7%。

6.1.3.2　试验鱼塘中浮游动物的消长规律

观察试验鱼塘中浮游动物现存量平均变化情况可以发现，试验鱼塘内的枝角类、桡足类及原生动物现存率0~24h内都呈现出不同程度的降低趋势，24h后逐渐回升，一般在 14d 后各类浮游动物数量恢复至原有水平，而轮虫在各采样区内现存率无明显的降低趋势，只是在起始值附近上下波动。试验鱼塘中浮游动物的消长受溴氰菊酯施用的影响，在施药后 24h 内，多数浮游动物受到不同程度的抑制，现存率显著降低，24h 后回升。

不同种类的浮游动物对溴氰菊酯的敏感性不同，在同一采样时间，各类浮游动物的现存率不同，4 种浮游动物对溴氰菊酯农药敏感性顺序为枝角类＞桡足类＞原生动物＞轮虫。

枝角类、桡足类及原生动物三种浮游动物的现存量在 24h 下降的百分率最大。24h 时枝角类现存率平均降至 1.8%，桡足类降至 10.2%，原生动物降至 39%。24h 后，这几种浮游动物的现存量呈现回升的趋势，至 14d 后恢复至正常水平。同时进行的溴氰菊酯农药在水体中残留检测结果表明，由于溴氰菊酯农药进入鱼塘水体后，经稀释扩散、吸附、沉淀、降解等作用，在水体中的浓度迅速降低，残留时间很短，因此，对浮游动物的持续毒作用时间较短，未对浮游动物造成持久的、不可逆的毒性效应。另外由于浮游动物生活周期短，繁殖快。因此，在施药 24h 后，溴氰菊酯农药对浮游动物的毒作用基本解除，鱼塘内浮游动物数量开始回升，在 14d 后可以恢复到正常水平。研究表明，对照塘在 0～24d 内生物多样性指数无明显的随时间变化的规律，呈波动趋势，波动范围 0.473～0.618，而试验塘各采样区的生物多样性指数一般在 24～96h 下降至最低值，以后逐渐回升，14d 后各采样区的生物多样性指数均得以恢复。

6.1.3.3 溴氰菊酯农药对浮游动物的影响规律

对照鱼塘及试验鱼塘生物多样性指数研究、不同浓度溴氰菊酯对浮游动物的毒性效应结果均表明，对浮游动物的毒性效应随浓度的增加而逐渐加强。同一浓度的溴氰菊酯对不同种类的浮游动物的毒性效应也是不同的。在该试验条件下，可以得出溴氰菊酯对枝角类、桡足类、轮虫及原生动物等各种浮游动物 24h 的 EC_{50} 值分别为 0.18μg/L、0.30μg/L、2.00μg/L、0.66μg/L。溴氰菊酯浓度为 0.5μg/L 时，轮虫的 24h 抑制率为 11.5%，1μg/L 时达到 25.2%，而 2.0μg/L、5.0μg/L 时达到 50.3% 和 73.1%。可见，低浓度的溴氰菊酯对轮虫的抑制作用不显著，当浓度足够高时，也会显示出较强的毒性效应。在试验鱼塘中，溴氰菊酯的最高浓度仅为 0.60μg/L，所以轮虫的现存率没有如同其他 3 种浮游动物一样在施用溴氰菊酯后有一个显著的下降及回升的过程，而是在起始值附近波动。

6.1.3.4 溴氰菊酯在池塘生态系统中的残留降解

对水面积为 258m² 的池塘进行水面喷药，溴氰菊酯用量 150g/hm²，取水样、鱼样、底泥样和空心莲子草样，水样有表面水膜、表层水（0～30cm）和下层水，试验历时 43 天。药后第二天发生白鲢鱼、其他野生鱼和虾类的大量死亡，死鱼肉中溴氰菊酯浓度140.0μg/kg，表层水中为32.5μg/L。施药后农药集中在水膜和表层水中，水膜中农药浓度高达16390μg/kg（表6-4）。水膜和表层水中农药迅速向下层水和底泥中扩散，后者为农药间接受体，其农药最高浓度与起始浓度不一致。在此试验中空心莲子草为农药直接受体，农药降解可用一级动力学模式表示。表中最后两行为另一试验的农药残留测定数据，空心莲子草和鲢鱼都为农药间接受体，溴氰菊酯通过稻田排水进入池塘，它们的农药残留动态均可用一级吸收降解模式表示。

表6-4　溴氰菊酯在池塘生态系统中的残留降解

农药受体	起始浓度/ （μg/kg）	最高浓度/ （μg/kg）	降解数学表达式	特征参数
表面水膜	16390	16390	$C=16180\mathrm{e}^{-30.70t}+208\mathrm{e}^{-0.141t}$	$t_{1/2}$0.02 天（前）；4.91 天（后）
表层水	32.46	32046	$C=30.68\mathrm{e}^{-12.55t}+1.78\mathrm{e}^{-0.109t}$	$t_{1/2}$0.06 天（前）；6.36 天（后）
下层水	1.200	5.563	$C=6.18\mathrm{e}^{-0.720t}+0.363\mathrm{e}^{-0.021t}$	$t_{1/2}$0.96 天（前）；32.2 天（后）
底泥	0	82.59	$C=91.57(\mathrm{e}^{-0.016t}-\mathrm{e}^{-0.786t})$	t_{max}5.04 天；C_{max}82.6
鲢鱼		140.0		药后第二天大量死亡
空心莲子草	9293	9293	$C=8450\mathrm{e}^{-0.078t}$	$t_{1/2}$8.9 天
鲢鱼	4.20	102.4	$C=109.4(\mathrm{e}^{-0.043t}-\mathrm{e}^{-1.381t})$	t_{max}2.6 天；C_{max}97.6
空心莲子草	26.6	137.4	$C=168.7\mathrm{e}^{-0.163t}-142.1\mathrm{e}^{-3.83t}$	t_{max}0.86 天；C_{max}141.3

6.1.4　农田农药流失

这是水体中农药的最重要来源，一是因为农田使用的农药量大，而且具有面源污染的复杂性；二是用于农田的农药可经过多种途径进入水体，如降雨地表径流、农田渗滤和水田排水等。不同类型农药通过农田径流至水环境的流失量，见表6-5。一般来说旱田农药的流失量是不多的，在0.46%～2.21%范围内，但在施药后即下暴雨的农药极端流失量是较大的，高的可达10%以上。有研究人员曾汇总了一些农药的径流流失量和排水流失量（表6-6），有的农药的流失量是相当高的，如莠去津和有机氯农药，后者的流失量变化幅度比较大。农田使用农药的流失量与农药性质、农田土壤性质、农业措施与气候条件有关。通常对于水溶性农药，质地轻的沙土、水田栽培和病虫草发生期降雨量大的地区等容易发生农药的流失而污染水环境，反之则相对较轻。对于难溶和不溶于水的脂溶性农药能附着于土粒表面，并随农田降雨径流和农田排水而进入水环境。稻田和其他水田使用水溶性农药是一种特殊情况，其农药流失量是较大的，后面将作专门说明。农药药液配制点弃有不少药瓶和其他包装物，降雨后会随雨水产生径流污染，施药工具的随意清洗也会造成水质污染。在以个体经营为主的我国广大农村，这种污染也是不可忽视的。

表6-5　各类农药的旱田流失率

农药类型	生长期损失/%	径流量最高浓度/（mg/L）	极端损失/%	农药举例
碱性农药	2.21	0.48	7.1	莠去津
酸性农药	1.01	0.94	3.7	2,4-滴类
高溶非离子类	1.94	1.12	6.0	克百威
中溶非离子类	0.46	0.12	6.5	甲萘威
低溶非离子类	0.6	0.11	11.0	滴滴涕、氟乐灵
平均	1.18	0.49	6.9	

表6-6　一些农药的农田流失量

农田径流			农田排水		
农药	浓度/（mg/L）	流失量/%	农药	浓度/（mg/L）	流失量/%
莠去津	1.17～7.35	0.16～18.0	莠去津	0.5～1.0	10～14.7
艾氏剂	0.058～0.32	1.6～3.5	2,4-滴	2～4	1.0
滴滴涕	0.0～10.0	0.3～6.0	敌稗	0.4	1.0
林丹	0.001	1.5	有机磷农药	0.001～0.122	0.02～0.4
二嗪磷	0.18	0.1	有机氯农药	0.03～2.84	1.2～11.5

6.1.4.1　农药的稻田渗滤流失

为研究水溶性杀虫剂的稻田渗滤流失情况，进行了乐果的测坑（重壤土）渗滤试验。测坑可以调控农田灌溉和排水，计量径流和渗滤水量。每试验测坑面积6m²，为原状无破坏土壤。试验于当年7月水稻生长初期进行，历时7d，农药用量684mg/坑，进入稻田水药量为施药量的88.24%。稻田水渗漏率为5mm/d，渗漏水量每天30L，7d共210L，7d内乐果的渗滤流失量为65.28mg，是施药量的9.54%。渗滤水乐果浓度均低于稻田水浓度，说明重壤土对乐果有一定吸附，渗滤水和稻田水乐果浓度比值为0.156～0.720，平均为0.475，可把此值称为乐果的土壤渗滤率。

农药的稻田渗滤流失主要与单位稻田面积一次农药用量、农药施用时期、农药在稻田水中的降解速度、稻田水日渗漏量和农药的土壤渗滤率有关。随着水稻的生长发育，其生物量和施药时稻株对农药的截留量也不断增加，继而减少进入稻田水的农药量。根据试验结果估算，直播单季稻播种至分蘖初期进入稻田水的农药量为用药量的80%以上，分蘖中期为60%～80%，后期为30%～60%，拔节孕穗期后<40%（农药用量300～900g/hm²，药液用量750～1500L/hm²）。稻田水中农药降解速度是决定渗滤时稻田水和渗漏水中农药浓度的重要因素之一。半衰期长，稻田水中农药浓度高的延续时间也长。农药用量、施药期农药降解速度不仅是农药渗滤流失的影响因素，也是影响农药稻田排水流失和降雨径流流失的重要因素。

农药的稻田渗滤流失取决于渗漏水中农药浓度和渗漏水量，渗漏水浓度又取决于稻田水农药浓度、农药的土壤剖面渗滤系数，而渗漏水量取决于土壤剖面性质。任何一种土壤类型，田间水分的渗透能力都取决于渗漏量最低的土层，一般为犁底层。在稻田土壤剖面的稻田水渗漏系数为 3.0～27mm/d。各地具体的农药的土壤剖面渗滤系数可经试验获得，一般水溶性农药高于脂溶性农药，沙质土高于壤质土和黏质土。

6.1.4.2　农药的稻田排水流失

稻田排水可分为降雨径流排水和稻田主动排水，后者又有苗期雨后排水、烤田排水、药后排水和收获前排水等。在一定条件下它们都能携带农药至稻田以外的水中。

为确定农药的降雨径流流失进行了乐果的人工降雨测坑试验，施药量 684mg/坑，稻田水中乐果起始浓度 1829μg/L，喷药后 3h 人工降雨 50mm，产生农田径流 30mm，体积 180L，5 次径流中乐果平均浓度 1144μg/L，乐果的流失量为 205.9mg，为施药量的 30.10%。无疑，如施药后当天下暴雨将发生农药的极端流失而严重污染水环境，这是生产中应该注意避免的。此外，在前述的农药渗滤测坑试验中，药后 2d 自然降雨 27.9mm，产生径流 7.5mm，体积 45L，径流混合样乐果浓度 693μg/L，乐果径流流失 31.18mg，为施药量的 4.56%。稻田使用农药的降雨径流流失取决于降雨离施药的时间、降雨量和田埂高度。前者影响径流的农药浓度，雨量影响径流量和径流与稻田水的农药稀释系数，高田埂可减少甚至可不产生农田径流。

水溶性农药的渗滤流失和主动排水流失具有必然性，渗滤流失很难避免，而且对于某种稻田渗滤流失量比较稳定，排水流失在很大程度上取决于农田操作人员的方式。水溶性农药的径流流失虽然有一定偶然性，与降雨过程有关，但在稻作期多雨地区这种流失概率较大。

6.1.4.3　与非水溶性农药稻田流失的比较

试验选择水溶性杀虫剂乐果和杀虫单，脂溶性农药选择氰戊菊酯和丁草胺。因丁草胺的水溶解度为 20mg/L，也可称之弱水溶性农药。四种农药的土水分配比为：氰戊菊酯＞丁草胺＞乐果＞杀虫单，其次序与水溶性强弱次序相反。在土壤水分配试验中，经振荡平衡后水中几乎测不到氰戊菊酯，只有水中起始浓度为 20mg/L 以上时振荡后才检测到微量的氰戊菊酯，但浓度不超过 40μg/L。

氰戊菊酯和丁草胺的农药淋洗试验在生态模拟箱中进行，土壤层 40cm，在 0～5cm 或 3～10cm 土层中分别加氰戊菊酯和丁草胺，人工降雨后测定各土层和淋洗渗漏水中的农药量。在 5cm 以下的土层和渗漏液中仅测到微量的氰戊菊酯。然而，丁草胺在各土壤层中均能检测到，但是随土层深度增加而减少，渗漏水中丁草胺浓度为 3.21μg/L，折合量 40.1μg，为施药量的 0.12%。乐果的淋洗试验在玻璃柱中进行，土壤柱 40cm，农药被 700mL 蒸馏水淋洗，淋洗率为 96%。三种农药的渗滤试验均在 50cm 长的玻璃柱中进行，土壤柱 35～40cm，在渗滤液中没有检测到氰戊菊酯，杀虫单的渗滤率近 100%，而乐果为 94%，显然高于测坑试验的渗滤率（47.5%）。氰戊菊酯在稻田水中的降解半衰期为 0.38 天，这是多次试验的平均值，乐果和杀虫单的降解半衰期明显长于氰戊菊酯，而丁草胺的降解半衰期处于两者之间。试验表明，在稻田水氰戊菊酯减少过程中土壤吸附起着重要作用。

氰戊菊酯在水溶性、淋洗率、渗滤率性质上要比乐果和杀虫单低得多，而被土壤吸附要比水溶性农药强得多，降解速度也比乐果和杀虫单快得多。丁草胺的这些性质正处于乐果和氰戊菊酯之间。无疑，氰戊菊酯和丁草胺的这些性质将影响它们的渗滤流失、降雨径流流失和稻田主动排水流失。首先，非渗水性稻因土壤的强烈吸附该类农药的渗滤流失可以忽略不计。其次试验结果还表明，对于氰戊菊酯降雨径流流失主要发生在施药后 1d 内，到药后第 2d 已小于 1%，即使在 1d 内流失也仅为乐果的 48% 和 23%。氰戊菊酯的主动排水流失也主要发生在施药后 1d 内，为乐果流失量的 23%，至第 2d 流失量已小于 2%，药后第 3d 排水，其流失量已可忽略不计。为保证除草效果，一般在除草剂使用后 4～5d 排水，因此丁草胺的排水流失也是较小的。上述比较说明，以氰戊菊酯为代表的脂溶性农药的稻田流失，包括渗滤、降雨径流和稻田排水流失要比水溶性农药低得多，因而对水环境的污染也轻。显然，预防稻田使用农药对水环境污染的重点应是避免使用水溶性农药。

6.1.5　农药非点源地下水污染概况

农药在农业生产上的广泛应用，解决了农作物产量问题，但同时农药及其代谢产物已成为非点源水质污染问题的最主要原因。美国的非点源污染量占污染总量的 2/3，其中农业的贡献率为 75% 左右。农药在田间使用后，会进入地表水、地下水、土壤、植物和空气等不同环境区域中。据统计我国每年使用的农药量中约有 80% 的农药直接进入环境中。因此，为趋利避害，发挥农药应有的作用，除采用科学、正确的施药方法外，还必须把防止和治理环境污染考虑在内。因此研究农药自身的特性，及其在地下水-土壤系统中的迁移转化的规律，并用数学模型直观地、定量地模拟出来就显得尤为重要，它是为预测及评价农药对地下水的危害程度提供科学依据的一个重要途径。

早在 1962 年，Bonde 等在美国的科罗拉多州就已发现井水中有农药的残留，之后农药在地下水中的残留也不断有报道，但均未引起重视，早在 1982 年，Zakl 等人报道，在美国加州发现了二溴氯丙烷和涕灭威农药的残留，并确认因涕灭威的地下水污染导致人体中毒事故以后，农药的地下水污染才日益受到各国政府、科研团体以及大众的普遍重视，目前欧美国家广泛进行了农药对地下水的污染现状调查，已发现 60 多种农药在地下水中有不同程度的检出。

从 1979 年起美国环境保护署就对地下水中的农药残留量进行了检测，有 74 种以上的农药在地下水中被检测到，而其中 46 种是由农业使用引起的，另有 32 种是由农药厂点污染源和其他原因引起的。大部分样品中的农药浓度没有超过美国推荐的残留量容许标准，但有 17 种农药的部分样品超标，且分布在 17 个州中，超标农药中有甲草胺、西玛津、莠去津、涕灭威、异丙甲草胺和嗪草酮等。农药对地下水的污染问题几乎遍及美国联邦的各个州，美国环保署开展地下水的研究工作，包括制定农药地下水水质标准与污染治理等。美国环保署还要求农药在登记时必须提供有关农药地下水污染的可能性的资料。

我国农药地下水污染的研究表明，农药在土壤中的移动受到众多因素的影响与制约，概括起来包括 3 个方面：农药本身基本理化特性、环境条件和农业生产因素。在土层中，农药的淋溶深度以及是否对地下水造成污染是所有这些因素共同影响的结果。研究表明，农药的用量、水溶性、施药地区的降水量或灌溉水量、施药地区土壤质地以及施药地区的地下水埋深，对农药在土层中的移动和对地下水污染的影响最大。不同的农药，施用量不同；同种农药，对不同的作物或不同的害虫防治对象，其用量也不尽相同。通常，农药的施用量越大，土层中可供淋溶的农药量也越大，农药在土层中的淋溶深度也越大，对地下水污染的可能性也就越大。同样，农药在土层中越难降解，污染的可能性也越大，因此，在施用农药时，应尽量选择用量小、易降解的类型。

6.1.5.1　农药污染地下水和地表水的途径

农药从生产、包装、运输到使用，这些环节中都会对水环境造成污染。农药类化学物质进入水生态环境（地下水-土壤系统、地表水）的主要途径有：一是在防治病虫草害的过程中直接撒入土壤中；二是播种了浸过或拌过农药的种子，使农药随种子进入土壤；三是采用飞机喷射等喷射方法，使大量的农药从叶面落入土壤；四是喷于植物叶面或飘浮于空气中的农药经过雨水冲刷进入土壤。随着降雨下渗过程及地下径流，农药类化学物质很容易进入地下水系统；随着地表径流，农药则很容易进入地表水体。

6.1.5.2　农药污染地下水的数学模型及模拟研究

如何有效地控制农药在土壤中迁移、转化、归宿，准确地预测预报各控制点的浓度，仅仅利用实验方法已经不再满足目前经济发展的需要。因此，建立可靠的数学模型，并借助计算机进行数值模拟其浓度的扩散及其蔓延趋势是目前迫切需要解决的任务。目前，描述污染物运移的数学模型主要有确定性模型、随机模型和黑箱模型等，其中应用较为普遍的是确定性模型。

农药在地下水-土壤系统中的迁移转化的确定性模型最初在 20 世纪 60 年代由多孔介质流体动力学、土壤水动力学和弥散理论发展而来，其基本形式为对流-弥散方程（也称 CDE 方程）（一维稳定流情况下）：

$$\frac{\partial(\theta C)}{\partial t} = \frac{\partial}{\partial z}\left(\theta D \frac{\partial C}{\partial z}\right) - \frac{\partial(QC)}{\partial z} \tag{6-1}$$

式中　C——溶质浓度，mg/cm^3；

　　　　θ——体积含水量，cm^3/cm^3；

　　　　D——水动力弥散系数，cm^2/d；

　　　　Q——水流通量，cm/d；

　　　　t, z——时间和空间坐标。

　　研究人员发现上述模型对实验室人工填土可以适用，但运用到田间预测则受到限制。这是因为上述模型没有考虑土壤性质的空间变异性。事实上，田间土壤具有一定结构性，其孔隙状况十分复杂，既有大孔、小孔，又有微孔和死孔，水在死孔和微孔中几乎是不流动的。Van Genuchten 和 Wierenga 由此发展了两区模型和优先流概念，并得到了可动-不可动区溶质运移的一维对流-弥散方程，根据土壤水的流动状况将孔隙划分为可移动区和不可移动区，在可移动区农药以优先流（对流）和弥散形式传质，而在不可移动区农药只能通过扩散形式与可移动区发生交换，且扩散速率取决于两区的浓度差。其方程如下：

$$\theta_{im} \frac{\partial C_{im}}{\partial t} = a(C_m - C_{im})\theta_m \frac{\partial C_m}{\partial t} + \theta_{im} \frac{\partial C_{im}}{\partial t} = \theta_m D \frac{\partial^2 C_m}{\partial z^2} - v_m \theta_m \frac{\partial C_m}{\partial z} \tag{6-2}$$

式中　θ_m, θ_{im}——土壤中可移动和不可移动区的含水量；

　　　　C_m, C_{im}——可移动和不可移动区的溶质浓度；

　　　　v_m——可移动区的平均孔隙水流速，cm/d；

　　　　a——质量迁移系数，$1/d$。

　　Van Genuchten 以杀虫剂为研究对象，在两区模型的基础上进一步建立"两区多点"模型，该模型中考虑到土壤颗粒表面不同点位对农药的吸附、降解等物理化学特征不尽相同，从而可将多种吸附模式应用于同一土壤体系，使模型描述更符合田间实际。此后，James 又通过现场对莠去津降解产物羟基莠去津的迁移模拟试验，证实了多点模型更优于两区模型。

　　只要确定了基本方程和定解条件后，理论上就可得到确定的结果。然而，在求解确定性模型的偏微分方程过程中，常常出现数值振荡和数值弥散现象。因此，如何能够精确预测农药在包气带的时空运移规律是研究的重点。

　　由于农药质点在地下水-土壤系统介质中迁移的复杂性，经常难以采用精确的数学描述，而运用基于数理统计概率论的随机模型则可描述这种无序运动。这类模型在近年来有较大发展，特别是大尺度随机模型在有关农药等污染物迁移至地下水区域的研究已越来越广泛。但是对于农药在上包气带的迁移转化，由于涉及的参数和变量比较复杂，随机模型的实际应用还受到限制。

黑箱模型是将物理学中一些线性问题应用于地下水-土壤系统污染等流动系统中，该模型将区域内地下水-土壤系统看作一个黑箱，里面的结构可以不知道，只注重农药输入和输出的响应关系。

农药类化学物质在地下水-土壤系统中的迁移转化规律的数学模型不仅包括污染质的浓度场传输模型、土壤水分运动模型，还包括污染物在固相介质中的吸附模型。对农药吸附/解吸过程主要采用平衡吸附和非平衡吸附两种基本模式进行描述，有时还需考虑变温条件下动力学吸附这一更复杂的情况。

Freundlich 吸附等温线是描述土壤对农药平衡吸附的主要形式，偶尔也会出现 Langmuir 吸附。国内外这方面报道较多，Gamerdinger 应用线性 Freundlich 方程描述了土壤对莠去津、西玛津等的吸附，杨大文等则采用非线性 Freundlich 方程描述了灭幼脲Ⅲ的吸附特性。最简单的非平衡吸附过程为一级动力学，但 Sparks 通过归纳土壤对 2,4,5-T、2,4-D 等多种农药的吸附过程，得出它们初级阶段符合一级动力学过程，而后因农药进入土壤微孔的扩散控制而使吸附速度变慢，用抛物线方程描述则可得到很好的结果。

Ritter 等认为，具有如下性质的农药可能污染地下水：农药水溶性超过 30mg/L；水中农药的土壤吸附系数 $K_d<5$ 或一般为 $1\sim2$ 者；K_{OC} 系数小于 $300\sim500$ 者，即土壤吸附系数 K_d 除以土壤有机质含量之值$<300\sim500$ 者；农药带负电荷；农药水解半衰期>25 周；农药光解和土壤中降解半衰期分别小于 1 周和 $2\sim3$ 周者。按此标准，不少农药在一定的土壤、气候和栽培条件下可能污染地下水。

6.2　农药对大气的污染

在喷雾和喷粉使用农药时，部分农药弥散于大气中，并随气流和沿风向迁移至非施药区，部分随尘埃和降水进入水环境。有人曾计算过，20 世纪 60 年代欧洲北海每年从大气中沉降的滴滴涕达 300t 之多。一般来说，在非航空施药时，其飘移量和影响范围较小，不会导致农药对水体的严重污染。

大气环境中的农药污染物质的迁移转化比水体环境和土壤环境要简单一些，进入大气环境的农药主要来源于施用农药时的散溢（一般存在于植物体表面），土壤环境和水体环境中的农药的挥发，以及农药生产过程中的含农药废气的直接排放。通过不同途径进入大气环境的农药物质以气溶胶的形式悬浮于空气中，或者被大气中的飘尘所吸附，它们随着大气的运动而扩散，从而使污染范围不断扩大。

一些农药能在大气中进行远距离扩散而不降解，有的甚至能进入大气对流层，扩散的距离更大。曾在 20 世纪 70 年代就已经在南极的积雪中检测到了滴滴涕和六六六的存在，毫无疑问这是通过大气扩散到南极的，因为自那以前，南极没有使用过农药的可能。

在英国的国土面积上每年随雨水沉降至地面或水体的农药量达 40t 之多。可见全球范围内每年随雨水沉降的量是何等的惊人。在农药使用地区及附近的区域的降水中，可检测的农药浓度达 73～210μg/L。

根据离农药污染点距离的不同，空气中农药的分布可分为三个带。第一带是导致农药进入空气的药源带，可分为农田或林地喷药药源带及农药生产和农药加工药源带。在这一带的空气中农药的浓度最高。之后，由于空气流动，使空气中农药逐渐发生扩散和稀释，并迁离使用带。此外，由于蒸发和挥发作用，被处理目标上的和土壤中的农药向空气中扩散。由于这些作用，在与农药施用区相邻的地区形成了第二个空气污染带。在此带中，因扩散作用和空气湍流，农药浓度一般低于第一带。但是，在一定气象条件下，气团不能完全混合时，局部地区空气中农药浓度亦可偏高。第三带是大气中农药迁移最宽和农药浓度最低的地带。因气象条件和施药方式的不同，此带距离可扩展到离药源数百千米，甚至上千千米的距离。

当飞机喷药时，空气中农药起始浓度相当高，影响的范围也大，即第二带的距离较宽，以后空气中农药浓度不断下降，直至未检出。例如，用杀螟松飞机喷施柞树林，农药用量 0.6kg/hm²，药后 3d 空气中检测到 26～33μg/m³ 的浓度，而 5d 后已为未检出；用敌百虫飞机处理森林，用量 0.8 kg/hm²，空气中敌百虫最高量达 750μg/m³，至 16d 后已为未检出。当用飞机喷药时，在离施药一千米和几千米处都能在空气中检测到几十微克/米³（μg/m³）级的农药量，沉降到地面的农药量也可高达每平方米几百微克。

用大型机动喷雾器喷施农药时，在施药带上空空气中农药浓度要比飞机喷施的高得多，但第二带的距离较近，最远为一千米左右。例如，当用拖拉机喷雾器喷施毒杀芬，用量 2kg/hm²，处理带空气农药浓度高达 20mg/m³，2d 后 11mg/m³，4d 后 0.8mg/m³，10d 后 0.02mg/m³。当用飞机喷施用量相同的毒杀芬时，药后 1d 为 0.7～1.5mg/m³，2d 后为 0.15～0.25mg/m³，仅是地面机械喷药的几十分之一。当用拖拉机给蔬菜作物喷施马拉硫磷和甲基对硫磷时，药剂在空气中的迁移距离达 700～1000m，在药后 6～7d 内空气中都检测到这两种农药。当用拖拉机给葡萄园喷雾乐果、伏杀硫磷和甲萘威时，乐果和伏杀硫磷农药在空气中扩散带距离为 250～500m，而甲萘威为 500～1000m。

使用小型机动喷雾器和手动喷雾器引起的大气农药污染比航空喷药和大型喷雾器小。有学者曾在两次氰戊菊酯的稻田试验中于不同位置用有机溶剂收集农药沉降量，测定结果表明在离施药区 15m 处的农药沉降量与施药区相比是很少的，只有 0.079% 和 0.030%。

农药大气污染程度还与农药品种、农药剂型和气象条件等因素有关。易挥发性农药、气雾剂和粉剂污染相对严重，长残留农药在大气中的持续时间长。在其他条件相同时，风速起着很大作用，高风速增加农药扩散带的距离和进入其中的农药量。

6.3　农药对土壤的污染

农药进入土壤的途径主要有三种。第一种是农药直接进入土壤。包括土壤施用的一些除草剂、防治地下害虫的杀虫剂和拌种剂，后者为防治线虫和苗期病害与种子一起施入土壤，按此途径这些农药基本上全部进入土壤。第二种为防治病虫草害喷洒于农田的各类农药，它们的直接目标是病害、虫害和草害等，但有相当部分农药落于土壤表面，或落于稻田水面而间接进入土壤。按此途径进入土壤的农药百分比与农药施用期、作物生物量或叶面积系数、农药剂型、喷药方法和风速等因素有关，其中与农作物的农药截留量尤为密切。一般情况下，进入土壤的农药百分比在作物生长前期大于生长中后期；农作物叶面积系数小的大于叶面积系数大的；颗粒剂大于粉剂；农药雾滴大的大于雾滴小的；静风大于有风。第三种是随大气沉降、灌溉水和动植物残体而进入土壤，除大气沉降起一定作用外，对于短残留农药因灌溉水和动植物残体而进入土壤的农药量是微不足道的。

6.3.1　农药在土壤中的移动性

大多数情况下农药的使用对象是农作物，因此，农药进入土壤的机会很大。农药进入土壤，首先遇到土壤颗粒，土壤颗粒的胶粒及其有机质对农药分子具有较强的吸附力，使农药成分在土壤颗粒表面的土壤溶液界面上的浓度较高，这种吸附力使得农药在土壤中的移动性减弱，同样也使其生物活性受到影响。农药进入土壤环境中，与土壤微生物的相互作用，使其发生降解。这便是农药环境行为的一个特殊过程，农药物质在这个过程中发生了质的变化，被矿化为 CO_2 和 H_2O，以及有关的物质，如氯等。农药在土壤中移动的各种影响因素见表 6-7。

表 6-7　农药在土壤中移动的各种影响因素

农药基本理化特性		水溶解度、土壤吸附系数、蒸气压、挥发速率、水解速率、光解速率、土壤降解速率、生物降解速率等
环境条件	土壤因素	质地、有机碳含量、结构、孔隙度、pH、砂、黏粒含量、土温、田间持水量、饱和持水量、微生物种类和数量、渗透性能、水力学传导率等
	非土壤因素	降水量、蒸发量、气温、地形、地下水埋深、地下水开采量与补给量、水文地质等
农业生产因素		农药使用次数、施用方法、农药剂型、施用日期、施用量、施药历史、灌溉情况、农田耕作等

进入土壤环境中的农药物质，会经历挥发、淋溶、吸收、降解等过程，其中包括物理过程、化学过程、物理化学过程和生物学过程。这些过程决定了农药在土壤中的移动性，而移动性又决定了农药在土壤剖面中的分布、污染地下水的可能性以及被植物吸收的难易程度。水溶性的农药很容易沿着土壤剖面下渗，对地下水造成

污染，而脂溶性的农药则容易被土壤颗粒和有机质吸附，不容易沿土壤剖面移动，主要分布在施药层或者土壤有机质含量较高的表层。或者说土壤颗粒的吸附力越强，农药在土壤中的移动越难。

土壤对农药的吸附可分为物理吸附、静电吸附、氢键吸附和配位吸附等多种结合形式。吸附作用的大小通常用吸附系数 K_d 表示（式 6-3），或者用土壤有机碳水分配比（或称吸附常数）K_{OC} 表示，吸附系数是指在一定水土比的平衡体系中，土壤吸附农药量与水中农药浓度的比值（式 6-4）。

$$K_d = C_s C_e^{-\frac{1}{n}} \tag{6-3}$$

式中，C_s 为农药吸附在土壤中的量，mg/kg；C_e 为农药在土壤溶液中的浓度，mg/L；n 为常数。

$$K_{OC} = \frac{K_d}{\text{土壤有机碳含量(\%)}} \times 100 \tag{6-4}$$

对于不同的土壤环境、土壤颗粒组成及土壤有机质含量的差异，不同土壤对农药的 K_d 值差异很大，用 K_d 描述土壤对农药的吸附性能有时缺乏可比性。分析土壤的一些重要性质，如 pH 值、颗粒组成、有机质含量等，发现对农药吸附性能影响最大的是土壤有机质含量，并以有机碳含量代替有机质含量，则用吸附常数来表示。这个吸附常数（K_{OC}）描述了单位有机质对农药的吸附能力。土壤环境包括土壤颗粒、土壤水分、土壤有机质及土壤生物等形成一个混合体系。农药在这个混合体系中，溶解于水中的农药分子能被有机质吸附，也可回溶到水相中。这种吸附与解吸附的过程，会在某种条件下达到平衡，使其达到平衡的条件就是控制土壤环境中土壤水分或土壤中农药分配比例的条件。在土壤环境中，当农药浓度或总量达不到平衡状态的总量时，主要表现为解吸附作用。实际上，即使在低浓度下，吸附与解吸附也是趋于平衡的。

农药在土壤环境中的移动性除了用上述方法描述外，还可以用迁移率来表示。迁移率可以针对每一种农药进行标准土壤样品测试，也可以就某种农药在某种土壤中的迁移率进行测定，即用传统有机化学的分析方法——薄层分析法测定。把某种土壤的均匀泥浆，涂布于玻璃板上，晾干后，于玻璃板的下端点上某种农药（该点作为原点），然后将玻璃板上的农药用蒸馏水展开（在展开缸内进行），农药便会在这薄层土壤中随蒸馏水移动。然后，测定蒸馏水移动的距离和薄层土壤中农药浓度最高的中心位置的距离，这时即可计算出农药的迁移率（R_f）（式 6-5）。

$$R_f = \frac{\text{原点至农药最高值的中心距离}}{\text{原点至蒸馏水前沿的距离}} \tag{6-5}$$

根据 R_f 的定义，可以推想，R_f 最大值为 1，即农药完全随着蒸馏水的移动而移动，蒸馏水达到的最前沿位置就是农药的最高浓度所在，说明农药具有很好的水溶性和移运性。R_f 的另一极端情况是 $R_f = 0$，即农药分子根本不随蒸馏水的移动而运动，在农药样品的原点位置完全不动。实际测定的 R_f 在 0～1 之间，并将 0～1 分为几个不同的等级。当然，对 R_f 的分级有不同的标准，一般可分为 5 级，即不移动（$0.00 \leqslant R_f < 0.10$），不易移动（$0.10 \leqslant R_f < 0.35$），中等移动（$0.35 \leqslant R_f < 0.65$），易移动（$0.65 \leqslant R_f < 0.89$）和极易移动（$0.89 \leqslant R_f < 1.00$）。

农药在土壤中的残留受 R_f 值大小的影响，一般高残留的农药都是 R_f 值较小的农药品种。在土壤中残留的农药都在土壤 0～15cm 的耕作层中，或者在 0～30cm 的表层土壤中。30cm 以下的土层中的残留农药量较少，100cm 以下则更少。残留农药实际上也是就某一时间点而言，在土壤环境系统中，残留农药同时还会发生吸附、解吸附、降解、淋溶和挥发等过程，在不同的时间，土壤中残留的农药量应该是不同的。但是对于一些高残留类的农药，滞留在土壤中的比例很高，且降解速率十分缓慢。农药从进入土壤环境系统开始，由于各种物理、化学和生物过程的发生，农药从土壤中消失，定义农田中农药消失一半所需的时间为农药田间残留半衰期。农药的田间残留半衰期是描述农药在土壤中的稳定性的一个特征指标。既是评价农药药效的指标，也是评价农药的环境污染的重要指标。

6.3.2　农药在土层中的淋洗作用

四种拟除虫菊酯在土层中淋洗的详细试验结果表明，在淋洗土层 40cm、下层土为 20～40cm 的情况下，四种菊酯淋洗至下层土和渗滤液的量均很少，低于施药量的 0.5%，砂粉土中的淋洗量要比粉壤土多。

6.3.3　农药在土壤中的降解

农药进入土壤后经受一系列物理、物理化学、化学和生物化学反应而使其数量和毒性不断下降，农药在土壤中的持久性可用 $t_{1/2}$、$t_{0.95}$ 和最长检测期等一些参数来表示。各类农药在土壤中残留期长短的大致次序是：含重金属农药＞有机氯农药＞取代脲类、均三氮苯类和大部分磺酰脲类除草剂＞拟除虫菊酯农药＞氨基甲酸酯农药、有机磷农药。一些杂环类农药在土壤中的残留期也较短。在每类农药中土壤残留期也是不同的，在取代脲类和均三氮苯类除草剂中扑灭津、毒莠定＞西玛津、莠去津、灭草隆＞非草隆、敌百隆＞利谷隆＞扑草净；在苯氧乙酸类除草剂中 2,4,5-涕＞2 甲 4 氯＞2,4-滴；在有机磷农药中丰索磷＞二嗪磷＞久效磷。

了解除草剂在土壤中的残留性对防治农药污染、保证除草效果和避免对后茬作物危害具有重要意义。Ashton 按生物活性的持久性把除草剂分为四类，即生物活性持久性＜1 个月、1～3 个月、3～12 个月和＞12 个月。这一方面说明了农药除草效应的延续时间，另一方面也代表了除草剂在土壤中的可能残留时间。

表 6-8 中列出了一些除草剂在土壤中的降解半衰期，各类除草剂的 $t_{1/2}$ 与 Ashton

的分类基本一致。在均三氮苯类、取代脲类、磺酰脲类，甚至杂环类除草剂中都有一些残留期长的农药，如莠去津、西玛津、西草净、绿麦隆、非草隆、氯磺隆、燕麦畏、环草特、萘丙酰草胺和嗪草酮、异噁草松、氟乐灵等。

表6-8　一些除草剂在土壤中的降解半衰期　　　　　　　　　单位：d

农药	$t_{1/2}$	农药	$t_{1/2}$	农药	$t_{1/2}$
莠去津	78.9	燕麦威	48.9	2,4,5-涕	23.9
西玛津	73.8	环草特	40.0	2甲4氯钠盐	13.4
西草净	53.0	灭草猛	11.0	2,4-滴钠盐	12.3
嗪草酮	28.0	禾草丹	13.0	广灭灵	41.8
氰草净	14.0	萘丙酰草胺	70.0	三氯吡氧乙酸	30.0
绿麦隆	70.0	异丙甲草胺	34.3	杀草敏	11.4
非草隆	69.0	丁草胺	27.0	灭草松	10.0
伏草隆	23.1	甲草胺	18.5	三氟羧草醚	47.6
苄嘧磺隆	4～21周	丙草胺	12.0	除草醚	20.0
氯磺隆	36.9	敌稗	1.0（淹水）	茅草枯	17.6
甲磺隆	28.0	氟乐灵	45.1	草甘膦	10.2
噻吩磺隆	7.0	对苯酰草胺	31.36		
2甲·唑草酮	3.7	二甲戊乐灵	10.5		

在土壤中残留期长的除草剂具有两重性，一方面可保持较长时间的除草活性，另一方面高的残留活性可能危害对该除草剂敏感的后茬作物。发生后茬作物受除草剂污染情况的两个基本条件是除草剂较长的降解半衰期和对后茬作物高的敏感性。在我国一些除草剂使用中这两个条件是可能同时存在的，即发生这类污染的可能性是存在的。对氯磺隆高度敏感的作物有亚麻、甜菜、瓜类、向日葵、白菜和其他多种蔬菜。水稻也对其相当敏感。据单正军等试验报道氯磺隆土壤浓度为 0.17μg/kg 时已影响水稻产量，减产 6.32%；0.67μg/kg 时减产 15.19%；1.34μg/kg 时减产 25.32%。又据蔡立等研究，6 个用量水平的氯磺隆在江苏麦田中的降解半衰期为 36.8～44.3d，两试验地麦收时土壤中的氯磺隆浓度均超过 0.17μg/kg，并对水稻幼苗生长具有明显不利影响。又据荆国芳等田间小区试验，0.17μg/kg 的氯磺隆土壤浓度已造成水稻减产 4.67%和 9.63%（氯磺隆目前已禁止使用）。

除氯磺隆外，易发生后茬作物残留危害的除草剂还有氯嘧磺隆、甲磺隆（已禁用）、咪唑乙烟酸、异噁草松和莠去津等。例如，咪唑乙烟酸在土壤中的残留期较长，施用该药（75g/hm²）的农田在第二年一般不宜种植甜菜、油菜、茄子、草莓、水稻和高粱等。表 6-9 中列出了一些长残留除草剂使用后不宜种植的后茬作物，氯嘧磺隆和莠去津在土壤含水量低和 pH 值高的土壤中降解慢，而咪唑乙烟酸和异噁草松在酸性土壤中残留期比中性和微碱性土壤中长。当在这些地区使用这些除草剂时更需注意它们的负面作用。

表 6-9　长残留除草剂使用后不宜种植的后茬作物

除草剂	不宜种植的后茬作物
氯嘧磺隆	甜菜、油菜、水稻、马铃薯、瓜类、各类蔬菜、高粱
咪唑乙烟酸	甜菜、油菜、水稻、茄子、高粱、草莓、瓜类等
异噁草松	小麦、大麦、燕麦、谷子、苜蓿
莠去津	小麦、亚麻、谷子、甜菜、水稻、大豆、黄瓜、各类蔬菜

因气候、土壤和农业措施等条件的不同，农药在土壤中的降解速度具有区域性特点。例如，表 6-10 中列出了一些农药在上海地区旱田土壤中的降解半衰期。

表 6-10　一些农药在上海地区旱田土壤中的降解半衰期　　　　单位：d

农药	$t_{1/2}$		农药	$t_{1/2}$	
	幅度	平均		幅度	平均
丁草胺	11.8～22.2	17.3	氰戊菊酯	14.9～22.9	18.7
氟乐灵	27.8～35.6	32.5	二氯苯醚菊酯	13.8, 20.8	17.3
氯磺隆	23.6, 24.8	24.2	氯氰菊酯	13.1, 13.5	13.3
甲磺隆	15.5, 32.4	24.0	溴氰菊酯	16.6, 18.5	17.6

生成结合态农药是土壤中农药降解的特殊形式。结合态农药指的是那部分被常用的有机溶剂反复萃取而不能提取出来的农药。据 Khan 的资料，各种农药在土壤中的结合态部分可占总使用量的 7%～90%，而且其数量随着培养时间的增加而提高。农药的结合态残留水平，主要是有机磷类、拟除虫菊酯类和一些除草剂。在砂黏土中氯氰菊酯第 2 周的结合态量为 11.3%，而至第 16 周已提高至 36.0%；在砂壤土中氰戊菊酯的结合态量在培养第 2 周为 6.7%，而至第 12 周为施药量的 26.0%。经研究，结合态农药主要与土壤有机质相结合，其功能基团主要是—OH 和—COOH，物理吸附也起一定作用，与土壤有机质结合的占总结合态残留的 77.0%～93.0%，而在其他土壤组分中量很少。一些试验表明，土壤动物和植物吸收的结合态农药相当少，仅占总结合态量的 0.14%～5.1%，吸收的结合态农药大部分可转变为被有机溶剂可提取的形态，土壤中的结合态农药也可部分地矿化成 CO_2，但需要有较长的时间。生成结合态农药一方面增加了农药在土壤中的残留时间，另一方面又降低了农药的活性、土壤中的移动性和被植物的吸收性。Helling 等提出了用土壤薄层分析的方法来测定土壤中农药的移动性。在此薄层系统中土壤为吸附剂（固定相），水为展开剂（流动相），把一定量的土壤泥浆均匀涂于玻璃平板上，将玻璃板的土壤泥浆晾

干后，用来测定土壤中农药的转移性。在存有蒸馏水的展开缸内展开，干后分段刮下薄层土壤，分析测定其中的农药量，以确定农药最高值离原点的距离，并据此计算该农药的 R_f 值。根据 R_f 值可以判定农药在土壤中的移动性，Helling 等提出的分级标准是：R_f 值 0.00～0.09 为 1 级难移动农药；0.10～0.34 为 2 级不易移动农药；0.35～0.64 为 3 级中等移动农药；0.65～0.89 为 4 级易移动农药；0.90～1.00 为 5 级极易移动农药。分子型水溶性农药为极易移动农药。在表 6-11 和表 6-12 中列出了部分农药的 R_f 值和据此判断的移动性级别。

表 6-11 部分农药在土壤中的移动性

R_f值	移动性能	农药品种
0.00～0.09	不移动	草不隆，枯草隆，敌草索，林丹，甲拌磷，对硫磷，乙拌磷，敌草快，氯草灵，乙硫磷，代森锌，磺乐灵，灭螨猛，异狄氏剂，苯菌灵，狄氏剂，氯甲氧苯，百草枯，氟乐灵，七氯，氟草胺，艾氏剂，异艾氏剂，氯丹，毒杀芬，滴滴涕
0.10～0.34	不易移动	环草隆，地散磷，扑草净，去草净，敌稗，敌草隆，利谷隆，杀草敏，禾草特，扑草灭，氯硫酰草胺，敌草腈，灭草猛，克草猛，氯苯胺灵，保棉磷，二嗪磷
0.35～0.64	中等移动	毒草胺，非草隆，扑草通，抑草生，2,4,5-涕，特草定，苯胺灵，伏草隆，草完隆，草乃敌，治线磷，灭藻醌（草藻灵），灭草隆，莠去通，莠去津，西玛津，抑草津，甲草胺，莠灭净，扑灭津，草达津
0.65～0.89	易移动	毒莠定，伐草克，氯草定，2甲4氯，杀草强，2,4-滴，地乐酚，除草定
0.90～1.00	极易移动	三氯乙酸，茅草枯，草芽平，杀草畏，麦草畏，草灭平

表 6-12 部分农药的 R_f 值

农药	R_f	分级	农药	R_f	分级
2,4-滴	0.69	4	氯氰菊酯	<0.16	2
灭草隆	0.48	3	氰戊菊酯	<0.1	1
西玛津	0.45	3	二氯苯醚菊酯	<0.16	2
莠去津	0.47	3	单甲脒	0.68	4
敌草隆	0.24	2	克草胺	0.43	3
扑草净	0.25	2	嘧啶氧磷	0.28	2
百草枯	0.0	1	甲基异硫磷	0.23	2
滴滴涕	0.0	1	氯醚隆	0.01	1
溴氰菊酯	<0.16	2	氯苯胺灵	0.18	2

6.3.4 土壤农药对农作物的影响

土壤农药对作物的影响主要表现在两个方面，即土壤农药对农作物生长的影响和农作物从土壤中吸收农药而降低农产品质量。一般来说，在推荐用量时杀虫剂和杀菌剂不会影响当季作物和后茬作物的生长，而除草剂的影响在之前已经说明。

农作物如何从土壤中吸收农药，农产品中农药是否会因此而超标，这是农药环境毒理学的一个重要研究内容。农作物吸收土壤农药至少与四个因素，即农药种类、农药用量或土壤农药浓度、土壤性质和作物种类有关。

从农药种类看，水溶性的农药植物容易吸收，而脂溶性的，被土壤强烈吸附的农药植物不易吸收。如试验结果表明，水溶性农药乐果很易被莴苣、燕麦和萝卜等作物吸收，作物与土壤中农药浓度之比为 5.3～44.8，植物对乐果的吸收系数很高。一些脂溶性农药的植物吸收系数比较低。例如四种拟除虫菊酯和两种除草剂的试验，土壤农药起始浓度为 1.0～3.0mg/kg，农作物有青菜、菠菜和萝卜，土壤为砂粉土和粉壤土。经测定，农作物吸收土壤丁草胺的系数为 0～0.2；氟乐灵为 0.04～0.43；氰戊菊酯为 0～1.65；溴氰菊酯为 0～1.73；氯氰菊酯为 0～2.2；二氯苯醚菊酯为 0～0.50。这些数值均远低于乐果的吸收系数。植物从土壤中吸收农药与土壤中的农药量有关，一般是土壤浓度高吸收的药量也多，有时甚至呈线性关系。不同作物吸收农药的能力是有差异的。据很多学者的研究，胡萝卜吸收农药的能力相当强，可以作为植物吸收土壤农药的实验作物，而萝卜、烟草、莴苣、菠菜、青菜等都具有较强的吸收能力。蔬菜从土壤中吸收农药的一般顺序是根菜＞叶菜＞果菜，而蔬菜对土壤六六六的吸收量要大于滴滴涕。此外，农作物易从沙质土中吸收农药，而从黏土和有机质土中比较困难。

农药进入环境后，未转化或消失的就是环境中的残留农药，例如大气残留农药、土壤残留农药。但是，对农药残留最关心的是农作物中的残留和农产品中的残留。农药在农作物中的残留有两种不同的情况：一是作物防止病虫害的危害所必需，即农药不是直接适用在病虫害生物体上，而是施于作物表面，经作物吸收而运输进入作物体内，使为害作物的病虫害生物体受到作物体内残留毒性的影响而中毒死亡，或者停止取食为害等。二是农作物本身所不需要的残留。这种情况下农药应该直接作用于病虫害生物体，而不是通过作物间接地作用于病虫害生物体。这时，作物体内的残留农药是没有什么作用的，或者是有害的。农药在农产品中的残留绝大多数情况是无益的，根据有关规定，农药残留浓度超过一定规定值时，农产品将失去其使用价值。例如稻米，如果农药残留超过食品卫生标准的限值，就不能食用。当农作物本身就是农产品时，在作物中的残留就是在产品中的残留，如大白菜。

农作物中残留农药主要来自两个方面，一是直接施用于作物表面上的农药被作物吸收进入体内，或者从作物体表被动渗入作物体内。二是作物在生长代谢过程中，从环境土壤、环境水体或者环境空气中吸收的环境残留农药。不同的作物对不同农药的吸收能力不相同，一些以根为主要生长体的作物对土壤和水体环境中农药的吸收力较强，但是一些叶面积较大的作物对附着于作物表面的农药吸收较多，但这还与植物体表特性有关，例如作物体表层蜡质层厚度和角质化程度。而水溶性农药则要比脂溶性农药更容易被作物吸收。

农药被吸收进入作物体内后，会经过作物体的代谢、运输与分配在作物体内达到一种平衡分布。这时不同组织与器官部分的农药含量就是残留农药的量。农药在作物体内的降解主要是通过体内各种酶的催化，使农药分子转化为作物生理代谢过程的某些中间产物，然后参与生理过程的代谢。进入作物体内的农药是否成为作物体的残留农药，主要取决于作物对农药的降解代谢能力。降解代谢能力强的作物，体内残留累积的农药量就少，容易被代谢降解的农药在作物体内的残留就少。收获的农产品中，农药残留量的多少与作物对农药的降解速度、农药的使用量，以及最后一次使用农药的时间有关。对不同作物施用不同的农药，其使用剂量应该按照产品说明和有关规定进行，而最后一次使用农药至农产品收获的时间（即安全间隔期）也应该严格按照规定执行。

农作物的不同部位所含物质的成分差别很大，所以农作物体内的残留农药的分布也不是均匀的，例如，苹果的果皮中农药的残留量是果肉中农药残留量的几倍到几十倍，大量的农药都集中在果皮中，如苹果中脂溶性的残留约97%集中在果皮中，而果肉中只有大约 3%，这与果皮的亲脂性有关。比较大米和米糠，发现米糠中的农药残留量要比大米高很多。

农药在农作物或农产品中残留，当牲畜、家禽取食这些农产品或农作物时，在植物中的残留农药就会转移到畜禽的体内。通过取食而进入畜禽体内的残留农药经排泄、代谢等过程后，部分在体内残留。随着畜禽自身的生长发育，来自各种不同食料的残留农药在体内积累。一般而言，禽畜体内残留积累的农药比食料农产品或农作物中的农药含量要高，有时要高出很多，特别是禽畜的个别组织部位。禽畜对农作物中农药的积累和浓缩，以及人体对农药的超量积累都表明了农药经过食物链的传递出现越来越高的浓度，使农药得到了富集，或者被浓缩。当这种富集或浓缩发生在食物链上不同营养级生物之间时，又称为生物放大作用。当高营养级生物取食低营养级生物时，例如人食用禽畜产品，低营养级生物体内的农药进入到高营养级的生物体内，农药一级一级地向更高营养级生物传递，使得在生物体内的浓度随营养级的增高而逐步增大。这种生物放大的现象导致生物体内农药污染物质的浓度大大高于环境中相应污染物的浓度。

6.3.5 农药对土壤生物的影响

施用农药的目的在于防治病害、虫害、草害。如果施用的农药全部作用于目标，则污染会小些。但事实上施用的农药只有极少量直接作用于目标，大约有25%~50%的农药落在防治区域内。农药以多种途径进入土壤：对土壤进行的直接施入，对作物进行处理的间接带入，大气中的农药经雨水冲刷或尘埃降落进入土壤。农药一进入土壤就可能造成对土壤生物群落的影响。大型土壤动物蚯蚓、蜱螨类、弹尾类、线虫等对土壤的生态、土壤结构和肥力均有一定作用。Briggle 的实验研究证明了农药污染对土壤动物新陈代谢以及卵的数量和孵化能力均有影响。李忠武等也研究了土壤动物的种类和数量受农药污染的影响，不同的种类其耐污能力不同。

蚯蚓是土壤中最重要的无脊椎动物，它对保持土壤的良好结构和提高土壤肥力具有重要意义。除杀线虫剂外其他农药一般不会伤害土壤线虫，但是对土壤中的昆虫幼虫、螨类和其他小动物会有一定伤害。由于它们在土壤中的作用不大，较少受到人们的重视。

农药对土壤微生物的影响是人们关心的农药环境毒理学的问题，具体内容主要是土壤农药对微生物总数的影响，对硝化作用、氨化作用、呼吸作用、根际微生物和根瘤菌的影响。在农药推荐用量下，一些有机氯和有机磷农药对土壤中细菌、放线菌和真菌的总数，对微生物的呼吸作用影响都较小。有时虽然观察到对硝化作用、呼吸作用等有一定抑制作用，但经一段时间后又能恢复到原来的水平。对土壤微生物影响较大的是杀菌剂，它们不仅杀灭或抑制了病原微生物，同时也危害了一些有益微生物，如硝化细菌和氨化细菌。随着单位耕地面积农药用量的减少，除草剂和杀虫剂对土壤微生物的影响将进一步削弱，而杀菌剂对土壤微生物的负面作用将受到更多关注。

6.3.6 农药对土壤微生物的影响

土壤微生物是土壤生物群落中种类最多的一种，是土壤的重要组成部分，大部分的生物化学转化过程是由微生物的活动引起的，土壤微生物在土壤物质转化中具有多种重要作用，不仅对土壤的发生、发育、土壤肥力的形成和植物营养元素的迁移转化起着重要作用，而且也对土壤中有机污染物和农药的分解和净化、重金属和其他有毒元素的迁移转化起着不可忽视的作用。因此，施用于土壤中的农药对微生物有影响，会影响土壤的生化过程，最终影响土壤肥力和植物生长。

关于农药对土壤微生物的影响，现有文献的研究结果和结论有许多差异，甚至在应用同一化合物和同一实验技术时也有这种情况。例如有报道，某种特殊农药抑制了氮的硝化作用，而另一位研究者的实验结论却表明，同样浓度的这种化合物对氮的硝化作用没有影响。这是因为实验条件等各方面因素均会对研究结果造成影响。

除草剂和杀虫剂通常被施用在叶面上，至少刚开始不是均匀地分配到整个耕作层，而是在土壤表面浓度相对较高。有些地方农药浓度可以达到 100mg/kg 或者更多，假定均匀混合至 15cm 深度，当按推荐标准使用时，农药很少超过 2mg/kg 或 3mg/kg。因此土壤中农药的浓度从一点到另一点可能变化很大，这取决于农药的溶解度、土壤水分含量和吸附程度。研究者们应该通过实验室和田间的研究，有根据地选择除草剂和杀虫剂的使用量。目前的研究表明，如果过量使用的话，多数除草剂和杀虫剂确实能够消灭土壤微生物或抑制它们的活性。

土壤杀菌剂和熏蒸剂通常是以很高的浓度（相当于 30mg/kg 或 40mg/kg）作为抗微生物剂施用的，它们对土壤中的植物病原体，主要是对真菌和寄生线虫表现出不同的专一程度。然而它们的杀菌作用不仅仅局限于病原体，还会引起土壤微生物群落在数量上和质量上显著的变化，这种变化的恢复可能需要几个月甚至几年，在这个过程中，有益的微生物不幸被长期伤害。

当受到某些农药影响的时候，土壤微生物群落的各个部分都受到不同程度的影响，其受影响程度取决于土壤与农药的物理化学特性，微生物的生理、形态学和生态学特性等。研究表明，微生物的生理学、形态学和生态学特性很大程度上影响着它们对农药的敏感性。例如，真菌的孢子和硬膜一般比菌丝更具抗药性，细菌的内生孢子通常比植物类型更抗药，并且常常表现为随年龄增加抗性。真菌一般比细菌对土壤杀菌剂和熏蒸剂更敏感，放线菌一般比前两者更具耐性。而有些菌类，如硝化细菌和植物纤维素分解菌，对土壤熏蒸剂都比氨化细菌和反硝化细菌更敏感。无论是在土壤还是在根际，土壤微生物都表现出随其生态学生长习性不同而对特定的农药抗性或敏感性程度不同。一般而言，相对自由存在于土壤中的微生物，比那些与有机碎片或其他活的生物密切关联的微生物对于农药更敏感，有人把这种现象称为"有机体屏蔽"。Domsch 通过 25 种微生物对 71 种不同农药反应的 734 个试验结果分析发现：酸性磷酸酶的活性，以及有机质的降解和硝化作用对农药反应敏感，而反硝化作用、脲酶活性以及非共生固氮作用则不敏感，氨化作用、CO_2 的生成量、O_2 的吸收量以及脱氢酶活性介于上述两者之间。磷酸酶对有机磷杀虫剂，硝化作用对熏蒸剂和杀菌剂都有特殊的反应。

农药微生物降解作用的实质是酶促反应，微生物对农药的作用都是在酶的参与下完成的。植物根系及其残体、土壤动物及其遗骸和微生物均能分泌酶，催化土壤中复杂有机质的转化。酶系统是土壤中最活跃的部分。土壤微生物数量大、繁殖快，能向土壤提供数量可观的酶。

6.3.6.1 农药对土壤微生物群落和数量的影响

农药对土壤中的微生物种群和数量会造成一定影响，Ahmed 等发现，表土有机氯农药残留量为 4.7μg/L 和 10.6μg/L 时，造成土壤中异养细菌和真菌数量衰减，也使硝化细菌明显减少。但是不同农药对微生物群落和数量的影响不完全相同，同一种农药对不同类群数量的影响也不完全一致，没有一定的模式。如用 3μg/L 二嗪磷处理 180 天后细菌和真菌数量没有改变，但放线菌增加了 300 倍。用 4μg/L 莠去津处理，虽然细菌总数与对照相比没有明显差异；但固氮菌增加了一倍，反硝化菌和纤维素分解菌却分别减少了 80% 和 90%。不同的微生物种群对不同农药的耐药性是不同的，耐药性强的微生物增殖了，而敏感的微生物则被抑制了。如用五氯酚处理的土壤，耐受性的 6 种假单胞菌属细菌增殖了。当杀虫剂溴丙磷浓度为 10～300μg/kg 时，可显著增大细菌和脱氮菌总数，而需氧二氮固定菌和二氮固定作用却受到显著抑制。可见，农药的施用使土壤微生物群落趋于单一化了。这种趋势将改变土壤原有的平衡状态，破坏其原有的生物功能，影响物质循环和能量循环。

根际是受植物根系直接影响的土壤区域，由于脱落的根毛、表皮细胞或健壮根的渗出物产生的含碳物质和含氮物质的有效性，根际微生物比其他土壤中的微生物更丰富。农药能引起根际微生物群落的显著变化，这一作用可能是所施用农药的直接影响，或间接地通过改变渗出物的化学性质来实现的。例如，代森锌使豆科植物根际中的细菌数目减少。

在常规用药量下，灭多威能抑制绿色木霉、浅开蓝放线菌和蕈状芽孢杆菌等土壤微生物的生长，但对圆弧青霉、红色青霉、烟曲霉、塔里木曲霉、白色放线菌和金黄放线菌的影响不明显。低于常规浓度的灭多威对巨大芽孢杆菌的生长甚至有刺激作用，即使对灭多威最敏感的绿色木霉，抑制作用持续的时间也很短。以上结果表明，在常规用药剂量下，灭多威不会对土壤微生物群落产生明显的不利影响。

6.3.6.2 对土壤酶活性的影响

土壤酶是指土壤中具有催化能力的一些特殊蛋白质类化合物的总称。至今已知土壤中有 40 余种酶，包括脱氢酶、过氧化氢酶、磷酸酶、转化酶、多酚氧化酶、蛋白酶、脲酶、纤维素分解酶等。高等植物根也分泌少数酶，动植物残体也带入某些酶类。土壤酶还包括一些游离的酶，如活细胞产生的体外酶，细胞解体后释放出来的内酶，也有束缚在细胞上的酶。土壤中的酶同土壤中的微生物一起推动着物质转化，在碳、氮、硫、磷等各元素的生物循环中都有土壤酶的作用。因此，土壤中酶的活性可以作为判断土壤生化过程的强度及评价土壤肥力的指标。Tu 等测试了 10 种除草剂对土壤淀粉酶、转化酶、脱氢酶、脲酶和磷酸酶活性的影响，结果表明，这些除草剂没有明显降低土壤微生物酶的活性。

Tu 的研究表明，沙质土壤中施用敌菌丹和百菌清均抑制转化酶及淀粉酶达一天时间，两天后抑制消失；敌菌丹使脱氢酶活性下降达 4d 之久，7d 后才回升至对照水平，但未发现对脲酶及磷酸酶有抑制作用。Madha Vi 等研究了 15 种常用农药对 3 种根瘤菌的根瘤形成、固氮酶活性和共生质粒的影响，结果表明，杀真菌剂和除草剂的不利影响比杀虫剂大，它们均不同程度地抑制根瘤形成，降低固氮酶活性并伴随共生质粒消失。和文祥等的研究表明，杀虫双对不同生态区土壤脲酶活性具有明显的抑制作用。在土壤中施用六六六后，降低了自然土壤中过氧化氢酶的活性。

刘惠君等研究了均三氮苯类除草剂扑灭通和氰草津各 $0\mu g/g$、$1\mu g/g$、$10\mu g/g$、$100\mu g/g$ 和扑灭通+氰草津（$50\mu g/g + 50\mu g/g$）对土壤过氧化氢酶活性和多酚氧化酶活性的影响，结果表明，扑灭通和氰草津施用后对过氧化氢酶活性和多酚氧化酶活性均有一定的激活作用，氰草津对过氧化氢酶和多酚氧化酶的激活作用比扑灭通的激活作用更强。两者混施没有产生明显的协同作用。

6.3.7　农药对土壤生化过程的影响

农药进入土壤后，对土壤中的一些生化过程产生影响，主要是对有机残体降解、土壤呼吸作用、土壤氨化作用、土壤硝化作用、土壤固氮作用的影响。

6.3.7.1　对土壤中有机残体降解的影响

有机残体的降解作用是自然界的一个简单现象，但从生态学角度来看，它是许多微生物综合功能中的一个重要指标。土壤有机残体的矿化作用是指土壤中动植物和微生物的残体以及土壤腐殖质等高分子化合物分解成简单无机物的过程。其中起主要作用的是土壤微生物，如细菌、真菌和放线菌所释放的胞外酶。植物纤维素的分解作用是土壤有机残体矿化的一个重要方面，其分解强度取决于土壤中纤维素分解菌群的活性，这些分解纤维素的微生物对纤维素的分解作用被视为自然界碳素循环的基础。Malone 发现，每公顷施用 7kg 的茅草枯能使表层 5cm 土壤中纤维素分解作用增强。Grossbard 和 Marsh 发现，土壤中含利谷隆有效成分为 500μg/g 时抑制了经粉碎的棉花纤维和布条的分解，但浓度控制在田间常规用量（如<50μg/g）时则没有影响。Sahid 以棉花作为纤维素基质，研究两种乙酰苯胺除草剂甲草胺和甲氧毒草定对分解纤维素的细菌和真菌种群及其酶活性的影响，发现这两种乙酰苯胺除草剂均抑制纤维素的分解，使纤维素酶活性降低，并减少土壤中分解纤维素的细菌和真菌种群的数量。但这些影响似乎是暂时的，随着土壤中除草剂残留活性的减少，纤维素分解菌的种群和数量逐渐恢复。

6.3.7.2　对土壤呼吸作用的影响

土壤呼吸作用可以代表土壤有机质分解的强度和土壤生物的呼吸，即代表了土壤微生物的总活性，常用 CO_2 的释放量作为其强度指标。相对于土壤的其他生化指标，如硝化作用而言，这是一个敏感性较少和专门性较低的活性指标，试验时需要用比研究硝化作用较高的浓度，但它能反映施用某种农药后对土壤微生物活性的影响程度，当它与其他反应参数结合分析时，常可得出一些相关的结论。

非选择性根除型农药，即具有广谱性杀死和抑制能力的杀真菌剂和熏蒸剂，对土壤微生物群落的影响最大，其影响程度随农药浓度和暴露时间的增加而增加，从而表现出对土壤呼吸作用的较大影响。

Chandra 和 Bollencl 曾报道过杀真菌剂代森钠和棉隆分别以 100μg/g 和 150μg/g 用于土壤，可暂时抑制呼吸作用（CO_2 放出）28d。然而在 56d 后，处理过的土壤比对照土释放出更多的 CO_2。分析增加土壤呼吸作用活度的原因有：杀菌剂杀死的微生物量越大，可供还活着的异养植物利用的死亡微生物组织越多，呼吸释放出的 CO_2 量也越大；农药作为碳源或能源被微生物利用。从杀菌剂敌克松 1~4μg/g 处理的结果看，氧的吸收量降低大约需要 60 天才能恢复正常。

多噻烷施入土壤可刺激土壤呼吸而致 CO_2 产量增加。50mg/kg、250mg/kg、750mg/kg 处理组分别在多噻烷施入土壤后的第 2d、3d、4d，CO_2 产量达到最高，分别为对照组的 1.3、1.7 和 3.2 倍（P 均小于 0.05），即土壤中多噻烷浓度越高，刺激 CO_2 产生量也越大。个别浓度处理组分别在施入多噻烷农药后的第 3d、8d、16d，各组 CO_2 产量恢复至与对照组无显著性差异的水平。

徐建民等通过实验室培养研究了 3 种磺酰脲类除草剂（氯磺隆、甲磺隆、苄嘧磺隆）对上述生物学指标的动态影响。研究结果表明，用量为 1mg/kg 的 3 种磺酰脲类除草剂均明显降低了微生物量和氮的矿化量，尤其是施用后最初 10d 降低幅度比较显著，此后随着时间的延长，除草剂的抑制效应逐步减小。氯磺隆对这些土壤生物学指标的影响明显大于甲磺隆和苄嘧磺隆。

6.3.7.3　对土壤氨化作用的影响

土壤中的含氮有机物主要有蛋白质、多肽、氨基酸、尿素、核酸中的嘌呤碱基、核酸中的嘧啶碱基等，植物无法直接利用这些含氮有机物中的氮素，必须经过微生物分解后，才能被植物吸收。含氮有机物被微生物分解产生氨的生化过程叫作氨化作用，也是生物界氮素循环的重要环节。

相关的研究结果表明，除草剂和杀虫剂对氨化作用的影响甚微，而杀真菌剂和熏蒸剂却常可导致土壤中氨态氮的增加。如 Anderson 等发现，碘苯腈、茅草枯、2 甲 4 氯、毒莠定和杀草强等，即使施用田间常规用量的 10～100 倍，对土壤氨化作用影响也不大。有关学者研究了五氯酚钠、百草枯、氟乐灵、丁草胺和禾草敌五种除草剂对太湖地区水稻土和东北地区黑土中氨化作用的影响，结果表明，在投加除草剂的处理中，无论是水稻土还是黑土，在培养初期，土壤氨化作用强度均随除草剂用量的增加而增强。但培养至 28d 时，除用五氯酚钠、氟乐灵、禾草敌处理的黑土仍保持上述规律外，其他各处理对土壤氨化作用的影响已基本消失。杀真菌剂和熏蒸剂常常起土壤局部灭菌的作用，不仅消灭了病原微生物，也消灭了那些有氨化作用和硝化作用的微生物。随着药剂的处理，真菌种群数量立即急剧降低，细菌和放线菌数量趋于减少。由于死亡微生物组织作为碳源、能源和氮源得到利用，异养细菌数量增加，从而超过未处理土壤。经过几周、几个月乃至几年，与原来种群不同的一些新的适应性种群重新建立起一种微生物学平衡。

研究表明，杀菌剂对土壤中 NH_4^+ 的浓度有明显影响。Waingwright 等发现，经克菌丹、福美双和有机汞杀菌剂处理后，土壤中 NH_4^+ 浓度增加，田间施用也得出类似结果。通常异养细菌、放线菌和抗腐生真菌的氨化活度受影响较少，在处理后有时甚至增加，因而，NH_3 或 NH_4^+ 在杀真菌剂和熏蒸剂处理后能积累，其积累程度随土壤 pH 变化而变化。土壤经熏蒸消毒后氨态氮的增加最显著。单独用氯化苦处理或与甲基溴合并处理的土壤，75d 后每克土壤仍保留所释放出的氨态氮 20～30μg。

6.3.7.4　对土壤硝化作用的影响

对大多数植物来说，氨态氮（NH_4^+）比硝态氮（NO_3^-）更容易被吸收，或以NH_4^+被土壤中的微生物转化为NO_3^-，该过程称之为硝化作用。硝化作用是自然界氮素循环的重要环节之一。在农业上，可利用硝化作用提高氮素的有效性，从而促进作物对氮素的同化；也可通过抑制硝化作用，以减少反硝化作用引起的氮素损失。

自然界的硝化作用都是硝化细菌活动的结果。硝化细菌有两类：一类是将氨氧化为亚硝酸，如亚硝酸单胞菌；另一类是将亚硝酸氧化为硝酸，如硝酸杆菌。这两种菌都具有很强的专一性和好气条件性。这个过程在酸性条件下分为两步，第一步是把氨或铵盐转化为亚硝酸盐；第二步是把亚硝酸盐转变为硝酸盐。

硝化作用这个指标对于大多数农药都较敏感。一般农药施用前期对其影响较大，而后期逐渐消失。有报道敌稗在$50\mu g/g$时会完全抑制硝化作用。于黎莎等的研究结果表明，甲霜灵对土壤硝化作用有一定的抑制效应，在试验条件下，每千克土壤中施用25mg甲霜灵时，在用药后4～8周内都表现出对硝化作用的抑制效应。

王芝山研究多噻烷对硝化作用影响时发现，在多噻烷施用后早期，土壤硝化作用受到抑制。在经过一段时间后，土壤中多噻烷浓度在异养微生物作用下逐步降低，硝化菌也逐渐适应该农药的环境，所以土壤硝化作用得以恢复。

6.3.7.5　对土壤固氮作用的影响

自然界分子态氮在生物体内还原为氨的过程，称为生物固氮作用。根据固氮微生物与高等植物的关系，分为自生固氮微生物和共生固氮微生物。自生种类多、分布广，但固氮少，固氮效率低。共生种类的固氮效率高、固氮数量多，在农业生产和自然界氮平衡上，都发挥着重要的作用。

当农药进入到环境中，会对固氮作用有所影响。张倩茹等的研究表明，乙草胺-铜复合污染比其单一污染更能降低固氮菌活性，更能促进土壤呼吸强度的增加。施用植物生长调节剂DTA-6，提高了花生的结瘤性和固氮能力。施用五氯酚钠后的土壤中，好气性自生固氮菌有强烈的刺激效应，使其固氮能力增强。

6.4　农药对环境生物的影响和危害

以防治有害生物为目的而使用农药，会对属于施药环境中的多种生物给予各种各样的影响，Moore提出了环境生物受农药影响的各种形式。

（1）直接影响　是指直接接受农药而产生的影响，这里包括对抗药性弱的寄生昆虫、蜜蜂、其他花媒昆虫、水田中的泥鳅和田螺、水渠中的小型鱼类、蚊子幼虫等数量变化的影响。

（2）二次影响　指的是某种动物因取食含有杀虫剂的生物而致死或生长受到抑

制的现象，如鸟类由于取食了体内含有有机磷、有机氯农药的害虫和蚯蚓而发生死亡或产生各种有害症状，严重时会造成某些处于食物链顶端的动物数量的减少。

（3）食饵种类和数量的减少　由于使用除草剂使某种杂草减少，以这种杂草为饵料的昆虫就受到影响，数量减少；使用杀虫剂可减少害虫天敌的数量。

（4）生物栖息场所的变化　植物不但是昆虫和其他动物的食料，也是它们的栖息场所。因使用除草剂可以改变多种昆虫和动物的栖息场所，而使它们不适应。

（5）消除了竞争种　在使用一些除草剂防治某种杂草时，又出现了原来没有达到危害程度的新杂草；防治土壤病害时反而增加了新的土壤病害；在用滴滴涕防治疟蚊时会增加其他种蚊子的数量。

（6）消灭了天敌　在喷施杀虫剂后，反而增加了害虫的危害，其原因可能是捕食性天敌的减少。果园中喷施杀虫剂杀死了叶螨类的天敌，而使红蜘蛛的危害更为严重；稻田使用杀虫剂消灭了捕食性天敌蜘蛛，使黑尾叶蝉在水稻生长后期大量发生。

使用各种农药对农田生态系统中的生物部分所产生的综合作用是生物多样性的贫乏化和生态系统的某种不稳定性。在数量减少中首先受到影响的是那些对农药敏感的种。一般来说，小型昆虫对杀虫剂的敏感性要比大型昆虫强。寄生型昆虫的体型都很小，所以它是施用杀虫剂受影响最大的类型之一。其次，使用农药对那些个体数量少的种类影响大。个体数量少的生物种类繁殖能力较低，在施药时大部分个体死亡，其种群的恢复受到严重影响。一般捕食性天敌的个体数量要比供作食料的生物种类个体数少，因此捕食性天敌受农药的影响程度比较大，如瓢虫、草蛉和蜻蜓等。再次，一年中繁殖世代数少的种类比世代数多的种类受施用杀虫剂的影响大。特别是一年只有一代，而且在活动期中栖息于作物上时间比较长的种类；例如蝗虫类，受杀虫剂的伤害就非常大。而蚜虫在一年中繁殖多代，这可能是它目前大量发生的原因之一。最后，直接暴露而易于接受农药的害虫容易受到伤害，而钻蛀性害虫相对不易受到伤害，该类害虫的危害有所加重。

由于生态系统中生物种类的减少，特别是由于寄生性天敌和捕食性天敌容易受到农药伤害，它们种群的减少导致了生态系统的某种不稳定性和脆弱性，当新的虫害发生时由于没有天敌的抑制作用而使虫害很难控制。

6.4.1　农药对天敌赤眼蜂的毒性与危害性

根据对 50 多种农药的研究结果表明，农药对赤眼蜂各个发育期（卵、幼虫、预蛹、蛹）的毒性无明显差异，其中以预蛹期和蛹期较为敏感；而对成蜂的毒性远高于各个发育期。选择赤眼蜂的预蛹期和成蜂作代表，研究农药对拟澳洲赤眼蜂的毒性。研究结果表明，四种农药对赤眼蜂成蜂的毒性比预蛹期高，如甲基异柳磷、嘧啶氧磷、单甲脒、克草胺对成蜂的毒性分别为预蛹期的 782 倍、9 倍、1.4 倍、24

倍；而其对预蛹期的 LC_{50} 为甲基异硫磷∶嘧啶氧磷∶单甲脒∶克草胺=5∶1∶76∶5208；对成蜂的 LC_{50} 为 1∶19∶9386∶76889。结果说明由于四种农药的化学结构和理化性质不同，对预蛹和成蜂的渗透作用亦不一样，以至其对成蜂与预蛹期的毒性比相差数倍至数百倍；不同农药对赤眼蜂预蛹期和成蜂的毒性亦相差数百倍数千倍乃至数万倍。如李肇丽等研究了氟吗啉、烯肟菌酯、啶菌噁唑 3 种新型农药对赤眼蜂的急性毒性，并进行了安全性评价。试验结果表明：氟吗啉限定剂量 $7.5×10^{-2}mg/cm^2$、烯肟菌酯限定剂量 $8.0×10^{-2}mg/cm^2$，对赤眼蜂急性毒性都很低。药膜管接触法实验结果表明：氟吗啉对赤眼蜂急性接触毒性的半数致死量 $LD_{50}>7.5×10^{-2}mg/cm^2$，烯肟菌酯对赤眼蜂急性接触毒性的半数致死量 $LD_{50}>8.0×10^{-2}mg/cm^2$，而氟吗啉和烯肟菌酯的推荐田间施用剂量分别为 75~150g(a.i.)$/hm^2$ 和 100~200g（a.i.）$/hm^2$，这 2 种农药的 LD_{50} 值都是田间施用剂量的 10 倍以上，因此氟吗啉和烯肟菌酯对赤眼蜂急性接触毒性为"低毒"。而接触法实验结果表明：啶菌噁唑对赤眼蜂急性接触毒性的半数致死量 LD_{50} 值为 $9.57×10^{-3}mg/cm^2$，95%置信区间为（$7.05×10^{-3}mg/cm^2$，$1.32×10^{-2}mg/cm^2$），而啶菌噁唑的推荐田间施用剂量为 200~400g（a.i.）$/hm^2$，0.5＜安全系数＜5，因此啶菌噁唑对赤眼蜂的急性接触毒性为"中毒"，即中等风险性。

田间实际施用农药时，会受到温度、湿度、阳光、风向、风力、气压和辐射等多因素的影响，因此实验室测定的农药对赤眼蜂的毒性结果，只能相对地揭示农药的毒性大小，不能完全代表农药在田间施用时对赤眼蜂的危害程度，尚需结合农药的毒理、剂量、施药方法等综合分析，才能做出较为准确的评价。

从理论上讲，农药对赤眼蜂的毒性大小可用赤眼蜂 LC_{50} 与害虫 LC_{50} 的比值，即毒性比表示，毒性比越大，表示该种农药对赤眼蜂越安全，但实际上赤眼蜂对多种害虫卵都有一定的抑制作用，难以用某种害虫的 LC_{50} 来比较各种农药的毒性，因此认为采用农药对赤眼蜂的 LC_{50} 值与田间常用浓度的比值来评价农药对赤眼蜂毒性的高低较为合理。鉴于室内试验条件与田间环境的差异，同样浓度的农药，在田间毒杀赤眼蜂的效果远低于室内试验；如果某种农药对赤眼蜂的 LC_{50} 接近或高于田间常用浓度，就可以确认为该农药对赤眼蜂是安全的。因此，根据实验测得的农药对赤眼蜂的 LC_{50} 与田间常用浓度比值，便可做出化学农药对赤眼蜂的毒性评价，即 LC_{50}/田间常用浓度≥1 者为低毒级，＜0.5 者为高毒级，介于之间者则为中毒级。四种农药对赤眼蜂的毒性评价为：甲基异柳磷、嘧啶氧磷属高毒级，单甲脒、克草胺属低毒级。因甲基异柳磷为土壤处理农药，对赤眼蜂虽属高毒，但只要施用得当，一般不会危害赤眼蜂，嘧啶氧磷的使用则需与赤眼蜂的放蜂时期密切配合，放蜂前后一周内不能使用。单甲脒在推荐用药量下使用，对赤眼蜂影响不大。克草胺为除草剂，常规使用对赤眼蜂是安全的。

6.4.2　农药对家蚕的毒性与危害性

蚕对农药的敏感性一般比其他昆虫强。"农药对家蚕的毒性与风险性等级划分"见表 8-11。当在蚕室上空或其所施农药周围直接着落蚕体，或者用农药污染的桑叶喂蚕，其体内农药达到一定量会发生蚕的中毒和死亡。对家蚕毒性大的有杀虫双、杀虫单、杀虫环和杀螟丹等沙蚕毒素类农药。以杀虫单对蚕的毒性作参比，溴氰菊酯和氰戊菊酯对家蚕剧毒、氟氰菊酯对家蚕高毒等（表 6-13），毒性测定采用食下毒叶法，蚕取食浸有农药的桑叶。溴氰菊酯和氰戊菊酯对蚕的毒性要比杀虫单高 10 倍以上，在蚕区使用这些农药必须采取相应的防污染措施。

表 6-13　一些农药对家蚕的毒性（LC_{50}）　　　　　单位：mg/kg

农药	杀虫单	灭幼脲 3 号	溴氰菊酯	氰戊菊酯	氟氰菊酯	氯菊酯	吡虫啉
LC_{50}（桑叶）	0.18	0.16	0.0078	0.0142	0.0713	0.609	0.46
毒性比	1	1.1	23.1	12.6	2.5	0.3	0.39

6.4.2.1　溴氰菊酯等对家蚕的急性毒性

选用杀虫单、溴氰菊酯、氰戊菊酯、氟氰菊酯和二氯苯醚菊酯 5 种农药，以春雷×镇珠二龄起蚕（最敏感期）为试验对象，采用胃毒法（食下毒叶法）、接触法、熏蒸法进行了急性毒性测定，观察给药后 24h 的死亡数，分别用寇氏法求出半数致死浓度 LC_{50} 和半数致死量 LD_{50}，其结果见表 6-14。

表 6-14　几种农药对二龄起蚕急性毒性比较

	项目	杀虫单	溴氰菊酯	氰戊菊酯	氟氰菊酯	二氯苯醚菊酯
食下毒叶法	LC_{50}/(mg/kg)	0.18	0.0078	0.0142	0.0713	0.6092
	95%置信限	0.13～0.25	0.0056～0.0109	0.0128～0.0159	0.0581～0.0874	0.4643～0.7995
	毒性比	1	23	13	3	0.3
接触法	LD_{50}/(μg/cm²)	1.9	0.00025	0.00222	0.00030	0.03789
	95%置信限	1.6～2.4	0.00021～0.00028	0.00111～0.00445	0.00019～0.00046	0.03229～0.04447
	毒性比	1	7600	856	6333	50
熏蒸法	LC_{50}/(mg/L)	431	>500	>2000	>3000	>1000
	95%置信限			368～506		

从表 6-14 可见，溴氰菊酯等农药对蚕的毒性以胃杀作用和触杀作用为主，熏蒸作用对其影响不大。胃杀毒性：溴氰菊酯＞氰戊菊酯＞氟氰菊酯＞二氯苯醚菊酯；触杀毒性：溴氰菊酯＞氟氰菊酯＞氰戊菊酯＞二氯苯醚菊酯。鉴于目前公认杀虫单

对家蚕为高毒药剂，4 种菊酯类农药对蚕的胃杀毒性除二氯苯醚菊酯外，较杀虫单大 3～23 倍。接触毒性比杀虫单大 50～7600 倍。三种不同试验方法对家蚕毒性反应不同的原因是：菊酯类农药对昆虫是一种神经毒剂，所以，蚕在药纸上爬行时，神经末梢与药直接接触，毒性极大。但其蒸气压很低，挥发作用不强，所以熏蒸作用不显著。

上述试验证明：菊酯类农药对家蚕为剧毒类农药，在蚕桑生态系中列为绝对禁用范围。溴氰菊酯等农药引起蚕的中毒症状可分为兴奋期和抑制期两个阶段，兴奋期蚕受刺激后不停地颤抖、痉挛。几分钟后即进入抑制期，蚕处于麻痹状态，直至最后死亡。近代研究证明，除虫菊酯类农药对昆虫的毒杀作用，主要是引起电生理的变化，但进而对除虫菊酯类改变神经膜的透性通常持有两种观点：一种认为神经膜上有除虫菊酯的受体，受体与除虫菊酯的分子结合后，改变了膜的三维结构（离子通道空隙变小），从而降低了对 Na^+、K^+ 透性。而另一种观点认为，除虫菊酯有极大的脂溶性，并且不带电荷，它可能溶于神经膜的脂肪层中使传导阻塞，从而产生改变膜的渗透性作用。

6.4.2.2　稻田用药对家蚕安全性的影响

孙春来等研究了几种杀虫剂对家蚕胃毒毒力的情况，试验结果表明，几种杀虫剂对家蚕胃毒毒力（见表 6-15），以 5%甲氨基阿维菌素苯甲酸盐 WP 毒力最高，其 LC_{50} 仅为 0.02370 mg/L，相对毒力达 2080 倍；其次为 20%氯虫苯甲酰胺 SC，LC_{50} 为 0.0785 mg/L，相对毒力为 510 倍；5%氟虫腈 SC 的 LC_{50} 为 1.6845 mg/L，相对毒力为 30 倍。总体而言，各药剂对家蚕胃毒的绝对毒力由高到低依次为：甲氨基阿维菌素苯甲酸盐＞氯虫苯甲酰胺＞稻丰散＞氟虫腈＞烯啶虫胺≥毒死蜱≥吡蚜酮，相对敏感性依次为甲氨基阿维菌素苯甲酸盐＞稻丰散＞氯虫苯甲酰胺＞毒死蜱＞氟虫腈＞烯啶虫胺＞吡蚜酮。

表 6-15　几种杀虫剂对家蚕胃毒毒力比较（72h）

序号	试验药剂	毒力回归式	r	LC_{50}/（mg/L）	95%置信限	常用浓度/（mg/L）	相对毒力※
1	48%毒死蜱 EC	$y=3.8347+2.6721x$	0.9599	2.9276	1.8809～3.9612	960	330
2	50%稻丰散 EC			＜1.25		1000	＞800
3	25%吡蚜酮 WP	$y=-0.4786+2.172x$	0.9570	332.31	222.85～495.54	125	0.38
4	50%烯啶虫胺 SG	$y=3.8830+2.6206x$	0.9762	2.6683	1.9676～3.6184	50	19
5	5%甲氨基阿维菌素苯甲酸盐 WP	$y=6.5065+0.930x$	0.9894	0.02370	0.0099～0.5665	50	2080
6	20%氯虫苯甲酰胺 SC	$y=7.1470+1.9428x$	0.9615	0.0785	0.05145～0.1198	40	510
7	5%氟虫腈 SC	$y=4.7093+1.2834x$	0.8701	1.6845	0.7737～3.6674	50	30

注：农药剂型中 EC 为乳油，WP 为可湿性粉剂，SG 为可溶粒剂，SC 为悬浮剂。
※相对毒力为药剂的生产常用浓度与家蚕 LC_{50} 之比值。

稻田使用杀虫剂造成的污染与直接在蚕桑上使用杀虫剂造成的污染有本质的区别。在家蚕饲养期选择稻田用杀虫剂，首先是考虑其对家蚕的熏蒸毒性大小，因其最易造成大范围的家蚕中毒，然后才是考虑飘移后直接污染对家蚕的毒性。

6.4.2.3　卫生用药对家庭养蚕的影响

（1）溴氰菊酯在不同材料上的降解速率　无论是集体或家庭养蚕，都应具有蚕室、蚕具基本设施。在养蚕前及其过程中，对蚕室、蚕具必须进行清洁消毒，防止蚕病发生，提高蚕茧的产量和质量。选择蚕室、蚕具的常见材料，如竹、松木、纱布、瓷砖、石灰为试验材料，对溴氰菊酯的可湿性粉剂（凯素灵，家庭卫生用药）在不同材料上的降解速率进行测定，以判断在养蚕前，蚕室内喷洒菊酯类卫生用药，在存放的蚕具上有残留接触时，对以后的养蚕可能造成的危害情况，试验结果表明，溴氰菊酯在 5 种材料上降解速率比较慢，这与它的蒸气压低不容易挥发、不容易光解、残效时间长有关。在不同材料上，其降解速率亦有明显差异。溴氰菊酯在材料上的残留程度是竹＞瓷砖＞松木＞石灰＞纱布，特别在竹上的残留达 63.2%。可见，在室内喷药时，若养蚕的竹匾接触到药物，其残留的危害是很大的。

（2）蚕具上的残留农药对蚕的危害　按 $10mg/m^2$ 溴氰菊酯有效成分用量，将凯素灵喷洒于竹匾后，将该匾挂于向阳通风的阳台上，第 35d 取下养蚕（二龄起蚕），蚕全死，于第 42d 将竹匾在自来水下冲刷 2min，晾至第 47d 再养入二龄起蚕，仍全死。在以后的试验中：于第 53d 用自来水再冲刷竹匾并晾至第 95d，以及将喷过凯素灵的竹匾用 1%的碱水浸泡 24h，后用自来水洗净晾干。当分别养入二龄蚕和五龄蚕，蚕在两个竹匾上爬行半小时即全部死去。即使蚕在竹匾上爬行 5min 后移入无毒匾喂饲，蚕仍不能存活，于 2h 内先后死去。说明溴氰菊酯对蚕的毒性极其显著，不能作为蚕室的卫生用药。

（3）溴氰菊酯处理蚊帐对家庭养蚕的影响　用溴氰菊酯浸泡蚊帐，每顶用量约为 30mg 有效成分，以提高蚊帐的防蚊效果，为了了解上述方法处理过的蚊帐在室内使用时对养蚕的影响，试验分别于挂蚊帐的当天及第 9d，在室内养入蚁蚕和二龄起蚕，并对两种蚕作加盖与不加盖处理，观察对蚕的毒性影响。挂浸渍农药蚊帐的当天和第 9d 养入室内的蚁蚕与二龄起蚕直接暴露者（未加盖）几乎 100%中毒死亡。即使加盖试图同药剂隔离者，死亡率亦在 60%以上，因随空气流动，药物微粒在空气中飘移，在饲喂桑叶过程中，仍为暴露者，难免触药。说明在养蚕地区，不宜采用溴氰菊酯浸泡蚊帐的办法来提高防蚊效果，否则将会导致对家蚕的危害。

6.4.3　农药对鸟类的毒性与危害性

禽鸟是整个生态系统中的一类重要的生物群，化学农药进入环境后，不但能直接毒害家禽与鸟类，而且可能通过食物链在禽鸟体内蓄积。由于家禽是人类的重要食品，这种蓄积构成了对人类健康的潜在危害。因此，在对化学农药进行安全性评价时，研究农药对禽、鸟类非靶陆生生物的毒性影响及其评价方法十分重要。

对于鸟类来说，除了飞机喷药外，鸟类直接与药剂接触而发生急性中毒的机会要比昆虫和鱼类少得多。农药对野鸟发生危害的途径有：因食用含有农药的昆虫、蚯蚓、植物种子和果实，经拌种的种子而发生农药中毒；因昆虫和植物的死亡而发生鸟类的被迫迁移；通过食物链发生农药慢性中毒而影响鸟类的生活能力，甚至威胁生命。

容易受到农药危害的鸟类如下：对于农药敏感的种类、鸟群的生活圈处于农药污染持续发展的地区、鸟类的食料和生活场所容易受到污染的地区。对森林和果园施用农药将大大影响鸟类的活动，甚至威胁生命。不同品种的农药对鸟类的毒性各异，同种农药对不同鸟类的毒性也不尽相同。为比较不同农药品种对鸟类毒性的差异，国际上测定农药对鸟类毒性时，选择试验用鸟一般遵循分布地区广泛、材料易得、易于饲养、生长发育迅速、繁殖快的原则，常用的试验鸟种有鹌鹑、野鸭、鸽、雉等，从生物分类学上考虑，鹌鹑最具代表性。进行鸟类急性毒性试验时，常用的染毒方法有两种：一是灌注法，即将一定量的供试农药品种药液一次性经口灌注入胃（鹌鹑的灌注量一般为 1mL）；二是饲喂法，即将拌有一定浓度供试农药的饲料供鸟类摄食，试验前 5d 内供给含药饲料，以后改为正常饲料。灌注法试验观察期一般为 7d 或 14d（如后 3d 内鸟类仍有中毒症状或死亡现象时需延长至 21d），其毒性以 7d 或 14d 的 LD_{50} 来表示，单位为 mg/kg 体重；饲喂法观察期为 8d（如后 3d 内鸟类仍有中毒症状或死亡现象时，观察期需再延长至连续 72h 内无毒性症状或至 21d 止），其毒性以 LC_{50} 表示，单位为 mg/kg 饲料。

6.4.3.1 农药对鸟类的危害与影响

农药对鸟类危害最直观的表现是鸟类的急性中毒致死事故，全球各地每年都有很多鸟类农药中毒死亡事故发生。据 Mastrota 报道，在美国生态事故信息系统已记录的 3041 件生态事故中，农药对鸟类的致害事故就达 1167 件，占整个农药生态事故的 38.37%。事实上，受农药污染中毒致死的鸟类由于栖息地点不定、个体较小、在被人发现前已被腐食动物摄食或人们较少注意等原因，许多因农药引起的鸟类死亡事件根本就未曾记录。

据郑允文等研究报道，在我国东北地区受国家重点保护的鸟类品种中，有 85%的品种因克百威的施用而受到较大影响。长期接触农药，除可直接导致死亡的急性危害外，还包括许多亚慢性或慢性危害，如产蛋量下降、蛋壳变薄、孵化率下降、体重减轻、对孵育出的幼鸟照顾减少、求偶和筑巢行为变化、活动能力或对刺激的反应能力降低导致回避天敌能力下降而易被其他动物取食等。

6.4.3.2　农药对鸟类影响的安全性评价

在田间的自然条件下，禽鸟受农药危害的主要原因是误食毒饵或用农药处理过的毒谷。前者受人为因素影响太大，无规律可循，后者用农药处理种子时，则均有一定的用量范围；在通常情况下，以播种面积最大的小麦为例，一般每公顷播种量约 150kg，拌种的农药量约相当于种子量的 0.2%～0.3%，按 0.3% 计算即 225g 左右（农药的有效成分一般为 50%）；按此计算，制成毒谷后农药的含量约 1500mg/kg。一只鹌鹑每天正常觅食量为 10g，通过觅食摄入的农药量相当于 15mg，每只成年鹌鹑的体重约 100g，若以千克体重表示，即相当于摄入农药量为 150mg/kg 体重，这意味着有一种农药在实验室内测得对鹌鹑的 LD_{50} 为 150mg/kg，如果这种用农药处理的种子被禽鸟觅食，就会危及禽鸟的安全。在一般情况下，经药剂处理过的毒谷，在播种时均应播入土中，只有少数露籽的毒谷才能被禽鸟所觅食；因此，禽鸟在田间一次能觅食到的毒谷里，通常难以达到全日觅食量的水平。农药对禽鸟的毒性，随农药种类的不同而异，若有一种农药的毒性，当禽鸟觅食其毒谷量，仅相当于上述觅食量的 10%，即可达到半致死的程度，则该农药对禽鸟的毒性水平比上述农药的毒性大 10 倍，其 LD_{50} 应相当于 15mg/kg。以上述分析为基础，如果将觅食毒谷量达全日觅食量时，导致禽鸟半致死以下的农药，作为对禽鸟低毒的农药，而将觅食量仅相当于上述觅食量 10%，已达到半致死的农药为高毒级农药，在两者之间的作为中毒农药，按此标准，在评价农药对禽鸟的安全性时，就可划分为以下的急性毒性等级，见表 6-16 。

表 6-16　农药对禽鸟急性毒性的等级划分标准[①]

等级	对鹌鹑的急性毒性 LD_{50}/（mg/kg）
低毒	>150
中毒	15～150
高毒	<15

① 试验采用经口染毒的喂饲法。

评价农药对鸟类的危害影响，首先要考虑的是农药对鸟类的急性毒性。杨佩芝等提出过农药对鸟类急性毒性的分级标准，以禽鸟觅食毒谷量为基础，鹌鹑为试验动物。一些农药对白头翁和凫的急性毒性列于表 6-17 中。

表 6-17　一些农药对鸟类的急性毒性（LD_{50}）　　　　　　　　单位：mg/kg

农药	凫	白头翁	农药	凫	白头翁
灭多虫	15.9	42	甲萘威	2000	
残杀威	18	15	γ-六六六	2000	100

农药	凫	白头翁	农药	凫	白头翁
敌百虫		47	对硫磷	2.0	5.6
敌敌畏	7.8	12	倍硫磷	5.9	5.3
乐果	41.7	32	二溴磷	52.2	
二嗪磷	3.5	110	苯硫磷	3.1	7.5

6.5　有害生物对农药的抗性

　　农药的抗性指的是在多次使用农药后，有害生物，包括害虫、病原菌和杂草，对所使用药剂的抗药力较原来正常情况下有明显增加的现象，而且这种由使用农药而增大的抗药力是可以遗传的。有害生物对农药的抗性可用抗性指数或抗性倍数来表示，以害虫的抗药性为例，一般认为抗性指数≥5 时，表示某种有害生物已对某种农药产生了抗性。

$$抗性指数 = \frac{抗性害虫的半数致死量}{敏感害虫的半数致死量} \tag{6-6}$$

　　相比之下，害虫对农药的抗药性较病原菌和杂草更为突出，有关这方面的调查研究资料也更为丰富。抗药性的产生减弱了有害生物种群对防治药剂的反应而降低了药剂的效率。为了达到必需的防治效果就要增加农药药量或药液浓度、增加防治次数，这样又导致抗性的进一步发展而形成恶性循环。由于害虫抗性的发展，我国北方棉区的棉蚜对有机磷农药的抗性大大增加，有的农药用量甚至增加了 100 倍；棉铃虫对拟除虫菊酯农药的抗性发展更快，施药无效而导致棉花减产；蔬菜害虫小菜蛾对多类农药产生了抗性，甚至有时陷入"无药可治"的状况。农药使用量的增加必然导致农产品成本的增加、质量的下降和加重农药对生态环境的污染。

　　害虫抗性的广泛性和严重性还表现为：产生多种抗性的昆虫和蛾类日益增加，如 1955 年对三类农药产生抗性的仅为 3 种，而到 1984 年度发展至 54 种；对新使用农药，如拟除虫菊酯农药产生抗性的时间越来越短；对微生物源农药，如 Bt 乳剂也会产生抗药性。

　　对害虫抗药性的形成，主要有两种学说，即选择说和诱导变异说。选择说认为，昆虫各个体对杀虫剂的反应是有差异的，较强的个体存在抗性基因，当正常的昆虫种群受到农药筛选时，某些抵抗力强的个体便存活下来，并把这种抗性遗传给下一代而逐步形成新的抗性种群，最后使药剂失效。选择说也称为前期适应学说，被大多数学者所接受。诱导变异说认为昆虫种群中原来不存在抗性基因，而是由杀虫剂的作用使昆虫种群内的某些个体发生突变，而产生了抗性基因，认为药剂不是选择者而是诱导者。

目前，我国一些重要的植物病害已对不少农药产生了抗性（表 6-18），水稻稻瘟病已经对稻瘟净、异稻瘟净、稻瘟磷（克瘟散）、稻瘟灵（富字一号）产生了抗药性；水稻白叶枯病对噻枯唑产生了抗性；水稻恶苗病已对多菌灵产生抗性，在辽宁菌株抗药性频率高达 95%，抗性倍数 20~100，江苏抗性频率 54.5%，多为高抗菌株，用多菌灵防病已失效；在浙江高用量地区小麦赤霉病对多菌灵的抗性倍数已达1000 以上；在山东、河北、四川小麦白粉病重发病区、多用药区，病菌对三唑类杀菌剂的抗药水平已提高 10 倍以上；油菜菌核病、果蔬灰霉病、草莓灰霉病都对多菌灵产生了抗性，特别是大棚草莓灰霉病的抗性菌株频率高达 40%~100%；甜菜褐斑病在内蒙古、宁夏、吉林等地已对多菌灵、甲基硫菌灵等药剂产生了抗性，防治效果下降；江苏等地芦笋茎枯病对甲基硫菌灵的抗性菌株频率高达 50.0%~88.9%，药剂已基本失效。

表6-18　作物病原菌及其产生抗药性的杀菌剂

产生抗药性的病原菌	农药	产生抗药性的病原菌	农药
稻瘟病	硼、稻瘟散、春雷霉素	梨火疫病	链霉素
小麦秆锈病	克菌丹、二氯萘醌	柑橘绿霉病	邻苯酚钠、涕必灵、硫菌灵
小麦光腥黑粉病	六氯苯	柑橘青霉病	涕必灵、硫菌灵、联苯、2-氨基丁烷
大麦白粉病	乙嘧灵	黄瓜灰葡萄孢菌	苯菌灵
燕麦黑腥病	醋酸苯汞	黄瓜白粉病	苯菌灵、乙嘧灵、硫菌灵
棉花立枯丝核病	五氯硝基苯	洋葱白腐小核菌	氯硝胺
苹果仁果囊孢壳菌	波尔多液	烟草细菌性疫病	链霉素
苹果黑星病	多果定、苯菌灵、硫菌灵	桑细菌性疫病	链霉素
苹果褐斑病	多氧霉素	甜菜褐斑病	苯菌灵
梨黑斑病	多氧霉素	花生褐斑病	苯菌灵
梨黑星病	苯菌灵		

6.6　农药在环境中的浓度估算

下面介绍不同途经与过程的计算方法，计算时所需的参数。根据其来源或获取途径不同分为 4 种类型：

C：常数（由手册中可查得）。

R：必备的农药资料中所提供的参数值。

E：专家估计值。

O：由模型计算得到的值。

分别在下面有关表格中表示出来。

6.6.1 农药以颗粒剂形式施入土壤

农药以颗粒剂形式施入土壤，在土壤中的农药浓度可根据其农药施用量直接进行计算。如果在一个季节中重复多次施用颗粒剂农药，需计算其最大浓度。最大浓度与农药生物降解半衰期 $t_{1/2}$、施用频率以及两次使用间隔时间有关，计算时所需要的参数见表 6-19。

表 6-19　多次施用时最大浓度的计算参数

参数/单位	符号	C/R/E/O
输入：		
单次用量/[kg(a.i.)/hm²]	Dos	R
生物降解($t_{1/2}$)/d	DT_{50}	R
施用频率	n	R
施用间隔/d	l	R
输出：		
表观最大量/[kg(a.i.)/hm²] 注意规范表达	Dos_{max}	

注：a.i.表示有效成分。

根据 $1/DT_{50}$ 和施用频率 n，查出 Dos_{max}/Dos 比值。Dos_{max}=施用 n 次后农药的量。

计算时还需考虑两种情况：颗粒剂与土壤充分混合或保留在土壤表面。如果混合的话，只考虑施用量中1%的农药留在土壤表面；如果不混合，则考虑100%。与土壤混合时，表面土层中农药量：

$$Dos_{suf} = F_{mix} \times Dos_{max} \qquad (6-7)$$

不与土壤混合时，则：

$$Dos_{suf} = F' \times Dos_{max} \qquad (6-8)$$

式中　Dos_{max}——表观最大剂量，kg(a.i.)/hm²；

$\quad\quad F_{mix}$——与土壤混合因子，$F_{mix}=0.01$；

$\quad\quad F'$——与土壤不混合因子，$F'=1.0$；

$\quad\quad Dos_{suf}$——土壤表面颗粒剂剂量，kg(a.i.)/hm²。

如果与土壤混合，假设颗粒剂在 0～20cm 表土层中均匀分布；如果不与土壤混合，假设农药在 0～5cm 中分布，则可以计算农药在土壤中起始浓度（PIEC），也可作为 0d 时的浓度（C_0 或 $C_{soil,tol}$）。计算公式如下：

$$PIEC = \frac{Dos_{max} \times 10^6}{H_{soil} \times B_d \times 10^4} \tag{6-9}$$

式中　PIEC——农药在土壤中起始浓度，mg(a.i.)/kg；

　　　Dos_{max}——农药施用最大剂量，kg/hm²；

　　　H_{soil}——土壤深度，m（混合为 0.2m，不混合为 0.05m）；

　　　B_d——土壤容重，kg/m³（取 1400kg/m³）。

应该注意，土壤中农药总量包括在固相上农药的量（C_{soil}）和土壤水中农药的量（$C_{soil,wat}$）：

$$PIEC = C_{tol} = C_{soil} + C_{soil,wat} \tag{6-10}$$

C_{soil} 和 $C_{soil,wat}$ 的值大小与农药的分配系数有关，计算方法如下：

$$C_{SW} = \frac{C_{st}}{1 + K_{S/L}} \tag{6-11}$$

$$C_S = C_{st} \times \frac{K_{S/L}}{1 + K_{S/L}} \tag{6-12}$$

式中　$K_{S/L}$——分配系数，dm³/kg；

　　　C_{st}——土壤中农药总量(a.i.)，即 PIEC，kg/hm²；

　　　C_{SW}——农药在土壤水中的量，mg(a.i.)/L；

　　　C_S——土壤固相上农药的量，mg(a.i.)/kg。

6.6.2　农药以种子处理剂进入土壤

种子处理剂是以农药处理过的种子带入土壤的，它们可以与土壤混合或保留在土壤里面。同颗粒剂一样，混合时假设 1%的农药留在土壤表面，反之则为 100%。因为在一个季节中不可能重复播种，所以，施用量 Dos 就等于 Dos_{max}。有关计算方法与颗粒剂相同。

6.6.3　农药喷施被作物截获和散落到土壤

农药喷施在一个季度中可以进行多次，因此，最大剂量为多次施用后的农药量，计算方法同前。农药喷施后，一部分被作物表面截获，另一部分则散落到土壤或地面水，或飘逸到空气中。假设一般情况下，10%留在空气中，到达土壤和作物上的比例为 90%。则 90%部分的农药在作物上和散落在土壤中的比例根据不同的作物和生长阶段而有所不同，见表 6-20。

表 6-20　一些作物喷施农药时，在作物上和土壤中的分配比例

作物	生长期	作物上/%	土壤中/%
马铃薯、甜菜	发芽后 2～4 周	20	70
马铃薯、甜菜	成熟	80	10
苹果树	春天	40	50
苹果树	成熟	70	20
梨	发芽后	10	80
梨	全开花	70	20
玉米	发芽个月	10	80
玉米	全长出	70	20
草地		40	50
汤菜	全长出	70	20
洋葱	全株	50	40
一般情况		10	80

计算公式如下。

作物截获的量：

$$\mathrm{Dos_{int}} = \mathrm{Dos_{max}} \times \frac{P_{\mathrm{int}}}{100} \qquad (6\text{-}13)$$

散落到土壤的量：

$$\mathrm{Dos_{soil}} = \mathrm{Dos_{max}} \times \frac{P_{\mathrm{soil}}}{100} \qquad (6\text{-}14)$$

土壤表层中农药的分布：

$$\mathrm{PIEC} = \frac{\mathrm{Dos_{soil}} \times 10^6}{H_{\mathrm{soil}} \times B_d \times 10^4} \qquad (6\text{-}15)$$

式中　$\mathrm{Dos_{max}}$——表观最大剂量，kg(a.i.)/hm²；

　　　P_{int}——作物截取农药比例，%；

　　　P_{soil}——落入土壤中的农药比例，%；

　　　H_{soil}——土壤厚度，m（取 0.05）；

　　　B_d——土壤容重，kg/m³（取 1400）。

农药在水中浓度和土壤中浓度的计算方法同前。

6.6.4　农药喷施时飘逸至地面水

喷施农药时，一部分农药可以直接落到地面水体中。对于因飘逸作用而到达地面水中的农药浓度计算，要考虑多次最大农药剂量和各种环境过程（如生物降解、

挥发、对流、沉降和再悬浮）以及短期和长期环境浓度预测（PEC$_S$）。另外，农药使用方式对飘移影响较大。表 6-21 给出不同方式和处理地点与飘移量的关系，其中 P_{drift}（%）为在非靶地区喷施飘移的百分数。

表 6-21　不同地点和使用方式的飘移百分数

地点/方式	P_{drift}/%	地点/方式	P_{drift}/%
室内使用（不包括温室）	0	作物高度>25cm	1
专门使用（灌溉、人工撒施、土壤处理、颗粒剂使用）	0	向下喷施	2
		处理场边缘	5
温室使用	0.1	向上喷施	10
场地处理	0.5	飞机喷施	100
田间使用：			
作物高度≤25cm	1		

飘移导致地面水中的农药浓度（C'）采用下列公式计算：

$$C'(\text{mg/L}) = \frac{\text{Dos}(\text{mg/dm}^2) \times P_{drift}}{100(\text{河深, dm})} \tag{6-16}$$

.该浓度为短期内环境浓度 PEC，即农药施用后几天内地面水中的浓度。

6.6.5　从污水处理厂最终排放进入周围环境水体中

在水体中发生两个过程：一是稀释作用；二是吸附/解吸作用。当可溶态物质的浓度超过其溶解度 10 倍时，最终发生沉积作用。计算所需的参数见表 6-22。

计算公式：

总表面水浓度：

$$C_{wat,tot} = \frac{C_{eff,tot}}{F_{dil}} \tag{6-17}$$

沉积物/水分配系数：

$$K_{sed,wat} = 1.0 \times K_{OW} F_{OC} \tag{6-18}$$

溶解在表面水中的浓度：

$$C_{wat,dis} = \frac{C_{wat,tot}}{1 + K_{sed,wat} \times C_{sus} \times 10^{-6}} \tag{6-19}$$

表 6-22　地面水中浓度计算参数

参数	符号	C/R/E/O
输入：		
正辛醇/水分配系数	K_{OW}	R
水中溶解度/(mg/L)	S_{wat}	R
排放浓度/[mg(a.i.)/L]	$C_{eff,tot}$	O
稀释因子	F_{dil}	E/C
悬浮在固相上的浓度/(mg/L)	C_{sus}	E/C
悬浮物中有机碳的比例	F_{OC}	E/C
输出：		
沉淀物/水分配系数/(dm³/kg)	$K_{sed,wat}$	
溶解在表面水中的浓度/[mg(a.i.)/L]	$C_{wat,dis}$	
总表面水浓度/[mg(a.i.)/L]	$C_{wat,tot}$	

6.6.6　污水处理厂污泥施入土壤

除了将农药直接施入土壤，还可以通过污水处理厂的污泥作为肥料施入土壤中，土壤中的浓度是由一定量污泥与表层混合而决定的，计算参数见表 6-23。

表 6-23　污泥施入土壤中的浓度计算参数

参数	符号	C/R/E/O
输入：		
干污泥中农药浓度/[mg(a.i.)/kg]	C_{sludge}	O
农田土壤稀释因子	$F_{mix,a}=0.2$	C
草地土壤稀释因子	$F_{mix,g}=0.05$	C
输出：		
农田土壤中的浓度/[mg(a.i.)/kg]	$C_{a,soil}$	
草地土壤中的浓度/[mg(a.i.)/kg]	$C_{g,soil}$	

计算公式：

污泥作为肥料施入农田土壤中的农药浓度的计算。

$$C_{a,soil} = C_{sludge} \times F_{mix,a} \tag{6-20}$$

污泥作为肥料施入草地土壤中的农药浓度的计算。

$$C_{g,soil} = C_{sludge} \times F_{mix,g} \tag{6-21}$$

6.6.7 农药自土壤中挥发

进入土壤的农药，一部分将从土壤中挥发掉。计算参数见表 6-24。

表 6-24 土壤挥发计算所需的参数

参数	符号	C/R/E/O
输入：		
土壤深度/m	$H_{soil}/(0.05/0.20\text{m})$	C
正辛醇/水分配系数	K_{OW}	R
蒸气压/Pa	V_P	R
水中溶解度/(mol/L)	S_{wat}	R
时间/d	t	C
土壤中农药起始浓度/(mg/kg)	PIEC	O
输出：		
挥发作用一级传输速率常数	$K_{vol(soil)}$	
t 天时土壤中农药浓度/(mg/kg)	$C_{soil,t}$	
半衰期/d	DT_{50}	

计算公式：

传输速率常数：

$$K_{vol(soil)} = \frac{1}{H_{soil}} \times 1.9 \times 10^4 + 2.6 \times 10^4 \times \frac{K_{OW}}{V_p / S_{wat}} \qquad (6\text{-}22)$$

一级反应速率浓度降低：

$$C_{soil,t} = PIEC \times e^{-K_{vol(soil)}} \qquad (6\text{-}23)$$

$$DT_{50} = [H_{soil} \times (1.9 \times 10^4 + 2.6 \times 10^4 \times \frac{K_{OW}}{V_p / S_{wat}})] \times \ln 2 \qquad (6\text{-}24)$$

6.6.8 农药自地面水的挥发

自地面水挥发计算时，水体被认为是充分混匀的，因为在地面水的薄层表面存在浓度梯度，上层的空气也被认为是完全混匀的，在薄层中存在浓度梯度。在两相界面上，有一个浓度截面层，空气相和水相的浓度比等于 Henry 常数。在两相间的转移服从线性分子扩散，分子的扩散速度与相交换系数有关（表 6-25）。

表 6-25　挥发计算参数

参数	符号	$C/E/R/O$
输入：		
水中的起始浓度/(g/cm³)	$C_{wat,o}$	O
时间/d	t	C
水体平均深度/cm	D	C
Henry 常数/[(Pa · m³)/mol]	H	C
温度/K	T	C
气体常数/[(Pa · m³)/(mol · K)]	R	C
气体交换系数/(cm/s)	k_g	C
液相交换系数/(cm/s)	k_L	C
输出：		
无量纲 Henry 常数	H'	
水相总质量传输系数	K_L	
t 时间挥发后水中的浓度/[g(a.i.)/cm³]	$C_{wat,t}$	
挥发半衰期/d	$t_{1/2}$	
t 时间挥发后空气中的浓度/[mg(a.i.)/kg]	C	

计算公式：

$$H' = \frac{H}{RT} \tag{6-25}$$

$$\frac{1}{K_L} = \frac{1}{k_l} + \frac{1}{H'k_g} \tag{6-26}$$

$$C_{wat,t} = C_{wat,0} \times e^{-\frac{k_L}{D}} \tag{6-27}$$

$$t_{1/2} = 0.69 \times \frac{D}{K_L} \tag{6-28}$$

$$\frac{C_{wat,t}}{C_{air,t}} = \frac{1}{H'} \tag{6-29}$$

$$C_{air,t} = C_{wat,t}H' \tag{6-30}$$

6.6.9　饮用水体中的农药

计算公式：

$$C_{\text{dr,wat}} = C_{\text{wat,dis}} \times F_{\text{pur}} \qquad\qquad (6\text{-}31)$$

式中　$C_{\text{wat,dis}}$——地面水中可溶态浓度；

F_{pur}——净化系数；

$C_{\text{dr,wat}}$——饮用水中的浓度，mg/L。

6.6.10　淋溶到作饮用水的地下水

假如有水排放，只有 40%降雨通过淋溶进入地下水，若没有排水，则 100%降雨全部进入地下水。然而，地下水中的农药浓度与浅层地下水中保持一致。

计算公式：

$$C_{\text{dr,wat}} = \frac{C_{\text{gw}}}{1000} \qquad\qquad (6\text{-}32)$$

式中　C_{gw}——浅层地下水中的浓度，mg(a.i.)/m；

$C_{\text{dr,wat}}$——饮用水中的浓度，mg(a.i.)/L。

6.6.11　农药自作物上挥发

农药被作物截获后，有一部分农药从作物表面向空气中挥发掉，计算参数见表 6-26，计算方法如下。

扩散系数：
$$D = 8.8 \times 10^{-9} \times \left(\frac{RT}{M}\right)^{\frac{2}{3}} \qquad\qquad (6\text{-}33)$$

蒸发密度：
$$E_d = \frac{DV_{\text{P}}}{RTL} \qquad\qquad (6\text{-}34)$$

截获量：
$$\text{Dos}_{\text{int}} = \frac{\text{Dos}_{\text{max}} \times P_{\text{int}} / 100}{M \times 10000} \qquad\qquad (6\text{-}35)$$

起始蒸发量：
$$Flux_{\text{eva}} = \frac{3 \times \text{Dos}_{\text{int}} \times E_d}{2 \times R_0 \times C_0} \qquad\qquad (6\text{-}36)$$

6.6.12　作物对农药吸收

作物具有从土壤中吸收农药的能力，作物吸收量计算参数见表 6-27，其计算方法为：

表6-26　农药自作物上挥发的计算参数

参数	符号	C/E/R/O
输入：		
最大用量/[kg(a.i.)/hm²]	Dos$_{max}$	O
作物截取比例/%	P_{int}	C
液珠半径/m	$R_0=0.2\times10^{-3}$	C
喷施液中农药浓度/(kmol/m³)	C_0	R
蒸气压/Pa	V_P	R
摩尔气体常数/[J/(mol·K)]	R=8.314	C
温度/K	T=293	C
对流层厚度/mm	L=0.03×10⁻³	C
分子量/(g/mol)	M	R
输出：		
起始蒸发量/[kmol/(m²·s)]	Flux$_{eva}$	
截获量/[kmol/(m²·s)]	Dos$_{int}$	
蒸发密度/[kmol/(m²·s)]	E_d	
扩散系数/(m²/s)	D	

沉积物/水分配：

$$\lg K_{OC} = 0.989\lg K_{OW} - 0.346 \tag{6-37}$$

$$C_{soil,wat} = \frac{R_{HO}}{(R_{HO} \times K_{OC} \times F_{OC} \times F_{SW}) \times PIEC} \tag{6-38}$$

植物吸收：

$$TSCF = 0.748 \times \exp[-(\lg K_{OW} - 1.78)^2 / 2.44] \tag{6-39}$$

$$SCF = 0.82 + 10^{0.95\lg K_{OW} - 2.05} \tag{6-40}$$

$$C_{crop} = C_{grass} = SCF \times TSCF \times C_{soil,wat} \tag{6-41}$$

表6-27　作物吸收量计算参数

参数	符号	C/E/R/O
输入：		
土壤浓度/[mg(a.i.)/kg]	PIEC	O
土壤有机碳比例	F_{OC}	C
土壤含水量	F_{SW}	C

参数	符号	C/E/R/O
输入：		
土壤容重/(g/cm³)	R_{HO}	C
正辛醇-水分配系数	K_{OW}	C
输出：		
有机碳分配系数	K_{OC}	
土壤溶液中浓度/[mg(a.i.)/kg]	$C_{soil,wat}$	
传输流中浓度系数	TSCF	
茎中浓度系数	SCF	
蔬菜作物中浓度/(mg/kg)	C_{crop}	
草中浓度/(mg/kg)	C_{grass}	

第 7 章

农药对农作物的污染与危害

农药施用于农作物后，人们除关注农药防治病虫害的效果外，农药对农作物产生的危害作用和农药对农作物的残留污染也是人们重点关心的问题。农药对农作物产生的危害作用，主要是农药危害作用的原因和表现。农作物农药残留污染是讨论残留量与作物的关系。

7.1 农药对农作物产生危害的原因

农药对农作物产生污染与危害的原因是多方面的，研究产生危害的原因和方式，对于科学合理使用农药，具有十分重要的作用。施用农药后在植物上产生药害，其原因是多方面的，但主要可以归结为药剂、植物和环境条件三种因素。

7.1.1 农药的特性

作物药害的产生与农药药剂的性质有关。任何一种农药对农作物都有一定的生理作用，不同的品种对农作物有不同的反应，如有机氯杀虫剂对瓜类易产生药害，敌百虫、敌敌畏对高粱易产生药害。一般来说，抗生素、仿生农药和生物农药不易引起药害，无机农药和水溶性大、渗透性强的农药对作物易引起药害。另外，除草剂和植物生长调节剂产生药害的可能性要大些，而杀虫剂、杀螨剂及杀菌剂产生药害的可能性则小些，因为除草剂的防治对象是杂草等有害植物，这些有害植物与农作物同属高等植物，有的还与农作物同科同属，故除草剂是最容易发生药害的，我国每年发生的药害事故近 80%是由除草剂引发的。

不同剂型的农药产生药害的可能性大小不同，通常是油剂＞乳油＞可湿性粉剂＞粉剂＞颗粒剂。无论何种剂型，如果加工质量差，如油剂、乳油等分层，出现沉淀；可湿性粉剂结块，悬浮率低，粉剂结絮等都会增加产生药害的可能性。

由于农药本身的原因造成作物要害的情况包括以下几种：如农药质量差，原药生产过程中有害杂质超过标准，伪劣农药危害更甚；农药制剂意外混入了有害杂质，如在杀菌剂、杀虫剂中混入除草剂，或在一种除草剂中混有另一种除草剂，当农药厂转产时管道及包装场所未彻底清洗，往往容易发生这种情况；随时间变化有效成分分解成有害物质；农药保管不慎或过了有效期，引起农药变性、变质而发生药害。

7.1.2　农药的使用

农药使用方法变化多端，稍有不慎就会造成药害。由于使用方法不当造成药害的情形主要有以下几种。

（1）过量施药或不均匀施药、重复施药　农药使用的浓度越高，越易产生药害。农药的安全系数可用式（7-1）表示。

$$安全系数 = \frac{植物对药剂的最高忍受浓度}{药剂对病虫草的田间有效浓度} \tag{7-1}$$

安全系数越大，药剂对植物越安全。安全系数大于 1 时药剂不易产生药害。如果某药剂对某种作物的安全系数小于 1，此种药剂即不安全，就是说当使用浓度超过植物对药剂的最高忍受浓度时就会对产生药害。

（2）农药混用不当　同时施用两种或两种以上药剂，农药之间相互作用发生物理或化学变化，引起增毒，产生药害。如波尔多液与石硫合剂不能混用，两者配合使用时也应间隔一段时间。取代脲类除草剂与磷酸酯类杀虫剂混用能严重伤害棉花幼苗。

（3）水质不同，药害提高　稀释农药所用的水质不同，对农药理化性质影响不同，有时会提高药害。如硬质水用于稀释乳油农药，易产生破乳现象，从而导致乳化性能差，喷洒不均匀，造成药害。

（4）不同种药剂施药时期接近　如水稻施用敌稗前后施用有机磷或氨基甲酸酯类杀虫剂，抑制了水稻内酰胺分解酶，使水稻产生药害。通常两种药剂安全间隔期应在 10 天以上。

（5）选择施药方法不当　某些农药采用药土法安全，而喷雾法则会产生接触性药害。某些除草剂用超低容量喷雾作茎叶处理会产生药害。

（6）飘移药害　使用农药时粉粒飞扬或雾滴飘散会对周围敏感作物产生药害。如麦田、玉米田喷施 2,4-滴丁酯，会使邻近双子叶作物（大豆）产生药害，或喷洒敌敌畏时会造成周围高粱田药害。

（7）挥发药害　药剂蒸发使敏感作物发生药害，如水稻施禾田净使黄瓜受害；果园施敌草腈，使苹果新芽发生异常。

（8）二次药害　当季使用的农药残存到下茬作物的生长期，对下茬敏感作物产生药害。如玉米田使用莠去津会对下茬作物如大豆或小麦产生药害。

（9）土壤残留　由于长期连续单一使用某种残留性强的农药，导致逐年累积会对敏感作物产生药害。如使用高残留或高效除草剂会对敏感的后茬作物产生药害。

（10）农药在土壤中分解或氧化产生有害的降解产物　如禾草丹施于还原条件强的稻田，产生的脱氯禾草丹，其抑制作用比禾草丹大 16～28 倍，易引起水稻矮化症。

其他如有的农药微生物降解产物，其毒性比母体更高，会造成作物药害。某些农药由于加入表面活性剂或增效剂致使毒性升高产生药害。误用农药，即不是科学合理地使用农药，这是作物发生药害的主要原因之一。由于施药人员素质不高或未受过专门培训，将农药商品名称、包装容器、剂型、色泽类似的药剂误用产生药害。

由于农药标签不清或记错药名，或认为只要是除草剂什么田都能用，往往造成严重的药害。如把除草剂当杀虫剂使用，或把单子叶作物田除草剂用于双子叶作物田等都会引起严重的药害，甚至绝产。随意扩大农药的使用范围及随意加大农药的使用量，致使作物发生药害。使用时间不当，尤其是除草剂，如应在芽前使用而在芽后使用就极易导致药害事故。还有一些农药产销企业违反农药登记管理规定，未经批准擅自在农药商品标签上扩大药剂的使用范围和防治对象，或给人以误导，致使一些药剂在不能使用的作物上产生药害。施农药时配药器具及施药器械不洁，致使施药后作物药害发生。

7.1.3　植物的差异

植物的种类很多，同种类植物中存在着许多的品种，不同的植物种类和品种，不同的生长发育过程，应采用不同的农药品种和使用方法，以避免发生农药污染和残留危害。

7.1.3.1　植物的种类和品种

植物的种类和品种不同，对药剂的敏感性亦不同，如高粱对敌百虫、敌敌畏敏感；铜制剂可使桃叶穿孔；棉花、大豆、瓜类等双子叶植物对 2,4-滴丁酯类除草剂敏感，因为这类除草剂只对单子叶植物，如小麦等安全，不能用于双子叶植物。使用除草剂时尤其要注意不同种类的除草剂所适用的作物种类以及敏感作物的种类，切不可盲目使用。作物品种存在差异，同一作物某些品种会十分敏感而产生药害。叶片蜡质或茸毛较多的植物能阻碍药剂的渗入，不易产生药害。

7.1.3.2　植物的生育期

植物的不同叶龄和生育期对药剂敏感度不同，施药时期不当，过早或过迟施药，苗质差时施药都会发生药害。

一般来说，植物在幼苗期、开花、孕穗期比较敏感，易产生药害，不宜喷药。如小麦拔节后喷洒百草敌、2,4-滴丁酯，玉米 6 叶后喷洒 2,4-滴丁酯都易造成药害。在使用除草剂时应注意，某些土壤施用的芽前除草剂对幼芽或幼苗易产生药害，不宜进行苗后施药。

7.1.3.3　环境条件

环境条件不同会改变作物对农药的敏感性。一般情况下气温升高，农药的药效增强，但药害也同时增强。因此高温时不宜喷药，尤其是不要在夏日炎热的天气、中午气温高时施药，这样不仅可减轻或避免药害，同时还可防止施药人员中毒。湿度大有利于药剂向植物体内渗透也易造成药害，所以不宜在多雨多露的天气喷药。土壤性质对土壤处理除草剂的药效发挥和药害产生有明显影响。易淋溶的除草剂施用在轻质土壤中应严格控制用药量。如莠去津在华北地区有机质含量较低的土壤中用量比东北地区要低些，否则易造成对下茬作物的药害。在不利于作物生长的条件下施药：如土壤条件为沙质土、盐碱地上施药；在播种后无覆盖物，露籽或有水层、灌溉、雨淋使作物种子接触药剂；喷药时极端高温或低温、暴雨、刮风等恶劣气候条件下施药等，均有可能产生药害。

农药厂三废排放造成的空气、河水、地下水污染引起的作物药害事故各地均有发生，有些受害范围广，经济损失严重，这些问题需要通过政府部门运用法律手段严格控制污染源排放来解决，切实保护农民利益。

7.2　作物对农药的敏感性和产生药害后的表现

不同的农药对不同的农作物产生药害的部位和症状不同，了解主要表现症状，在生产中具有很好的应用价值。

7.2.1　作物对农药的敏感性

作物对农药的敏感性是不一样的。即使是同种作物，在不同生育期，其对农药的敏感性也不一样，一般幼苗期易发生药害，作物生长中后期较少发生，因为幼苗期的耐药性比较差。同种作物其不同部位对农药的敏感性也不一样，一般叶片易发生药害，茎秆较少发生，因此作物发生药害首先在叶片上显现出来。作物长势不同对农药的敏感性也不一样，一般作物营养充分、长势较旺盛的耐药性强，反之则弱。

对农药敏感的作物品种很多，因农药品种的不同，作物的敏感性也有差异。

7.2.2　作物药害

药害指不合理使用农药导致植物呈现的各种病态反应，包括一系列非正常生理变化，例如药物导致的植株组织损伤、生长被抑制、植株变态、产量降低、绝产甚至死亡等现象。农药作为有毒物品，用来防治生产上的病虫草害，要掌握农药的特点和使用技术，包括农药的理化性质、质量、施药量和浓度、施药次数和时间、施药的技术措施等，如果把握不准就有可能使作物发生药害。同时，作物药害的产生与自然环境条件因素也有着密切关系，其中以温度、湿度、降雨、风力、风向、土壤等因素的影响最为显著。

7.2.2.1 农作物产生药害的类型

一般按药害发生时间或症状性质分类。按药害发生时间可分为：

（1）直接药害 施药后对当季作物造成药害。

（2）间接药害 对下茬敏感作物造成药害，如三唑类对下茬双子叶作物和敏感粳稻的生长有抑制作用而表现的药害等。

7.2.2.2 药害发生的症状

按药害发生的症状可分为：

（1）隐性药害 无可见症状，但影响产量和品质。这种药害往往被人们忽视。如三唑类阻止叶面积增加，减少总光合产物；使叶菜面积、果实变小，产量下降；使水稻穗小，千粒重下降；改变不饱和脂肪酸和游离氨基酸的含量、蛋白质减少等。嘧菌酯可增加赤霉病菌毒素的产生；重金属杀菌剂也常影响作物光合作用和生殖生长，使结实率下降。

（2）可见药害 可观察的形态上的药害。农作物药害的症状较多。

① 斑点 呈现斑点症状的作物药害，大部分发生在作物的叶片上，也可发生在作物的茎秆或果实表皮上，但比较少见。生产上，以褐斑、黄斑、枯斑、网斑等为常见的斑点症状。作物药害斑点不同于真菌性病害的斑点，主要表现为斑点形态不一样；真菌性病害的斑点形状较一致，具有发病中心。作物药害斑点也不同于生理性病害的斑点，主要表现为分布规律不一样，作物药害斑点不仅在植株分布上无明显的规律性，而且在整个地块的发生程度上也各不相同；生理性病害的斑点一般发生普遍，在植株上的表现部位基本相同。

② 黄化 呈现黄化症状的药害，其发生原因主要是农药对叶绿素的正常光合作用产生抑制作用，因此其症状主要在作物植株的茎叶部位上表现出来，尤其表现为叶片黄化。黄化症状轻则仅叶片发黄，重则整株发黄。叶片黄化的症状又可分为 2 种，即心叶发黄和基叶发黄。药害引起的黄化不同于病毒引起的黄化，病毒引起的黄化其黄叶通常还可呈现翠绿状，且病株呈系统性症状，发病植株与健康植株在田间混生。药害引起的黄化也不同于营养元素缺乏引起的黄化，药害引起的黄化一般由黄叶变成枯叶，受天气影响显著，如果是晴好天气多，则黄化产生快，如果是阴雨天气多，则黄化产生慢；营养元素缺乏引起的黄化主要是受土壤肥力影响，全地块黄苗表现一致。

③ 枯萎 药害产生的枯萎症状一般整株出现枯萎,其不同于植株染病后发生的

枯萎症状，药害产生的枯萎症状无发病中心，且大部分发生持续时间比较长，先黄化，后死苗，根茎输导组织没有发生褐变。而植株染病后发生的枯萎症状其形成原因，大部分是植株根茎输导组织被堵塞，被阳光照射后，植株蒸发量变大，水分供应不足而先萎蔫，后失绿死苗，根基导管常发生褐变现象。

④ 畸形　药害产生的畸形，大部分以卷叶、丛生、肿根、畸形穗、畸形果等症状在作物的茎叶和根部显现。药害产生的畸形不同于病毒感染导致的畸形，二者在发生范围上存在差异，药害产生的畸形发生相对普遍，发病植株局部显症；而病毒感染导致的畸形发生不是很普遍，常零星发生，发病植株系统性显症，一般发病植株叶片还混有碎绿明脉、皱叶等症状。

⑤ 生长停滞　主要表现为作物的正常生长受抑制，造成植株生长缓慢。其不同于生理病害造成的发僵和缺素症导致的发僵，药害导致的生长停滞大多还产生药斑或其他药害症状；而生理病害造成的发僵主要影响根系的生长，根系生长差；缺素症导致的发僵主要影响叶片，叶色发黄或暗绿。

⑥ 不孕　药害造成的不孕症状在植株营养生长期发生较少，主要是由作物生殖生长期用药不合理造成的。药害造成的不孕不同于气候因素引起的不孕，二者在植株整体的不孕范围和有无其他症状上存在差异。药害造成的不孕表现为全株不孕，即使部分结实，但也会伴有其他药害症状；而气候因素引起的不孕基本不会出现全株性不孕现象，而且不存在其他药害症状。

⑦ 劣果　药害造成的劣果症状主要表现为果实体积变小、果表不正常等，主要在植物的果实上显症，通常会降低果实品质，影响果实的食用价值。药害造成的劣果不同于病害造成的劣果，药害造成的劣果只表现出病状，但并没有病征，偶尔伴有其他药害症状。病害造成的劣果不仅表现出病状，也会出现病征，部分病毒性病害出现系统性症状，或不存在其他症状。

⑧ 脱落　药害造成的脱落果症状以落叶、落花、落果等现象较常见，大部分在果树及部分双子叶植物上发生。药害造成的落叶、落花、落果症状不同于天气或栽培因素引起的落叶、落花、落果，药害造成的落叶、落花、落果症状还有黄化、枯焦等其他药害症状显现，然后再落叶。而天气或栽培因素引起的落叶、落花、落果常与灾害天气如大风、暴雨、高温等有关，只有在灾害天气出现时才会出现；栽培方面，如果肥料投入不足或生长过旺也可发生落花、落果现象。

7.2.2.3　使用化学农药对农业生物多样性的影响

生物多样性是指一定空间范围内生命形态的丰富程度，是生物及其与环境形成的生态复合体以及与此相关的各种生态过程的总和，包含植物、动物、微生物和它们所拥有的基因以及它们与其生存环境形成的复杂的生态系统，有物种多样性、遗传多样性和生态系统多样性 3 个层次。生物多样性分为自然生物多样性和农业生物多样性。农业生物多样性是人类现在和未来产业发展、资源开发、战略性种质资源保存与利用、生物安全等的重要物质基础，生物多样性与农业存在着互惠关系。农业是生物多样性受益最大的行业之一，而化学农药的不合理使用，会改变生物群落、生物种群组成、降低生物群落的多样性，导致生态系统的稳定性下降、平衡失调以及农药杀伤天敌，引起害虫再猖獗。化学农药的使用成为影响农业生物多样性的最重要因素，对农业区域生物群落的结构与功能产生了严重影响，直接结果是导致物种多样性减少、遗传多样性丧失、生态系统多样性脆弱等。

（1）农药的直接毒害作用使物种多样性减少　由于农药的毒性作用，阻碍许多生物的正常生长发育，使生物丧失繁衍能力，甚至死亡，从而导致物种多样性的减少。如农药在杀死害虫的同时，也杀灭了一些对农作物有益的昆虫及害虫天敌，或在有益昆虫和害虫天敌体内残留毒素，使其繁殖能力丧失。在稻田中，不论是选择性杀虫剂，还是广谱性杀虫剂，尽管它们对稻田节肢动物的影响程度有差别，但施用后在杀伤害虫的同时，都显著地降低稻田捕食性天敌的物种丰富度和单位面积内的天敌个体数量，并且在水稻后期都不同程度地引起主要害虫的数量回升，容易导致害虫的再猖獗。

（2）对遗传多样性的影响　遗传多样性是生物进化的动力，生物多样性丧失，群落退化，遗传多样性减少，如果物种原来所有的遗传个体尚还存活，则可在一定时间恢复，相反如果遗传群体的多样性很少，其类群的适应性就会减弱，生物容易灭绝。

（3）对生态系统多样性的影响　农药对生态系统的危害表现为在使用后不同程度地破坏生态平衡，威胁多种生态系统。研究表明，由于农药具有持久性及选择性两个特性，长期使用农药后，对农田生态系统的生物相产生直接影响，使其多样性降低和某些种类生物量的减少，这些均导致生态系统的稳定性下降，生态平衡被打破。农药在防治有害生物的同时，也对天敌生物产生了毒害作用，可能造成敏感生物种群的减少和消灭，破坏农田生态平衡，影响生物多样性。

（4）改变生物群落的组成　由于各种农药有不同的作用谱，如杀虫剂有杀虫谱，杀菌剂有杀菌谱等。对于不同对象，杀伤力或毒力也有所不同。因此，在施用后，有些种类被大量杀死，有些可以部分生存，有些不受影响，有些甚至受到刺激反而增加；也有一些间接的效应，即杀死某些种类后，另一些种类由于减少了竞争者而增多。总之，在一个群落中，由于施用了农药，第一个直接而明显的影响就是群落组分的改变，某些种类减少，某些种类增多。如杀虫剂对农田生态系统中的昆虫相有很大影响，对于生物群落组成的改变，存在两个比较突出的效果：一是原来次生性的种类成为主要种类。在杀虫药剂的使用中，由于广谱性，杀死了多种昆虫天敌，有些次要害虫因受昆虫天敌控制，数量较少，但由于杀虫剂消灭其大量天敌，削弱了原来存在的自然控制因素，因而数量大增。二是再增猖獗现象。杀菌剂及除草剂较少或基本上不发生这种现象。

（5）改变生物种群的组成　一个生物种群，有其自然组成。由于种群中个体对农药不同耐受能力差异的存在，会使耐药力强的个体生存下来，耐药力弱的个体被淘汰。应用杀虫剂时，害虫的卵、蛹不易被杀死而被保留下来，而幼虫或成虫被杀死，而用杀卵剂时，正好相反。

昆虫、杂草和病原微生物（真菌及细菌等）在化学农药长期选择作用下形成抗性系；在长期的选择作用下，抗性基因频率（原来一般是很少的）大大增加，而这个种群中原来较多的感性个体（或正常个体）逐渐减少，最后形成了一个抗性系，种群的性质就有了根本的改变。

（6）生物相的多样性降低　长期使用农药后，农田生态系统发生的另一改变就是生物相的多样性的降低，即生物相变得更为贫乏，当人们将自然生态系统改为农田生态系统时，生物相的多样性就大为降低了。如单一作物代替了多种植物，以多种植物为食的动物相应减少，用农药后，这一效果变得更为突出，多用或滥用杀虫剂必然产生这一不良后果。对生物相的多样性的破坏作用杀虫剂大于除草剂和杀菌剂。

7.2.3　作物受害后的补救措施

作物发生药害之后，首先可以采用喷洒清水洗涤的方法，即用清水冲刷或稀释作物叶片上的农药，减轻其危害。如果是土壤受到农药污染，则不宜用清水浇地，因土壤水分含量增加，可使作物吸收更多的药剂。有时可以翻耕泡田，反复冲洗土壤。施用有机肥、活性炭也能减轻土壤中除草剂对作物的药害。

除草剂发生药害以后，可以通过追施速效性肥料及根外追肥，应用解毒剂等来挽救。水稻在播种前或芽期误用 2 甲 4 氯常不发根，芽细长扭曲，发现后应尽快施草木灰，可减轻药害；水稻秧苗期施过量 2 甲 4 氯或使用时期不当，植株东倒西歪，叶片张开，生长缓慢，老根变黑，新根短粗，一拔即断，发现药害后要立即排水晒田和增施速效氮肥。2,4-滴类除草剂雾滴飘移到棉花等敏感作物，会使叶片皱缩，叶柄打扭弯曲，可打顶除去畸形主枝，促进正常的侧枝生长。扑草净在水稻田引起的药害，初期应尽早放水洗田，然后追施化肥补救，旱地作物药害可用水淋洗或喷洒 1% 石灰水消除。如果药害确系非常严重，发展又很快，就应该采取果断措施，毁种或改种别的作物，以免耽误农时；或虽保住苗，但产量和产品质量将大幅度下降，直接影响农民收入。

7.3　农药对作物的污染

农药对农作物污染主要与农作物的农药来源与施药方式密切相关，其主要途径有：直接喷施于农作物表面，部分农药进入植物组织内部；植物通过根系从土壤中吸收农药进入食用部位；植物呼吸交换，农药进入植物组织内；其他途径，如农药直接涂抹、注射于作物表面或树干内；农产品贮存保鲜喷药、拌药等。

7.3.1　农作物的农药起始残留浓度

农作物的农药起始残留浓度是评价农药污染程度的关键参数之一。农作物收获时食用部分的农药污染程度与多种因素有关，如农药的残留降解速度，农药的使用量和使用次数，最后一次打药至收获的间隔日期和农药的起始残留浓度等。

农药起始残留浓度指的是在用药后 1h 内采样所分析的农作物食用部分的农药残留量，可用 C_0 表示，也可用英文四字母 PIRC 简略表示。

7.3.1.1　农药起始残留浓度与作物取样部位的关系

为研究不同作物种类产品受农药残留污染的情况，有关学者设计了三种实验方案，进行了农药涂抹试验、农药田间喷施试验和农药浸渍试验。

（1）农药涂抹试验　试验作物为豇豆、甜椒、黄瓜和番茄的待上市产品，用毛笔涂 4 种拟除虫菊酯农药于果实上，果实大小应有代表性，药液浓度 25mg/L，涂后 1h 内取样分析，4 种蔬菜间的农药测定结果有很大差别，豇豆最高，番茄最低，而甜椒和黄瓜为中间水平。经测定，这种差异与 4 种蔬菜食用果实的单位质量的表面积（比表面积，用 cm²/g 表示）大小差一致。

（2）农药浸渍试验　为研究农药起始残留浓度与蔬菜食用部分比表面积的关系，有关研究人员进行了农药浸渍试验。试验蔬菜 11 种，其食用部分浸于 20mg/L 的氰戊菊酯溶液中 2s，拿出，滴去剩余药液，晾干后分析农药浓度，并测定各种蔬菜的比表面积和计算每平方厘米表面积的农药量，用 ng 表示。试验结果表明：随着蔬菜比表面积的增加，氰戊菊酯的起始残留浓度亦增加，而且呈正相关，得到的一元一次回归式为 $y=96.45x-54.0$，式中 y 为农药起始残留浓度，x 为比表面积，$r=0.993$，达极显著水平；单位表面积农药量由起始残留浓度除以比表面积而得，此值在不同作物之间有一定差异，总的是叶菜类＞豆荚＞茄果类，这反映了可食部分形状和其他性质对农药残留量的影响，但这种差异要比比表面积的差异小得多。

（3）农药田间喷施试验　农药涂抹试验和浸渍试验与农业生产的实际情况相差很大，为此需进行田间农药喷施试验，以论证上述实验结果的正确性。试验农药为：20%氰戊菊酯乳油，用量 90g/hm²，药液用量 150L/hm²，药液浓度 600mg/L，用东方红 18 型弥雾机喷施，试验作物包括蔬菜、桃子等，其中也包括作为农药直接受体的空心莲子草。测定样品除小麦叶、水草和桃子外均为待上市产品，番茄为大果实型，大部分作物经多次试验，有的试验农药用量为 120g/hm²，则农药起始残留浓度作相应换算。在农药用量相同时，不同作物的农药起始残留浓度相差非常大，如最高的小麦叶与最低的番茄之间相差 102.5 倍，它们的比表面积相差 66.4 倍。与涂抹试验和浸渍试验一样，各种作物的农药起始浓度随着比表面积的增加而增加。按照农药的起始污染程度，农作物可以分成三类。第一类是叶菜类和青饲料类，如青菜、生菜、芹菜，用作青饲料的牧草竹、青玉米等，它们的比表面积大，一般超过 20cm^2/g，农药起始残留浓度高。第二类为豆类和小型水果类，如豇豆、刀豆、扁豆、葡萄、草莓和小型番茄等，麦穗也属此类，比表面积和农药起始污染程度属中等。第三类为茄果类蔬菜和水果，如黄瓜、大型番茄、茄子、青椒、西瓜、菜花、苹果、梨等，收获前它们的比表面积一般小于 2~3cm^2/g，农药起始污染程度轻。而桃子的比表面积仅是 2.0cm^2/g，而农药起始浓度高达 604.8μg/kg，这是例外，可能与桃子表面有绒毛覆盖有关。对试验数据统计得到的农药起始浓度（y）与比表面积（x）的回归式是 $y=139.3x-61.8$，$r=0.974$，为极显著水平。此为经验回归式，在预测评价时用到。

7.3.1.2　农药用量与农药起始残留浓度

另一个影响农药起始残留浓度的重要因素是单位耕地面积农药一次用量，用 g/hm^2 或 g/亩表示。进行了青菜和鸡毛菜的氰戊菊酯起始残留浓度与农药用量之间关系试验。结果表明，农药起始残留浓度（y）与农药用量（x）呈正相关。经统计，青菜的回归式为 $y_1=689.9+682.7x$，$r=0.991$，达极显著水平；鸡毛菜的回归式 $y_2=392.0+927.8x$，$r=0.9977$，也达极显著水平。在青菜的试验中对照的农药起始残留浓度较高，这是前次用药的残留量。

农药有效成分不同，但制剂的剂型相同时，在同一种作物上的农药起始残留浓度也与农药用量有关。例如，当乐果和氰戊菊酯用量分别为 480g/hm^2 和 120g/hm^2 时，3 种作物上两种农药的起始残留浓度之比在 4∶1 左右，平均为 4.16。其制剂分别是 40%乳油和 20%乳油。再如，用 3 种农药田间喷施鸡毛菜，滴滴涕和氰戊菊酯都为乳油，而百菌清为 75%可湿性粉剂。在其他条件相同时，农药用量均为 600g/hm^2，滴滴涕、氰戊菊酯和百菌清在鸡毛菜上的起始残留浓度分别是 34.5mg/kg、34.0mg/kg 和 23.4mg/kg。同为乳油的两种农药，其起始残留浓度非常一致，而百菌清因剂型不同起始残留浓度较低。采用 4 种拟除虫菊酯乳油药剂，当用量相同时，在同一作物上的起始残留浓度也很相似，4 种农药在小白菜和菜花上的平均值分别为 1849.5μg/kg 和 124.1μg/kg，标准差（s）分别是 107.3μg/kg 和 28.7μg/kg。而变异系数小，白菜为 5.8%，菜花较大为 23.1%。试验说明，即使农药种类不同，当农药剂型都为乳油时农药起始残留浓度与其用量有很好的相关性。

7.3.1.3　农药药液浓度与农药起始残留浓度

农药药液浓度与农药用量和药液用量有关。当药液用量相同时，药液浓度随农药用量增加而增加，并导致作物上农药起始残留浓度提高。当农药用量一定时，药液浓度随单位耕地面积用药量增加而减少，反之则浓度提高。在常规中容量喷雾时，药液用量为 200～600L/hm²，而低容量喷雾时为 50～200L/hm²，我国常用量为 750～1500L/hm²，低容量为 150L/hm² 左右。

试验表明，当用量相同而药液量不同时，农作物的农药起始残留浓度有很大差异。当氰戊菊酯用量均为 90g/hm² 时，药液用量不同导致药液浓度和在鸡毛菜上的起始残留浓度也有较大差异，药液用量从 1500L/hm² 减少至 150L/hm²，药液浓度相应提至 10 倍，而起始残留浓度仅提高至 3.36 倍，幅度较药液浓度小。若以氰戊菊酯起始浓度为 y，药液浓度为 x，则其回归式为 $y=522.6+6.00x$，$r=0.967$，达极显著水平。综合其他具有不同药液用量的试验结果，药液用量相差 10 倍时，农药残留起始浓度平均相差 3.8 倍左右，说明农药用量相同时增加药液用量可减轻作物的农药起始污染程度，反之则加重。

7.3.1.4　影响农药起始残留浓度的其他因素

除作物食用部位比表面积、农药用量、药液用量或药液浓度外，影响农药在作物上起始残留浓度的因素还有：农药剂型；作物食用部分表面的亲水性和粗糙度；作物采样时的含水量；作物的生长期；食用部分的空间位置等。在一般情况下乳油的起始残留量大于可湿性粉剂。亲水性的和粗糙的表面能比疏水性的光滑的表面接受更多的农药。在阴雨天采样，因作物含水量高，对农药浓度有一定稀释作用。位于植株外围的果实比被茎叶遮住的果实能接受更多的农药。在小麦和水稻生长后期或快成熟时喷施农药，在试验后期的叶片中能测定到比前期更高的残留浓度，这与叶片的生理脱水有关，趋于成熟叶片含水量低，相对提高了叶片的比表面积。例如，在小麦氰戊菊酯的试验中，试验初期测得的比表面积是 59.8cm²/g，在试验后期为 180.3cm²/g，增加了两倍。

甘蓝和大白菜属结球型叶菜类，在结球前其农药起始残留浓度状况与其他叶菜类相似，结球后有其特殊性。结球后农药主要喷施于外部叶片，内叶和心叶不是农药的直接受体，农药残留较低。在食用时又弃去农药残留量高的老叶，当前期用药少时食用部分的农药污染程度一般较轻。氰戊菊酯的甘蓝试验证明了这一点，农药用量 150g/hm²，药液用量 1500L/hm²。试验数据表明，农药残留量主要集中在外部第 1 片、第 2 片叶，为全部的 89.0%，而心叶为未检出。因内部叶片不是农药的直接受体，它的农药起始污染程度与茄果类相似，全菜球的起始残留浓度仅 50.9μg/kg。

了解影响农药起始残留浓度的因素不仅对于预测作物的农药污染程度，而且对于农药残留试验的正确取样分析技术具有指导意义，有时也能解释作物农药残留量的一些异常情况。

7.3.2　农药在作物上的降解及其速度

此根据试验结果对农药在作物上降解的要点和特点作说明。

7.3.2.1　四种农药降解模式在作物上的适用性

在一般情况下，农药在农作物上的降解可用 $C=C_0\mathrm{e}^{-Kt}$ 或 $\ln C=\ln C_0^{-Kt}$ 的降解模式表示，并可用 $0.693/K$ 计算农药降解半衰期。试验数据可用该模式表达，r 的显著率达 90%以上，但当农药物上的起始残留浓度很低时，如拟除虫菊酯在菜花上，取样误差和分析误差使得到的残留量结果不符合上述模式；而当农药挥发性强、降解快，如敌敌畏，其测定结果有时也较难反映实际情况；有降解和吸收的双过程，全过程用该模式表达也不合理，但从最高浓度起农药降解符合该模式；当试验期间农作物遇自然干旱脱水或生理脱水（成熟期茎叶脱水）导致农药浓度不规则升高也不符合该模式。

农药喷施于作物表面后，因挥发、扩散、光分解反应及受雨淋失，农药浓度减少较快；而进入植物组织内部的农药主要经受生物降解，浓度减少较慢。然而，由于多数农药残留试验周期短，取样次数一般不超过 7～10 次，如间隔时间短，就很难反映出前快后慢的农药降解过程，即使反映出也因测定次数少而难以作数理统计。在试验长、取样次数>10 次时，试验结果可以用双室模型的模式表示。

在大棚蔬菜的试验中发现农药残留量有上升的现象，而应用了 $C=A\mathrm{e}^{-\alpha t}-B\mathrm{e}^{-\beta t}$ 的单室吸收降解模型。某些水生蔬菜和根菜也会发生这种情况，因在降解时这些作物可同时吸收水中或土壤中的农药，而且农药浓度最高值出现在药后一定时间。

从理论上讲，在作物上重复使用同一种农药时，可用式（7-2）表示农药的残留情况。

$$(C_n)_t = C_0\left(\frac{1-\mathrm{e}^{-nKL}}{1-\mathrm{e}^{-KL}}\right)\mathrm{e}^{-Kt} \tag{7-2}$$

式中　K——农药降解常数；

　　　L——经 L 天的残留量；

　　　n——施药次数；

　　　C_0——农药起始残留浓度；

　　　t——施药后的降解时间。

其应用前提是试验条件基本一致。当试验条件差异大时，计算值与实际值误差较大。当农药降解半衰期 $t_{1/2}\leqslant 2\mathrm{d}$ 和前后施药间隔期 L 为 10d 时，应用式（7-2）的实际意义不大，可用一次施药的农药降解情况表示。

7.3.2.2　农药在作物上的降解速度

影响农药在作物中降解速度的因素有农药性质、环境条件和农药受体本身。因这三类因素的综合影响，农药在作物上的降解速度表现出一些普遍的规律。在农药残留试验资料丰富的杀虫剂中，化学性质稳定的有机氯农药、昆虫几丁质合成抑制剂类农药降解速度慢，拟除虫菊酯类农药降解速度中等，有机磷农药和氨基甲酸酯农药降解较快；在同类农药中降解速度也有差异，如在有机磷农药中敌敌畏、马拉硫磷降解相当快，高挥发性是其降解快的主要原因；降解速度具有明显的地域性差异和季节性差异，这是由降解的环境条件差异所致，温度、降雨和光照较为重要。所以在引用资料时需说明试验条件，以明确适用性。同种农药在不同作物上的降解速度有所差异，果树的作物果实中农药降解速度较慢，而生长速度快的蔬菜，其农药降解速度也快，这与食用部位的生长系数快慢有关；由于特殊的半封闭条件，农药在大棚设施作物上的降解速度通常慢于露地作物。因低水分状况库藏农产品的农药降解速度相当慢。

蔬菜等农作物上的农药残留量可随时间转移，经过若干天后，即可逐渐消失，这个时期称为"残留期"。农药施用剂量不同，残留期有差异。

7.3.2.3　作物上农药的降解速度试验

11 种农药在 15 种作物上的残留田间降解试验，其中作物以蔬菜和草莓为主，露地蔬菜和大田作物试验 60 多次，大棚作物试验 13 次，试验结果如下。

（1）露地蔬菜和草莓上的农药降解速度　10 种农药在露地蔬菜和草莓上的降解速度见表 7-1，$t_{1/2}$ 幅度为 0.3～4.5d，其中马拉硫磷最快为 0.3d，百菌清和滴滴涕最慢，在叶菜上分别为 4.5d 和 4.2d。拟除虫菊酯的试验最多，占总试验数的 85%，尤其是氰戊菊酯的试验多达 27 次。5 种拟除虫菊酯在露地蔬菜上降解试验的综合结果列于表 7-2 中，它们在露地蔬菜和草莓上的降解速度比较接近，其幅度为 0.5～5.7d，平均值为（2.2±0.84）d。

表 7-1　10 种农药在露地蔬菜和草莓上的降解速度

农药	作物	n	$t_{1/2}$/d	农药	作物	n	$t_{1/2}$/d
氰戊菊酯	叶菜类	4	2.7	溴氰菊酯	豆荚类	1	1.4
	豆荚类	8	3.0		茄果类	2	2.1
	茄果类	13	2.2	氟氰菊酯	叶菜类	2	2.8
	草莓	2	4.3		豆荚类	2	1.9
氯菊酯	叶菜类	2	2.3	乐果	叶菜类	1	1.0
	豆荚类	1	1.4		豆荚类	1	3.0
	茄果类	2	1.4	甲基对硫磷	刀豆	1	0.9
氯氰菊酯	叶菜类	2	2.3	马拉硫磷	叶菜类	1	0.3
	豆荚类	1	1.4	滴滴涕	叶菜类	3	4.2
	茄果类	2	2.2	百菌清	叶菜类	1	4.5
溴氰菊酯	叶菜类	2	2.8		豆荚类	1	2.4

表 7-2　5 种拟除虫菊酯在露地蔬菜上的降解速度

农药	n	$t_{1/2}$/d	
		均值	幅度
氰戊菊酯	27	2.4±1.0	1.0～5.7
氯菊酯	5	1.7±0.48	0.5～2.7
氯氰菊酯	5	2.1±0.80	1.3～3.1
溴氰菊酯	5	2.0±0.70	1.4～2.8
氟氰菊酯	4	2.3±0.76	1.5～3.3
小计	46	2.2±0.84	0.5～5.7

（2）2 种农药在三种作物上的降解速度　试验农药为氰戊菊酯和乐果，用量分别为 150g/hm² 和 600g/hm²，试验作物为鸡毛菜、小麦和桃子，试验基本同时进行，其统计结果列于表 7-3。氰戊菊酯和乐果在 3 种作物食用部位的降解速度为：鸡毛菜最快、麦穗次之、桃子最慢，而氰戊菊酯在小麦叶上的降解特别慢，$t_{1/2}$ 长达 11.64d。产生这种差异的原因是多方面的，其中很大程度上与作物被测部位的生长系数有关，生长系数越高，农药的生物稀释作用越大，农药浓度降低的速度也就越快。设定在试验期间作物的生长是均衡的，即 $A^x = D/D_0$ 成立，式中 A 为生长系数；x 为生长天数；D 和 D_0 分别为试验结束和开始时作物测定部位的生物量。在试验期内对一些作物测定部位的 A 值进行了计算，部分结果列于表 7-4 中，蔬菜类的生长系数较高，而麦穗和桃子较低，麦叶为负增长，因试验后期小麦趋于成熟，叶片发生生理脱水，其质量有所下降。试验可知经 5d 生长，黄瓜的生物量已约为试验初的 10 倍（见表 7-4 中 A_1 值），豇豆、鸡毛菜和青菜均在 3 倍以上，农药的生物稀释作用明显，这可以作为原因之一解释为何农药在蔬菜类作物上降解快；麦穗和桃子的 A_1 值为 1.5 和 1.3，生物稀释作用较轻，尤其是桃子，这也可解释为何农药在果树作物上降解慢。

表 7-3　氰戊菊酯和乐果在 3 种作物上的降解速度比较

农药	作物	$C = C_0 e^{-kt}$/(μg/kg)	r	$t_{1/2}$/d
氰戊菊酯	鸡毛菜	$C=10606.3e^{-0.3944t}$	0.9914	1.98
	小麦穗	$C=3966.3e^{-0.1329t}$	0.9547	5.21
	小麦叶	$C=1835.0e^{-0.0599t}$	0.8960	11.64
	桃子	$C=998.4e^{-0.096t}$	0.9524	7.18
乐果	鸡毛菜	$C=31527e^{-0.7290t}$	0.9932	0.95
	小麦穗	$C=16732.4e^{-0.3741t}$	0.9988	1.85
	小麦叶	$C=64255.5e^{-0.3582t}$	0.9602	1.93
	桃子	$C=4296.7e^{-0.1548t}$	0.9568	4.48

对于小麦叶是一种特殊情况，其试验开始于灌浆期，最后一次取样已接近成熟，麦叶失水减重而出现负增长，此时不仅没有生物稀释作用，相反起到了生理脱水浓缩作用。此外，在叶片含水量低的情况下，生物降解作用也会减弱，所以其降解 $t_{1/2}$ 高于鸡毛菜。作物的生长系数是一个变数，表 7-4 所列的仅是经验数据，并不能反映所有情况下这些作物生物量增长的情况。

表7-4 一些作物测定部位的生长系数

生长系数	黄瓜	豇豆	鸡毛菜	青菜	麦穗	桃子	麦叶
A	1.60	1.37	1.28	1.25	1.08	1.06	0.93
A_1[①]	10.5	4.8	3.4	3.1	1.5	1.3	0.7

① A_1 值为生长 5 天后 D_1 和 D_0 的比值。

（3）5 种农药在鸡毛菜上的降解速度 马拉硫磷、氰戊菊酯、百菌清和滴滴涕在鸡毛菜上的降解试验于 10 月份同时进行，乐果在其他时间进行，农药用量均为 $600g/hm^2$，除百菌清为可湿性粉剂外，其余均为乳油。试验数据的统计结果列于表 7-5 中，回归式的 r 值均为极显著水平。用两点法测得的马拉硫磷降解半衰期仅为 0.3d，在各试验农药中是最快的，到喷药后第二天该农药检测结果为未检出。乐果的降解 $t_{1/2}$ 为 0.95d，比马拉硫磷慢，但比氰戊菊酯快。氰戊菊酯在鸡毛菜上的降解半衰期本次试验为 2.80d，与乐果同时进行的为 1.98d，两次平均为 2.40d，这刚好与氰戊菊酯在露地蔬菜上的平均降解半衰期一致（表 7-2），这在 5 种农药中处于中间的位置。

表7-5 5 种农药在鸡毛菜上的降解速度

农药	$C=C_0e^{-Kt}/(\mu g/kg)$	r	$t_{1/2}/d$
马拉硫磷			0.30
氰戊菊酯	$C=32738e^{-0.248t}$	0.960	2.80
百菌清	$C=20908e^{-0.153t}$	0.948	4.52
乐果	$C=32527e^{-0.729t}$	0.993	0.95
滴滴涕	$C=26330e^{-0.241t}$	0.961	2.88
滴滴涕	$C=20628e^{-0.194t}$	0.988	3.56
滴滴涕	$C=26732e^{-0.135t}$	0.995	5.13

滴滴涕共进行了三次试验，其降解的速度并不像预期的那样慢，其幅度为 2.88~5.13d，平均为 3.86d，这估计与鸡毛菜的生物稀释作用有关。在 5 种农药中百菌清降解是最慢的，$t_{1/2}$ 为 4.52d，这与表 7-1 中列出的 4.5d 相似。百菌清属带有 4 个氯原子的取代苯类杀菌剂，在高剂量下导致大鼠肾肿瘤发生，在我国仍在使用，在大

棚生产中也作烟雾剂使用。

在实际进行的一些农药残留降解试验及其取得的结果也反映了农药在作物上降解的客观规律，如农药降解速度在农药类型、品种间的差异，作物种类间和地域性的差异等。这些试验结果，以及农药在大棚作物上的降解特点都为防止农作物的农药污染提供了科学依据。

7.3.3　大棚农作物的农药污染特点

蔬菜是人们每天必需的重要食品，蔬菜生产正朝着设施栽培的方向发展，大棚生产的环境条件与露地不同，设施蔬菜生产中病虫草害的发生和危害也有别于露地条件。大棚蔬菜病害种类多于露地，危害程度比露地严重，发病时间也早。虽然大棚蔬菜虫害种类明显少于露地，但蚜虫的发生时间比露地长且危害严重，蚜虫是大棚蔬菜的主要害虫。在北方菜区白粉虱是设施蔬菜的主要害虫之一。

7.3.3.1　农药在大棚蔬菜上的残留降解

大棚蔬菜生产过程的病虫草害发生规律和防治技术有别于露地生产，农药在大棚作物上的残留降解和污染状况也有别于露地作物。有关专家为研究农药在大棚蔬菜上的污染特点，在 7 种大棚作物上对 5 种农药进行了较为系统的试验。试验农药有氰戊菊酯、乐果、马拉硫磷、百菌清和三唑酮（粉锈宁）5 种，以氰戊菊酯为主，试验作物有草莓、黄瓜、芹菜、生菜、番茄、茄子和鸡毛菜。试验于当年 11 月至来年的 5 月，在塑料薄膜覆盖期进行，农药用量为常用推荐用量，药液用量为 150L/hm^2 或 1500L/hm^2，有些试验与同一种作物的露地试验同时进行。与露地试验不同的是，在 13 次试验中有 6 次试验的农药最高浓度不是农药起始残留浓度，而是出现在药后 1～3d 内。根据农药残留量测定结果用 $C=C_0e^{-Kt}$ 的数学模式进行统计，其中 12 次试验的 $lnC=lnC_0-Kt$ 回归式的相关系数达到显著和极显著水平，仅氰戊菊酯在番茄上的降解试验的 r 值接近显著水平。

氰戊菊酯在大棚草莓上的降解半衰期为 5.63～6.30d，平均为 6.04d，在其他 4 种作物上的降解半衰期为 3.04～11.38d，平均为 7.2d。乐果在芹菜和草莓上的降解 $t_{1/2}$ 分别为 13.51d 和 5.24d。其他种农药的 $t_{1/2}$ 为 1.08～3.99d，其中三唑酮的降解最快。对于大部分试验经计算的 C_0 要高于实测的农药起始残留浓度，有的差距很大。这是由于在大棚作物上试验前期农药残留量下降较慢，有的试验农药残留量甚至有一个上升的过程。对于后一种情况，农药残留降解可用单室吸收降解模型表示，可写成 $C=3791.3e^{-0.114t}-2305.4e^{-4.36t}$，当 $t=0$ 时，$C_0=1486\mu g/kg$，与实测值相差较少，而且可以计算达到最高值的时间和浓度，分别为 2.62d 和 2078$\mu g/kg$。

农药在大棚作物上降解慢是有别于露地作物的主要特点。为说明此问题，根据试验资料对农药在大棚和露地作物上的降解速度进行了比较。对比分三种情况进行：

一是作物相同，试验同时进行，试验条件一致；二是作物不同，试验同时进行，试验的环境条件一致；三是露地作物的农药降解 $t_{1/2}$ 为多次试验的平均数，试验的条件不尽相同。结果表明，除三唑酮在大棚草莓上的降解外，露地作物上农药的残留降解速度均比大棚作物快，有些农药降解 $t_{1/2}$ 要比大棚作物快几倍，如乐果和马拉硫磷。

国内外有关专家对设施条件和露地条件下，农药在作物上的降解做了研究，甲胺磷等 9 种农药在设施蔬菜上的降解速度要慢于露地条件，有的农药在施药后几天内其浓度基本上无变化。例如，在一组甲胺磷的试验中，农药在温室番茄上的起始残留浓度为 200～320μg/kg，然而经 14d 后为 200～340μg/kg，不仅没有下降，有的还略有上升；在温室黄瓜上的降解也很慢，在 14d 内仅下降了 30%～64.5%，降解半衰期平均为 11.3d，而露地条件下甲胺磷多次试验的平均半衰期为 2.8d。

由于农药在设施条栽培件下的作物上降解慢，部分收获作物中的农药残留量可能较高，对人体的潜在的残留危害风险大于露地蔬菜，同时，部分蔬菜也易发生农药残留超标问题。

7.3.3.2 农药在大棚空间的沉降

大棚作物农药降解慢的结论是较为肯定的，其产生的原因是多方面的，如农药在大棚中不易扩散而发生沉降、大棚和露地不同的降解条件等，而这些原因又都与大棚生产的封闭或半封闭状况有关。

为研究农药降解慢的原因，有关研究人员进行了氰戊菊酯在大棚中的沉降试验，大棚中种植的蔬菜为芹菜、生菜、番茄和茄子，沉降农药用盛于培养皿中的石油醚吸收，培养皿放在不被植物遮盖处的地面上，经过一定的时间，测定石油醚中尘降的农药浓度，并换算成单位时间和单位面积的农药沉降量。在 2d 内培养皿中都能接受到从空气中沉降的氰戊菊酯，其峰值发生在药后 1～4h 内，药后 1～2d 沉降量有所下降；2.5d 内氰戊菊酯的总沉降量占农药用量的 8.77%～19.64%，平均为 14.10%，沉降量最多的为番茄棚，最少的是芹菜棚，大棚内每平方米的受药量为 2.62～7.68mg，平均为 5.29mg，而每平方厘米面积从空气中承受的农药沉降量为 0.262～0.768μg，平均为 0.529μg。

温室环境中种植的蔬菜和某些浆果在我国发展极快。这是一类特殊的小环境，农药使用量较大。施放烟剂和超细粉剂（粉尘剂）是很有效的方法。但研究发现，作物叶片对于极细微粒的捕获过程存在着一种"热致迁移"的现象（微粒在一温度梯度场中由高温区段移向低温区段的现象），即微粒在"热"的叶面上不易被捕获，而在"冷"的叶面上易被捕获。烟雾微粒在"冷靶"（叶）上的沉积量是"热靶"上沉积量的 7～11 倍，当靶温与周围空气温度相等时，"冷靶"比"热靶"上的沉积量更高，可达 10～15 倍。

作物的叶片容易吸收红外线，因此在有阳光照射的时候，叶面温度就会升高并高于周围的空气从而成为相对的"热体"。在露地条件下，叶面温度可以高于气温 9～12℃，在温室条件下测得黄瓜、番茄的叶面温度可比空气高 6～7℃。因此，在晴天条件下细微粒叶面沉积率很低，而在阳光停止照射以后温差逐渐缩小则沉积量也逐渐升高。塑料大棚三个时间的烟剂沉积量变化，充分证明了这一规律。

显然，空气中沉降的农药一部分会落到作物的可食用部位表面，从而使农药在这类作物上具有降解和吸收的双过程。设定生菜、芹菜、番茄和茄子的比表面积（mm^2/g）为 30、30、1 和 2，承受沉降的面积为其 1/2，即分别为 $15mm^2/g$、$15mm^2/g$、$0.5mm^2/g$ 和 $1.0mm^2/g$。在 2.5d 内每克食用部位的受药量为这些面积乘上每平方厘米的农药沉降量，则分别为 3.93μg、5.61μg、0.38μg 和 0.41μg。生菜和芹菜的叶面积系数设定为 3，它们因承受沉降农药而增加的农药平均浓度应除 3，则分别是 1.31μg/g 和 1.87μg/g。番茄和茄子部分果实受其茎叶覆盖，其受药果实增加的农药浓度分别是 0.19μg/g 和 0.41μg/g。无疑，这些沉降量将影响农药在作物上的残留降解速度，特别是前期，并且会导致 $t_{1/2}$ 延长。在有些试验中，前期沉降大于降解就会发生农药残留量上升的现象（而且有时露地作物也有这种现象发生）。虽然，农作物承受沉降农药的实际情况要比上述假设情况复杂得多，但通过上述分析可以明白，大棚空气中农药的持续沉降是其中栽培作物上农药降解慢和残留量具有上升过程的重要原因。从沉降量可估算空气中的农药量。设定塑料大棚平均高度 2.5m，则每平方米的体积为 $2.5m^3$，另设定 2.5d 后空气中农药量已很少，则生菜棚、芹菜棚、番茄棚和茄子棚 2.5d 前每立方米空间中农药量（mg）分别是 1.49、1.05、3.72 和 1.65。这些量均超过苏联制定的杀虫剂和杀菌剂在工作区空气中的允许浓度（一般在 $0.5μg/m^3$ 以下）。显然，在封闭的塑料大棚中农药不易扩散和挥发，喷药后大棚空气中农药浓度高，易危害农药喷施人员和其他生产操作人员的健康，这是大棚生产中农药污染对人体危害的重要途径，而且大棚中高温闷湿的不利环境条件更增加了污染的严重性。

环境条件是影响农药残留降解的重要因素，尤其以温度和光照更为重要。在封闭和半封闭的大棚环境中气温要比露地环境高，而光照强度要比露地弱，空气湿度则在很大程度上取决于天气情况，一般阴雨天露地空气湿度大，晴天大棚中空气湿度大。为探索大棚内外环境条件对农药降解的影响程度，有关学者安排进行了农药在离体作物小白菜、刀豆和在蒸馏水中的降解试验，农药为氰戊菊酯和乐果。试验期大棚日平均气温高于露地 4.2～5.2℃，日相对光照强度低于露地 19.5%～26.22%；离体作物上农药降解很慢，有的甚至浓度升高，这与失水有关，药后 2d 或 5d 大棚和露地条件下农药残留量差异不大；在大棚和露地条件下蒸馏水中氰戊菊酯有一定减少，用两点法测定的降解 $t_{1/2}$ 分别为 2.23d 或 2.27d，两者相差很小。上述同时进行的试验结果很难说明露地和大棚的综合环境条件对农药降解速度有显著的影响。

第 8 章

农药使用的安全评价方法

在农药生产、贮运和使用过程中农药急性、亚急性、慢性和特殊性中毒事件屡有发生，因大量使用农药，水、大气和土壤等环境因素也受到了不同程度的污染。为防止农药污染，各国都采取了积极措施。在防止农药污染的过程中产生了新的学科——农药环境毒理学。其涉及农药的安全评价或危险评价。世界卫生组织和联合国粮农组织设有专门的农药残留联合委员会，对农药的各种毒性和在环境中的残留（主要是食品中）进行详细研究和评价。根据《中华人民共和国农药管理条例》规定，凡申请农药登记的单位必须向国务院农业行政主管部门提供登记农药的产品化学、毒理学、药效、残留、环境影响、标签等方面的资料。其中农药的理化性质、卫生毒理和环境毒理性质、农药在各环境要素中的残留性都与农药的环境安全评价有关。

8.1 化学农药环境安全评价

评价化学农药对环境安全性的内容包括基础资料、必备资料与补充资料三部分。

8.1.1 基础资料

基础资料是新农药开发中必须具有的资料，它是评价农药对环境安全性时的重要参考资料，基础资料的评价指标包括：

农药名称和理化性质：商品名、通用名、化学名称、分子式、结构式、有效成分含量与主要杂质成分含量、剂型、水溶解度、蒸气压、正辛醇/水分配系数、熔点、沸点、可燃性等。

农药施用情况：防治对象与地区、用药量、施用时间与施药方式。

农药的毒性和有关标准：农药对大鼠或小鼠的急性经口毒性 LD_{50} 与经皮毒性

LD_{50} 及吸入毒性 LC_{50}、生物体内蓄积性、ADI、MRL 值，以及在作物与土壤中的最终残留量。

8.1.2 必备资料

必备资料是新农药开发中专为评价农药对环境安全性必须提供的资料，评价指标包括：

环境行为：吸附性、移动性、挥发性、光降解、水解、土壤降解。

环境生物毒性：包括对鸟类、蜜蜂、家蚕、天敌、蚯蚓、土壤微生物、鱼类、虾类、水蚤和藻等的毒性及对植物的敏感性。

8.1.3 补充资料

补充资料是指在审批农药登记时，认为有些农药的某些环境指标在实际使用中可能有较大的风险性者，在农药登记后，申请登记的厂家应根据本准则提出的要求，在限定时间内对有风险性的指标实行使用后跟踪检测，或补充有关试验；其试验检测结果将作为审查该药是否能延长登记的依据，补充资料的内容包括：对地表水与地下水的污染影响；对水生生物的危害影响；对蜜蜂及桑蚕生态系统的危害影响；对鸟类及其他濒危生物的危害影响；对后茬作物的危害影响；在环境及生物体内的蓄积毒性等。

8.2 农药环境评价指标选择

农药品种很多，性质与用途各异。在农药申请登记时，根据各种农药的具体情况，对其需提供的环境评价资料的要求，分别作如下的规定。

（1）杀虫剂、杀菌剂、除草剂等农药 除因剂型不同等原因，对评价指标略有增、减外，一般均需提供全部的必备资料。

（2）室内卫生用药与室内熏蒸剂 在必备资料中只需提供光降解、水解、吸附性、挥发性以及对家蚕的毒性的资料。

（3）杀鼠剂必备资料 一般只需提供环境行为特性与对鸟类及禽畜的毒性的资料。

（4）土壤处理剂必备资料 一般可免提供对鸟类、蜜蜂、家蚕、天敌的毒性的资料。

（5）颗粒剂农药 在必备资料中可免提供对蜜蜂、家蚕、天敌的毒性的资料。

（6）用于水域的药剂 在必备资料中可免提供对蜜蜂、家蚕、天敌、蚯蚓、土壤微生物毒性的资料。

（7）已登记的农药品种，剂型改变时 其环境行为和环境生物毒性资料，根据具体情况部分可共用。

（8）已登记的农药品种，因使用对象改变　其使用量与使用地区的生态环境条件发生重大变化时，针对具体情况需补做一些可能有影响的评价指标。

（9）对于降解性能慢、移动性强、用量大的农药品种　在农药登记后需补充提供对地表水或地下水影响资料。

（10）对鱼类有高毒　有较强的残留性与移动性，并用于稻田或水域的农药在农药登记后需补充提供对水生生物危害影响的资料。

（11）对鸟类、家蚕、蜜蜂等有高毒　在使用中发现有危害影响的农药品种在农药登记后需补充提供防范措施资料。

（12）在土壤中残留性较强、生物活性高的除草剂品种　在农药登记后需补充提供施药地区农药在土壤中的残留特性，及其对后茬作物敏感性与危害性资料。

（13）复配农药，其组成药物都已登记者　环境行为资料可参照组成药物的资料；对环境生物毒性资料需按复配剂提供。

（14）申请临时登记的农药品种　需先提供对主要环境生物的毒性及在土壤中降解性能资料；申请正式登记时按规定要求提供全部环境资料。

8.3　农药环境评价试验方法

8.3.1　农药理化性质与环境行为试验方法

8.3.1.1　农药蒸气压

蒸气压是固态或液态物质上方的饱和气压。蒸气压是温度的函数。蒸气压是评价一种物质是否能挥发、扩散进入大气，从而影响大气质量及其对光降解性能有重要影响的指标。

蒸气压的测定方法有多种，各种不同的测定方法适用于不同蒸气压范围的化合物，常见的方法有以下几种。

（1）动态法　适用于温度在 $20\sim100℃$ 之间，蒸气压在 $10^3\sim10^5Pa$ 的化合物。

（2）静态法　适用于温度在 $0\sim100℃$ 之间，蒸气压在 $10\sim10^5Pa$ 的化合物。

（3）蒸气压力计法　适用于温度在 $0\sim100℃$ 之间，蒸气压在 $10^2\sim10^5Pa$ 的化合物。

（4）蒸气压力平衡法　适用于温度在 $0\sim100℃$ 之间，蒸气压在 $10^{-3}\sim1Pa$ 的化合物。

（5）气体饱和法　适用于常温范围内，蒸气压在 $10^{-6}\sim1Pa$ 的化合物。

化学农药的种类很多，多数农药的蒸气压在气体饱和法可测定的范围内，它是测定农药蒸气压中最常见的方法，测定方法如下。

气体饱和法的测定装置是在一个气流式的密闭系统中，待测物涂布在惰性载体上（一般用玻璃微珠）填装在玻璃柱内，将玻璃柱装在密闭系统中间，玻璃柱的一端接可调节流量去湿后的惰性气体流（N_2），另一端接装有吸收溶剂（一般用己烷或二甲基甲酰胺）的吸收管，或接上浸泡在杜瓦瓶内的凝气盘管，用来截留从密闭系统中流出的饱和气体中的待测物。测定过程在恒温条件下进行，调节不同的气体流量，用化学方法测定不同气体流速时截留在吸收管中的待测物含量；待测物在气流中的饱和程度与气体的流速呈反比，当气体的流速减缓到吸收管中截留物含量处于恒定时，此时流出的气体可作为待测物的饱和气体，然后根据蒸气密度 W/V，可用式（8-1）求出蒸气压。

$$P = W / V \times RT / M \tag{8-1}$$

式中　P——蒸气压，Pa；

V——饱和气体体积，m^3；

W——饱和气体中农药含量，g；

R——摩尔气体常数，8.3144J/（mol·K）；

T——绝对温度，K；

M——农药分子量，g/mol。

测定样品时，要有一个参比物来验证测定结果的可靠性，通常用的参比物有苯甲酸（20℃时的蒸气压为 0.07Pa），六氯苯（20℃时的蒸气压为 2.6×10^{-3}Pa）；一个待测物在同一温度下需重复测定三次。

8.3.1.2　农药熔点

熔点是物质在标准大气压下从固态到液态的相变温度。熔点可用来鉴别物质的纯度，也是评价物质在各环境介质（气、水、土）中及不同环境介质间分布的重要指标。

测定熔点的方法有毛细管法、热阶法和凝固点测定法等。最常用的是毛细管法，测定方法为：将磨碎的农药纯品装于一端封闭的毛细管中（毛细管内径 1mm，管壁厚 0.2～0.3mm），填药长度约 3mm，毛细管捆扎在温度计的下端，一起放在油浴（用甘油或浓硫酸作为油浴）中加热，调节升温开始时 3K/min，接近熔点约 10K，升温速度小于 1K/min，记录熔化开始和全部熔化时的温度，若两者的温度差值在方法的精度范围内（毛细管法最高准确性±0.3K），则全部熔化时的温度即为熔点。

测定熔点需用一个参比物；熔点温度用热力学温度 T 表示，见式（8-2）。

$$T = T' + 273.15 \tag{8-2}$$

式中　T——热力学温度，K；

T'——相对温度，℃。

8.3.1.3　农药水溶解度

物质在水中的饱和浓度为该物质的水溶解度。水溶解度是温度的函数。农药水溶解度的单位，通常用 mg/L 表示。

水溶解度的大小是评价农药在环境中的吸附性、移动性与富集性的重要依据。水溶解度大的农药，容易造成对地表水与地下水的污染。水溶解度的大小也是衡量农药对生物危害性的一个重要指标。一般认为水溶解度小于 0.5mg/L 的农药，易于在生物体内富集，对生态系统有一定的危险性；水溶解度在 0.5～50.0mg/L 之间的农药，对生物体与生态系统可能有一定的危险性；水溶解度大于 50.0mg/L 的农药，不易在生物体内富集，但易引起对生物的急性危害。

测定水溶解度的方法有柱淋洗法与调温振摇法两种。

（1）柱淋洗法　本法适用于测试期间受试物不发生变化，水溶解度小于 100mg/L 的农药。测定方法是将供试纯品农药涂布在惰性的玻璃微球上，装在玻璃柱内，在恒温条件下（一般 20℃）用重蒸馏水以不同速度淋洗，逐步减慢流速，待流出液中农药含量不变时，此时淋出水中的农药浓度（重复测定 5 次的平均值），即为农药在水中的溶解度。本方法重复性试验的离散度应小于 30%。

（2）调温振摇法　本法适用于非表面活性物质，水溶解度不小于 100mg/L 的农药。测定方法是将经粉碎的纯品农药先在略高于试验温度的重蒸馏水中溶解，并使其达到饱和状态，然后将温度降至试验温度 20℃的恒温下振摇 24h，达到平衡后除去不溶物，再测定溶液中农药浓度，即为农药在水中的溶解度。本方法重复性试验的离散度应小于 15%。

测定时需用一个参比物质，以验证测定结果的可靠性，常用的参比物有六氯苯，用柱淋洗法在 25℃时水溶解度均值为 9.96×10^{-3} mg/L（1.19×10^{-3}～2.31×10^{-2} mg/L）。

8.3.1.4　农药分配系数

在两种等体积互不相溶溶剂组成的两相体系中达到平衡时的浓度比值，为该物质在给定体系中的分配系数。分配系数 K_{OW} 通常用对数形式 $\lg K_{OW}$ 给出。在正辛醇与水组成的体系中：

$$K_{OW} = C_{正辛醇} / C_{水} \tag{8-3}$$

分配系数是评价农药从水相转入有机相，及其在生物体内蓄积能力的一个重要的模拟变量指标。分配系数的测定方法有多种，如摇瓶法、高效液相色谱法、薄层法、碎片因子及|π 常数计算法和水溶解度估测法等，最经典和最常用的方法是摇瓶法。具体方法如下。

先将经提纯的正辛醇与重蒸馏水相互饱和后作为供试溶剂，再将供试的纯品农药溶于正辛醇中，使其浓度在 1～100mg/L 之间，并准确测定其含量，作为贮备液供试验用。测定时在试验容器中加入经精确定量的两种溶液和必需量的贮备溶液，在（20±1）℃的恒温条件下，对一般农药只需振摇 1h，对在水中的溶解度≤0.01mg/L 的农药需振摇 24h 达到平衡后，用控温离心机将两相分离，然后测定两相中农药含量，每种农药要做两种不同浓度，通常用 C_1 小于 0.01mol/L（不得超过 0.01mol/L），C_2=0.1C_1。根据两相中测得的农药含量代入公式，求出 lgK_{ow} 值。

测定时需用 1 个参比物质，通常用六氯苯，其 K_{ow}=3.6×10^5(1.1×10^5～8.3×10^5)，测定样品时平衡重复间的误差应在 lgK_{ow} 不超过±0.3 范围内。本方法适用于水溶解度大于 10^{-3}mg/L 的农药，水溶解度小于 10^{-3}mg/L 的农药很难测准；水溶解度大于 2g/L 的农药无需测定分配系数。本方法对于少数在水中具有离子化、质子化可逆性的农药品种不适用。由于同类农药的分配系数与水溶解度之间有很好的线性关系，因此有很多公式利用农药的水溶解度来估测分配系数，常用的公式如式（8-4）。

$$\lg K_{OW} = -0.7601S + 5.00 \qquad (8\text{-}4)$$

式中　S——每升水中含农药的物质的量，mol/L。

8.3.2　农药环境行为及其实验方法

8.3.2.1　农药挥发性试验

农药的挥发性是农药以分子扩散形式从土壤、水体中逸入大气的现象。将农药加至玻璃表面、水与土壤等不同介质中，在一定的温度与气体流速条件下，用合适的吸收液吸收挥发出来的农药，通过测定吸收液及介质中的农药含量，计算出农药的挥发性。

（1）农药在空气中的挥发性试验　取 0.10～0.50mg 供试物于 9cm 直径培养皿中，置于气流式密闭系统中。在 20～25℃条件下，空气以 500mL/min 的流速通过密闭装置，使挥发出来的农药随气流通过二级吸收管，截留在吸收液中，24h 后测定吸收液中的农药含量，即为农药的挥发量。同时测定培养皿中残留的农药含量。

（2）农药在水中的挥发性试验　取 10mL 0.1～10.0mg/L 农药水溶液于 9cm 直径的玻璃培养皿中，置于气流式密闭系统运行 24h 后，同（1）农药在空气中的挥发性试验，分别测定吸收液及水中农药含量。

（3）农药在土壤表面的挥发性试验　称 50g 土壤平铺于 9cm 直径的玻璃培养皿中，加 10mL 蒸馏水，使土壤持水量约为饱和持水量的 60%。然后均匀滴加 0.1～1.0mg 的供试物，置于气流式密闭系统运行 24h 后，同（1）农药在空气中的挥发性试验，分别测定吸收液及土壤中农药含量。

进入吸收系统的空气须经过活性炭净化，以免外来污染物进入系统。整个测定过程须避光，以防光解作用的影响。试验同时设置不经气流的对照试验，以校正其他因素对挥发性试验的影响。

根据测定结果，按式（8-5）、式（8-6）分别求得挥发率和挥发试验回收率。

$$R_v = \frac{m_v}{m_0} \tag{8-5}$$

式中　R_v——挥发率，%；

　　　m_v——农药挥发量，μg；

　　　m_0——农药加入量，μg。

$$R = \frac{m_v + m_R}{m_0} \tag{8-6}$$

式中　R——挥发试验回收率，%；

　　　m_v——农药挥发量，μg；

　　　m_0——农药加入量，μg；

　　　m_R——农药残留量，μg。

根据 R_v 的大小，可将农药挥发性分为四级，见表 8-1。

表 8-1　农药挥发性等级划分

等级	R_v/%	挥发性	等级	R_v/%	挥发性
I	>20	易挥发	III	1~10	微挥发性
II	10~20	中等挥发性	IV	<1	难挥发

8.3.2.2　农药土壤吸附作用试验

土壤吸附是指供试物被吸持在土壤中的能力，即供试物在土壤/水两相间的平衡分配状况。选用 3 种在阳离子交换能力、黏土含量、有机物含量及 pH 值等方面有显著差异的土壤，用振荡平衡法测定土壤的吸附系数和解吸系数。采用 $CaCl_2$（0.01 mol/L）作为水溶剂相，以增进离心分离作用并使阳离子交换量的影响降至最低程度。

（1）供试物　供试物应采用纯品或农药原药。将供试物溶于 0.01mol/L $CaCl_2$ 溶液中，配成不同浓度的药液，对难溶于水的农药，可用少量有机溶剂助溶（如乙腈、丙酮）。

（2）供试土壤　推荐红壤、水稻土、黑土、潮土、褐土等 5 类土壤为供试土壤，其中，红壤 pH 4.5~5.5，有机质含量为 0.8%~1.5%；水稻土 pH 5.5~7.0，有机质含量为 1.5%~2.0%；黑土 pH 7.0~8.0，有机质含量为 2.0%~3.0%；潮土 pH 7.5~8.5，有机质含量为 1.0%~2.0%；褐土 pH 6.5~8.5，有机质含量为 0.8%~1.5%。在代表性地区采集上述土壤中的 3 种农田耕层土壤，经风干、过 2mm 筛，室温下贮存，并测定土壤含水率、pH、有机质、阳离子代换量和机械组成。若土壤保存期超过 3 年时，应重新测定 pH、有机质含量、阳离子代换量等参数。试验时，应确保选取的 3 种土壤黏粒含量为 10%±5%、20%±5%、40%±5%，必要时，可加适量黏土或沙土调节。

（3）预试验　称取 2～5g（准确到 0.01g）土壤于 250mL 具塞锥形瓶中，加入 5mL 浓度不大于 5mg/L 的农药水溶液（0.01mol/L CaCl₂，介质），调节水分含量，以保持水土比为 5∶1 或 10∶1 或 100∶1（水相体积，V mL）。塞紧瓶塞，置于恒温振荡器中，于（25+2）℃下，振摇 24 h 达到平衡后，将土壤悬浮液转移至离心管中，高速离心，吸取上清液 80%V mL，测定上清液中农药含量，计算吸附率。其中，水土比的选择，视农药水溶解度大小而定。对于水溶解度较大的农药，应采用较小的水土比；而对于水溶性较弱的农药，则应选择较大的水土比。

若吸附率大于 25%，应继续进行解吸试验和正式试验。否则，试验中止。

同时分别设置未加土壤的农药水溶液（0.01mol/L CaCl₂ 介质）与加入土壤、不加农药的水溶液（0.01mol/L CaCl₂ 介质）的对照处理，以验证农药在 0.01mol/L CaCl₂ 溶液中的稳定性与土壤背景干扰物的影响。所有处理至少应设置两个重复。

（4）解吸试验　分离出上清液后，在土壤固相中加入与分离出的上清液相同体积的 0.01mol/L CaCl₂ 溶液，振摇 24h 后离心分离，测定上清液中农药含量。重复操作 1 次，合计 2 次上清液中农药含量，求得农药解吸率。若解吸率小于 75%，需进行质量平衡试验。

（5）质量平衡试验　选择适当的提取剂，提取（3 次）测定吸附在土壤中的农药含量，以验证吸附试验过程中农药质量的平衡。

（6）正式试验　配制一定系列质量浓度的农药水溶液，推荐质量浓度分别为 0.04mg/L、0.20mg/L、1.00mg/L 和 5.00mg/L（对低溶解度农药，可降低试验浓度；或加适当的有机溶剂，如甲醇、乙腈，加量不超过 1%水相体积）。按预试验操作方法进行正式试验，求出吸附常数。

（7）吸附率（A，%）　吸附率可按式（8-7）与式（8-8）计算。

$$A = \frac{M - C_e \times V_0}{M} \tag{8-7}$$

式中　A——吸附率，%；

　　　M——未加土壤的农药水溶液平衡时农药含量，μg；

　　　C_e——吸附平衡时水相中的农药浓度，μg/mL；

　　　V_0——水相体积，mL。

$$A = \frac{x}{M} \tag{8-8}$$

式中　A——吸附率，%；

　　　x——吸附于土壤中的农药量，μg；

　　　M——未加土壤的农药水溶液平衡时农药含量，μg。

（8）解吸率（D，%）　　解吸率可按式（8-9）计算。

$$D = \frac{[(C_1 + C_2)V - (V_0 - V)C_e]}{x} \qquad (8-9)$$

式中　C_1——第 1 次解吸清液中农药质量浓度，μg/mL；

　　　C_2——第 2 次解吸清液中农药质量浓度，μg/mL；

　　　V——吸附试验后水相体积，mL；

　　　C_e——吸附平衡时水相中的农药浓度，μg/mL；

　　　V_0——水相体积，mL；

　　　x——吸附于土壤中的农药量，μg。

（9）吸附常数（K_d）　　分子型有机农药的土壤吸附规律，用弗罗因德利希（Freundlich）方程描述，即式（8-10）。

$$C_s = K_d \times C_e^{1/n} \qquad (8-10)$$

式中　C_s——土壤对农药的吸附含量，μg/g；

　　　K_d——土壤吸附常数，mL/g；

　　　$1/n$——C_s 与 C_e 关系曲线斜率。

C_s 可由式（8-11）计算求得。

$$C_s = x / m \qquad (8-11)$$

式中　C_s——土壤对农药的吸附含量，μg/g；

　　　m——土壤质量，g。

将 C_s 计算结果代入 Freundlich 吸附公式，可求得 K_d 值。

土壤有机质对农药吸附作用影响较大，农药在土壤中的吸附作用，也可用 K_{OC} 表示，计算见式（8-12）。

$$K_{OC} = \frac{K_d}{OC} \qquad (8-12)$$

式中　K_{OC}——以有机碳含量表示的土壤吸附常数，mL/g；

　　　K_d——土壤吸附常数，mL/g；

　　　OC——土壤有机碳含量，%。

根据农药土壤吸附常数 K_d 和 K_{OC} 的大小，将农药的吸附特性划分成五个等级，见表 8-2。

8.3.2.3　农药土壤淋溶作用试验

农药在土壤中的淋溶作用是指农药在土壤中随水垂直向下移动的能力。采用土壤薄层层析法和土柱淋溶法测定农药在土壤中的淋溶特性。其中，对于挥发性农药，土壤薄层层析法应在密闭的层析室内进行。

表 8-2　农药土壤吸附特性等级划分

等级	K_d	K_{OC}	吸附性
I	>200	>20000	易吸附
II	50~200	5000~20000	较易吸附
III	20~50	1000~5000	中等吸附
IV	5~20	200~1000	较难吸附
V	<5	<200	难吸附

（1）供试土壤　推荐红壤、水稻土、黑土、潮土、褐土等 5 种土壤为供试土壤，其中，红壤 pH 4.5~5.5，有机质含量为 0.8%~1.5%；水稻土 pH 5.5~7.0，有机质含量为 1.5%~2.0%；黑土 pH 7.0~8.0，有机质含量为 2.0%~3.0%；潮土 pH 7.5~8.5，有机质含量为 1.0%~2.0%；褐土 pH 6.5~8.5，有机质含量为 0.8%~1.5%。在代表性地区采集上述土壤中的 3 种农田耕层土壤，经风干、过 2mm 筛，室温下贮存，并测定土壤含水率、pH、有机质、阳离子代换量和机械组成。若土壤保存期超过 3 年，应重新测定 pH、有机质含量、阳离子代换量等参数。试验时，应确保选取的三种土壤黏粒含量为 10%±5%、20%±5%、40%±5%，必要时，可加适量黏土或沙土调节。

（2）土壤薄层层析法　称 10g（±0.01g）过 0.25mm 筛的土壤于烧杯中加水（约 7.5mL）搅拌，直至成均匀的泥浆状，用玻璃棒将泥浆均匀涂布于层析玻璃板上，土层厚度随土质的粗细程度不同，控制在 0.5~1.0mm 之间。在温度为（23±5）℃条件下，涂布好的土壤薄板晾干后，于薄板底部中心 1.5cm 处点上药液，点药量为 1.0~10.0μg，待溶剂挥发后，放在装有纯水的层析槽（液面高度 0.5cm）中展开，至展开剂到达薄板 11.5cm 处停止，然后晾干。如果用放射性标记农药作供试物，用自显影法求 R_f 值；如采用普通农药时，将薄板上的土壤按等距离分成至少六段，分别测定各段土壤中的农药含量及其在薄板上的分布。

根据各段土壤中的农药含量及其在薄板上的分布，按式（8-13）可求得 R_f 值。

$$R_f = \frac{L}{L_{max}} \tag{8-13}$$

式中　L——原点至层析斑点中心的距离，mm；

L_{max}——原点到展开剂前沿的距离，mm。

根据 R_f 值的大小，将农药在土壤中的移动性能划分为五个等级，见表 8-3。

（3）柱淋溶法　称取 700~800g（±0.1g）过 2mm 筛的土壤，装于玻璃柱或塑料管中，制成 30cm 高的土柱，在土层上端添加 1cm 厚的石英砂，柱中加水至土壤饱和持水量的 60%。将 0.10～1.0mg 供试物均匀滴加于石英砂层，从试验开始起，以 30mL/h 的速率加纯水淋溶，共 300mL，收集淋出液。或每隔 1h 加 30mL 纯水淋溶，共计 10 次。淋洗完毕后，将土柱均匀切成 3 段，分别测定各段土壤及淋出液中的农药含量。

表 8-3   农药在土壤中的移动性等级划分

等级	R_f	移动性	等级	R_f	移动性
I	0.90～1.00	极易移动	IV	0.10～0.34	不易移动
II	0.65～0.89	可移动	V	0.00～0.09	不移动
III	0.35～0.64	中等移动			

根据各段土壤及淋出液中的农药含量，按式（8-14）分别求出其占添加总量的百分比。

$$R_i = \frac{m_i}{m_0} \qquad (8\text{-}14)$$

式中　R_i——各段土壤及淋出液中农药含量的比例，%；

　　　m_i——各段土壤及淋出液中农药质量，mg；

　　　i——1、2、3、4，分别表示组分 0～10cm、10～20cm、20～30cm、>30cm 土壤和淋出液；

　　　m_0——农药添加总量，mg。

根据 R_i 值的大小，将农药在土壤中的淋溶性划分为四个等级，见表 8-4。

表 8-4   农药在土壤中的淋溶性等级划分

等级	R_i/%	淋溶性	等级	R_i/%	淋溶性
I	$R_i > 50$	易淋溶	III	$R_2 + R_3 + R_4 > 50$	较难淋溶
II	$R_5 + R_4 > 50$	可淋溶	IV	$R_1 > 50$	难淋溶

8.3.2.4　农药光降解作用试验

农药的光解是指农药在光诱导下进行的化学反应。将农药溶解于水中或将其均匀加至土壤表面后，置于一定强度光照条件下，定期取水样分析水中农药的残留量，以得到农药的降解曲线与降解半衰期。

（1）供试土壤　推荐红壤、水稻土、黑土、潮土、褐土等 5 类土壤为供试土壤，其中，红壤 pH 4.5～5.5，有机质含量为 0.8%～1.5%；水稻土 pH 5.5～7.0，有机质含量为 1.5%～2.0%；黑土 pH 7.0～8.0，有机质含量为 2.0%～3.0%；潮土 pH 7.5～8.5，有机质含量为 1.0%～2.0%；褐土 pH 6.5～8.5，有机质含量为 0.8%～1.5%。在代表性地区采集上述土壤中的 1 种农田耕层土壤，经风干、过 2mm 筛，室温下保存备用，并测定土壤 pH、有机质含量、阳离子代换量和机械组成。

（2）农药在水中的光解试验 配制质量浓度 1～10mg/L 农药水溶液系列，置于石英光解反应管中，盖紧，然后将光解管置于光化学反应装置中进行光解试验。光源可采用人工光源氙灯（波长范围为 300～800nm），保证土壤接受光强 4000lx，紫外强度 25μW/cm²，反应温度为（25±2）℃。

试验过程中定期取水样 7 次以上，测定水样中农药浓度的变化，记录光照强度和紫外强度，至光解率达 90%以上时终止。同时设黑暗条件下的对照试验。整个光解试验期内隔离其他光源，以减少对试验结果的影响。

（3）农药在土壤表面中的光解试验 分别称取一定量经预处理的土壤（约 4g/样），加适量的水后，将其均匀涂布于 30cm² 的玻璃平板上，室温下阴干，制成土壤薄层系列，使土层厚度约为 1mm。将农药溶液均匀滴加于各土壤薄层表面，使土壤中农药浓度为 1～10mg/kg，分别放入具优质石英玻璃盖的培养皿中，盖紧，然后将培养皿置于光化学反应装置中进行光解试验。光照条件同（2）农药在水中的光解试验。

试验过程中定期取样 5 次以上，测定土样中农药浓度的变化，记录光照强度和紫外强度，试验时间为一周，同时设黑暗条件下的对照试验。光解试验期内隔离其他光源，以减少对试验结果的影响。

当供试农药的光解遵循一级动力学方程时，可按式（8-15）与式（8-16）计算光解半衰期（$t_{1/2}$）。

$$C_t = C_0 e^{-Kt} \qquad (8\text{-}15)$$

式中 C_t——t 时农药质量浓度，mg/L；
C_0——农药起始质量浓度，mg/L；
K——光解速率常数；
t——反应时间。

$$t_{1/2} = \frac{\ln 2}{K} \qquad (8\text{-}16)$$

式中 $t_{1/2}$——光解半衰期；
K——光解速率常数。

根据农药光解半衰期及其可能对生态环境造成的影响，将农药的光解特性划分成五个等级，见表 8-5。

8.3.2.5 农药水解作用试验

农药的水解是指农药在水中引起的化学分解现象。在不同温度条件、不同 pH

值的缓冲液中无菌培养供试物，定期采样分析水中供试物残留，以得到供试物的水解曲线。

表8-5　农药光解特性等级划分

等级	水中半衰期 $t_{1/2}$/h	降解性	等级	水中半衰期 $t_{1/2}$/h	降解性
Ⅰ	<3	易光解	Ⅳ	12～24	较难光解
Ⅱ	3～6	较易光解	Ⅴ	>24	难降解
Ⅲ	6～12	中等光解			

（1）预试验　分别用 pH 4.0、7.0 和 9.0 的缓冲溶液配制浓度≤0.01mol/L 或 50% 饱和溶解度的供试物水溶液于具塞锥形瓶中，难溶于水的农药助溶剂加量不超过 1%。置于（50±1）℃恒温条件下培养 5d 测定供试物含量，如水解率<10%，可认为该农药具有化学稳定性，不需继续进行正式试验；如水解率≥10%，则应进一步进行 25℃条件下的水解动态试验与温度影响试验。

（2）正式试验　配制两组 pH 4.0、7.0 和 9.0 的供试物水溶液系列，每组 10 个。分别置于（25±1）℃、（50±1）℃的培养箱中，从开始培养起，定期采集水样 7 次以上，测定水样中农药含量，至水解率达 90%以上终止。若试验 90d 时，水解率为 50%～90%，试验可持续至 120d；若试验 90d 时，水解率小于 50%，试验持续至 180d。

上述缓冲溶液与供水解试验用的容器均应经高温高压灭菌。灭菌后的溶液应重新校正 pH，整个试验过程中应避光、避免氧化作用。上述缓冲溶液的配制见表 8-6。

表8-6　缓冲溶液的配制

缓冲溶液名称	组分与配制方法	pH 值
Clark-Lubs 缓冲溶液（20℃）	50mL 0.1mol/L 苯二甲酸氢钾溶液加 0.40mL 0.1mol/L 氢氧化钠溶液，再用纯水稀释至 100mL	4.0
	50mL 0.1mol/L 磷酸二氢钾溶液加 29.63mL 0.1mol/L 氢氧化钠溶液，再用纯水稀释至 100 mL	7.0
	50mL 0.1mol/L 硼酸–0.1mol/L 氯化钾混合溶液中，加 21.30mL 0.1mol/L 氢氧化钠溶液，用纯水稀释至100mL	9.0
Kolthoff-Vleesehhouwer 柠檬酸盐缓冲液（18℃）	50mL 0.1mol/L 柠檬酸钾溶液中，加 0.1 mol/L 9.0mL 氢氧化钠溶液，再用纯水稀释至 100mL	4.0
Sorensen 磷酸盐缓冲液（18℃）	41.3mL 0.0667mol/L KH$_2$PO$_4$ 溶液，加 58.7mL 0.0667mol/L Na$_2$HPO$_4$ 溶液，混匀至100mL	7.0
Ensen 硼砂缓冲液（18℃）	85.0mL 0.05mol/L 硼砂溶液，加 15.0mL 0.10mol/L HCl 溶液，混匀至 100mL	9.0

大多数农药的水解规律遵循一级动力学方程，试验结果可按式（8-17）与式（8-18）求得水解半衰期 $t_{1/2}$。

$$C_t = C_0 \mathrm{e}^{-Kt} \tag{8-17}$$

式中　C_t——t 时土壤中农药残留含量，mg/kg；

　　　C_0——土壤中农药初始含量，mg/kg；

　　　K——降解速率常数；

　　　t——反应时间。

$$t_{1/2} = \frac{\ln 2}{K} \tag{8-18}$$

式中　$t_{1/2}$——水解半衰期；

　　　K——水解速率常数。

根据农药水解半衰期的大小，将农药的水解特性划分成四个等级，见表 8-7。

表 8-7　农药水解特性等级划分

等级	半衰期 $t_{1/2}$/月	降解性	等级	半衰期 $t_{1/2}$/月	降解性
I	<1	易降解	III	3～6	较难降解
II	1～3	中等降解	IV	>6	难降解

8.3.2.6　农药土壤降解作用试验

土壤降解是指在土壤中供试物逐渐由大分子分解成小分子，直至失去毒性和生物活性的全过程。将农药添加到 3 种具有不同特性的土壤中，在一定的温度与水分含量条件下避光培养，定期采样测定土壤中农药的残留量，以得到农药在不同性质土壤中的降解曲线，求得农药土壤降解半衰期。

（1）供试土壤　推荐红壤、水稻土、黑土、潮土、褐土等 5 类土壤为供试土壤，其中，红壤 pH 4.5～5.5，有机质含量为 0.8%～1.5%；水稻土 pH 5.5～7.0，有机质含量为 1.5%～2.0%；黑土 pH 7.0～8.0，有机质含量为 2.0%～3.0%；潮土 pH 7.5～8.5，有机质含量为 1.0%～2.0%；褐土 pH 6.5～8.5，有机质含量为 0.8%～1.5%。

在代表性地区采集上述土壤中的 3 种农田耕层土壤，经风干、过 2mm 筛，室温下保存备用，并测定土壤 pH、有机质含量、阳离子代换量和机械组成，土壤保存期不超过半年。

（2）农药在好气条件下的降解试验　称 20g 土壤（准确到 0.01g）于 150mL 或 250mL 锥形瓶中，加入 20～200μg 农药拌匀后，加水将土壤含水量调节到饱和持水量的 60%，塞上棉塞（或透气的硅胶塞），不同土壤均重复处理 10 份样品，置于（25±1）℃黑暗的恒温恒湿箱中培养，定期取样，分别测定土壤中农药残留量。培养过程中及时调节锥形瓶内水分含量，以保持原有持水状态。

一般地，试验进行至降解率达 90% 以上时终止。若试验 90d 时，降解率为 50%～90%，试验持续至 120d；若试验 90d 时，降解率小于 50%，试验持续至 180d。

（3）农药在积水厌气条件下的降解试验　称 20g 土壤（准确到 0.01g）于 150mL

或 250mL 锥形瓶中，加入 20～200μg 农药拌匀后，加水至土壤表面有 1cm 水层，塞上棉塞（或透气的硅胶塞），不同土壤均重复处理 10 份样品，置于（25±1）℃黑暗的恒温恒湿箱中培养，定期取样，分别测定土壤中农药残留量。试验持续时间同（2）农药在好气条件下的降解试验。

采用指数回归方程，按式（8-19）、式（8-20）计算出农药在土壤中的降解半衰期。

$$C_t = C_0 e^{-Kt} \tag{8-19}$$

式中　C_t——t 时土壤中农药残留含量，mg/kg；

　　　C_0——土壤中农药初始含量，mg/kg；

　　　K——降解速率常数；

　　　t——反应时间。

$$t_{1/2} = \frac{\ln 2}{K} \tag{8-20}$$

式中　$t_{1/2}$——降解半衰期；

　　　K——降解速率常数。

根据农药在土壤中的降解半衰期，将农药在土壤中的降解性划分成四个等级，见表 8-8。

表 8-8　农药在土壤中的降解性等级划分

等级	半衰期 $t_{1/2}$/月	降解性	等级	半衰期 $t_{1/2}$/月	降解性
I	<1	易降解	III	3～6	较难降解
II	1～3	中等降解	IV	>6	难降解

8.4　农药对环境生物的毒性试验方法

8.4.1　农药对鸟类的毒性试验

半数致死量是指在鸟类急性经口毒性试验中，引起 50%受试鸟类死亡的供试物剂量，用 LD_{50} 表示。半数致死浓度是指在鸟类急性饲喂毒性试验中，引起 50%受试鸟类死亡的饲料中供试物浓度，用 LC_{50} 表示。通过测定供试物对鸟的半数致死量和/或半数致死浓度，评价化学农药对鸟类的急性经口毒性和急性饲喂毒性。

在急性经口毒性试验中，将不同剂量的供试物一次性经口灌注给试验用鸟，连续 7d 观察试验用鸟的中毒与死亡情况，并求出 7d 的 LD_{50} 值。

在急性饲喂毒性试验中，先用含有不同浓度供试物的饲料饲喂试验用鸟 5d，从第 6 天开始，以不含供试物的饲料至少饲喂 3d，每天记录鸟的中毒与死亡情况，并求出 LC_{50} 值。

（1）供试生物　试验用鸟应使用日本鹌鹑（*Coturnix japonica*）。孵化试验用鸟应采用同一批大小均匀的鹌鹑蛋。孵化后饲养约 30d，选择体重 100g±10%、健康、活泼、雌雄各半的鹌鹑用于试验。试验前一天停止喂食，仅供清水。

（2）急性经口毒性试验

① 预试验　按正式试验的条件，以较大的间距设置 4～5 个浓度组，求出供试物对试验用鸟的最低全致死剂量和最高全存活剂量。在此范围内设置正式试验的剂量。

② 正式试验　根据预试验确定的浓度范围按一定间距设置 5～7 个剂量组，每组 10 只鸟（雌雄各半），并设空白对照组，使用溶剂助溶的还需增设溶剂对照组。试验用鸟以经口灌注法一次性给药 0.5～1.0mL/100g 体重，连续 7d 观察试验用鸟的死亡情况与中毒症状。正式试验时，在此剂量范围内试验在（25±2）℃与正常的饲养条件下进行，记录试验用鸟的死亡数，对试验数据进行数理统计，求出 LD_{50} 值及 95%置信限。

③ 限度试验　根据农药对鸟类的急性经口毒性分级标准，设置上限剂量 1000mg/kg 体重，即在供试物达 1000mg/kg 体重时仍未出现鸟死亡，则无需继续试验。此时，即可判定供试物对鸟类的经口毒性为低毒。

（3）急性饲喂毒性试验

① 预试验　按正式试验的条件，以较大的间距设置 4～5 个浓度组，求出供试物对受试鸟的最低全致死浓度和最高全存活浓度，在此范围内设置正式试验的浓度。

② 正式试验　根据预试验确定的浓度范围按一定间距设置 5～7 个浓度组，每个处理 10 只鸟（雌雄各半），并设对照组，对照组喂正常饲料。将农药定量拌入饲料中进行喂饲，试验时间为 8d。前 5d 喂含药饲料，后 3d 喂正常饲料。试验在（25±2）℃与正常的饲养条件下进行，定期观察记录试验用鸟的中毒症状和死亡情况。试验观察期为 8d，统计 8d 试验时间内的死亡数量。计算并求出 LC_{50} 值及 95%置信限。

③ 限度试验　根据农药对鸟类的急性饲喂毒性分级标准，设置上限剂量 2000mg/kg 饲料，即在供试物达 2000mg/kg 饲料时仍未出现鸟死亡，则无需进行试验。此时，即可判定供试物对鸟类的饲喂毒性为低毒。

（4）数据处理　鸟类半数致死量 LD_{50} 或半数致死浓度 LC_{50} 的计算可采用寇氏法、直线内插法，或采用概率单位图解法估算，也可应用有关毒性数据计算软件进行分析和计算。

① 寇氏法　用寇氏法可求出鸟类在 24h、48h、72h、96h、120h、144h 及 168h

的 LD_{50} 或 LC_{50} 值及 95%置信限。

LD_{50} 或 LC_{50} 的计算见式（8-21）：

$$lgLD_{50}(LC_{50}) = X_m - i(\sum P - 0.5)$$（8-21）

式中　X_m——最高浓度的对数；

　　　i——相邻浓度比值的对数；

　　　P——各组死亡率的总和（以小数表示）。

95%置信限的计算见式（8-22）：

$$95\%置信限 = lgLD_{50}(LC_{50}) \pm 1.96 S_{lgLD_{50}(LC_{50})}$$（8-22）

标准误的计算见式（8-23）：

$$S_{lgLD_{50}(LC_{50})} = i\sqrt{\sum \frac{pq}{n}}$$（8-23）

式中　p——1 个组的死亡率；

　　　q——$1-p$；

　　　i——相邻浓度比值的对数；

　　　n——各浓度组鸟的数量。

② 直线内插法　采用线性刻度坐标，绘制死亡率对试验物质浓度的曲线，求出50%死亡时的 LD_{50}（LC_{50}）值。

③ 概率单位图解法　用半对数值，以浓度对数为横坐标，死亡率对应的概率单位为纵坐标绘图。将各实测值在图上用目测法画一条相关直线，从直线中读出致死50%的浓度对数，估算出 LD_{50}（LC_{50}）值。

根据毒性测定结果，将农药对鸟类的急性毒性划分为四个等级，见表 8-9。

表 8-9　农药对鸟类的急性毒性等级划分

毒性等级	急性经口 LD_{50}/(mg/kg)	喂饲 LC_{50}/(mg/kg)
剧毒	$LD_{50} \leqslant 10$	$LC_{50} \leqslant 50$
高毒	$10 < LD_{50} \leqslant 50$	$50 < LC_{50} \leqslant 500$
中毒	$50 < LD_{50} \leqslant 500$	$500 < LC_{50} \leqslant 1000$
低毒	$LD_{50} > 500$	$LC_{50} > 1000$

8.4.2　农药对蜜蜂毒性试验

急性经口毒性是指供试生物摄入某一剂量供试物后 96h 内产生的不利效应。急性接触毒性是指供试生物接触某一剂量供试物后 96h 内产生的不利效应。通过测定供试物对蜜蜂的半数致死浓度（经口）和半数致死量（接触），评价化学农药对蜜蜂的急性经口毒性和急性接触毒性，为化学农药的登记提供环境影响资料。

在急性经口毒性试验中，将不同剂量的受试农药分散在蔗糖溶液中，用以饲喂成年工蜂。在 48h 的试验期间每天记录蜜蜂的死亡率，并求出 24h 和 48h 的 LC_{50} 值及 95%置信限。

在急性接触毒性试验中，用微量注射器将不同浓度试验药液点滴在受试蜜蜂的前胸背板处，待蜂身干后转入试验笼中，用脱脂棉浸泡适量蜜和水饲喂。观察 24h 和 48h 受试蜜蜂有无中毒症状及死亡现象，记录死亡数，对试验数据进行数理统计，计算 LD_{50} 值及 95%置信限。

（1）急性经口毒性

① 预试验　按正式试验的条件，以较大的间距设置 4～5 个浓度组，通过预试验求出试验用蜂最高全存活浓度与最低全致死浓度，在此范围内设置正式试验的浓度。

② 正式试验　根据预试验确定的浓度范围按一定间距设置 5～7 个浓度组，每组至少需 10 只蜜蜂，并设空白对照组，使用有机溶剂助溶的还需设置溶剂对照组。将贮蜂笼内的蜜蜂引入试验笼中，不同浓度药液与 50%蔗糖水以 1∶1 混匀，装入 10mL 小烧杯中，杯内浸渍 0.3～0.5g 脱脂棉（用量以药液不流出且能在试验期间保持湿润为准），杯口向下倒置于试验笼纱网上，通过网眼供蜜蜂摄食。对照组及每一处理组均设 3 个重复。记录处理 24h、48h 蜜蜂死亡数，对试验数据进行数理统计，求出 LC_{50} 值及 95%置信限。

③ 限度试验　根据农药对蜜蜂的急性经口毒性分级标准，设置上限浓度 2000mg/L，即在供试物达 2000mg/L 时仍未见蜜蜂死亡，则无需继续试验。此时，即可判定供试物对蜜蜂的经口毒性为低毒。

（2）急性接触毒性

① 预试验　按正式试验的条件，以较大的间距设置 4～5 个浓度组，通过预试验求出试验用蜂最高全存活浓度与最低全致死浓度，在此范围内设置正式试验的浓度。

② 正式试验　根据预试验确定的浓度范围按一定间距设置 5～7 个浓度组，每个处理至少需 10 只蜜蜂。同时设立空白对照组及溶剂对照组，对照组及每一浓度组均设 3 个重复。供试物用丙酮溶解，配制成不同浓度的药液。将蜜蜂移入塑料网袋中，轻轻拉紧固定于点滴框上，蜜蜂被夹在两层纱网中。通过网孔对准蜜蜂前胸背板处，用微量注射器分别点滴规定浓度供试药液 1.0～1.5μL，待蜂身晾干后转入试验笼中，用脱脂棉浸泡适量蜜和水饲喂。观察 24h 和 48h 受试蜜蜂有无中毒症状及死亡现象，记录死亡数，对试验数据进行数理统计，计算 LD_{50} 值及 95%置信限。

③ 限度试验　根据农药对蜜蜂的急性接触毒性分级标准，设置上限剂量 100μg/

蜂，即在供试物达 100μg/蜂时仍未见蜜蜂死亡，则无需继续试验。此时，即可判定供试物对蜜蜂的接触毒性为低毒。

（3）参比物质试验　为检验实验室的设备、条件、方法及供试生物的质量是否合乎要求，应设置参比物质作方法学上的可靠性检验。应定期（至少每半年一次）进行参比物质急性接触毒性试验，参比物质为乐果。

蜜蜂经口毒性的半数致死浓度 LC_{50} 和接触毒性的半数致死量 LD_{50} 的计算可采用寇氏法、直线内插法，或采用概率单位图解法估算，也可应用有关毒性数据计算软件进行分析和计算。

根据毒性测定结果，将农药对蜜蜂的毒性分为四个等级，见表 8-10。

表 8-10　农药对蜜蜂的毒性等级划分

毒性等级	触杀法/（μg/蜂）	摄入法/（mg/L）	毒性等级	触杀法/（μg/蜂）	摄入法/（mg/L）
剧毒	$LD_{50}{\leq}0.001$	$LC_{50}{\leq}0.5$	中毒	$2.0{<}LD_{50}{\leq}11.0$	$20{<}LC_{50}{\leq}200$
高毒	$0.001{<}LD_{50}{\leq}2.0$	$0.5{<}LC_{50}{\leq}20$	低毒	$LD_{50}{>}11.0$	$LC_{50}{>}200$

8.4.3　农药对家蚕毒性试验

在家蚕浸叶法毒性试验中，引起 50%受试家蚕死亡的供试物浓度，用 LC_{50} 表示。通过测定农药对家蚕的半数致死浓度或死亡率，评价化学农药对家蚕的急性经口毒性和熏蒸毒性。浸叶法毒性试验采用不同浓度的药液浸渍桑叶，晾干后供蚕食用。整个试验期间饲喂处理桑叶，观察 24h、48h、96h 至三龄起受试家蚕的中毒症状及死亡情况，试验结束后对数据进行数理统计，计算半数致死浓度 LC_{50} 值。

熏蒸法毒性试验是针对卫生用药模拟室内施药条件下进行的试验，应在满足试验要求的熏蒸试验装置内进行。供试物在试验装置中定量地燃烧（或电热片加热），从熏蒸开始，按 0.5h、2h、4h、6h、8h 观察记录熏蒸试验装置内家蚕的毒性反应症状，8h 后将试验装置内的家蚕取出，在家蚕常规饲养条件下继续观察 24h 及 48h 的家蚕死亡率。

8.4.3.1　浸叶法

（1）预试验　按正式试验的条件，以较大的间距设置 4～5 个浓度组，通过预试验求出家蚕最高全存活浓度和最低全致死浓度，在此范围内设置正式试验的浓度。

（2）正式试验　根据预试验确定的浓度范围按一定间距设置 5～7 个浓度组，每组 20 头蚕，并设空白对照，加溶剂助溶的还需设溶剂对照。对照组和每一浓度组均设 3 个重复。在玻璃皿内饲养二龄起蚕，用不同浓度的药液浸渍桑叶，以 10mL 药液浸渍 5g 桑叶，晾干后供蚕食用。整个试验期间饲喂处理桑叶，观察 24h、48h、96h 至三龄起家蚕的中毒症状及死亡情况。试验结束后对数据进行数理统计，计算

半数致死浓度 LC_{50} 值及 95%置信限。

若供试物为昆虫生长调节剂，且试验 72～96h 之间家蚕的死亡率增加 10%以上，则延长观察 24h，在此期间死亡率增加 10%以上，则继续延长观察时间，依次类推。直至 24h 内死亡率增加小于 10%。

（3）限度试验 根据农药对家蚕的毒性划分标准，设置上限浓度 2000mg/L，即在供试物达 2000mg/L 时仍未见家蚕死亡，则无需继续进行试验。此时，即可判定供试物对家蚕为低毒。

8.4.3.2 熏蒸法

熏蒸试验可在熏蒸箱或其他可满足试验要求的试验装置内进行。供试物在试验装置内定量地燃烧（或电热片加热），从熏蒸开始，按 0.5h、2h、4h、6h、8h 观察记录熏蒸试验装置内家蚕的毒性反应症状，8h 后，将熏蒸试验装置内的家蚕取出，在家蚕常规饲养条件下继续观察 24h 及 48h 的家蚕死亡率。每个处理组可设置九个重复，同时设置空白对照，设三个重复。观察记录家蚕摄食情况（减少或拒食）、不适症状（逃避、昂头、晃头、甩头、扭曲挣扎、吐水等）及死亡率等。

家蚕的半数致死浓度 LC_{50} 的计算可采用寇氏法、直线内插法，或采用概率单位图解法估算（具体计算方法参见鸟类毒性试验数据处理部分），也可应用有关毒性数据计算软件进行分析和计算。

农药对家蚕的毒性等级标准为四级，并可根据田间施药浓度与 LC_{50} 的比值，进行风险性分析，见表 8-11。

表 8-11 农药对家蚕的毒性与风险性等级划分

毒性等级	LC_{50}/(mg/L)	风险性等级	田间施药浓度(LC_{50})/(mg/L)
剧毒	$LC_{50}{\leqslant}0.5$	极高风险性	>10
高毒	$0.5{<}LC_{50}{\leqslant}20$	高风险性	1.0～10
中毒	$20{<}LC_{50}{\leqslant}200$	中等风险性	0.1～1.0
低毒	$LC_{50}{>}200$	低风险性	<0.1

熏蒸试验是针对卫生用药模拟室内施药条件下进行的试验，如果家蚕的死亡率大于 10%以上，即视为对家蚕高风险。

8.4.4 农药对天敌赤眼蜂急性毒性试验

安全系数是指赤眼蜂的半致死用量 LR_{50} 与供试农药的田间推荐施用浓度的比值，可用式（8-24）表示。

$$安全系数 = \frac{药物对赤眼蜂的 LR_{50}(mg/cm^2)}{该药物的田间推荐施用浓度(mg/cm^2)} \tag{8-24}$$

通过测定化学农药对赤眼蜂成蜂的半数致死量，评价化学农药对赤眼蜂成蜂的急性毒性。将供试物用丙酮配制成一系列不同浓度的稀释液，定量加入指形管中滚吸成药膜管，然后将试验用赤眼蜂放入其中爬行 1h 后转入无药指形管，24h 后检查统计管中的死亡和存活蜂数。求出 LR_{50} 值和 95%置信限，根据评价标准对供试物做出风险性等级评价。

试验用成蜂的预培养：将被寄生的寄主卵置于规定的条件下培养，羽化出的成蜂用于急性毒性试验。试验成蜂应来源于同一时间同一批次的寄生卵。大量出蜂一般在开始羽化后的 24 h 左右，试验应使用开始羽化后 48h 内羽化的成蜂。

（1）预试验　正式试验前应先进行预试验，预试验应按较大间距设置 4～5 个浓度组，求出试验用赤眼蜂最高全存活剂量与最低全致死剂量，以确定正式试验的用药剂量范围。

（2）正式试验　供试农药用丙酮溶解，根据预试验结果正式试验按等比关系设置至少 5 个梯度浓度（级差应控制在 2.2 倍以内），每个处理组设 3 个重复，每个重复（100±10）头赤眼蜂。在指形管中加入定量的供试药液，将药液在指形管中充分滚吸直至晾干制成药膜管，然后将供试赤眼蜂放入药膜管中爬行 1h 后转入无药指形管中，饲喂 10%蜂蜜水，并封紧管口。对照组的成蜂数量与处理组相同，对照组与处理组应同时进行。在转入无药指形管中 24h 后检查并记录管中死亡和存活蜂数。

（3）限度试验　根据农药对赤眼蜂的风险性等级划分标准，设置上限剂量为供试物田间施用量的 10 倍。即试验用赤眼蜂在供试物达到上限用量时未出现死亡，则无需继续试验，可判定该供试农药对赤眼蜂低风险。

LR_{50} 的计算可采用直线内插法、概率单位图解法或概率值法估算，也可应用有关毒性数据计算软件进行分析和计算。

可用安全系数评价农药对赤眼蜂的安全性。将农药对赤眼蜂的风险性等级划分为四级（见表 8-12）。

表 8-12　农药对赤眼蜂的风险性等级划分标准

风险性等级	安全系数	风险性等级	安全系数
极高风险性	安全系数≤0.05	中等风险性	0.5＜安全系数≤5
高风险性	0.05＜安全系数≤0.5	低风险性	安全系数＞5

8.4.5　农药对天敌两栖类毒性试验

静态试验是指试验期间不更换试验药液。半静态试验是指试验期间每隔一定时间（如 24h）更换一次药液，以保持试验药液的浓度不低于初始浓度的 80%。而流水式试验是指试验期间药液自动连续地流入试验容器，同时保持流出溶液与流入溶液的平衡。通过测定供试物对天敌两栖类的半数致死浓度，评价化学农药对天敌两栖类的急性毒性。

天敌两栖类急性毒性测定方法有静态法、半静态法与流水式试验法三种。应根据供试物的性质采用适宜的方法。分别配制不同浓度的供试物药液，于 48h 的试验期间每天观察并记录蝌蚪的中毒症状和死亡率，并求出 24h 和 48h 的 LC_{50} 值及 95% 置信限。

如使用静态或半静态试验法，应确保试验期间试验药液中供试物浓度不低于初始浓度的 80%。如果在试验期间试验药液中供试物浓度发生超过 20% 的偏离，则应检测试验药液中供试物的实际浓度并以此计算结果，或使用流动试验法进行试验，以稳定试验药液中供试物浓度。

（1）预试验　按正式试验的条件，以较大的间距设若干组浓度。每处理组放入蝌蚪 10 只，不设重复，观察并记录受试蝌蚪 48h 的中毒症状和死亡情况。通过预试验求出受试蝌蚪最高全存活浓度及最低全致死浓度，为正式试验确定浓度范围。

（2）正式试验　在预试验确定的浓度范围内以一定级差间距设置 5~7 个浓度组，并设一个空白对照组，使用有机溶剂助溶的增设溶剂对照组，每个浓度设三个重复。每缸放入 10 只，试验开始后 6h 内随时观察并记录受试蝌蚪的中毒症状及死亡率，其后于 24h、48h 观察并记录蝌蚪的中毒症状及死亡率，及时清除死蝌蚪。每天测定并记录试液温度、pH 及溶解氧。

（3）限度试验　根据农药对两栖类的急性毒性分级标准，设置上限浓度 100mg/L，即供试物达 100mg/L 时仍未见蝌蚪死亡，则无需继续进行试验。此时，即可判定供试物对两栖类的毒性为低毒。

LC_{50} 的计算可采用寇氏法、直线内插法或概率单位图解法估算，也可应用有关毒性数据计算软件进行分析和计算。

农药对两栖类毒性等级划分标准，按 LC_{50}（48h）值划分为四个等级，见表 8-13。

表 8-13　农药对两栖类的毒性等级划分标准

毒性等级	48h LC_{50}/(mg/L)	毒性等级	48h LC_{50}/(mg/L)
剧毒	$LC_{50} \leqslant 0.1$	中毒	$1.0 < LC_{50} \leqslant 10$
高毒	$0.1 < LC_{50} \leqslant 1.0$	低毒	$LC_{50} > 10$

8.4.6　农药对蚯蚓急性毒性试验

通过测定农药对蚯蚓的半数致死浓度，评价化学农药对蚯蚓的急性毒性，在适量人工土壤或自然土壤中加入农药溶液并充分拌匀，每个处理放入 10 条蚯蚓，在适宜条件下培养两周。在第 7 天和第 14 天观察记录蚯蚓的中毒症状和死亡数，求出农

药对蚯蚓的毒性 LC_{50} 值及 95%置信限。

（1）供试土壤　采用人工土壤或 3 种有代表性的自然土壤。自然土壤不应直接使用，应经风干磨细并过 5mm 筛后使用。人工土壤配方见表 8-14。

表 8-14　人工土壤组成成分及配比

成分	含量/%	说明
泥炭藓	10	pH 5.5～6.0
高岭土	20	高岭石含量最好大于 30%
工业沙	68	50～200μm 颗粒含量大于 50%
碳酸钙	2	调节人工土壤 pH 至 6.0±0.5

（2）预试验　按正式试验的条件，以较大的间距设若干组浓度，求出供试物对蚯蚓全致死的最低浓度和全存活的最高浓度，在此范围内设置正式试验的浓度。

（3）正式试验　在预试验确定的浓度范围内按一定级差设置 5～7 个浓度组，并设一个空白对照组，使用助溶剂的还须增设溶剂对照组，并设一组不加农药的空白对照，每个浓度组均设 3 个重复。在标本瓶中放 500g 土（标本瓶中土壤厚度不低于 8cm），加入农药溶液后充分拌匀（如用有机溶剂助溶时，需将有机溶剂挥发净），加适量蒸馏水，调节土壤水分含量达 30%。每个处理放入蚯蚓 10 条，用纱布扎好瓶口，将标本瓶置于（20±1）℃、湿度 80%～85%的培养箱中，400～800lx 光强连续光照。试验历时二周，于第 7 天和第 14 天倒出瓶内土壤，观察记录蚯蚓的中毒症状和死亡数（用针轻触蚯蚓尾部，蚯蚓无反应则为死亡），及时清除死蚯蚓。根据蚯蚓 7d 和 14d 的死亡率，求出农药对蚯蚓的毒性 LC_{50} 值及 95%置信限。

（4）限度试验　根据农药对蚯蚓的毒性分级标准，设置上限浓度 100mg/kg 干土，即在供试物浓度达 100mg/kg 干土时仍未见蚯蚓死亡，则无需继续进行试验，可判定供试物对蚯蚓低毒。

（5）参比物质试验　为检验实验室的设备、条件、方法、供试生物、供试土壤的质量是否合乎要求，应设置参比物质作方法学上的可靠性检验。应定期（每个月或者至少一年两次）进行参比物质试验，以分析纯氯乙酰胺为参比物质。

半数致死浓度 LC_{50} 的计算可采用寇氏法、直线内插法，或采用概率单位图解法估算，也可应用有关毒性数据计算软件进行分析和计算。

按照 LC_{50} 值的大小将农药对蚯蚓的毒性划分为四个等级，见表 8-15。

表 8-15　农药对蚯蚓的毒性等级划分标准

毒性等级	LC_{50}/（mg/kg 干土）	毒性等级	LC_{50}/（mg/kg 干土）
剧毒	$LC_{50} \leqslant 0.1$	中毒	$1.0 < LC_{50} \leqslant 10$
高毒	$0.1 < LC_{50} \leqslant 1.0$	低毒	$LC_{50} > 10$

8.4.7　农药对土壤微生物毒性试验

影响率是指供试物对土壤微生物呼吸强度的影响程度，包括抑制率和促进率，供试物处理土壤呼吸强度低于对照土壤时，表现为抑制，供试物处理土壤呼吸强度高于对照土壤时，表现为促进。通过测定土壤中 CO_2 的释放量，评价化学农药对土壤微生物活性的影响。

农药对土壤微生物毒性试验方法：每种土壤设三种不同浓度处理，以模拟农药常用量（推荐的最大用量）、10 倍量、100 倍量时土壤表层 10cm 土壤中的农药含量（假设一亩农田 10cm 厚土壤重量为 10^4 kg），同时设空白对照，每组重复三次。难溶于水的供试物，可用丙酮助溶，将供试物溶液先与少量土混匀，待丙酮挥发净后，再均匀拌入处理的土壤中。每个处理用土 50g，将土壤含水量调节成田间持水量的 60%（试验过程中保持土壤含水量一致），装于 100mL 小烧杯中，与另一个装有标准碱液的小烧杯一起置于 2L 容积的密闭瓶中，于 25℃±1℃ 的恒温箱中培养。试验开始后的第 1d、2d、4d、7d、11d、15d 时更换出密闭瓶中的碱液测定吸收的 CO_2 含量。当打开密闭瓶更换碱液时，同时更换了密闭瓶中的空气，以保证密闭瓶中的氧压维持在一定水平。将取出的碱液放入 100mL 三角瓶中，加入 $BaCl_2$ 溶液，再加入酚酞指示剂，用标准 HCl 溶液滴定至红色消失。

CO_2 释放量按式（8-25）计算。

$$CO_2 释放量\left(\frac{mg}{g}\right) = \frac{[V_1 - (C_1 V_2)/C_2] \times C_2 \times 22}{m} \qquad (8\text{-}25)$$

式中　V_1——氢氧化钠吸收液体积，mL；

$\quad\quad\ C_1$——标定盐酸的浓度，mol/L；

$\quad\quad\ V_2$——滴定时消耗盐酸的体积，mL；

$\quad\quad\ C_2$——标定氢氧化钠的浓度，mol/L；

$\quad\quad\ m$——实验土壤质量，g。

影响率按式（8-26）计算。

$$影响率(\%) = \frac{处理组CO_2施放量 - 对照组CO_2释放量}{对照组CO_2释放量} \times 100\% \qquad (8\text{-}26)$$

将农药对土壤微生物的毒性划分成三个等级。土壤中农药加量为常量，在 15d 内对土壤微生物呼吸强度抑制达 50% 作为高毒；土壤中农药加量为常量 10 倍，能达到上述抑制水平的划分为中毒；土壤中农药加量为常量 100 倍，能达到上述抑制水平的划分为低毒。

8.4.8　农药对鱼类急性毒性试验

鱼类急性毒性测定方法有静态试验法、半静态试验法与流水式试验法三种。静态试验法是指整个试验周期中只配制一次试验药液一直持续到试验结束。半静态试验法是试验期间定时（一般 24h）更换一次试验药液，以保证供试物在药液中的浓度。而流水式试验法是试验期间试验药液连续更新。通过测定供试物对鱼的半数致死浓度，评价化学农药对鱼类的急性毒性。应根据供试物的性质采用适宜的方法，分别配制不同浓度的供试物药液，于 96h 的试验期间每天观察并记录试验用鱼的中毒症状和死亡率，并求出 24h、48h、72h 和 96h 的 LC_{50} 值及 95%置信限。

（1）方法的选择　应根据农药的特性选择静态试验法、半静态试验法或流水式试验法。如使用静态试验法或半静态试验法，应确保试验期间试验药液中供试物浓度不低于初始浓度的 80%。如果在试验期间试验药液中供试物浓度发生超过 20%的偏离，则应检测试验药液中供试物的实际浓度并以此计算结果，或使用流动试验法进行试验，以稳定试验药液中供试物浓度。

（2）预试验　按正式试验的条件，以较大的间距设若干组浓度。每处理至少用鱼 5 尾，可不设重复，观察并记录试验用鱼 96h（或 48h）的中毒症状和死亡情况。通过预试验求出试验用鱼的最高全存活浓度及最低全致死浓度，在此范围内设置正式试验的浓度。

（3）正式试验　在预试验确定的浓度范围内按一定比例间距（级差应控制在 2.2 倍以内）设置 5～7 个浓度组，并设一个空白对照组，若使用有机溶剂助溶应增设溶剂对照组，每组至少放入 10 尾鱼，可不设重复，并保证各组使用鱼数相同，试验开始后 6h 内随时观察并记录试验用鱼的中毒症状及死亡率，其后于 24h、48h、72h 和 96h 观察并记录试验用鱼的中毒症状及死亡率，当用玻璃棒轻触鱼尾部，无可见运动即为死亡，并及时清除死鱼。每天测定并记录试验药液温度、pH 及溶解氧。

（4）限度试验　根据农药对鱼类的急性毒性分级标准，设置上限有效浓度 100mg/L，即试验用鱼在供试物浓度达 100mgL 时未出现死亡，则无需继续试验，可判定供试物对鱼为低毒。

（5）参比物质试验　为检验实验室的设备、条件、方法及供试生物的质量是否合乎要求，应设置参比物质作方法学上的可靠性检验。应定期（每个月或者至少一年两次）进行参比物质试验，参比物质为分析纯重铬酸钾。

LC_{50} 的计算可采用寇氏法、直线内插法，或采用概率单位图解法估算，或用相关统计学软件进行数据分析和计算。

农药对鱼类毒性等级划分标准，按 LC_{50}（96h）值划分为四个等级，见表 8-16。

表 8-16　农药对鱼类的毒性等级划分标准

毒性等级	96h LC$_{50}$/(mg/L)	毒性等级	96h LC$_{50}$/(mg/L)
剧毒	LC$_{50}$≤0.1	中毒	1.0<LC$_{50}$≤10
高毒	0.1<LC$_{50}$≤1.0	低毒	LC$_{50}$>10

8.4.9　农药对溞类急性运动抑制试验

半数效应浓度是指 50%溞类运动受抑制时的供试物浓度，用 EC$_{50}$ 表示。轻晃试验容器，溞在 15s 内不能游动视为运动抑制，但附肢微弱活动除外。用供试物配制一系列不同浓度的试验药液，然后将试验用溞转移至试验药液中，连续 48h 观察试验用溞的中毒症状与活动受抑制情况，并求出 48h 的 EC$_{50}$ 值以及 95%置信限。通过测定供试物对大型溞运动抑制的半数效应浓度，评价化学农药对溞类的急性毒性。

（1）预试验　按正式试验的条件，以较大的间距设若干组浓度。每一浓度放 5 只幼溞，求出供试物使全部大型溞活动受抑制的最低浓度和全不被抑制的最高浓度，在此范围内设置正式试验的浓度。

（2）正式试验　在预试验确定的浓度范围内按一定比例间距（级差应控制在 2.2 倍以内）设置 5～7 个浓度组，并设空白对照组，如使用溶剂助溶应设溶剂对照组。每个浓度和对照均设 4 个重复，每个重复 5 只试验用溞。试验开始后 24h、48h 定时观察、记录每个容器中试验用溞活动受抑制数。

（3）限度试验　根据农药对溞类的急性活动抑制毒性分级标准，设置上限浓度100mg/L，即在供试物浓度达 100mg/L 时受试用溞活动抑制率不超过 10%，则无需继续进行试验，可判定供试物对溞类低毒。试验用溞出现的任何不正常行为均需记录。

（4）参比物质试验　为检验实验室的设备、条件、方法及供试生物的质量是否合乎要求，应设置参比物质作方法学上的可靠性检验。应定期（每个月一次或者至少一年两次）进行参比物质试验，参比物质为分析纯重铬酸钾。

EC$_{50}$ 的计算可采用寇氏法、直线内插法，或采用概率单位图解法估算，或用相关统计学软件进行数据分析和计算。

农药对溞类毒性等级划分标准分为四级（见表 8-17）。

表 8-17　农药对溞类的毒性等级划分标准

毒性等级	96h EC$_{50}$/(mg/L)	毒性等级	96h EC$_{50}$/(mg/L)
剧毒	EC$_{50}$≤0.1	中毒	1.0<EC$_{50}$≤10
高毒	0.1<EC$_{50}$≤1.0	低毒	EC$_{50}$>10

8.4.10　农药对藻类生长抑制试验

半数效应浓度是指使藻类生长或者生长率比对照下降50%时的受试物质浓度，用EC_{50}表示。生长率是指单位时间内藻细胞浓度的增加。通过测定供试物对藻类生长抑制的半数效应浓度，评价化学农药对藻类的急性毒性。本试验用供试物配制一系列不同浓度的试验药液，然后将试验药液与藻液混合后，连续72h观察试验用藻的生长抑制情况，并求出72h的EC_{50}值以及95%置信限。

（1）试验用藻的预培养　按无菌操作法将试验用藻接种到装有培养基（表8-18）的三角瓶内，在规定的条件下培养。每隔96h接种一次，反复接种2～3次，使藻基本达到同步生长阶段，以此作为试验用藻。每次接种时在显微镜下观察，检查藻种的生长情况。

（2）预试验　按正式试验的条件，以较大的间距设若干组浓度，求出供试物使试验用藻生长受抑制的最低浓度和不受抑制的最高浓度，在此范围内设置正式试验的浓度。

（3）正式试验　在预试验确定的浓度范围内以一定比例间距（级差应控制在3.2倍以内）设置5～7个浓度组，并设一个空白对照组，使用助溶剂的还须增设溶剂对照组，各浓度组设3个重复。试验观察期为72h，每隔24h取样，在显微镜下用血球计数板准确计数藻细胞数，或用分光光度计直接测定藻的吸光率。用血球计数板计数时，同一样品至少计数两次，如计数结果相差大于15%，应予重复计数。推荐使用血球计数法。

表8-18　水生4号培养基配方

配方成分	用量
硫酸铵[$(NH_4)_2SO_4$]	2.00g
过磷酸钙饱和液[$Ca(H_2PO_4)_2 \cdot H_2O \cdot (CaSO_4 \cdot H_2O)$]	10mL
硫酸镁($MgSO_4 \cdot 7H_2O$)	0.80g
碳酸氢钠($NaHCO_3$)	1.00g
氯化钾(KCl)	0.25g
三氯化铁1%溶液($FeCl_3$)	1.50mL
土壤浸出液*	5.00mL

*土壤浸出液：用园田土和水以1∶1混合，充分摇匀，静置澄清24h，取上清液过滤。滤液高压蒸汽灭菌后贮存备用，使用期一年

以上成分用蒸馏水溶解并定容至1000mL，经高压灭菌（121℃，15min），密封并贴好标签，4℃冰箱保存，有效期2个月。该培养基经高压灭菌（121℃，15min）的蒸馏水稀释10倍后即可使用

EC_{50}可通过比较生物量，采用直线内插法或相关统计学软件进行数据分析和计算。处理组藻类生物量抑制率按式（8-27）计算：

$$B = \frac{N_{空白} - N_{处理}}{N_{空白}} \times 100 \qquad (8\text{-}27)$$

式中　B——处理组生物量抑制的百分率，%；

$N_{空白}$——空白对照组测定的藻类细胞数，个/mL；

$N_{处理}$——处理组测定的藻类细胞数，个/mL。

农药对藻类的毒性等级划分标准见表 8-19。

表 8-19　农药对藻类的毒性等级划分标准

毒性等级	72h EC$_{50}$/(mg/L)
高毒	EC$_{50}$≤0.3
中毒	0.3＜EC$_{50}$≤3.0
低毒	EC$_{50}$＞3.0

8.4.11　农药对非靶标植物影响试验

非靶标植物是指除农药（除草剂）防治对象以外的植物，通过测定供试物对非靶标植物发育阶段的影响，评价化学农药对非靶标植物的毒性。在土培法试验中，土壤用定量的供试物处理，播入种子，定期（7d、14d，必要时延长时间）观察记录萌发率、株高、植物受害率，计算 EC$_{10}$、EC$_{50}$ 和 95%置信限。在水培法试验中，用配制好的农药药液处理已萌发种子，先避光培养 72h，再光照 24h，培养 4d 后取出测株高与主根长度，计算 EC$_{10}$、EC$_{50}$ 和 95%的置信限。

8.4.11.1　土培法

（1）预试验　按正式试验的条件，以较大的间距设若干组浓度进行预试验。通过预试验为正式试验确定浓度范围。

（2）正式试验　在预试验确定的浓度范围内按一定级差设置至少 5 个不同浓度的处理组（以 mg/kg 干土表示），另设一组空白对照，每个处理设 3 个重复。选用直径 20cm 的盆钵，装入土壤，土壤用定量的供试物充分拌匀，播入 10 粒种子，然后将盆钵置于温室中，土壤保持一定的含水量，浇水时从底部加水。定期（7d、14d，必要时延长时间）观察记录萌发率、株高、植物受害率。试验结束时，记录萌发率、株高、株鲜重、植物受害率、植物死亡数。对抑制根系生长的供试物，须记录根鲜重、长度。计算 EC$_{10}$、EC$_{50}$ 和 95%置信限，评价供试物对植物的毒性大小。

8.4.11.2　水培法

（1）预试验　按正式试验的条件，以较大的间距设若干组浓度进行预试验。通过预试验为正式试验确定浓度范围。

（2）正式试验　在预试验确定的浓度范围内按一定级差设置至少 5 个不同浓度的处理组（以 mg/L 表示），另设一组空白对照，每个处理设 3 个重复。选用籽粒饱满、大小一致的植物种子，先在合适的条件下催芽，选择根长 0.2～0.4cm 的发芽种子待用。在培养皿中垫 5 张滤纸（或石英砂、玻璃珠），加入配制好的供试物溶液，每皿播 10 粒已催芽的种子，在 25℃ 恒温箱中先避光培养 72h，再光照 24h，培养过程中需适量加水，以保持滤纸湿润，培养 4d 后取出，测定并记录株高及主根长度。计算供试物对株高及根长的抑制浓度 EC_{10}、EC_{50} 值与 95%的可信限，评价供试物对植物的毒性大小。

EC_{10}、EC_{50} 的计算可采用寇氏法、直线内插法，或采用概率单位图解法估算，也可应用有关毒性数据计算软件进行分析和计算。

用安全系数评价农药对植物的安全性。安全系数为农药对植物的 EC_{10} 与植物种植前土壤中农药浓度的比值，可用式（8-28）来表示：

$$安全系数 = \frac{植物的EC_{10}}{土壤农药浓度} \tag{8-28}$$

将农药对植物的危害影响风险性等级划分为四级，见表 8-20。

表 8-20　农药对作物的危害影响风险性等级划分标准

风险性等级	安全系数	风险性等级	安全系数
极高风险性	安全系数≤1	中风险性	2＜安全系数≤10
高风险性	1＜安全系数≤2	低风险性	安全系数＞10

8.4.12　农药对家畜短期饲喂毒性试验

半数致死浓度是指在家畜短期饲喂毒性试验中，引起 50%试验用家畜死亡的饲料中的供试物浓度，用 LC_{50} 表示。最大无影响浓度是指在家畜短期饲喂毒性试验中，没有引起家畜产生可观察症状的最高浓度，用 NOEC 表示。试验开始时各试验组动物随机分组，每组 3～5 只，若仅有一组处理组，则设 10 只，不分雌雄。用含有不同浓度供试物的饲料饲喂家畜类 5d，从第 6 天开始，以不含供试物的饲料至少饲喂 14d，每天记录家畜的中毒与死亡情况，并求出 LC_{50} 值。通过测定供试物对家畜的半数致死浓度，评价化学农药对家畜的短期饲喂毒性。

（1）预试验　按正式试验条件进行预试验，预试验设 3～5 个剂量。通过预试验为正式试验确定浓度范围。

（2）正式试验　按预试验确定的浓度范围按一定级差至少设定 5 个剂量组（级差应控制在 1.67 以内），每个剂量组中应分别有两个剂量的致死率高于和低于 50%，最低剂量的浓度不应有致死效应和可见症状（若所需浓度间的公比大于 1.67 则所设剂量中至少应有 3 组浓度有致死效应），同时设空白对照组和阳性对照组。按设定剂量将配制好的饲料对动物进行饲喂，连续饲喂 5d，观察时间为 14d。给药第 1 天至少观察 3 次，第 2 天至第 14 天每天至少观察 2 次。观察记录各剂量动物的死亡时间、数量和中毒症状的发生、缓解、消失时间及运动功能和精神状态的变化，直至第 14d 结束。若 14d 后仍出现中毒症状或死亡，则需延长试验时间，直到连续两天没有出现死亡和有一天没有毒性症状为止。

动物死亡后称量死亡时体重、记录死亡时间（给药后时间），对尸体进行剖解，观察各脏器及靶器官的变化。试验开始时称量并记录试验组和对照组的平均体重，试验结束后再记录一次平均体重，试验期间每天称量记录各剂量组动物的饲料消耗量，每两天称量记录各剂量组动物的平均体重，观察期间要得出试验物质对试验动物的 NOEC 值，如果试验需要延时则在延长期内每两天称量记录 1 次动物的平均体重和饲料消耗量。

（3）供试物浓度分析　试验开始前对每个剂量组的浓度进行分析，对于性质不明确的物质要进行该物质挥发、降解程度的确认，对于已知具有挥发、降解的物质，若降解挥发率超过 25% 或降解挥发时间小于 5d，则应在给药结束后再进行一次浓度测定。检测浓度方法在试验报告中要有体现。如果供试物在饲料中的稳定性不能维持则应在试验结果中解释说明，并且注明结果的不可重复性。

（4）限度试验　若给药剂量超过 5000mL(mg)/kg 饲料时，供试生物仍未见死亡和任何可见病理学症状，则继续进行试验，可判定供试物对家畜的短期饲喂毒性为低毒。

LC_{50} 的计算可采用寇氏法、直线内插法，或采用概率单位图解法估算，也可应用有关毒性数据计算软件进行分析和计算。

按照 LC_{50} 值的大小将农药对家畜的短期饲喂毒性划分为四个等级，见表 8-21。

表 8-21　农药对家畜短期饲喂毒性等级划分标准

毒性等级	饲喂 LC_{50}/(mg/kg 饲料)	毒性等级	饲喂 LC_{50}/(mg/kg 饲料)
剧毒	$LC_{50} \leq 50$	中毒	$500 < LC_{50} \leq 2000$
高毒	$50 < LC_{50} \leq 500$	低毒	$LC_{50} > 2000$

8.4.13　农药对甲壳类生物毒性试验

通过测定供试物对甲壳类生物的半数致死浓度，评价化学农药对甲壳类生物的急性毒性。甲壳类急性毒性测定方法有静态试验法、半静态试验法与流水式试验法三种。应根据供试物的性质采用适宜的方法。分别配制不同浓度的供试物药液，于

48h 的试验期间每天观察并记录试验用虾或蟹的中毒症状和死亡率，并求出 48h 的 LC_{50} 值及 95% 置信限。应根据农药的特性选择静态试验法、半静态试验法或流水式试验法。如使用静态试验法或半静态试验法，应确保试验期间试验药液中供试物浓度不低于初始浓度的 80%。如果在试验期间试验药液中供试物浓度发生超过 20% 的偏离，则应检测试验药液中供试物的实际浓度并以此计算结果，或使用流动试验法进行试验，以稳定试验药液中供试物浓度。

（1）预试验　按正式试验的条件，以较大的间距设若干组浓度。每处理组放入虾 10 尾或蟹 10 只，不设重复，观察并记录受试虾或蟹 48h 的死亡情况和中毒症状。通过预试验求出受试虾或蟹最高全存活浓度及最低全致死浓度，为正式试验确定浓度范围。

（2）正式试验　在预试验确定的浓度范围内以一定级差间距设置 5～7 个浓度组，并设一个稀释水对照组，使用有机溶剂助溶的增设溶剂对照组，每个浓度组重复三次。每缸放入虾 10 尾或蟹 10 只，试验开始后 6h 内随时观察并记录受试虾、蟹的中毒症状及死亡率，其后于 24h、48h 观察并记录受试虾、蟹的中毒症状及死亡率，及时清除死虾、蟹。每天测定并记录试液温度、pH 及溶解氧。

LC_{50} 的计算可采用寇氏法、直线内插法，或采用概率单位图解法估算（具体计算方法参见鸟类毒性试验数据处理部分），也可应用有关毒性数据计算软件进行分析和计算。

按 LC_{50}（48h）值将农药对甲壳类生物毒性等级划分为四个等级，见表 8-22。

表 8-22　农药对甲壳类生物的毒性等级划分标准

毒性等级	48h LC_{50}(mg/L)	毒性等级	48h LC_{50}(mg/L)
剧毒	$LC_{50} \leqslant 0.01$	中毒	$0.1 < LC_{50} \leqslant 1.0$
高毒	$0.01 < LC_{50} \leqslant 0.1$	低毒	$LC_{50} > 1.0$

8.4.14　农药生物富集作用试验

农药的生物富集作用是指农药从水环境中进入水生生物体内累积，进而在食物链中相互传递与富集的能力。通过测试与评价化学农药在生物体中的富集能力。采用鱼类作为供试生物，将受试鱼暴露于两个浓度的农药溶液中，定期采样测定鱼体与药液中的农药浓度，计算鱼体与药液中农药浓度之比，得生物富集系数（BCF）。以生物富集系数的大小评价农药的生物富集性。

8.4.14.1　静态法

对于稳定性较强的农药采用静态法试验。试验用水为经曝气去氯处理 24h 的自来水，配制药液浓度分别为急性毒性 LC_{50}（96h）的 1/10 和 1/100 两个处理，每一处理不得小于 20L 药液。每组投放 30～50 尾鱼，在 20～25℃的温度条件下试验，试验过程中定期测定水中 pH、溶解氧含量，于 0h、12h、24h、48h、96h、144h、192h 分别从各处理中取水样与鱼样（每次采集 4～7 尾鱼，称重），测定水样与鱼样中的农药含量。必要时，投入适量饵料（每天投喂量约为鱼体重的 1%），每天用虹吸管及时清除试验鱼缸中剩余的饵料和排泄物。同时设置不加农药的对照处理。

8.4.14.2　半静态法

对具有一定稳定性的农药，如农药水溶液在 24h 内浓度变化小于 20%，采用半静态法。试验用水为经曝气去氯处理 24h 的自来水，配制药液浓度分别为急性毒性 $LC_{50}(96h)$ 的 1/10 和 1/100 两个处理，每一处理不得小于 20L 药液。每组投放 30～50 尾鱼，在 20～25℃的温度条件下试验。间隔一定时间更换药液（如 24h）以确保试验药液中的农药浓度变化小于 20%。试验过程中定期测定水中 pH、溶解氧含量，并于 0h、12h、24h、48h、96h、144h、192h 分别从各处理中取水样与鱼样（每次采集 4～7 尾鱼，称重），测定水样与鱼样中的农药含量。必要时，投入适量饵料（每天投喂量约为鱼体重的 1%）。每天用虹吸管及时清除试验鱼缸中剩余的饵料和排泄物。同时设置不加农药的对照处理。

8.4.14.3　动态法——流水式试验

对易降解与强挥发性的农药，采用动态法——流水式试验，即通过一套连续配制与稀释农药贮备液的系统，使试验药液稳定连续地输送到试验鱼缸中。调节水流，确保鱼缸内的药液浓度变化小于 20%。

试验用水为经曝气去氯处理 24h 的自来水，设置浓度分别为急性毒性 $LC_{50}(96h)$ 的 1/10 和 1/100 两个处理，每一处理至少 5L 药液。每组投放 30～50 尾鱼，在 20～25℃的温度条件下试验。定期测定水中 pH、溶解氧含量，并于 0h、12h、24h、48h、96h、144h、192h 分别从各处理中取水样与鱼样（每次采集 4～5 尾鱼，称重），测定水样与鱼样中的农药含量。必要时，投入适量饵料（每天投喂量约为鱼体重的 1%），每天用虹吸管及时清除试验鱼缸中剩余的饵料和排泄物。同时设置不加农药的对照处理。

用对照组水体中农药的含量，来校正养鱼组水体中的农药含量，求出鱼体摄入农药的实际值。试验结束时水体及鱼体中农药含量变化已达到平衡，则鱼体对农药的富集系数按式（8-29）计算，计算结果保留三位有效数字。

$$BCF = \frac{C_{fs}}{C_{ws}} \tag{8-29}$$

式中　BCF——生物富集系数；

C_{fs}——平衡时鱼体内的农药含量，mg/kg；

C_{ws}——平衡时水体中的农药含量，mg/L。

如果在试验结束时，鱼体中农药浓度尚未达到平衡，则用式（8-29）求出的富集系数值应注明是 8 天的结果，即用 BCF_{8d} 表示。

根据 BCF 值的大小，可将农药生物富集性分为三级，见表 8-23。

表 8-23　农药生物富集性等级划分

等级	BCF	富集性等级
Ⅰ	<10	低富集性
Ⅱ	10～1000	中等富集性
Ⅲ	>1000	高富集性

8.4.15　农药水-沉积物系统降解试验

沉积物是指天然水体范围内发生的物理、化学及生物学过程所产生的沉降物。好氧降解是指有氧条件下的降解反应。而厌氧降解是指无氧条件下的降解反应。半衰期是当降解趋势可以用一级动力学表述时，供试物降解 50%所需的时间。供试物施入水-沉积物系统中，在一定试验条件下进行培养、定期取样，测定供试物在水-沉积物系统中的降解特性。

（1）供试沉积物的选择　一般使用两种沉积物，主要在有机质的含量和质地上加以区分。一种沉积物应该具有较高的有机碳含量（2.5%～7.5%）和细质地（[黏土+粉土]的含量大于 50%的结构）；另一种沉积物具有较低的有机碳含量（0.5%～2.5%）和粗质地（[黏土+粉土]的含量小于 50%的结构）。两种沉积物的有机质含量的差异通常不小于 2%，[黏土+粉土]成分含量通常差异不得小于 20%。对于厌氧降解试验，供试沉积物（包括相关联的水体）应取自表面水体的厌氧区域。

（2）供试沉积物的采集、处理和保存　沉积物应采自 5～10cm 厚的沉积物层，相关的水样采自与沉积物相同的采样点和采样时间。对于厌氧降解试验，沉积物及其相关的水样应在无氧条件下保存和运输。

采集的沉积物先过滤除去多余的水，再过 2mm 的湿筛。

试验推荐使用新鲜采集的沉积物和水。如果需要存储，沉积物和水必须先过滤水，再用 2mm 的筛网湿筛后一起存储，其水层厚度为 6～10cm，并储存在黑暗、（4±2）℃的条件下。用于好氧降解试验的沉积物应在通气良好的环境下存储（例如在开放的容器里）；厌氧研究则需要去氧处理。在存储和运输的过程中不得冷冻或干燥沉积物和水。

（3）供试沉积物的理化性质测定　测定水和沉积物的理化参数。水样测定温度、pH、总有机碳含量（TOC）、含氧量和氧化还原势能；沉积物测定 pH、粒度、总有机碳含量、微生物量和氧化还原势能。

（4）预培养　试验开始之前（施入供试农药之前），水和沉积物按一定比例放入培养瓶里，在与（5）好氧条件下水-沉积物系统降解试验条件相同的环境条件下进行预培养，使系统达到合理稳定的状态。预培养时间为一周至两周之间，一般不超过四周。

（5）好氧条件下水-沉积物系统降解试验　每个培养瓶中水和沉积物的体积比控制在 3∶1 和 4∶1 之间，沉积物层的厚度为（2.5±0.5）cm，并且每个培养瓶中的沉积物不少于 50g（干重）。对于直接用于水体的化学农药，用推荐的最大使用剂量与培养瓶的水相表层面积推算初始施用浓度。如果初始施用浓度接近最低检测限时，可适当提高施用浓度，但不应对水-沉积物系统中的微生物活性产生明显的不利影响。其他情况下，所选择的初始施用浓度应保证阐明供试农药在水-沉积物系统中的降解特性，但也不应对水-沉积物系统中的微生物活性产生明显的不利影响。将供试农药配制成水溶液施入试验系统的水相。配制好的农药水溶液施入试验系统时，尽可能地减小对沉积物相的干扰。在（25±2）℃、黑暗条件下进行培养，并且培养瓶中通入充足的氧气。培养过程中定期取样，取样次数至少 6 次（包括 0 点），每次取样至少有两个重复。取样后将沉积物和其上层的水分开，用适当的分析方法分别测定供试含量。同时设置未加供试农药的试验系统控制样品，用于试验结束后的沉积物的微生物量和水中总有机碳量的测定。如果施入农药时使用助溶剂，还需设置两个只加入溶剂的系统控制样品，确定助溶剂是否对试验系统的微生物活性产生不利影响。试验应持续至供试农药降解至 90%以上，但试验时间不超过 100d。

（6）厌氧条件下的水-沉积物系统降解试验　对于厌氧降解试验，培养期间向培养瓶中通入惰性气体（如氮气）使其保持厌氧环境。其他试验条件、步骤同（5）好氧条件下水-沉积物系统降解试验。

计算供试农药在水相、沉积物相和整个系统中的半衰期［见式（8-30）～式（8-32）］和其置信区间。

$$C_t = C_0 e^{-Kt} \tag{8-30}$$

式中　C_t——t 时水相（或沉积物相）中的初始浓度，mg/L 或 mg/kg；

　　　C_0——水相（或沉积物相）中的初始浓度，mg/L 或 mg/kg；

　　　K——降解速率常数；

　　　t——培养时间。

$$M_t = M_0 e^{-Kt} \tag{8-31}$$

式中　K——降解速率常数；

　　　t——培养时间；

　　　M_0——整个系统中的初始含量，mg；

M_t——t 时整个系统中的初始含量，mg。

$$t_{1/2} = \frac{\ln 2}{K} \tag{8-32}$$

式中　K——降解速率常数；

　　　$t_{1/2}$——半衰期。

8.5　农药对环境生物毒性评价的推荐标准

本章中给出了鱼类、溞类、藻类、作物、家畜、甲壳类生物的毒性等级划分标准。一般毒性等级划分为 4 级。介绍了对鸟类的急性经口毒性和饲喂毒性的等级；对蜜蜂的触杀毒性和摄入毒性的等级；对家蚕的触杀毒性和田间施药浓度毒性的等级；对赤眼蜂的安全系数等级划分标准等。

对生物毒性的评价标准主要可分为两种类型：一是根据实验室试验结果确定的浓度（LC_{50}）或剂量（LD_{50}）标准；二是从农药对环境生物的实际危害情况出发同时考虑了农药的田间使用量或使用浓度。当毒性 LC_{50} 与田间使用农药浓度 C 比值大于 1，即田间使用浓度低于 LC_{50} 时，该农药属低毒，对家蚕和赤眼蜂危害较轻；而比值 <0.5，即使用浓度高于 LC_{50} 1 倍以上时为高毒，实际危害较重。

综合考虑实验室毒性试验结果和农药田间实际使用量的评价方法称之投毒系数评价法，此以蚯蚓为例说明。其评价指标为 D/LC_{50}，D 为单位耕地面积农药用量，单位为 g/hm^2，设 $750g/hm^2$ 为可接受的一般用量。将 LC_{50} 为低毒（$LC_{50} \leq 0.1mg/kg$）、中毒（$0.1mg/kg < LC_{50} \leq 1.0mg/kg$）、高毒（$1.0mg/kg < LC_{50} \leq 10mg/kg$）、剧毒（$LC_{50} > 10mg/kg$）四等级的浓度评价标准，代入计算得到以 D/LC_{50} 为指标的农药对蚯蚓危害的评价标准。投毒系数评价法能客观地反映农药对环境生物实际的危害程度。例如，据试验氰戊菊酯对蚯蚓的 LC_{50} 为 8.77mg/kg，属中毒，氰戊菊酯的田间一次用量一般不超过 $150g/hm^2$，按 D/LC_{50} 计算其投毒系数为低毒农药。相反，对于高用量农药，按投毒系数评价法评价，其毒性级别有可能上升。

8.6　农药使用的危险性评价

农药使用的危险性评价也可称农药使用的安全性评价，评价的对象是在农业生产中为防治病虫草害而释放于环境中的化学物质，保护对象主要是人体健康和环境生物，其中保护人群主要是农药使用人员和广大的农产品消费者。评价具有综合性和实用性两个优点。评价参数包括农药的卫生毒理指标和环境毒理指标，并根据我国的实际情况在综合评价中对各参数加权。评价选择 8 个必评参数和 4 个附加参数，参数资料容易取得，对大多数农药可以进行评价，具有实用性。评价分单因素评价和综合评价，评价结果可以客观地反映我国使用农药的危险性程度，并且可在农药品种之间、不同用药地区和不同时间上比较农药使用的危险性程度。

8.6.1　农药使用的危险性单因素评价

从评价的综合性和可行性出发选择的必评参数是农药用量、农药急性毒性、"三致"作用、ADI 值、农药在作物上或土壤中的降解速度、对鱼和蜜蜂毒性、对眼睛和皮肤的刺激作用。这些指标对人体、生物和环境因素的影响是重要的，或有充分的代表性。附加评价参数指的是某些农药的性质对生物和环境的影响具有特殊作用，而对于大多数农药该影响不存在或微不足道，这些参数有农药蒸气压、增毒代谢产物、生物富集系数、除草剂对后茬作物的敏感性和其他一些特殊性质。

8.6.1.1　农药使用量指标

单位耕地面积农药用量（D）为必评参数，它与其他的评价参数密切相关。在其他条件基本相同时，农药用量越低对环境和生物的影响越小，农药负荷以单位耕地面积农药有效成分一次用量表示，单位为 g/亩或 g/hm^2，经对 200 余种农药进行统计，农药用量呈对数正态分布，计算的几何平均用量为 36g/亩。设此值为我国当前使用农药的平均用量，其自然对数值为 1.556，以此值的 1/3，即 0.519 为分级依据，农药用量的评价分级标准列于表 8-24 中。从当前的农药生产形势看，用量≥118.9g/亩的农药已不宜在农业生产中使用，而新开发的农药一般应该低于 36g/亩，与计算量相似。

表 8-24　农药用量评价分级标准

项目	极高用量	高用量	中用量	低用量	极低用量
用量/(g/亩)	≥392.6	118.9	36	10.9	3.3
用量的自然对数值/(g/亩)	2.594	2.075	1.556	1.037	≤0.519
指数（I_1）	5	4	3	2	1
说明	不宜使用	不宜使用	可用	宜新开发	宜新开发

8.6.1.2　农药急性毒性指标

以大白鼠经口 LD$_{50}$ 为评价农药急性毒性的主要指标，而大白鼠经皮 LD$_{50}$ 为辅助指标。根据我国农药急性毒性分级进行评价，在低毒级后增加微毒级（表 8-25）。经计算大部分农药的经口毒性指数要比经皮毒性指数大，而只有少数农药相反，如敌敌畏、倍硫磷、辛硫磷、五氯酚钠、二嗪磷、甲基异柳磷、三氯吡氧乙酸、三乙膦酸铝和敌草快、硫线磷，这些农药的急性毒性可用经皮 LD$_{50}$ 表示。剧毒农药不宜在农业生产中使用，高毒农药需限制使用，新开发农药不应是高毒或接近高毒的，应推广使用低毒和微毒农药。

表 8-25　农药急性毒性和农药急性毒性负荷评价分级

项目	剧毒	高毒	中毒	低毒	微毒
经口 LD_{50}/(mg/kg)	≤5	>5～50	>50～500	>500～5000	>5000
经皮 LD_{50}/(mg/kg)	≤20	>20～200	>200～2000	>2000～20000	>20000
经口毒性负荷/kg	>7200	7200～720	720～72	72～7.2	<7.2
经皮毒性负荷/kg	1800	1800～180	180～18	18～1.8	<1.8
I_2	5	<5～4	4～3	3～2	<2

8.6.1.3　农药"三致"作用

致癌、致畸、致突变是农药对人体健康和哺乳动物的特殊危害作用。无疑，把"三致"作用作为农药使用危险性评价的指标是十分必要的。美国环保署按致癌性把化学物质分成五级：一级，有足够证据说明对人致癌；二级，有局部证据；三级，证据不充足；四级，没有有效的证据；五级，没有证据说明致癌。按"三致"作用对农药进行分级是相当困难的，这是因为某些农药的试验结果不一致，不少试验结果为阳性的农药剂量有时较大，要比人的可能摄入量大得多，而且在环境中一般很难达到此浓度。参照美国、苏联和国际癌症研究所的分级原则把农药分成五级（表8-26），并对分级标准作如下说明："三致"作用的试验结果以人体和哺乳动物的为主，植物和微生物的试验结果作为参考；极危险级农药指的是对人体有"三致"作用的，一般要符合三个条件，即动物试验结果为阳性，作用剂量范围在环境中存在，人群流行病调查与农药污染状况呈正相关，或人体试验结果为阳性；危险级农药指的是动物试为阳性，但对人体的"三致"作用没有确证；较危险级为动物试验有"三致"作用，但作用剂量较大，在环境中一般不存在，或者对该农药的动物"三致"性有大的争议；较安全级为动物试验均为阴性，而个别微生物、植物致突变试验有阳性结果；安全级为试验结果都呈阴性。"三致"作用的指数（I_3）为非连续性指标。分别以 5～1 正整数表示。

表 8-26　农药"三致"作用分级标准

项目	极危险	危险	较危险	较安全	安全
标准	对哺乳动物和人体都有"三致"作用	动物试验阳性，剂量在环境中存在	动物试验有阳性结果，剂量在环境中一般不存在	植物和微生物试验有阳性结果报道	无阳性试验结果
指数 I_3	5	4	3	2	1
说明	禁止使用	禁用或限用	慎重使用	一般使用	广泛使用

8.6.1.4　农药慢性毒性指标

用 ADI 值作为农药慢性毒性的评价指标，采用由世界卫生组织和联合国粮农组织联合制定的 ADI 值，某些农药暂无此值时，采用最大无作用剂量除上 100 安全系数。规定最大无作用剂量小于 0.01mg/kg（ADI=0.0001mg/kg）的农药不宜在农业生产中使用，但该级农药极少。农药慢性毒性的评价标准列于表 8-27 中。ADI 值≤ 0.0003mg/kg 被评为极危险级。农药危险性指数的计算方法是 $I_4=1-\lg ADI$，如 ADI 值为 0.0003，$I_4=1-\lg 0.0003=1-(-3.52)=4.52$，属于极危险级农药。

表 8-27　农药慢性毒性评价分级

项目	极危险	危险	较危险	较安全	安全
ADI/(mg/kg)	≤0.0003	0.001	0.01	0.1	>0.1
毒性负荷/(10³ 人/亩)	≥2000	600	60	6.0	<6.0
I_4	≥4.5	4.0	3.0	2.0	<2.0
说明	不宜使用	限制使用	可使用	广泛使用	广泛使用

8.6.1.5　农药在环境中降解速度评价指标

农药在土壤或作物上的降解半衰期 $t_{1/2}$ 被列为农药使用的危险性评价指标之一。在农业生产中使用的农药主要分为两类：一是直接喷于作物表面的茎叶喷施农药，评价指标采用农药在作物上的降解半衰期 $t_{1/2}$（作物）；二是土壤处理类农药，采用它们在土壤中的降解半衰期，以 $t_{1/2}$（土壤）表示。评价标准列于表 8-28 中，$t_{1/2}$（作物）和 $t_{1/2}$（土壤）分别≥8 天或 80 天的评为长残留农药，分别短于 1 天或 10 天的为短残留农药。各国所制定的作物评价标准各有差异。评价农药的 $t_{1/2}$ 为田间作物多次试验的平均数。评价指数 I_5 用 5～1 正整数表示，每种农药只取 1 项，选 I_5（作物）或 I_5（土壤）中数值大者。

表 8-28　农药降解速度评价分级

项目	长残留	较长残留	中残留	较短残留	短残留
$t_{1/2}$(作物)/d	≥8	8～4	4～2	2～1	<1
$t_{1/2}$(土壤)/d	≥80	80～40	40～20	20～10	<10
指数（I_5）	5	4	3	2	1

8.6.1.6　对眼睛和皮肤刺激作用的评价指标

在农药的卫生毒理评价中往往把农药对人或动物皮肤和眼睛的刺激列为较重要的评价参数，在农业生产实践中农药使用人员对这些性质也是非常关心的，因为容易受其危害。苏联卫生部和美国环保署对农药的这个毒理指标都制定了分级标准。根据两国的分级标准，在本评价中把农药对皮肤和眼睛的刺激作用共分成五级（表 8-29），对皮肤和眼都有严重刺激时为极危险，对皮肤或眼有严重刺激时为危险级农药，该指标的指数 I_8 为 5～1 正整数。按此评价对眼、皮肤极危险的农药有艾氏剂、五氯酚钠和克螨特等。

表 8-29　农药对皮肤、眼刺激的危险性分级

项目	极危险	危险	有危险	较安全	安全
分级标准	对眼、皮肤均有严重刺激	对眼或皮肤有严重刺激	对眼、皮肤均有中等刺激	对眼、皮肤有轻微刺激	基本无刺激
指数（I_8）	5	4	3	2	1

8.6.1.7　附加评价参数

以上几项是农药使用危险性评价的必评参数，对于大多数农药，这些参数都具备。此外，某些农药有一些特殊性质，对人体健康和生态环境可能造成危害。

在此评价中考虑的附加参数有代谢产物的增毒作用、高的生物浓缩系数、高的农药蒸气压和除草剂对后茬作物的高度敏感性，其中农药的饱和蒸气压和除草剂对后茬作物的敏感性既可作单因素评价，又可参加农药的综合评价，而增毒作用和生物浓缩系数仅参加综合评价，四参数的评价标准列于表 8-30 中。当饱和蒸气压≥133.3Pa 时，其 I_9 为 5，而≥0.0133Pa 时，其 I_9 为 1；代谢物有"三致"作用时，I_9 可为 5 或 4，增毒表现为急性毒性增加时，I_9 为 2；当生物富集系数＞10^3 时才计算 I_9，其数值为 1～3。显然，某一农药具有附加指数时，其使用危险性将比不具有附加指数的农药有所增加，这在以后的综合评价中有所体现。

表 8-30　附加参数的评价标准

附加参数（I_9）	5	4	3	2	1
饱和蒸气压/mmHg	≥1	10^{-1}	10^{-2}	10^{-3}	10^{-4}
饱和蒸气压/Pa	≥133.3	13.33	1.333	0.1333	0.0133
增毒作用	"三致"作用	"三致"作用		增加急性毒性	
生物浓缩系数			＞10^5	10^4	10^3
对后茬作物危害，$C_±/C_作$	≥10	10～5	5～1	1～0.2	＜0.2

农药对后茬作物的敏感性是用经一段时间降解后农药在 0～5cm 土层中的残留浓度与敏感作物的危害浓度之比为依据的。设定土施农药主要集中在 0～5cm 土层中，其土壤质量每亩定为 $3.75×10^4$kg，农药的土壤浓度为 26.7μg/kg。根据农药的降解半衰期、农药用量和降解时间计算当茬作物收获时的农药残留量，蔬菜作物的除草剂定为 60 天，粮棉油作物定为 180 天。选择在用药区广泛种植的敏感后茬作物或有代表性敏感作物，其危害浓度由试验而得。当两者比值≥10 时为极危险，10～5 为危险，而 5～1 为较危险，当比值＜1.0 时可不作评价，也不计算附加指数，评价标准也是初步的。在表 8-31 中列出了五种农药的评价结果，当后茬作物是燕麦、

甜菜和菠菜时，西玛津和氯磺隆的危险性指数是 5，而氟乐灵为 4，2 甲·唑草酮和丁草胺对后茬作物一般是安全的。

表 8-31 五种除草剂对后茬敏感作物影响的评估

农药	用量 /（g/亩）	K/d	$t_{1/2}$/d	残留量		危害浓度 /（μg/kg）	$C_±/C_作$
				g/亩	μg/kg		
西玛津	135	0.0094	180	24.86	663.8	40（燕麦）	16.6
氯磺隆	1.5	0.0187	180	0.0518	1.38	0.1（甜菜）	13.8
氟乐灵	60	0.0154	60	23.81	635.9	70（菠菜）	9.08
2 甲·唑草酮	1.5	0.099	180	～1	～0	0.1（甜菜）	～0
丁草胺	57.5	0.0334	180	0.140	3.76	100（旱稻）	0.04

8.6.2 农药使用的危险性综合评价

经单项评价确定了农药使用的单项危险性级别，在单项评价中特别注重急性毒性和"三致"作用，评为极危险级的农药禁止使用或不宜使用，危险级农药为限制使用。进行综合评价的目的是为了反映单一农药对人体健康和生态环境的综合影响和危害的程度，并便于比较不同农药品种间的危害程度、不同地区和不同时间的农药污染程度。

进行综合评价的关键是确定评价模式，在此综合评价中采用四种方法，即苔菲尔专家综合评价法、农药参数加权法、农药毒性负荷加权法和农药急性毒性加权评价法。

8.6.2.1 苔菲尔专家综合评价法

苔菲尔专家综合评价法充分发挥有关专家的智慧和经验对某一问题进行咨询。在此评价中采取了 4 个步骤。第一步是向三十名以上的有关专家提供首批 35 种农药的有关评价参数和五级评价法的要点，请他们根据自己的理论观点和实践经验对每种农药评出使用的危险性级别，并对评价方法提出意见和建议。第二步是汇总上述专家的评价结果和意见，对评价体系进行修改。第三步是在初步评价的基础上选聘以研究农药环境毒理为主的十多名专家，向他们反馈初步评价结果，并请他们再次对另 170 种农药的使用危险性进行评级。此外，还请他们对 8 项评价参数提出加权系数。第四步是汇总各位专家对 205 种农药的评价结果，进行一定数理统计，按平均值得到每种农药的使用危险性指数，并进行农药的使用危险性分级，最后向专家再次反馈评价结果。综合评价结果用综合指数 PI（Ⅰ）表示。

8.6.2.2 农药参数加权法

该法取 8 个必评参数和附加评价参数。由于在评价中各项参数的重要性是不同的，简单地采用平均值的方法有一定缺陷，为此需对 8 个评价参数进行加权，加权系数由十位以上专家确定（表 8-32）。专家评定的农药单位耕地面积用量、急性毒性、"三致"作用和 ADI 值的加权系数比较一致，变异系数在 20%～30%，而其他 4 个参数的变异系数较大。"三致"作用、急性毒性和慢性毒性的加权系数占 1～3 位，反映了专家对农药卫生毒理性质的重视。每种农药的评价结果用综合指数表示，即：

$$PI(II) = \sum_{i=1}^{n} W_i I_i + 0.1 I_9 \tag{8-33}$$

式中，$n=8$；W_i 为加权系数，其和为 1；I_i 为单项评价时的危险性指数；I_9 为附加评价参数的指数，其加权系数为 0.1。

表 8-32　评价参数的加权系数

项目	用量	急性毒性	"三致"	ADI	鱼毒	$t_{1/2}$	蜂毒	眼肤刺激
加权系数（I）	0.12	0.187	0.207	0.154	0.095	0.091	0.076	0.070
变异系数/%	26.0	30.32	20.89	24.40	43.20	48.47	44.20	55.60
加权系数（II）		0.213	0.235	0.175	0.108	0.103	0.086	0.080

8.6.2.3　农药毒性负荷加权法

在此法中急性毒性、慢性毒性、鱼毒和蜂毒不以单纯的毒性指标，而以毒性负荷量指标参加评价。毒性负荷量指的是单位耕地面积一次农药用量除以相应的毒性指标，其比值越大，可能引起的危害或污染越严重。在此评价中农药用量不作单独因素参加评价，其加权系数 0.12 按表 8-32 的加权系数（I）比例分配给其他 7 个评价参数，并得到相应的加权系数（II）。综合指数的计算方法是：

$$PI(III) \sum_{i=1}^{n} W_i I_i + 0.1 I_9 \tag{8-34}$$

式中，$n=7$；W_i 为 7 个评价参数的加权系数（II）；I_i 为危险性分指数，其中急性毒性、ADI、鱼毒和蜂毒为毒性负荷分指数，即 I_{12}、I_{14}、I_{16} 和 I_{17}。这四个分指数计算方法的要点列于表 8-33 中，而其分级标准已在表 8-25～表 8-27 中列出。以慢性毒性负荷和蜂毒负荷为例计算其单项指数。甲、乙农药 ADI 值均为 0.01mg/kg，其成人每天允许摄入量也相同，均是 0.6g，但甲、乙用量分别是 36g/亩和 108g/亩。$I_{14}(甲) = \lg[36000/(0.6 \times 60)] = 3$，$I_{14}(乙) = \lg[108000/(0.6 \times 60)] = \lg 3000 = 3.48$，$I_{14}(乙) > I_{14}(甲)$。当农药用量 $>36g/$亩时，$I_{17} > I_7$，而小于 36g/亩时则相反。无疑，毒性负荷评价法更符合农药对农田生态环境污染的实际情况。

表 8-33 毒性负荷分指数计算方法要点

毒性负荷种类	农药用量单位（D）	毒性单位	毒性负荷单位(TL)	指数计算公式
急性毒性负荷	mg/亩	LD$_{50}$(mg/kg)	kg/亩	$I_{12}=2+\lg\dfrac{TL}{7.2}$
慢性毒性负荷	mg/亩	60ADI/(mg/人)	×10³ 人/亩	$I_{14}=\lg\dfrac{TL}{60}$
鱼毒负荷	g/亩	LC$_{50}$/(g/m³)	m³/亩	$I_{16}=\lg\dfrac{TL}{0.036}$
蜂毒负荷	g/亩	LD$_{50}$/(μg/只)	×10⁶ 只/亩	$I_{17}=I_7+\dfrac{D}{36}$

8.6.2.4 农药急性毒性加权评价法

根据我国高毒农药生产和使用量大的实际情况，农药的急性毒性参数应该在农药使用的危险性评价中占有重要的地位。应用环境质量评价中常用的内梅罗水质指数计算公式，并作一定修改后提出农药急性毒性加权综合评价法，其具体计算公式为：

$$PI(Ⅳ)=\sqrt{\frac{I_{平均}^2+I_{12}^2}{2}}+0.1I_9 \qquad (8-35)$$

式中，I$_{平均}$为毒性负荷综合评价法 7 个参数指数的平均值；I$_{12}$ 为急性毒性负荷的单项指数；I$_9$ 为附加评价参数，加权系数为 0.1。显然，在此法中增加了 I$_{12}$ 的作用，突出地反映了急性毒性高的农药的使用危险性程度。

8.6.2.5 综合评价指数的分级和评价方法比较

按上述方法计算了 205 种农药的单项指数和 4 种评价方法的综合指数，并按正态分布统计了综合指数的平均值和标准差（表 8-34）。4 种评价方法的分级标准按平均值（u）和增减标准差（S）进行，≥（$u+2S$）为极危险；≥（$u+S$）为危险；≥u 为较危险；>（$u-0.5S$）为较安全；<（$u-0.5S$）为安全，分级标准列于表 8-35 中。显然，综合评价法的极危险和危险级的分级标准要比单项指数低，特别是农药参数加权法和农药毒性负荷加权法。以苔菲尔专家综合评价法评价指数为 x，其他三种方法的评价指数为 y，计算其 $y=a+bx$ 回归式的 a、b 和相关系数。结果表明，r 值均达到极显著水平，三种方法的评价结果是基本一致的（表 8-36）。鉴于我国农药急

表 8-34 四种评价方法综合指数的平均值和标准差

项目	苔菲尔专家综合评价法（Ⅰ）	农药参数加权法（Ⅱ）	毒性负荷加权法（Ⅲ）	急性毒性加权评价法（Ⅳ）
平均值（u）	2.603	2.391	2.467	2.774
标准差（S）	0.703	0.531	0.625	0.790
变异系数/%	27.97	22.23	25.34	28.50

表 8-35　综合评价方法的危险性分级标准

评价方法	极危险	危险	较危险	较安全	安全
苔菲尔专家综合评价法（Ⅰ）	≥4.059	3.331	2.603	2.239	<2.239
农药参数加权法（Ⅱ）	≥3.453	2.922	2.391	2.126	<2.126
毒性负荷加权法（Ⅲ）	≥3.717	3.092	2.467	2.155	<2.155
急性毒性加权评价法（Ⅳ）	≥4.354	3.594	2.774	2.374	<2.374

表 8-36　三种方法评价结果与苔菲尔专家综合评价法的比较[①]

x	y	$y=a+bx$	r
苔菲尔专家综合评价法的评价结果n=205	农药参数加权法	$y=0.906+0.642x$	0.836
	毒性负荷加权法	$y=0.642+0.701x$	0.816
	急性毒性加权评价法	$y=0.601+0.826x$	0.764

① 苔菲尔专家综合评价法的评价用 x 表示，n=205。

性毒性危害的严重性和特殊性，目前可以用急性毒性加权法来评价农药的使用危险性指数，并以此进行评级。随着我国使用农药结构中剧毒和高毒农药百分比的减少和总体排毒系数的减少，即急性毒性不再是主要污染问题时，可选择农药毒性负荷法或农药参数加权法进行评价。

8.6.3　农药使用的危险性评价方法的应用

8.6.3.1　评价各种农药的使用危险性级别

对于每种农药使用的危险性评价结果包括 9 个单项指数和相应的 4 个毒性负荷指数，4 个综合评价指数和最终的评价结果。最终评价结果为农药使用的危险性级别，主要根据三方面的资料确定：一是 I_{12}（急性毒性负荷）和 I_3（"三致"作用），这仅评定极危险级和危险级；二是综合评价指数，当无上述极危险和危险级别时按综合指数评价，而且以农药急性毒性加权法的综合指数 PI（Ⅳ）为主，在此评价中加重了急性毒性和农药用量两个参数的权值；三是对某种用途或生物的限制作用，如对鱼、家蚕和除草剂对敏感的后茬作物危害等。

对于绝大多数农药，四种综合评价方法的评价结果是基本一致的，但对于高用量或超低用量的农药，评价结果有一定差异，有的甚至可差一个危险性级别，有学者曾以阿维菌素和五氯酚钠的评价结果对此进行了说明（表 8-37）。如果仅按照急性毒性或农药参数加权综合评价法分级，阿维菌素和五氯酚钠分属危险和较危险级农药，如按考虑单位耕地面积农药用量的 I_{12} 和 PI（Ⅳ）分级它们分属较安全和极危险级农药。当这两种农药施用于农田时按后者分级更为合理。

表 8-37 两种农药不同方法的评价结果

农药	用量/（g/亩）	经口/（mg/kg）	l_3	l_{12}	PI（Ⅱ）	PI（Ⅳ）
阿维菌素	0.5	10	4.7（高毒）	2.84（低毒）	3.09（危险）	2.69（较安全）
五氯酚钠	560	126	3.6（中毒）	4.79（高毒）	2.89（较危险）	4.30（极危险）

8.6.3.2 进行农药使用的危险性比较

应用此评价方法可以进行国内外、国内各地区之间和不同年份的农药使用危险性的比较研究。为比较需引入农药使用危险性负荷的概念，它为农药使用的危险性综合指数与农药总用量的乘积，用 M 表示。综合指数选用无单位耕地面积农药用量加权的苔菲尔专家综合评价法或农药参数加权法，即 PI（Ⅰ）或 PI（Ⅱ）。此危险性负荷评价有别于农药排毒系数评价，后者仅比较不同地区、不同年份农药的急性毒性危害。

如果已了解某一区域历年各种农药的使用量就可以计算其使用危险性负荷，并进行年间比较。在表 8-38 中列出了我国 1991 年和 1999 年 5 种危险性农药的 M 值，表中 1999 年为农药在农业生产中的需求量，括号中 64.4kt 为 1998 年我国甲胺磷的生产量。比较说明，因其他杀虫剂的使用，这 5 种农药 1999 年的危险性负荷可能小于 1991 年，但如果按 1998 年甲胺磷的生产量计算，M 值要比 1991 年高。

表 8-38 5 种农药两年使用危害性负荷比较

项目	甲胺磷	敌敌畏	敌百虫	乐果	氧乐果	总计
危险性指数 PI（Ⅰ）	3.77	3.48	3.24	2.93	3.48	
农药用量/（kt/a）						
1991 年	30	25	15	14	17	101
1999 年	24.9（64.4）	20.7	10.6	6.3	12	74.5
危险性负荷/（kt/a）						
1991 年	113.1	87	48.6	18.5	59.2	326.4
1999 年	93（242.8）	72	34.3	18.4	41.8	259.5（409.3）

8.6.3.3 进行新开发农药的使用危险性评价

新开发农药的具体指标列于表 8-39 中，按其危险性指数可分成两类，即理想级和欠理想级，分别为安全级和较安全级。除表中所列指标外，对蜂毒和鱼毒力较低，对眼肤无刺激或轻微刺激。鉴于在设施农业条件下农药降解的特殊性和目前无公害食品、绿色食品生产对农药使用的标准要求，所使用的农药应该是安全级或较安全级的。

表 8-39　对新开发农药的要求

级别	用量/（g/hm²）	LD₅₀/（mg/kg）	ADI/（mg/kg）	"三致"作用	$t_{1/2}$/a 作物	$t_{1/2}$/a 土壤	危险性级别
理想级	≤150	≥500	≥0.1	未见	≤2.0	≤20	安全级
欠理想级	≤540	≥500	≥0.01	未见	≤4.0	≤40	较安全级

8.7　农药污染评价示例

根据社会调查和农药残留量分析结果可以进行农药排毒系数评价、农药使用的危险性评价和农药在农畜产品和环境因素中的污染程度评价。前两类评价的目的和方法在前面已叙述，在此仅介绍污染程度评价的方法应用。

进行农药污染程度评价必须具有两个评价参数，即可靠而有代表性的农药在农畜产品、土壤、水等环境要素中的残留量分析结果和具有一定权威性的评价标准。后者一般采用国家标准或行业标准，如农药的国家食品标准，海水、渔业用水标准，农药在农作物中的允许残留量标准等。当无上述标准时，可以国际或国外发达国家的标准为参考。评价农药的污染程度可用污染指数 $I=C/S$ 表示，C 为评价农药的实测浓度，而 S 为相应的评价标准。根据 I 值可对污染程度进行分级，最简单的仅为超标（$I>1$）和未超标（$I≤1$）两级，亦可分成 3～4 级，如严重污染、中污染、轻污染和微污染等，一般 $I>1.0$ 评为严重污染。超标单元数或超标样品数占总调查评价数的百分数称之超标率，根据我国《农药管理条例》和《农产品质量安全法》规定，一种农药超标的农产品已不能上市，也不宜食用。

根据调查评价结果就可以了解评价该地区农药使用的品种结构，农药急性毒性、农药使用安全性，农药对农畜产品、土壤、水和环境生物污染与危害方面的一般情况和突出问题，并能探究其原因再提出有针对性的防污措施。

以下主要介绍农作物农药污染的预测评价。

对于消费者来说，最关心的是收获时农作物的农药残留量多少和食用是否安全，即是否超过农药的食品卫生标准。如果能够使用一定的方法预测农药在各种作物上收获时的污染程度，这对于消费者、植保工作者和环保、卫生工作者都是有益的。为此有学者提出了农作物农药污染程度的预测评价方法，方法主要包括收获时农药残留量的预测和污染程度评价两个方面。

（1）农药污染程度的预测评价　收获时农药污染程度的预测评价是建立在如下基础和设定条件上的：预测的是农作物收获时的农药残留量，它主要与农药起始残留浓度（PIRC）、农药降解速度和农药降解时间，即最后一次施农药至收获时的间隔期有关，对于降解半衰期≥2d 的农药也与用药次数有关；各种农作物上农药起始残留浓度的变化有一定规律性，在农药用量、药液用量和农药剂型相同时主要与农作物食用部位或取样测定部位的比表面积有关；在绝大多数情况下农药在作物上的降解可用 $C=C_0e^{-Kt}$ 的数学模式表示，并以此式计算降解时间为 t 时的浓度，暂以 PIRC$=139.3x-61.8$ 的回归式计算具有不同比表面积作物的一次施药的农药起始残留浓度，单位为 μg/kg。该式的设定条件是农药用量 90g/hm²，药液用量 150L/hm²，农药为乳剂，在不断丰富试验资料的过程中各使用者可以完善修改上式，以便使公式更好地反映实际情况。

采用 4 因素评价法，它们是经校正的农药起始残留浓度（PIRC 校）、农药降解速度（K 或 $t_{1/2}$）、最后一次施药至收获时的间隔期（t）和评价标准 S，评价结果用污染指数（PI）表示，计算公式为：

$$PI = \frac{PIRC_{校}e^{-Kt}}{S} = \frac{PIRC \cdot F \cdot D/90 \cdot e^{-Kt}}{S}$$
$$= \frac{PIRC \cdot F \cdot De^{-Kt}}{90S} = \frac{(139.3x-61.8)F \cdot De^{-Kt}}{90S} \qquad (8\text{-}36)$$

式中，PIRC 校$=$（PIRC·F·D）$/90$，PIRC$=139.3x-61.8$；F 为用药次数校正系数，当多次施用同一种农药，二次用药间隔期为 10d 时，不同 $t_{1/2}$ 农药的 F 值列于表 8-40 中，$t_{1/2}$ 为 2 天的 F 值已接近 1.00；$D/90$ 为农药用量校正系数，其中 D 为评价农药的推荐用量或实际用量，单位 g/hm²，而 90 为计算 PIRC 的农药用量；PIRC$=139.3x-61.8$ 是经试验得到的公式，x 为评价作物的比表面积，农药浓度单位为 μg/kg。

式中的 K 值可取本地区或自己的试验结果，也可参照相关资料的 $t_{1/2}$ 值。t 为最后一次施药至收获的间隔期，可取实际的间隔天数或不同类作物有评价代表性的间隔天数。根据作物生长和收获的特点以及实际可能性作物的降解间隔期可分为三种情况进行评价。

表 8-40　PIRC 的用药次数校正系数（F）

K/d	$t_{1/2}$/d	F_2	F_3	F_4	K/d	$t_{1/2}$/d	F_2	F_3	F_4
0.0693	10	1.50	1.75	1.88	0.1386	5	1.25	1.32	1.32
0.0770	9	1.46	1.68	1.78	0.1733	4	1.18	1.20	1.20
0.0866	8	1.42	1.59	1.66	0.2310	3	1.10	1.10	1.1
0.0990	7	1.37	1.50	1.56	0.2773	2.5	1.06	1.06	1.07
0.1155	6	1.31	1.42	1.44	0.346	2.0	1.03	1.03	1.03

① 多次采收性蔬菜和水果，如茄子、黄瓜、豇豆、刀豆、番茄、草莓和葡萄等，间隔几天采收一次，在采收期仍需施用杀虫剂和杀菌剂，施药和采收的间隔期相当

短，从污染的实际可能性出发评价间隔期定为 3d。

② 大部分叶菜，如青菜、鸡毛菜、芹菜和生菜等，它们的生长期较短，用药次数也多，可能的间隔期较多次性采收的蔬菜长，t 可定为 10d。

③ 粮食作物、饲料作物、油料作物和果树等，不仅生长期长，其可能的间隔期也较长，可定为 20d。

显然，上述确定的间隔期有主观性，目的是为了比较评价各种作物的可能污染程度。至于评价具体农作物的污染程度，不必受此限制，间隔期可根据实际情况而定。S 为评价标准，首先采用我国制定的农药在农作物上的食品卫生标准或最大残留限量标准，在无国家标准时采用联合国粮农组织和世界卫生组织提出的推荐标准。

由于同种农药在不同作物上的食品卫生标准或最大残留限量有时有很大差别，这给评价带来了一定困难。为有可比性，评价也可采用 ADI 值标准，S 具体为农药的每人每天允许摄入量 ADI 的 60 倍，60kg 为人均体重，S 的单位为 mg。此时评价式的分子需乘上 1kg，分子表示收获时 1kg 作物的农药残留量，单位可转换至 mg，其 PI 的物理意义是食用 1kg 收获农产品所含农药量为每天每人允许摄入量的倍数。这与第一种评价有差别，其 PI 为收获时农产品中农药残留浓度与卫生标准的比值。

根据 PI 可作污染程度分级，可分两级或多级，一般 PI＞1 为污染严重，严格地讲此类农产品不宜食用；PI≤1 的农产品符合食品卫生标准，准予销售和食用，在这一级中也可分成几个亚级，如中污染、轻污染、微污染或无污染等。

（2）预测评价举例

① 生产性农药污染程度预测评价　某蔬菜生产基地种植青菜，离上市有 10 天时发生虫害，用氰戊菊酯或乐果治虫，用量分别为 90g/hm² 和 600g/hm²，相应药液用量为 150L/hm² 和 1500L/hm²。10d 前已用药一次，氰戊菊酯用量 90g/hm²，药液用量 150L/hm²。收获时两种农药的 PI 值预测结果中，两种农药的 K 值取自上海地区试验结果的平均值，其 $t_{1/2}$ 分别为 2.7d 和 1.9d；根据公式计算了 PIRC 值，青菜的比表面积为 28.7cm²/g，药液用量为 150L/hm² 时，PIRC 是 3966.3μg/kg，1500L/hm² 时是 1043.7μg/kg；氰戊菊酯的 PIRC 校=3966.3μg/kg+308.7μg/kg，后者是前次施药的剩余残留量；乐果不需要做用药次数校正，但需做用量校正，校正系数为 600/90，PIRC 校分别为 26442μg/kg 和 6958μg/kg；两农药的 S 分别是 500μg/kg 和 1000μg/kg，是国家颁布的农药在蔬菜中的最大残留限量；经计算收获时两种农药 PI 值均＜1.0，青菜农药残留量符合标准，但药液量为 150L/hm² 时，乐果的 PI 略高于氰戊菊酯，在此情况下使用氰戊菊酯更为安全。氰戊菊酯药液用量 150L/hm² 的 PI 值是用量 1500L/hm² 时的 3.3 倍；而乐果药液用量 150L/hm² 的 PI 值是用量为 1500L/hm² 时的 3.8 倍。当药液用量为 150L/hm² 时青菜中乐果残留量有可能超过允许标准。

② 不同作物农药污染程度的比较　以氰戊菊酯为例，农药用量和药液用量都相同，分别为 90g/hm² 和 150L/hm²，设定以前没有用过氰戊菊酯，PIRC 等于 PIRC 校；

K 为上海地区的试验结果，草莓（a）为露地，草莓（b）为大棚；鸡毛菜和青菜的间隔期为 10d，桃子和麦穗为 20d，其余多次采收性蔬菜为 3d，在采收期可能用药；评价标准：一是国家规定的允许残留量为 S_1（叶菜为 500μg/kg，其余为 200μg/kg），而 S_2 为 ADI×60=600μg，其相应的污染指数为 PI（a）和 PI（b）。

经预测评价：PIRC 最高的是青菜，最低的是番茄和黄瓜；收获时农作物食用部位氰戊菊酯超过 300μg/kg 的有草莓（b）、青菜、豇豆、草莓（a）和刀豆，最大的是草莓（b），低于 100μg/kg 的有桃子、黄瓜和番茄，最低的是番茄；PI（a）>1 的农作物有草莓（b）、豇豆、草莓（a）和刀豆，收获期施药该类作物农药超标可能性最大，PI（a）>0.5 的有鸡毛菜和青菜，最低的是番茄、桃子（a）、黄瓜和麦穗；PI（2）都小于 1，前五位为草莓（b）、鸡毛菜、豇豆、草莓（a）和刀豆；最低的三种作物是番茄、桃子（a）和黄瓜。另需说明，如果收获期不施农药，茄果类蔬菜和草莓的农药污染程度要比此预测低得多，小麦籽粒的农药污染程度也要比麦穗低。

③　不同农药品种污染程度比较　以 10 种农药为例，对它们在鸡毛菜上的污染程度进行比较。需说明：农药用量为推荐用量；辛硫磷、抗蚜威、喹硫磷、甲胺磷、二嗪磷和杀虫脒的 K 值引自文献的平均值，滴滴涕、氰戊菊酯、溴氰菊酯和乐果的 K 值为上海地区的试验结果；PIRC$_{校}$ 为 PIRC 乘上用量校正系数，8 种农药为乳油，抗蚜威为水分散粒剂，杀虫脒为水剂，药液用量 150L/hm²；间隔期分 7d 和 10d，并计算相应的农药残留量；甲胺磷的评价标准为 240μg/kg，由其 ADI 值 0.004mg/kg 乘人平均体重 60kg 而得，按我国标准甲胺磷在蔬菜中不得检出，杀虫脒的 S 为 6μg/kg，其 ADI 值为 0.0001mg/kg，其他 8 种农药的评价标准均为我国规定的农药允许残留浓度。

按上述条件评价，施药后 10d 鸡毛菜上 PI<1 的有 6 种农药，其中污染指数最小的是溴氰菊酯，其次是抗蚜威，它们或用量小，或降解快，其他还有喹硫磷、辛硫磷、氰戊菊酯和二嗪磷，其他 4 种农药的 PI 值超过 1.0，乐果略超，但甲胺磷、滴滴涕和杀虫脒超标几倍，甚至百倍以上。鸡毛菜是生长期很短的蔬菜，而且虫害较严重，有时施药离收获的间隔期很短，再因其比表面积大，PIRC 高，容易发生农药超标现象。正如评价结果表明，药后 7d PI<1 的仅有溴氰菊酯和抗蚜威两种农药，其他都超标，即使用量仅为 90g/hm² 的氰戊菊酯，其 PI 也达 1.84，而用量高的滴滴涕，其 PI 高达 214.4，消解慢也是其 PI 高的重要原因。滴滴涕、杀虫脒和甲胺磷在蔬菜上都是禁用的，如违例使用，前两种会引起食用者的慢性危害，而甲胺磷有时会引起食用者急性中毒。

应用上述预测评价方法对几十种农药在青菜和番茄上收获时的残留量进行评价，并按计算的 PI 值进行分类，青菜和番茄的施药至收获的间隔期分别是 10d 和 3d，药液用量为 150L/hm² 和 1500L/hm² 两种。农药分三类：第一类为 PI 值在青菜和番茄两种作物上都小于 1.0，在番茄上的 PI 甚至<0.1，对于绝大多数农药在番茄

上的 PIRC 已小于评价标准；第二类是当推荐用量和药液用量为 150L/hm^2 时，青菜上的 PI 值＞1.0，但≤3.8，当药液用量为 1500L/hm^2 时，其 PI 可能≤1.0，因为这时的 PIRC 要比 150L/hm^2 时小 2.8 倍；第三类是当药液用量为 1500L/hm^2 时青菜 PI 仍超过 1.0。

8.8　农药最大残留限量及安全期（如生长期）的计算示例

申请授权使用植物保护制剂，要求申请人遵循安全期（如生长期）和最大残留限量（MRL）建议数据。

生长期是指最后申请使用植物保护制剂到收割时的时间间隔或者是到被处理产品最早可能使用的时间间隔。生长期是农业行为规范的基本要求，不能短于"良好农业规范（GAP）"的规定。生长期是由经验丰富的专家查阅拟申请产品残留状况的所有可能文献和信息后确立的。

最大残留限量确定的基础是按照 GAP 的要求进行的监督试验，决不能对人类健康产生不可接受的风险。实际上，这些最大残留限量同时要遵守农产品国际贸易的要求。下面介绍两种计算生长期和最大残留限量的方法。

8.8.1　数据

一定品种的植物在相同的生长阶段，植物保护剂活性物质在该类植物上的残留量主要取决于单位表面的施用量和环境条件。而计算公式的差异、施用方法等则为次要因素。因此将使用剂量最大和拟申请使用最多的区域记录的所有活性物质残留数据用于确定农作物的最大残留限量。这些区域的可对比性数据随处可见。

8.8.2　按照时间选择残留结果

评估数据，首先要将数个残留试验结果整合起来共同研究和分析。这就意味着可根据抽样时间（t）选择残留值（R）。残留下降分析中残留丢失值可以由线性法或其他内推法确立。也可用另一种方法，即将各时间取样分析的残留值综合考虑，根据生长期目录按天分类。这种情况下有必要考虑作物的生长阶段。只有至少在申请时属同一生长期阶段，才能将不同时间取样分析的值结合起来综合分析。

例如：第 6d、7d 和 8d 取样所分析的残留计算值没有任何变化，似乎所有样品均为上次施用后第 7d 抽取的。

对于生长期较长者，时间间期较长者仍然能够给出好的结果，如 25d 到 30d 或 53d 到 60d 抽取的样分别可以折合为 28d 和 56d 等。有关可对比性数据随处可见。

如果残留下降分析表明残留量降低幅度不明显，就可以将不同时间取样得出的残留分析值结合起来综合分析。

将残留值进行分组会影响最终结果（特别是方法 I 中的 K 因子），因此，在报告中应表明分组情况。如果具有各种分组的可能性，那么应针对所有情况进行计算。

如果在对数据进行分组前，运用统计测试法表明有关残留值在特定时间期内没有明显的递降，将有助于优化分组方法。Wilcoxo 测试适应于个体小的样品。

8.8.3　残留结果校正

残留报告中的数据是采用重复分析法得出的平均值，然后再对这些平均数据进行计算。不应将复制试验的结果进行平均计算（均值）。为了统计计算最大残留限量（MRL），应将农药残留检测方法的检出限（LOD）的残留值视为 LOD。

8.8.4　方法 I

方法 I 计算方法的假设条件是测试残留值分布正常。计算需要运用算术方法、标准偏差以及每个抽样时间的最大残留值。在此条件下就可以计算给定生长期下的最大残留值或给定最大残留值下的生长期。

8.8.4.1　消除极端数据

在计算最大残留量之前首先要检查极端数据，特别是数据集合中数据点较多的情况（如 8 个或更多个数据点）。为此，可采用 Dixon-Q 测试法，该方法可检查某特别数据是否可能为极端数据，属于不同母体的数据，该母体取自于其他样品数据。

在测试之前，首先将母体数据按其量值大小排列为 x_1 到 x_n，其中 x_1 有可能就是极端数。然后确定第二小数据与极端数的差（x_1-x_{n-1}）和极端数与其相邻的较小数据的差（x_1-x_2），并计算它们的商。

$$Q = \frac{x_1 - x_2}{x_1 - x_{n-1}} \quad (n = 8 \sim 10) \tag{8-37}$$

如果 $n > 10$，计算详情见附件 1。

将 Q 值与统计表（附件 1）的值进行比较，如果 Q 大于或等于表内的数据，那么有 90%的可能性表明其为极端数，应取消。

非正常样品分布其极端数据测试和取消很容易将真正的残留值取消，因此采用这一方法要十分谨慎，特别是当数据点比较少的情况下。

如果试验中明显存在问题，如分析方法学可疑或对作物施用农药过量，那么由这种试验产生的数据集合所得到的残留标准是不可接受的。如果认为存在极端数据，建议同时用两种方法计算，分别将极端数据纳入数据集合和取消极端数据计算残留量。

8.8.4.2　给定生长期时的最大残留量计算

（1）生长期残留数据　经数据校正并考虑了极端数据后，就能够确定每一测试时间的残留数据平均值 R 和标准偏差 S，可根据式（8-38）计算：

$$S = \sqrt{\frac{\sum(R_i - R)^2}{n-1}}\tag{8-38}$$

式中　R_i——各具体时间测试的残留数据；

　　　R——各具体时间测试得到的所有残留数据的平均值；

　　　n——各具体时间测试所得残留数据的个数。

利用平均值和标准偏差 S，还可以计算求得具体取样时段的最大残留量的容许值为：$|R \pm KS$。

其中 K 是一个适用的统计值，可从表 8-41 中查找。

表 8-41　单测容许范围因子 K（S=0.95，样品在母体中分布正常）

n	K	n	K
2	26.260	19	2.423
3	7.656	20	2.396
4	5.144	21	2.371
5	4.210	22	2.350
6	3.711	23	2.329
7	3.401	24	2.309
8	3.188	25	2.292
9	3.032	30	2.220
10	2.911	35	2.166
11	2.815	40	2.126
12	2.736	45	2.092
13	2.670	50	2.065
14	2.614	60	2.022
15	2.566	70	1.990
16	2.523	80	1.965
17	2.486	90	1.944
18	2.453	100	1.927

这里只考虑上限 $R+KS$，并规定其低于最大残留值（R_{max}）。为计算容许值，采用单测容许极限系数。

（2）生长期残留数据不可获取（插入法）　如果在期望的生长期无法获取残留

数据，在残留降解动态分析过程中丢失的值不是通过适用的插入法计算所得，那么实际工作过程中计算最大残留值（R_{max}）应依据相邻两次取样时间 t_1 和 t_2 的残留值计算。采用此方法的前提是假设相关农药残留，在生长期内的降解率与施用的农药的浓度 R 呈正比。

$$\frac{-\mathrm{d}(R)}{\mathrm{d}t} = \delta R \tag{8-39}$$

经转换和积分可得：
$$\ln R = \ln R_1 - \delta(t_1 - t_2) \tag{8-40}$$

式中，R_1 是 R 在 $t=t_1$ 时的浓度。

上述假设属辅助条件，可以认为在此方法中是允许的。

在 t_1 时间期内，t_2 的递降反应率局部常数 δ 可以由最大残留值 R_{1max} 和 R_{2max} 计算确定：

$$\delta = \ln \frac{R_{1max}}{R_{2max}} / (t_1 - t_2) \tag{8-41}$$

生长期 t_{wz}（$t_1 < t < t_2$）最大残留量 R_{wz} 可计算如下：

$$\ln R_{wz} = \ln R_{1max} + \delta(t_2 - t_1) \tag{8-42}$$

或
$$R_{wz} = R_{1max} \mathrm{e}^{\delta(t_2 - t_1)} \tag{8-43}$$

8.8.4.3　给定最大残留量下的生长期计算

如果已知最大残留量或者已知最大残留限量应在 R_{1max} 和 R_{2max} 之间，这种情况下需用插入法计算。

生长期 t_{wz} 计算如下：

$$t_{wz} = \frac{\ln \dfrac{R_{max}}{HM}}{\delta_{12}} + t_1 \tag{8-44}$$

式中　R_{max}——最大残留量；

　　　HM——最大残留标准（MRL）；

　　　t_{wz}——生长期；

　　　t_1——取样时间；

　　　δ_{12}——降解反应速度。

生长期和/或最大残留量能够直接从残留分布的半对数图中获得。

8.8.4.4　方法 I 的特殊情况

当残留数值的个数较多时（$n>30$），表 8-41 中的 K 因子近似于 2。如果变化系数约 100%，即如果平均值和标准偏差近似相等，则方程：

$$R_{max} = R + KS \tag{8-45}$$

式（8-45）可简化为：

$$R_{max} \approx 3R \tag{8-46}$$

因此，当试验结果较多，而算术平均值和标准偏差接近同值，R_{max} 可视为是平均值的 3 倍。

8.8.5　方法 II

方法 II 对于残留测试结果，并不总能十分肯定其分布是正常的。方法 II 采用分布——自由参数（分位数），按照可获取的数据资料量值大小排序，从而推断确定最大残留限量（一种作物大约 8 个试验）。

8.8.5.1　计算方法

该计算方法能够包容极端数据，因此，无须删减数据。同时还规定递降数据系列中所有数据均假设为是正确的。如果在测试、方法、取样或分析过程中存在明显的偏差缺陷，那么所有递降数据系列均按极端数据处理并取消。

对可获取的度量数据而言，中位数和分位数是其显而易见的分布——自由参数。如测试数据系列很少，大于 75% 的分位数是不现实的。之所以 75% 的分位数优先于中位数，是因为它能够更准确地代表分布函数。因此，最大残留量起码要考虑可能的最大值，而不是反映中心分布趋势。

建议用下述方法计算 75% 分位数：

$$R(0.75) = (1-G)R(J) + C \cdot R(J+1) \tag{8-47}$$

式中　J——$(n+1)P$ 的整数比例；

C——$(n+1)P$ 的分数；

$R(J)$——J 点的残留值；

$R(J+1)$——$J+1$ 点的残留值；

$R(0.75)$——期望分位数。

该方法优于其他分位数计算方法在于其加权平均值是在 $R(n+1)$ 点确定的，并考虑了以经验为基础的记录数据。该方法对 n 值的变化很敏感。

例如，生长期测试数据（mg/kg）为：

0.3　1.1　1.2　1.4　1.5　1.8　4.9　8.1

各点测得的数据：

（顺序）　1　2　3　4　5　6　7　8

故 $n = 8$

$$R(0.75) = 0.25 \times 1.8 + 0.75 \times 4.9 = 0.45 + 3.675 = 4.125$$

8.8.5.2　建议最大残留量的计算公式

$$R(ber) = 2 \times R(0.75) = 2 \times [(1 - G) \times R(J) + C \times R(J + 1)] \tag{8-48}$$

式中　$R(ber)$——建议最大残留量的计算数据；

$R(0.75)$——75%分位数。

75%分位数使得该数具有在任何情况下不超过 75%的特点。给定需要的测试调整值（最差的情况），实际情况是不可能期望会有超过此值的更高值。因子 2 代表安全边界。

如果在设定的生长期没有可获取的残留数据，必须在相邻的 $R(ber)$ 数之间利用插入法求得。

8.8.5.3　建议生长期

如果最大残留限量（MRL）已确定或者已设定了一个临时最大残留限量，该临时限量位于 $R_1(ber)$ 和 $R_2(ber)$ 之间，那么采取 8.8.4.3 的插入法。生长期分级见表 8-42。

表 8-42　生长期分级　　　　　　　　　　　　单位：d

1	2	3	4	7	10	14	21	28	35	42	49	56	90	120	F[①]

① F：确定申请区的生长期涉及申请条件和/或拟申请日和使用日（收割）间的成长周期。

8.8.6　最终评定

依据上述两种方法确定的数据 $R(ber)$ 源于取自母体的样品，而母体的确定并非轻而易举。最好是四舍五入调整数据，将其按生长期和最大残留标准成体系排列，并将相关数据级作为最后结果。

在确定适当的最大残留标准时，应该慎重考虑以使数据点能够反映"良好农业规范"。例如，如果大部分数据点来源于试验结果，而试验剂量低于登记使用量，那么由方法Ⅰ和方法Ⅱ获得的数据应该入而不是舍，以确保最大残留限量和登记使用量之间不存在矛盾。

（1）生长期分级　过去 20 多年的实践表明，一般情况下并不需要使生长期在连续变化范围内，相反已获得的一系列值并不对应于任何数学规则，但确实满足实际农作物保护措施的需求。

生长期分级分布是经过若干校正后得到的，校正过程略去极少使用的值，并采取连续变化体系。

（2）最大残留限量标准分级　如果活性物质和有关作物的最大残留限量尚未确定，要根据残留测试结果评估和确定最大残留限量。

表 8-43 最大残留限量标准分级是在确定的测试结果分布下得到的，具有一定的参考意义。

表 8-43　最大残留限量标准分级　　　　　　单位：mg/kg

0.01	0.02	0.05	0.1	0.2	0.3	0.5	1	2	3	5	10	20	50	10	>100

在国际层面上，正在进一步完善最大残留限量标准分级。如世界卫生组织列出了附加值 1530mg/kg 和 30mg/kg。

具体情况下可能偏离表 8-43，如有必要，因毒理学原因应与国际最大残留限量标准协调。如果生长期末，全部残留测试分析结果低于确定的限值，建议最大残留限量等于或近于该实际确定的限值，除非有特殊理由反对。

8.8.7　选择适当方法

有证据表明方法 I 适用于有足够的残留测试数据并且在作物生长早期申请施用（在作物生长初期阶段施用，这一阶段尚无可收割的作物受施用农药影响）。

如果数据量较少（用于评估的残留测试值的个数在 8～12 个之间）以及接近收割时申请施用，且残留限量呈比例增高、统计分布不确定，方法 II 能够提供适用的结果。通常两种方法所确定的最终结果是相吻合的。

建议最初两种方法都使用。现在还不能确定未来是否有可能研究开发出一种协调方法以满足所有需求，对各种活性物质在不同的使用条件下利用较小的数据库计算最大残留限量。

8.8.8　特殊情况

（1）数据库数据有限特殊情况下（如作物很少），有可能需要在 3～4 个测试结果的基础上计算 MRL 或（PHI）。这种数据库限制不能满足利用本文建议的工具性方法进行统计计算，但仍然需要在数据匮乏的基础上寻求和/或提出 PHI 或 MRL 的建议值。

（2）数据库数据丰富常常是因为可获取的数据量大，但这会引发两个问题：

① 哪一个"良好农业规范"能够认为代表最坏的情况？

② 哪些数据必须考虑用于计算 MRL？

例 1：涕灭威施用于马铃薯获取的 190 个可获取的结果［数据来自英国（UK）、荷兰（NL）和西班牙（ES）的 GAP］（表 8-44）。

表 8-44 涕灭威施用于马铃薯获取的 190 个结果

UK 数据				
$n=26$	平均值=0.088		$S=0.116$	$K=2.292$
$R_{max}=0.354$		$R(ber)=0.21$		
MRL——建议值为 0.3mg/kg（26 个结果中有 3 个超过建议 MRL，超占 11.5%时拒绝接受）				
MRL——建议值为 0.5mg/kg				
NL 数据				
$n=76$	平均值=0.067		$S=0.065$	$K=1.99$
$R_{max}=0.197$		$R(ber)=0.175$		
MRL——建议值为 0.2mg/kg				
ES 数据（所有结果）				
$n=74$	平均值=0.0601		$S=0.100$	$K=1.99$
$R_{max}=0.260$		$R(ber)=0.125$		
MRL——建议值为 0.2mg/kg				
ES 数据（马铃薯生长早期，PHI 80~125d）				
$n=18$	平均值=0.1311		$S=0.154$	$K=2.453$
$R_{max}=0.507$		$R(ber)=0.415$		
MRL——建议值为 0.5mg/kg				
结论（决定）				
根据西班牙马铃薯生长早期数据计算结果，建议 MRL=0.5mg/kg				

例 2：涕灭威施用于柑橘属

橘子				
$n=19$	平均值=0.06		$S=0.072$	$K=2.453$
$R_{max}=0.235$		$R(ber)=0.20$		
MRL——建议值为 0.2mg/kg				
柠檬（成熟）				
$n=7$	平均值=0.053		$S=0.026$	$K=3.401$
$R_{max}=0.142$		$R(ber)=0.12$		
MRL——建议值为 0.1mg/kg（7 个结果中有 1 个超标，在建议标准范围内）				
MRL——建议值为 0.2mg/kg				
结论（决定）				
根据橘子和柠檬数据分析结果，柑橘属类水果的建议 MRL=0.2mg/kg				

附件 1

（1）根据 Dixon 测试极端数据。

（2）根据 Dixon 测试极端数据的显著性极限（表 8-45）。

表 8-45　测试极端数据的显著性极限

测试值的号码	Q=0.10	测试参数
8	0.479	
9	0.441	$\dfrac{x_1 - x_2}{x_1 - x_{n-1}}$
10	0.409	
11	0.517	
12	0.490	
13	0.467	
14	0.492	
15	0.472	
16	0.454	
17	0.438	
18	0.424	
19	0.412	$\dfrac{x_1 - x_3}{x_1 - x_{n-1}}$
20	0.401	
21	0.391	
22	0.382	
23	0.374	
24	0.367	
25	0.360	

附件 2

梨中残留结果评估举例：

报告号	自上次申请施用后经过的天数												
	0	6	7	8	13	14	15	17	20	21	26	28	30
01	1.7		0.6					0.04					
02	1.64		1.4			0.52				0.47			0.46
03	0.90			0.38			0.33			0.18			
04	0.58	0.47			0.40				0.40				
05			0.71			0.53				0.51		0.45	
06	0.58		0.74			0.81				0.54		0.47	
07	0.77			1.26			1.13			0.39	0.19		
08	0.41		0.44			0.39				0.23		0.43	
09	1.29		1.46				1.13			0.57	0.75		
10	0.55		0.80			0.67				0.19		0.20	

分类（自最后申请施用后经历的天数）：

0　7（6~8）　14（13~17）　21（20~21）　28（26~30）

方法 I

天数/d	n	R	S	K 因子	R_{max}
0	9	0.936	0.489	3.032	2.42
7	10	0.825	0.414	2.911	2.03
14	10	0.595	0.348	2.911	1.61
21	9	0.387	0.152	3.032	0.85
28	7	0.421	0.189	3.401	1.06

方法 II

天数/d	n	$R(0.75)$	$R(ber)$
0	9	1.465	2.93
7	10	1.305	2.61
14	10	0.89	1.78
21	9	0.525	1.05
28	7	0.47	0.94

结论：实际上，生长期需要 21d，建议最大残留限量为 1mg/kg。

注：按照方法 I 计算，没有作为极端数据被取消的值。

第 9 章

农产品中农药残留危害风险评估

　　使用农药的目的是保护农作物免受病虫害的侵袭，然而农药在使用后一般会在目标作物上，使用者身上，其他相关人、物以及环境中产生相应的农药残留，为了有效地控制农药残留带来的风险，就要从农药的使用量、农药使用后所造成的残留范围、残留的作用效果、致命性，以及该农药的其他来源方式等相关农药暴露情况，作全面的风险评估。而且需要在日常管理上实行全国范围内的农药注册，来识别农药毒性和设定最大农药使用量限量，从而达到既满足有效的防治植物病虫害，又能保证农药使用者安全，并且将产生危害的风险程度降到最低，即使生产过程中必须使用的农药，最终在食品和环境中的有毒残留也能降低到人类可接受的水平。

　　根据目前农业生产上常用农药（原药）的毒性综合评价（急性口服、经皮毒性、慢性毒性等），分为高毒、中等毒、低毒三类。

9.1　农药的毒性

　　大部分农药属于有毒物品类商品。首先应明确毒性的概念。毒性用动物试验的 LD_{50} 表达，数值越小表示引发毒性作用所需剂量越少，即毒性水平越高。因此，毒性水平是按各种农药的 LD_{50} 来表示的。各种农用化学品毒性水平差别极大，所以并非任何农药都是高风险性的有毒物质。在杀菌剂、除草剂、植物生长调节剂、昆虫生长调节剂、昆虫信息素中，绝大多数都是低毒性化合物，其中个别品种也仅属于中等毒性。高毒和剧毒农药品种大多数出现在有机磷酸酯类和氨基甲酸酯类杀虫剂的部分品种中。表 9-1 列出了一组剧毒至低毒物质的毒性水平，其中包括了一些非农药用物质作对比。

表 9-1　部分农药品种的毒性水平同非农药用品的比较表

毒性分级	农药名称	农药类型	毒性水平 LD$_{50}$/（mg/kg bw）
Ⅰa级.剧毒	河豚毒素	河豚中	0.01
	石房蛤毒素	海洋红潮中	0.26
	涕灭威	C	0.93
	甲拌磷	OP	2
	克百威	C	8（经皮＞10200）
	阿维菌素	微生物源	10
Ⅰb级.高毒	甲基对硫磷	OP	14
	磷胺	OP	14
	灭多威	C	17
	甲胺磷	OP	30
	毒鼠碱（马钱子碱）	植物源	30
	茄碱	马铃薯薯块中	40
	尼古丁（烟碱）	植物源（烟草中）	50
Ⅱ.中等毒	顺式氯氰菊酯	P	80（经皮＞2000）
	硫丹	OC	80
	氟虫腈	PPY	92
	滴滴涕	OC	113
	鱼藤酮	植物源	132
	溴氰菊酯	P	135
	抗蚜威	C	147
	咖啡因	茶、咖啡、可乐中	200
	甲萘威	C	300（经皮＞2000）
	顺式氰戊菊酯	P	325（经皮＞6000）
Ⅲ.低毒	敌百虫	OP	560
	三唑酮	F	602
	氧氯化铜	F	1440
	阿司匹林	医药	1700
	马拉硫磷	OP	2100
	噻嗪酮	IGR	2200
	氟虫脲	IGR	＞3000
	碳酸氢钠（小苏打）	无机生活用品	3500
	氯化钠（食盐）	天然食物佐料	3750
	葡萄糖	营养品、医药	＞5000
	伏虫隆	IGR	＞5000
	代森锌	OS	5200
	苯菌灵	F	＞10000
	多菌灵	F	＞10000
	灭幼脲	ICR	＞20000

注：OP 为有机磷酸酯类；C 为氨基甲酸酯类；OC 为有机氯类；OS 为有机硫类；IGR 为昆虫生长调节剂类；F 为杀菌剂；P 为拟除虫菊酯类；PPY 为芳基吡唑类。

毒性的 LD_{50} 值大于 2000mg/kg 的农药也曾被称为"实际无毒"农药。表 9-1 列出的某些医药用品、食品、饮料、嗜好品和生活用化学品的毒性水平远高于某些农药。所以，不可笼统地把一切农药都视为有毒危险品。真正的高毒和剧毒农药则必须在农药安全使用准则指导下使用。实际上绝大多数农药中毒事故都是由于违反了高毒农药操作规程而发生的。

食品农药残留是化学性的，不像食品上的病原微生物，可以通过加热烹调杀灭。对于食品中的农药残留，消费者基本是处于无能为力的地位，幼儿、孕妇、病人和老人首先受害。1998 年美国一民间非营利研究所 Enviromental Working Group（EWG）宣布：每天有一百万婴幼儿吃的水果、蔬菜以及婴儿食品中的农残量达到对婴幼儿有毒的水平。吃美国华盛顿州产的 1/8 只苹果就可能对幼儿不安全。进入我国的美国产苹果也主要来自该州。发生这种情况的根本原因在于 FDA 原先执行的安全标准是对成人安全的，而没有充分考虑婴幼儿，这是法规落后于科学和社会发展的典型例子。EWG 在一份调查报告中提出：主要危害来自 5 种有机磷农药，即甲基对硫磷、乐果、毒死蜱、甲基嘧啶磷和甲基谷硫磷，建议取缔用于婴儿食品的作物使用这些有机磷农药，所有用于食品作物的有机磷都要补充发育神经毒性试验后再修订新的农药残量标准。随着医学、毒理学以及分子毒理学的发展，对农药在食品中残留毒性的认识不断加深。现发现急性毒性低的农药并不说明它的慢性毒性小或者其他毒性也小（如抑制免疫、发育神经毒性、致癌性）。现代广义的食品安全性包括了对后代的影响（如生殖毒性），食品安全是一个复杂的问题，随着医学、毒理学以及分子毒理学的发展，人们对食品安全性要求越来越高。

食品中的农药残留允许限量对消费者健康至关重要。完整的农药残留安全性是指人群对农药残留的聚类暴露（aggregate exposure），即包括膳食暴露与其他暴露（饮水和居住环境）条件下不会损害人体的健康。

从管理角度评价食品是否安全，应该评估食品中农药残留可能引起的风险。风险大小取决于：农药残留的毒性和消费者对农药残留暴露的程度。而食品农药残留量和人摄入该食品量是两个变数。要得出每个人一天吃的每种食品准确量是不容易的，更不用说终生了。同样，要知道每种食品含有的各种农残量也是不可能的。只能利用现有的、有代表性的数据来估算出人的平均暴露量。农药毒性可采用外国资料，但摄入食品量和食品残留量必须有我国的数据，因为食品供应和膳食构成存在地区和季节差别。

9.2 农产品中农药残留类危害物风险评估一般性原则

根据农药的毒性分类和分级可以看出，低毒类的农药产生负面影响的风险很小。即便在相当多的一部分中等毒性农药中，除了长残效农药之外，风险也相对较小。

明确了这种差别，农药使用时的品种选择、剂型选型、喷洒技术和施药方法的选择等都是重要的参考选择依据。

农药残留危害识别的目的是识别人体暴露在一种农药残留物质下，对健康所造成的潜在的负面影响，识别这种负面影响发生的可能性及与之相关联的确定性和不确定性。危害识别不是对暴露人群的风险进行定量的外推，而是对暴露人群发生不良作用的可能性作定量评价。

由于在实际工作中数据经常是不充足的，危害识别最好采用事实说话，这一步骤需要对来源于适当数据库，经同行专家评审的文献，以及从未发表的相关研究中获得的充足的科学信息，进行充分的评议。此方法对不同研究的重视程度有如下顺序：流行病学研究、实验动物研究、短期试验与体外试验研究，以及最后的分子结构研究。

（1）流行病学研究　如果能获得在流行病学中的阳性数据，在风险评估中应当是能够使用的。从人类临床医学研究得来的数据，在危害识别及其他步骤中应当予以充分的利用。然而，对于大多数化学物质，临床医学数据和流行病学数据是很难得到的。此外，阴性流行病学数据很难在风险评估中做出相应的解释，因为大多数流行病学研究的统计结果，还不足以说明相对低剂量的化学物质，对人体健康存在潜在的影响。为风险评估而进行的流行病学研究数据必须是用公认的标准程序进行的。由于目前流行病学的研究滞后，风险管理决策不应该由于流行病学的发展滞后而受到耽搁。

在流行病学研究设计或应用阳性流行病学数据过程中，必须考虑人群的以下因素：人敏感性的个体差异、遗传的易感性，与年龄和性别相关的易感性及其他受影响的因素，例如，社会经济地位、营养状况和其他可能的复杂因素的影响。

由于流行病学研究需要的费用昂贵，而且其提供类似研究数据的有限性，危害识别一般是以动物和体外试验的资料数据为依据。

（2）实验动物研究　风险评估的大部分毒理学数据来源于实验动物研究，这就要求这些动物试验必须遵循科学界广泛接受的标准化试验程序。现在尽管存在许多类似的标准化试验程序，如联合国经济合作发展组织（OECD）、美国环保署（EPA）等，但仍然还缺乏适用于食品安全风险评估的专用程序。无论采用哪种程序，所有研究都应当遵循良好实验室操作规范（GLP）和标准化质量保证/控制系统（QA/QC）的要求。

一般情况下，食品安全风险评估使用充足的最小量的有效数据应当是可以的。包括规定的品系数量、两种性别、正确的选择剂量、暴露路径，以及足够的样品数量。一般而言，数据的来源（发表的研究，未发表的研究数据等）并不重要，只要研究有足够的透明度，并且能够证明遵照 GLP 和 QC/QA 执行就可以了。

长期的（慢性）动物毒性研究数据是非常重要的，应当着眼于有意义的主要的毒理学作用终点，包括肿瘤、生殖/发育作用、神经毒性作用、免疫毒性作用等。急性毒性实验动物研究数据是必要的，应当有相应的数据支持。实验动物研究应当能够识别出以上列出的毒性影响（毒性作用终点）范围。对于人体必需微量元素如铜、锌、铁，应该收集必需量与毒性之间关系的资料。实验动物毒理学研究应当设计成可以识别 NOEL、NOAEL 或临界剂量。也就是说，应根据最终作用点来选择剂量。剂量可以选择足够高，以尽可能避免假阴性的出现。同时也要考虑例如代谢饱和性、细胞遗传学和有丝分裂导致细胞增殖等。

在可能的情况下，实验动物研究不但应该提供对人体健康的潜在负面影响，而且应该提供这些负面影响对人类造成风险的相关资料。提供这种相互关系资料，应包括阐明作用机制、给药剂量和药物作用剂量关系以及药物代谢动力学和药效学研究。

机理数据可能是由生物体外研究数据提供的，例如遗传毒性试验或其他相似试验。这些研究应当遵循 GLP，以及其他能够被接受的协议方。但必须明确，体外生物研究数据不应当作为预测人类风险信息的唯一来源。

体内和体外的研究结果能够强化对药物动力学和药效的作用机理的理解。然而类似的信息在许多情况下是无法获得的，风险评估过程不应当由于药物动力学和药效的作用机理不明而耽搁。

给药剂量和药物作用剂量的资料，有助于评价农药在体内的作用机理与药物代谢动力学的数据。评估应当考虑农药化学物特性（给药剂量）和农药机体的代谢物毒性（作用剂量）。基于这种考虑，应该研究农药化学物质的生物利用率（原形化合物、代谢产物的生物利用率）具体到生物体组织通过特定的膜吸收（如肠子等消化道），在体内循环，最终作用到靶位器官。

（3）短期试验与体外试验研究　由于短期试验既快速且费用不高，因此用来探测农药化学物质是否具有潜在致癌性，或用于引导和支持动物试验或流行病学调查的结果是非常有价值的。

可以用体外试验资料补充作用机制的资料，例如遗传毒性试验。这些试验必须遵循良好实验室规范或其他广泛接受的程序。同样，体外试验的数据不能作为预测对人体危险性的唯一资料使用。

（4）分子结构研究　比较农药分子结构活性关系的研究，可有效地用于识别影响人类健康的危害因素。对于一些特殊的化合物（如多环芳香烃、多氯联苯和二噁英等），同一级别的一种或多种有足够的毒理学数据，可以采用毒物当量预测人类暴露在同一级别其他化合物下对健康状况的影响。

将危害物质的物化特性与已知的致癌性（或致病性）作比较，可以知道此危害物质潜在致癌力（致病力），从许多试验资料显示致癌力确实与化学物质的结构种类有关。结构研究主要是为了更进一步证实被研究物质的潜在致癌（致病）因子，以及建立对致癌能力测验的优先顺序。

9.3　危害描述

农产品中的农药残留含量通常是很低的——一般在 mg/kg 级或更低的水平上。要获得足够的灵敏度，实验动物毒理学研究，必须在有可能超标的高水平上进行，通常浓度在几千个毫克/千克（mg/kg）。

9.3.1　剂量-反应外推

为了比较人类暴露水平，实验动物数据需要外推到比它低得多的剂量水平。从危害物和某种危害间的剂量反应关系曲线，求得无可见作用水平（NOEL）、最低可见作用水平（LOEL），以及半数致死量（LD_{50}）或半数致死浓度（LC_{50}）等毒性参数。这些外推步骤无论在定性还是定量上都存在不确定性。危害物的自然危害性可能会随着剂量改变而改变或完全消失。假设动物和人体的反应在量上是一致的，但如果选择同一剂量-反应模型可能会出现不正确的结果。因为人体与动物在同一剂量时，药物代谢动力学作用有所不同，而且剂量不同，代谢方式也不同。化学物质的代谢在低剂量和高剂量上可能存在不同，比如说高剂量经常会掩盖正常的解毒、代谢过程，所产生的负面影响也不会在低剂量时发生。高剂量还可以诱导更多的酶、生理变化以及与剂量相关的病理学变化。在外推到低剂量的负面影响时，毒理学家必须考虑这些潜在危害以及其他与剂量相关的变化。

9.3.2　剂量缩放比例

动物和人体的毒理学平衡剂量一直存在争议，食品添加剂专家委员会（JECFA）和 FAO/WHO 农药残留联席会议（JMPR）具有代表性的是以每千克（kg）体重的质量（mg）作为种间的缩放比例。美国官方基于药物代谢动力学的研究成果提出规范，以每 34kg 体重的质量（mg）作为缩放平衡比例。理想缩放因素应当是通过测量动物和人体组织的浓度，以及靶器官的清除率来获得的。血液中药物含量也接近这种理想状态。在无法获得充足证据时，可用通用的种属间缩放比例。

9.3.3　遗传毒性与非遗传毒性致癌物

传统上，毒理学家除了致癌性物质外，均接受毒性物质负面影响阈值的存在。此传统认识可以追溯到 20 世纪 40 年代早期，当时已认识到癌症的发生有可能源于某一种体细胞的突变。理论上，几个分子，甚至单个分子引起突变，在动物或人体内持续而最终发展成为肿瘤。通过这种机理致癌的物质是没有安全剂量的。

近年来，科学研究的发展，已经能够区别致癌物和非遗传毒性致癌物的差别，并确定有一类非遗传毒性致癌物，即本身不能诱发突变，但是它可作用于被其他致癌物或某些物理化学因素启动细胞的致癌过程。相反的，其他致癌物由于通过诱发体细胞基因突变而活化肿瘤基因和（或）灭活抑瘤基因，因此，遗传毒性致癌物被定义为能够引起靶细胞直接和间接基因改变的化学物质。然而遗传毒性致癌物的主要作用靶位是基因，非遗传致癌物作用在其他遗传位点，导致强化细胞增殖和/或在靶位上维持机能亢进或机能不良。大量的研究数据定量说明遗传毒性致癌物与非遗传毒性致癌物之间存在种属间致癌效应的区别。此外，某种非遗传毒性致癌物，被称为啮齿类动物特异性致癌物，存在剂量大小不同时会产生致癌或不致癌的效果。相比较之下，遗传毒性致癌物则没有这种阈值剂量。

毒理学家和遗传学家研究出的检测方法，能够用来鉴别引起 DNA 突变的化学物质。众所周知的 Ames 试验就是一个例子。由体内和体外组成一组试验，用来检测化学物质的致突变能力。尽管每一套试验方法都有它本身的局限性，但这些试验方法用于区分遗传毒性致癌物和非遗传毒性致癌物是有用的。

许多国家的食品安全管理机构，现在对遗传毒性致癌物和非遗传毒性致癌物都进行了区分，采用不同的方法进行评估。然而这种区分由于对致癌作用所获得信息的不足或知识的欠缺，并不能应用在所有的致癌物质上，但采用致癌物分类法有助于建立评估摄入化学物致癌的风险。理论上，非遗传毒性致癌物可以用阈值法进行规范，例如"NOEL-安全系数"方法。在证明某一物质属于非遗传毒性致癌物同时，还需要提供致癌作用机制的科学资料。

9.3.4 有阈值的物质

实验获得的 NOEL 或 NOAEL 值乘以合适的安全系数等于安全水平或每日允许摄入量（ADI）。这种计算方式的理论依据是，人体和试验动物存在合理的可比较剂量的阈值。对人类而言，可能要更敏感一些，遗传特性的差别更大一些，而且人类的饮食习惯要更多样化。鉴于此，JECFA 和 JMPR 采用安全系数以克服这些不确定性。通过对长期的动物实验数据研究得出安全系数为 100，但不同国家的卫生机构有时采用不同的安全系数。在可用数据非常少或制定暂行 ADI 值时，JECFA 也使用更大的安全系数。其他健康机构按作用强度和作用的不可改变性调整 ADI 值（每日允许摄入量）。ADI 值的差异就构成了一个重要的风险管理问题，这类问题受到有关国际组织的重视。

ADI 值提供的信息是这样的，如果对该种农药化学物质在摄入小于或等于 ADI 值时，不存在明显的风险。如上所述，安全系数用于弥补人群中的差异。所以在理论上某些个体的敏感程度超出了安全系数的范围。

ADI 的另外一条制定途径就是摆脱对 NOEL/NOAEL（NOEL 无可见作用水平；NOAEL：无可见不良作用水平）的依赖，采用一个较低的有效作用剂量，例如 ED_{10} 或 ED_{50}。这种方法被叫作基线剂量（benchmark dose），它更接近可观察到的剂量-

反应范围内的数据，但它仍旧要采用安全系数。以基线剂量为依据的 ADI 值可能会更准确地预测低剂量时的风险，但可能与基于 NOEL/NOAEL 的 ADI 值并无明显差异。对特殊人群，例如儿童，可采用一个种属内的转换系数和特殊考虑他们的摄入水平来进行保护（参见 9.4 暴露评估）。

9.3.5　无阈值的物质

对于遗传毒性致癌物而言，一般不能采用"NOEL"（安全系数）法来制定允许摄入量，因为即使在最低的摄入量时，仍然有致癌的风险存在。因此对遗传致癌物的管理办法有两种：①禁止商业化地使用该种化学物品；②建立一个足够小的被认为是可以忽略的、对健康影响甚微的或社会能够接受的风险水平。在应用后者的过程中要对致癌物进行定量风险评估。

人们提出各种各样的外推模型。目前的模型都是利用实验性肿瘤发生率和剂量，几乎没有其他生物学资料。没有一个模型可以超出实验室范围的验证。因而也没有对高剂量毒性、促细胞增殖或 DNA 修复等作用进行校正。基于这样一种原因，目前的线性模型被认为是对风险的保守估计。这就通常使得在运用这类线性模型作风险描述时，一般以"合理的上限"或"最坏估计量"等表达。这被许多法规机构所认可。许多国家试图改变传统的线性外推法，以非线性模型代替。采用这种方法的一个很重要的步骤就是，制定一个可接受的风险水平。在美国 FDA、EPA 选用百万分之一（10^{-6}）作为一个可接受风险水平。它被认为代表一种不显著的风险水平，但风险水平的选择是每一个国家的一种风险管理决策。

对于农药残留采用一个固定的风险水平是比较切合实际的，如果预期的风险超过了可以接受的风险水平，这种物质就可以被禁止使用。但对于已成为环境污染的禁止使用的农药，很容易超过规定的可接受水平。例如，在美国四氯苯丙二噁英（TCDD）风险的最坏估计高达 10^{-4}，对于普遍存在的遗传毒性致癌污染物，如多环芳香烃和亚硝胺，常常超过 10^{-6} 的风险水平。

9.4　暴露评估

膳食中农药残留总摄入量的估计需要食品消费量和相应农药残留浓度。

9.4.1　总膳食研究法

总膳食研究法得到的数据，更适合于膳食中化学危害物对人体的风险评估。但由于这种方法没有具体的某种食品的消费量和含量数据，不能很好地判断化学危害物的来源，而有时某种化学危害物可能仅仅来自某一种食品，单一食品的选择研究法可避免上述遗漏，由于食品加工过程中某些危害物可能有损失，也可能被浓缩后含量提高，因此在进行化学农药残留危害暴露评估时应尽可能利用这些数据。

9.4.2 双份膳食研究法

特点同总膳食研究法。

9.4.3 单一食品的选择研究法

有关化学物质膳食摄入量研究的一般指南可从世界卫生组织（WTO）获得。有时农药残留可能仅仅来自某一种食品。这是单一食品研究方法的长处。近年来，通过直接测定人体组织和体液中污染物的浓度来评估污染物的暴露水平的方式呈增加的趋势。例如，由于有机氯农药的摄入主要来自食品，从食品中摄入的有机氯农药占其总量的90%以上，通过测定母乳中有机氯农药的浓度就可以评定该污染物的暴露水平。

9.4.4 膳食摄入量的估计

膳食摄入量的测定可以采用相对直接的方法，即直接测定相应食品中农药残留的浓度和其消费量。值得提出的是，食品中农药残留经常低于最大允许量。由于样品前处理时仅仅是处理作物和动物组织的一部分，食品中的或残留在食品外部的农药残留值往往不能得到准确的数据。污染物在食品中的分布只有利用灵敏、可靠的分析方法分析有代表性的样品获得。食品污染物的监控计划有关资料已有详细的说明。

农药残留的最大允许限量可由它们的使用情况而定。例如，一定水平的残留量直到消费时都很稳定，这样最大残留值才与实际摄入量相当。但是很多情况下，我们关心的农药残留在消费前已经发生变化。如某些物质在食品储存过程中就可能降解或与其他物质发生反应。未加工食品在加工过程中可能降解，也可能累积放大。

最大残留限量的制定必须考虑到食品在进入市场和在一定条件下食用时残留的变化情况。农药残留物在食品中的限量的制定应在合理的范围内尽可能地低。

农药残留的理论总膳食摄入量必须低于响应 ADI 值，很多情况下，污染物的实际摄入量低于 ADI 值。因为制定临时允许摄入量所需的数据很少，所以当污染物的残留水平偶尔高于临时允许摄入量是可以的，在这种情况下，更多考虑的是经济和技术因素。

准确可靠的食品摄入量对于农药残留的暴露评估是必不可少的，消费者平均（中值）食品消费量和不同人群的食品消费数据对于暴露评估非常重要，特别是易感人群。另外，在制定国际性食品安全风险评估办法时，必须注重膳食摄入量资料的可比性，特别是世界上不同地方的主要食品消费情况。

GEMS（FAO/WHO 等国际组织的食品污染和监控程序）现有五个地区和一个

全球性膳食的数据库，有近 250 种原料和半成品的日消费量的数据。非洲、亚洲、东地中海、欧洲和拉丁美洲地区性膳食模式是根据联合国 FAO 的食物平衡表中部分国家的数据制定的。但这种数据不能提供特殊消费者的有关信息。在我国，卫健委疾病预防控制中心也对我国居民的膳食结构和消费水平进行过大规模的调查，他们有相对准确和完善的数据。

9.4.5　总膳食研究

某种食品对消费者的潜在暴露量，主要来自食用前的食品的加工处理方式，农药的暴露方式以及个体摄入农药的量。尽管某种食品中，一种农药残留的摄入量评估，是分开来进行的，但是总膳食评估同样是很重要的一步。一般来讲，总膳食研究在提供最准确的膳食摄入各种污染物的整体评估方面，比其他任何方法都准确。此外，总膳食研究明确地考虑到了加工过程（或烹饪过程）食品中污染物水平的评估。

9.4.6　预测总膳食摄入

既然分析膳食研究指未知的农药用在非特定的商品上，那就不能用常规的思维去决定该种农药的使用情况。因此，在实际膳食摄入缺乏数据的情况下，有必要对消费者面临的潜在风险，从估算总膳食摄入到分析每一餐的摄入进行评价。这种预测需要食品中残留水平和该种食品的消费量的数据，当然，要做出正确的评估还需要许多可以获得的定性和定量数据。

不同的预测方法可以产生不同的数值，最现实的预测数值需要许多非常难获得的数据，例如当年农作物上的农药使用情况，以及大体的理论每日最大摄入量（TMDI），这些数据只能获得其近似值。TMDI 数值的计算，来源于一种农药在所有农作物上的使用数据，而且这种农药的使用必须符合农药使用规范，其残留水平是低于 MRL 的。

这一计算结果就是真实摄入量的一个总的评估，可以采用监控残留试验中获得的平均残留水平对这一数值进行修正。这可以作为一种暴露量估算手段从而取代 MRL。

更有效地估算膳食摄入农药残留量，需考虑以下数值：

（1）明确的农药使用情况（不仅仅是注册的农药）；

（2）食品消费占膳食摄入的比例；

（3）最大残留量，平均或在收获期最可能预测的残留量；

（4）农作物中农药残留的传播和分割，以及在烹饪和食品加工过程中农药残留的变化情况。

9.4.7　饮食因素的使用

虽然饮食方式多种多样，采用数学源的因素只需要作很少的调整，考虑到多数数据的不确定性能够反映食品商品占"平均"饮食的比例，WHO 进行了广泛的计算机研究，主要是全球文化、地区差别、年龄差别以及其他饮食情况的差别。更准确的饮食因素能够基于一定的数值间隔，0.1，0.2，0.5，1，2，5，10，20（作为 MRL），食品商品占饮食比例小于 0.5% 时可以忽略，计入评估饮食农药残留只考虑主要的食品商品。这样考虑，人类饮食的主要农作物商品将不超过 30 种。

以下为膳食摄入的计算。

膳食调查是为了了解调查期间被调查者通过膳食所摄取的热能和营养素的数量和质量，对照膳食营养素推荐供给量（RDA）评定其营养需要得到满足的程度。膳食调查既是营养调查的一个组成部分，它本身又是一个相对独立的内容。单独膳食调查结果就可以成为对所调查人群进行改善营养咨询指导的依据。膳食调查方法有：①称重法；②查账法；③回顾询问法；④化学分析法。

依调查目的和工作条件而选择单一或混合方法。如我国常用于家庭膳食调查的方法为①与②的混合法。国外所谓总膳食研究（total diet study），实质是①与④的混合法。

通过式（9-1）计算（慢性）膳食摄入：

$$\text{NEDI} = \sum_n F_i \times R_i \times C_i \times P_i \tag{9-1}$$

式中　NEDI——国家长期（慢性）膳食暴露评估；

F_i——食品日消费量（可再分为进口食品和国内生产食品），kg/d；

R_i——来源于监控数据的食品中平均农药残留量，mg/kg；

C_i——农药在食品可食部分如香蕉、橙子等上的校正系数；

P_i——食品在加工、储藏、运输以及烹饪过程中造成的农药含量变化（提高或降低）校正因子。

通过式（9-2）或式（9-3）计算（急性）膳食暴露：

$$\text{NESTI} = \frac{\text{LP} \times R_{\text{CO}} \times V}{\text{bw}} \tag{9-2}$$

或

$$\text{NESTI} = \frac{\text{LP} \times HR_{\text{iu}}}{\text{bw}} \tag{9-3}$$

式中　NESTI——国内短期（急性）膳食暴露评估；

LP——大量消费某种食品的数值（食用者的第 95.7 个百分点），kg；

R_{CO}——组合样品中的农药残留量，mg/kg；

HR_{iu}——个别样品中的最高农药残留量，mg/kg；

  V——变异系数（单个样品中的最高残留量除以平均残留值），其中单位重量＞250g 的商品 V=5；单位总量在 20～250g 之间的样品 V=7；

  bw——体重，kg。

  在膳食研究中应注意以下几点。

  （1）数据的使用　在暴露评估中使用第一手的新鲜水果、蔬菜中的农药残留监控数据是很重要的，对所有的施用农药的农作物，对各种气候条件和种植条件都作监控试验是不现实的。所以所谓的外推概念就是评估残留限值并估算出 MRL。然而从有限的试验中得出的数据，即使是非常准确无误的专家外推，在没有足够的其他残留数据作参考的情况下，用来估算潜在的实际暴露和预测用于估算 MRL 的总膳食摄入是不可行的。而且用于分析的样品是从监控样品中随机抽取的，不能使用曾经为某种用途而有目的地收集的数据，或那些对其生长和所出现的各种问题都了如指掌的制定样品。例如，专门针对某种问题而收集的非随机数据，同时这些样品在检测前未经洗涤及去皮处理，但是在没有其他数据可用的情况下这种数据也可以使用，但必须说明的是，其评估结果势必会造成过高估计通过食品而摄入的农药残留量，导致过渡暴露。在这种情况下，就要采用一个衰减因子来校正，以对暴露量做出正确的评估。

  （2）所用样品的同质性　所用暴露样品的另一个重要因素就是，用于测量化学物质的样品应当具有同质性。总的来说，被分析的样品数量应当随着期望水平的增加而增加。而且在一般情况下，农作物中的营养成分、毒性物质等化学成分的变化，在一定地区的成熟收获季节都很难把握，由此推断在不同地区、不同成熟程度、不同植物间的区别就更大了。同时储藏时间和储藏条件也会影响测量结果。

  测定样品中农药残留通常要包括混合样品，例如 10 个苹果、2kg 莴苣，均匀混合来进行分析。在某些情况下，例如 10 个胡萝卜样品中，所有的农药残留只来自一个或两个胡萝卜样品。在这个例子中，单一胡萝卜样品的农药残留浓度是混合样品的 10 倍左右。这一结果将使得暴露评估的结果产生很大的差异。在目前的新农药监测方法中，对于有极性毒性和无极性毒性的农药的处理方法是不同的。如果某种农药无极性毒性，混合样品的结果，来源于试验室测定农药有效性的结果，乘以平均消费量。如果是有极性毒性的农药，仍然适用同样的结果，但是在暴露评估中应当考虑以上提到的混合样品所产生的变异系数。

  在暴露评估中选取入口前的食品作为样品，比选取刚收获的农作物作为样品更有实际意义。但是在很多情况下，可获得的农药残留的数据都来自农作物或常见的食品中。因此通常没有考虑食品在加工过程中农药残留的变化，如去皮、漂洗等使得残留降低，还有如摄入脂肪引起的残留富集过程。

  （3）对特殊人群的考虑　不同职业人群接触农药的概率不同，但几乎有人都能接触到农药残留，只不过有的职业的人群，如生产农药的车间工人、配制农药的工人、包装农药的工人和运输农药的工人，接触农药的浓度高，占总人口比例却不高。有的职业人群，如喷洒农药的农民、林业工人、园林工人和其他农药用户，接触农药较前者为低；人数较前者为多。社会公众通过食物、饮用水和农药事故性暴露潜在性地接触农药，农药浓度是低水平的，但接触人数最多，谁也不能避免，形成了暴露风险金字塔。

在金字塔的塔尖处，人数虽少，暴露风险较高。这些人面对的是急性中毒，常常有生命危险；但因人数较少，人们往往看不到或低估事故的风险性。通过加强管理（包括立法）、教育和劳保措施的改进，可以逐步降低风险。

① 妇女、胎儿、婴儿及儿童　研究人员指出，处于月经期、怀孕期和哺乳期的妇女，接触农药，易发生月经病，中毒性流产或胎儿畸形，婴儿乳后中毒；儿童的各个器官组织都尚未发育成熟，神经系统和免疫功能很不完善，其机体的解毒排毒功能差，最易受农药之害，而且儿童处于生长发育期，生长迅速的细胞更易受致癌农药的影响，容易造成中毒。

② 患有心脏病的人　很多农药都会直接毒害心肌，或通过神经的损害而影响心脏，进而导致心律不齐、心力衰竭、中毒性的心肌炎，而危及生命，因此危险性更大。

③ 有癫痫病史的人　因农药对人体中枢神经有刺激，会导致癫痫病的发作，造成农药中毒或其他事故。

④ 有皮肤病的人　有各种皮炎、皮肤溃疡或皮肤外伤的人，一旦皮肤沾染农药，不但病情加重，而且农药极易通过局部皮肤或溃烂部分侵入体内造成中毒。

⑤ 患有感冒病的人　患感冒的人，体温升高，抵抗力弱，加之周身毛孔张大，如果从事农药生产、喷洒等工作更容易造成中毒，还会引发其他疾病。

⑥ 患肝病的人　无论是急慢性肝炎等肝病患者，其肝的解毒功能都较差，如果大暴露量农药进入体内，不能迅速分解，易造成中毒和肝脏损害。

⑦ 患有肾炎病的人　急慢性肾炎患者，其肾脏的排泄功能都有所降低，农药进入体内不能迅速排出而滞留在体内，造成中毒的概率更高，加重肾功能的损伤。

⑧ 病愈恢复期的人　活动性肺结核、支气管哮喘、急性传染病、严重贫血、精神病患者，在病初愈休养恢复期间去进行喷药劳作，因体质差，极易造成农药中毒。

⑨ 农药过敏的人　这种人只要接触农药就产生胸闷、咳嗽、皮肤红肿、全身发冷、头昏恶心等过敏反应，严重的会危及生命。

9.4.8　暴露路径

可从"农田到餐桌"的全过程各个方面进行考虑。

① 农药生产过程中的暴露，农药使用过程中，对农药施用者造成的暴露。

② 农药通过动物富集后，再到人体的暴露。

③ 人类直接食用施药后农作物造成的暴露。

④ 人类通过土壤、空气、水等途径造成的暴露。

9.4.8.1　农药残留量的估计

要估计农药残留量，必须从最初的农药使用、监控、稀释、分解到各种暴露途径及暴露量、检测、监控方法等入手。

（1）农药的使用　如果农民违反农药使用规定，滥用国家明令禁止用于蔬菜、水果的高毒和剧毒农药，或者违反安全间隔期规定，在接近收获期使用农药，就会在蔬菜、水果中造成农药残留。因此在农药的使用过程中，应当严格遵照良好农业规范（GAP），从源头上降低农药残留。

（2）农药监控　我国农业部制定了《食品中农药残留风险评估指南》和《食品中农药最大残留限量制定指南》（中华人民共和国农业部公告第 2308 号），同时在全国开展农产品安全质量例行监测工作。

（3）农药残留田间试验　科学的田间试验设计是提供足够数量和具有充分代表性残留检测样本的基础。田间试验设计包括农药在植物体（农作物）内和环境（土壤、水）中消解规律、各施药因子与最终残留量水平相关性试验。它是根据某种农药产品防治某种农作物病、虫、草害的施药需要，再按残留试验原则和要求而设计的试验。

① 供试农药　对每种农药剂型（产品）都要做残留试验。试验前应了解该农药产品的有关资料，如有效成分、剂型、含量、理化性质、毒性，并记录农药产品标签中农药通用名称（中英文）、商品名称（中英文）、适用作物、防治对象、作用特点、施药量（或浓度）、施药次数、施药方法、施药适期、注意事项以及生产厂家（公司）、产品批号等，必要时还应对农药产品实际有效成分含量进行检测。

② 供试作物　原则上应在每种作物上都作残留试验，由于作物种类繁多，若对每种作物都作残留试验，工作量太大而且没有必要。因此，一种剂型用于多种作物的农药品种，可在每类作物中选择 1～2 种作物进行试验。试验前应了解该作物的品种名称、生育期和栽培管理等有关情况。

③ 试验点　应在地理位置、气候条件、栽培方式、土壤类型等差异较大的代表性作物产区选择两个以上试验点，试验前应对试验点的土壤类型、前茬作物、农药使用历史、气候等情况做好调查和记载，应选择作物长势均匀、地势平整的地块。试验点前茬在试验进行中均不得施与供试农药类型相同的农药。

④ 试验小区　为提供足够数量的残留检测样本，应设足够大的试验小区，以保证能多次重复采样获得有代表性的样本。

⑤ 安全间隔期　最后一次施药至作物收获时允许的间隔天数，即收获前禁止使

用农药的日期。大于安全间隔期施药，收获农产品的农药残留量不会超过规定的最大残留限量，可以保证食用者的安全。通常按照实际使用方法施药后，隔不同天数采样测定，画出农药在作物上的残留动态曲线，以作物上残留量降至最大残留限量的天数，作为安全间隔期的参考。安全间隔期因农药性质、作物种类和环境条件而异。

⑥ 农药消解动态　为研究农药在农作物、土壤、田水中残留量变化规律而设计的试验，是评价农药在农作物和环境中稳定性和持久性的重要指标。即以农药残留量消解一半时所需的时间——"半衰期"表示。

⑦ 施药因素与最终残留量水平相关性试验　为了评价各种施药因素与收获的农产品以及土壤中残留量相关性。首先按田间实验设计原则和基本要求选好实验点，确定小区面积、施药量（或浓度）、施药次数、间隔期等，然后按试验点地形顺序排列小区并绘制试验小区平面图，再按计划施药、采样，以获得田间试验样本（包括农作物可食部位和可作饲料部位样本以及土壤样本）。样本包括：籽粒（种皮和可食的未成熟的籽粒）、茎秆、果实（果皮、果壳）、土壤等。

⑧ 采样　科学、规范化的采样是获得有代表性样本的关键，样本代表性将直接影响检测结果的规律性，采样方法和采样量是影响试验结果误差的重要因素之一。包括采样方法、采样量、样本缩分、样本包装和储运。

⑨ 检测　根据国际或其他国家推荐或我国通用检测方法，也可根据自己实验室条件，针对样本种类和待测的有效成分（包括有毒代谢物和降解物）确定相应的提取、净化方法和仪器检测条件，建立标准操作程序。而确立的检测方法是否符合要求、可行，主要用方法的灵敏度、准确度和精确度来衡量，通常灵敏度以方法的最低检出浓度来表示；准确度以方法添加回收率表示；精确度以相对标准偏差表示。

（4）如何评判农药残留　判断农药残留是有一套评判标准的。农药残留的最大残留限量（MRL）根据对农药的毒性进行评估，得到无可见作用水平（NOEL），再除以100的安全系数，得出每日允许摄入量（ADI），最后再按各类食品消费量的多少分配。在制定标准时，还要适当考虑在安全良好的农业生产规范下实际的残留状况。

我国的农药残留限量标准也是按照这一原则制定的。由于管理水平和生产者知识水平的限制，为了控制农药急性中毒的发生，我国制定的农药残留标准是相对比较严格的。另外，这些标准的制定也与当时的检测技术有关。如今，伴随着检测技术的提高，原来不能检出的农药也能被检出了，这也是现在出现超标现象的原因之一。

另外，还有一个引起超标的可能是农药分解或代谢产物。如果农药分解或代谢产物在国家标准中是不允许检出的，其残留标准应是以原药和分解或代谢产物合并计算。

使用任何农药均有可能造成残留，但有残留并不等于一定对健康构成危害。国际食品法典和美国等发达国家与我国相同，通过制定最大残留限量标准来预防其危害。

（5）监控和监督食品中的农药残留　对于已经注册过的农药，监控和监督数据能够更进一步审查其在注册使用过程中对摄入的估计。但采样方法以及样品残留的分析方法仍然需要仔细推敲，尤其是这种监控被用作制定管理措施。当然，如果监控样品的过程可以与一些农作物的生长相结合，以至于可以获得比较条件下监督试验数据，这将是再好不过的事情。研究这种最初滞留于环境、作物、食品甚至人体中的农药残留是很重要的。农作物收获时的农药残留主要受两个因素的影响：

① 最初在农作物上的残留情况，以及传播和覆盖率；

② 通过作物生长的稀释作用，通过物理、化学和生物过程的作用，使施用后的农药消失。

使用量要严格遵照残留限量上限和收获作物上的理论最大残留量，这些数据可以从相关的每亩农作物平均收获量上预计出来。但是由于种种原因的干扰，这一数字只是一种推测，并不代表真实的数值。

（6）影响农药残留的重要因素　分离和测定所有的影响农药残留的重要因素是很困难的。以下是一些已经分离出来的影响因素：

① 农药施用量；

② 农作物的表面积和总量之比；

③ 农作物表面的天然特性；

④ 农药施用设备；

⑤ 当地的主要气候条件。

（7）农药残留超过 MRL 时的监控研究　多年来许多国家对农作物和食品的农药残留监控结果表明，在成百万的随机农业商品中有80%以上不含有所要测定的农药残留，也就是说，如果农药残留存在，也低于检测方法所能测到的低限。大约15%～18%的食品含有能够检测出的农药残留，但低于合法 MRL 值，低于3%，通常对于大多数食品而言，<1%的食品含有超过合法标准的农药残留。这种限量当然只是农业标准而非健康标准。

在这一监控研究中所采用的随机抽样方法，是根据国际抽样准则进行的。它包括了许多已制定 MRL 值的样品。许多监测所得出的结果证实了使用 MRL 值估计的准确性，然而，事实上样品中所使用的"平均"残留数值也会偶尔超过 MRL，因此也要同时重视商品中残留的变异性。

在现实生活中，只消费一种来自高农药残留范围的食品，是不会对消费者产生很大风险的，况且一个消费者大量消费一种高残留食品在统计学上几乎是不可能的。这在理论上被称作急性参考剂量，即使超过了还存在一个安全缓冲区，所以这种摄入量也不可能超过 NOAEL 或产生风险。

（8）推荐农药最大残留限量（MRL）　根据规范残留试验数据，确定最大残留水平，依据我国膳食消费数据，计算国家估算每日摄入量，或短期膳食摄入量，进行膳食摄入风险评估，推荐食品安全国家标准农药最大残留限量。

推荐的最大残留限量，低于 10mg/kg 的保留一位有效数字，高于 10mg/kg 低于 99mg/kg 的保留两位有效数字，高于 100mg/kg 的用 10 的倍数表示，最大残留限量（mg/kg）通常设置为 0.01、0.02、0.03、0.05、0.07、0.1、0.2、0.3、0.5、0.7、1、2、3、5、7、10、15、20、25、30、40 和 50。

依据《用于农药最大残留限量标准制定的作物分类》，可制定适用于同组作物上的最大残留限量。

（9）再评估　当发生以下情况时，应对制定的农药最大残留限量进行再评估：

① 批准农药的良好农业规范（GAP）变化较大时；

② 毒理学研究证明有新的潜在风险时；

③ 残留试验数据监测数据显示有新的摄入风险时；

④ 农药残留标准审评委员会认定的其他情况。

再评估应遵从农药最大残留限量标准制定程序进行。

（10）周期评估　为保证农药最大残留限量的时效性和有效性，实行农药最大残留限量周期评估制度，评估周期为 15 年，临时限量和再残留限量的评估周期为 5 年。

（11）临时限量　当下述情形发生时，可以制定临时限量标准：

① 每日允许摄入量是临时值时；

② 没有完善或可靠的膳食数据时；

③ 没有符合要求的残留检验方法标准时；

④ 农药或农药/作物组合在我国没有登记，当存在国际贸易和进口检验需求时；

⑤ 在紧急情况下，农药被批准在未登记作物上使用时，制定紧急限量标准，并对其适用范围和时间进行限定。

（12）其他资料不完全满足评估程序要求时　临时限量标准的制定应参照农药最大残留限量标准制定程序进行。当获得新的数据时，应及时进行修订。

（13）再残留限量　对已经禁止使用且不易降解的农药，因在环境中长期稳定存在而引起在作物上的残留，需要制定再残留限量（EMRL）。再残留限量是通过实施国家监测计划获得的残留数据进行风险评估制修订的。

（14）豁免残留限量　当存在下述情形时，豁免制定残留限量：

① 当农药毒性很低，按照标签规定使用后，食品中农药残留不会对健康产生不可接受风险时；

② 当农药的使用仅带来微小的膳食摄入风险时。

豁免制定残留限量的农药需要根据具体农药的毒性和使用方法逐个进行风险评

估确定。

（15）香料/调味品产品中最大残留限量　在没有规范残留试验数据的条件下，可以使用监测数据，但需要提供详细的种植和生产情况以及足够的监测数据，制定程序参照农药最大残留限量标准制定。

9.4.8.2　农产品中的多种农药残留

农作物上经常要施用不上一种农药，才能达到满意的保护程度。因此在食品中也就需要检测不上一种农药的残留情况。这就可能增加许多预想不到的交叉作用。早在 1961 年人们就认识到了农药存在交叉作用的可能性，JMPR 分别在 1964 年、1967 年和 1981 年开会讨论了这个问题，最后得出结论："不但农药，而且所有的对人类存在暴露的化学物质（包括食品）之间都存在交叉作用。这就导致一个无限的可能性，而且没有具体的理论来解释，农药之间即使在很低的含量水平下也应引起很大的交叉作用。"

（1）危害物毒性作用的影响因素　危害物的毒性作用强弱受多种因素的影响，其中主要包括：危害物作用对象自身的因素、环境因素和危害物之间相互作用等因素的影响。

（2）危害物作用对象自身因素的影响　毒性效应的出现是外源化学物与机体相互作用的结果，因此危害物作用对象自身的许多因素都可影响化学物的毒性。

（3）种属与品系

① 种属的代谢差异　不同种属、不同品系对毒性的易感性可以有质与量的差异。如苯可以引起兔白细胞减少，对狗则引起白细胞升高；β-萘胺能引起狗和人膀胱癌，但对大鼠、兔和豚鼠则不能；反应停对人和兔有致畸作用，对其他哺乳动物则基本不能。又如小鼠吸入羰基镍的 LC_{50} 为 20.78mg/m^3，而大鼠吸入的 LC_{50} 为 176.8mg/m^3，其毒性比为 1：8。有报道，对 300 个化合物的考察，动物种属不同，毒性差异在 10～100 倍之间。可见种属不同其反应的危害物作用性质和毒性大小存在明显差异。同一种属的不同品系之间也可表现出对某些危害物易感性的量和质的差异。例如有人观察了 10 种小鼠品系吸入同一浓度氯仿的致死情况，结果 DBA$_2$ 系死亡率为 75%，DBA 系为 51%，C$_3$H 系为 32%，BALC 系为 10%，其余 6 种品系为 0%。尤其要指出的是，不同品系的动物肿瘤自发率不同，而且对致癌物的敏感性也不同。不同种属和品系的动物对同一危害物存在易感性的差异，其原因很多，大多数情况可用代谢差异来解释，即机体对危害物的活化能力或解毒能力的差异。如小鼠、大鼠和猴经口给予氯仿后分别有 80%、60% 和 20% 转化成 CO$_2$ 排出，但人则主要经呼吸道排出原型氯仿。又如苯胺在猫、狗体内形成毒性较强的邻位氨基苯酚，而在兔体内则形成毒性较低的对位氨基苯酚。

② 生物转运的差异　由于种属间生物转运能力存在某些方面的差异,因此也可

能成为种属易感性差异的原因。如皮肤对有机磷的每分钟最大吸收速度（$\mu g/cm^2$）依次是：兔与大鼠 9.3，豚鼠 6.0，猫与山羊 4.4，猴 4.2，狗 2.7，猪 0.3。铅从血浆排至胆汁的速度：兔为大鼠的 1/2，而狗只有大鼠的 1/50。

③ 生物结合能力和容量差异　血浆蛋白的结合能力、尿量和尿液的 pH 也有种属差异，这些因素也可能成为种属易感性差异的原因。除此之外，解剖结构与形态、生理功能、食性等也可造成种属的易感性差异。

（4）遗传因素　遗传因素是指遗传决定或影响的机体构成、功能和寿命等因素。遗传因素决定了参与机体构成和具有一定功能的核酸、蛋白质、酶、生化产物以及它们所调节的核酸转录、翻译、代谢、过敏、组织相容性等差异，在很大程度上影响了外源和内源性危害物的活化、转化与降解、排泄的过程，以及体内危害产物的掩蔽、拮抗和损伤修复，因此在维持机体健康或引起病理生理变化上起重要作用。其中最主要的是酶的多态性会导致代谢的多态性；而遗传因素决定的缺陷是导致致癌易感性和某些疾病的机体内在因素。在毒理学试验中常常观察到，同一受试物在同一剂量下，同一种属和品系的动物所表现的危害物作用效应有性质或程度上的个体差异。同样，在人群中许多肿瘤和慢性疾病有家族聚集倾向，肿瘤只在相同环境中的部分个体发生。同一环境污染所致公害病或中毒效应，在人群中总存在很大差别。造成上述情况的重要原因之一是遗传因素不同，特别是个体间存在酶的多态性差异，使危害物代谢或危害物动力学出现差异，导致中毒、致畸、致突变或致癌等毒性效应的变化。如谷胱甘肽转硫酶是重要的解毒酶系，其多态性较复杂，共有 8 种变异，而其中的 U 型变异者缺乏掩蔽亲电子性最终致癌物的能力。又如肝脏混合功能氧化酶的诱导剂 3-甲基胆蒽（3-MC）类，与 Ah 受体结合后发挥诱导作用，Ah 受体受 Ah 基因所调控，后者位于小鼠的第 17 号染色体。某些品系的小鼠如 $C_{57}BL/6N$（B_6），体内各组织 Ah 受体浓度较高，被 3-MC 诱导后芳烃羟化酶（AHn）活性升高非常显著，具有纯合子的 Ah 等位基因为 Ah^b/Ah^b，而有的小鼠品系如 AK 与 DBA/LN（D_2），则体内 Ah 受体浓度极低甚至不能检出，纯合子为 Ah^d/Ah^d。由于 AHH 是显性的，纯合子 Ah^b/Ah^d 是反应型。据报道，在所研究的 75 种纯系小鼠中，2/3 是反应型的（如 B_6），1/3 是非反应型的（如 D_2）。因此，遗传因素是导致种属、品系和个体间危害物易感性差异的主要原因。

（5）年龄和性别　年龄因素大体上可区分为 3 个阶段，从出生到性成熟之前、成年期和老年期。由于动物在性成熟前，尤其是婴幼期机体各系统与酶系均未发育完全；胃酸低，肠内微生物群也未固定，因此对外源化学物的吸收、代谢转化、排出及毒性反应均有别于成年期。动物成熟的不同阶段，其某些脏器、组织的发育和酶系统等的功能也不相同。如小鼠肝脏 Cyt-P-450 在新生后 15 天的水平、谷胱甘肽在出生后第 10 天才能达到成年期的水平。新生动物的中枢神经系统（CNS）发育还不完全，对外源化学物往往不敏感，表现出毒性较低。新生动物的某些酶系也有一个发育过程,如人出生后需八周龄肝微粒体混合功能氧化酶系活性才达到成人水平。所以,凡是需要在机体内转化后才能充分发挥毒效应的化合物,对年幼动物的毒性就比成年动物低;反之,凡是经过酶系统代谢失活的外源化学物,在幼年动物所表现的毒性就大。动物进入老年,其代谢功能又逐渐趋于衰退,对外源化学物的毒性反应也减低。老年人免疫功能降低,应激功能低下;幼儿肝细胞和肝功能不成熟,肝脏的解毒能力较差,因而对某些环境因素危害的敏感性高。如老年人对高温的耐受性较青年人差;SD 大鼠在 4 月龄时新陈代谢氧耗量为 0.771mg/kg 体重,到 8 月龄就下降至 0.696mg/kg 体重;老年大鼠的肝、肾微粒体的葡萄糖-6-磷酸酶和线粒体的细胞色素还原酶的活性均大大降低,红细胞膜的 Na^+-K^+-ATP 酶活性也随年龄的增长而下降。此时给老年大鼠八甲磷按 35mg/kg 体重灌胃,仅能引起 20%的死亡。有报道,进行外源化学物的 LD_{50} 值测定时,在 222 个化学物中有 78%的 LD_{50} 值,未成年动物(婴幼期)比成年动物低,即毒性大。也有报道,将化学物对动物 LD_{50} 的测定结果进行计算,成年与新生动物 LD_{50} 的比值在 0.002~16 之间,表明既存在化学物对新生动物毒性反应较低的,也存在毒性反应较强的现象。一般地讲,化学物的母体毒性大于代谢物毒性时,幼年期与老年期的毒性表现就比成年动物敏感;而化学物母体毒性弱,经代谢转化增毒时,对成年期毒性就大,而婴幼期与老年期毒性就低。

成年动物生理特征的差别最明显的是性别因素。雌雄动物性激素的不同,以及与之密切相关的其他激素,如甲状腺素、肾上腺素、垂体素等水平均有不同,激素水平的差别,将使机体生理活动出现差异。

有机磷化合物一般讲也是雌性比雄性动物敏感。如对硫磷在雌性大鼠体内代谢转化速度比雄性快,或许这与毒性大于对硫磷的对硫磷氧化中间产物增加速度有关。但氯仿对小鼠的毒性却是雄性比雌性敏感。当雄性小鼠去睾处理后就失去了性别敏感差别。若去睾雄性小鼠再给以雄性激素,则性别敏感将又显现。此外,有的化学物也存在性别的排泄差异,如丁基羟基甲苯在雄性大鼠主要由尿排出,而雌性主要由粪便排出。可能与大鼠性别不同,其葡萄糖醛酸与硫酸结合反应的速度与性别差异有关。

关于实验动物性别与化学物毒性反应的差别,有报道指出,大鼠和小鼠对各种化学物的性别毒性比值(雌性 LD_{50}/雄性 LD_{50})小鼠为 0.92,大鼠是 0.88。因此,毒理学研究一般应当使用数目相等的两种性别动物,若化学物性别毒性差异明显,则应分别用不同性别动物再进行试验。

(6)营养状况　正常的合理营养对维护机体健康具有重要意义。对于生物体内正常进行外源化学物的生物转化,合理平衡的营养亦十分重要。合理营养可以促进机体通过非特异性途径对外源性危害物以及内源性有害物质毒性作用的抵抗力,特别是对经过生物转化毒性降低的化学物质,尤为显著。当食物中缺乏必需的脂肪酸、磷脂、蛋白质及一些维生素（如维生素 A、维生素 E、维生素 C、维生素 B_2）及必需的微量元素（如 Zn、Fe、Mg、Se、Ca 等），都可使机体对外源化学物的代谢转化发生变化。如蛋白质缺乏将降低 MFO 活性，维生素 B 是 MFO 系黄素酶的辅基，维生素 C 参与 Cyt-P-450 功能过程等，摄入高糖饲料 MFO 活性也将降低。机体内代谢改变，尤其是 MFO 系活性改变将使外源化学物毒性发生变化。低蛋白饮食可使动物肝微粒体混合功能氧化酶系统活性降低，从而影响危害物的代谢。在此种情况下，苯并（a）芘、苯胺在体内氧化作用将减弱，四氯化碳毒性下降；而马拉硫磷、六六六、对硫磷、黄曲霉毒素 B_1 等的毒性都增强。高蛋白饮食也可增加某些危害物的毒性，如非那西丁和 DDT 的毒性增强。用低蛋白质饲料喂养大鼠，将使巴比妥（barbital）引起的睡眠周期延长，而 CCl_4 致肝的毒性作用却减低，皆与 MFO 系酶活性低下有关。低蛋白质食物，黄曲霉毒素的致癌活性降低，可能是黄曲霉毒素的代谢成环氧化中间产物减少之故。当然用高脂、高蛋白饲料喂饲动物，营养也将失调，化学物的毒性效应也会改变。如断奶 28d 大鼠，当饲料中酪蛋白由 26% 增至 81% 则对经口给予滴滴涕（DDT）时毒性增加 2.7 倍。食物中缺乏亚油酸或胆碱可增加黄曲霉毒素 B_1 的致癌作用。维生素 A、C 或 E 缺乏可抑制混合功能氧化酶的活性，但维生素 B_1 缺乏则有促进活性作用。

（7）机体昼夜节律变化　机体在白天活动中体内肾上腺应急功能较强，而夜间睡眠时，特别是午夜后，肾上腺素分泌处在较低水平，也会影响危害物的吸收和代谢。

人和动物机体内的各种酶也有昼夜节律的变化，如胆碱酯酶活性存在以 24 小时为周期的波动过程，其中活性峰值约在 6：00 时，而谷值在 18：00 时左右。有实验表明，胆碱酯酶活性与有机磷染毒后的死亡率节律在位相上恰呈倒置关系，即在活性的峰值期，染毒死亡率较低，而在活性的谷值期，死亡率较高。

蒽环类抗生素阿霉素、哌喃阿霉素等在早晨给药毒性较低而疗效更高；铂类化合物顺铂、卡铂及草酸铂在下午及傍晚给药最为安全有效；对抗代谢药 5-FU、FUDR、Ara-C、6-MP 及 MTX 的耐受性是在傍晚或夜间睡眠期最佳。三尖杉酯碱的染毒死亡率在黑暗期较高，药代动力学的研究显示，甲氨蝶呤对小鼠及大鼠的毒性在光照期较强，血药浓度曲线下面积大且清除率较低，而黑暗期则相反。这提示毒性的昼夜差异与环境周期和体内代谢转运的昼夜变化有关。

（8）环境影响因素

① 化学物的接触途径　由于接触途径不同，机体对危害物的吸收速度、吸收量和代谢过程亦不相同，故对毒性有较大影响。实验动物接触外源化学物的途径不同，化学物吸收入血液的速度和吸收的量或生物利用率不同。这与机体的血液循环有关。经呼吸道吸收的化学物，入血后先经肺循环进入体循环，在体循环过程中经过肝脏代谢。经口染毒，胃肠道吸收后先经肝代谢，进入体循环。经皮肤吸收及经呼吸道

吸收，还有肝外代谢机制。例如青霉素给人静脉注射瞬间血浆中即达到峰值，其 $t_{1/2}$ 为 0.1h，肌肉注射相同剂量峰值为 0.75h，且仅能吸收 80%；而口服只能吸收 3%，达到峰值时间为 3.0h，$t_{1/2}$ 则长达 7.5h。又如戊巴比妥给小鼠静注 LD_{50} 为 80mg/kg，腹注为 130mg/kg，经口 LD_{50} 为 280mg/kg。以静注 LD_{50} 为 1，则腹注与经口 LD_{50} 值则分别增长 1.5 倍与 3.5 倍。DFP 给兔静注 LD_{50} 为 0.34mg/kg，腹注 LD_{50} 的剂量是静注的 LD_{50} 值 2.9 倍，肌注是 2.5 倍，皮下是 2.9 倍，经口是 1.17 倍。一般认为，同种动物接触外源化学物的吸收速度和毒性大小顺序是：静脉注射＞腹腔注射＞皮下注射＞肌肉注射＞经口＞经皮，吸入染毒近似于静注。例如，吸入己烷饱和蒸气 1～3min 即可丧失意识，而口服几十毫升并无任何明显影响。这是因为经胃肠道吸收时，危害物经门静脉系统首先到达肝脏而解毒。经呼吸道吸收则可首先分布于全身并进入中枢神经系统产生麻醉作用。经皮毒性一般较经口毒性小，如敌百虫对小鼠的经口 LD_{50} 为 400～600mg/kg，而经皮 LD_{50} 为 1700～1900mg/kg。但也有例外，久效磷给小鼠腹注与经口染毒毒性一致（LD_{50} 分别为 5.37mg/kg 和 5.46mg/kg），说明久效磷经口染毒吸收速度快且吸收率高，所以经口染毒与腹注效果才会相近。又如氨基腈大鼠经口 LD_{50} 为 210mg/kg，而经皮 LD_{50} 84mg/kg，这是由于氨基腈在胃酸作用下，可迅速转化为尿素，使毒性降低，而且到达肝脏后经解毒则毒性更低。染毒途径不同，有时可出现不同的毒作用，如硝酸铋经口染毒时，在肠道细菌作用下，可还原成亚硝酸而引起高铁血红蛋白症；同样道理，经口给予硫元素时，可产生硫化氢中毒症状。

② 给药容积和浓度 在毒性试验时，通常经口给药容积不超过体重的 2%～3%。容积过大，可对毒性产生影响，此时溶剂的毒性也应注意。例如小鼠，静脉注射蒸馏水的 LD_{50} 是 44mL/kg，生理盐水是 68mL/kg，而低渗溶液 1mL 即可使小鼠死亡。在慢性试验时，常将受试物混入饲料中，如受试物毒性较低，则饲料中受试物所占百分比增高，可妨碍食欲影响营养的吸收，使动物生长迟缓等，有时将其误认为危害物所致。相同剂量的危害物，由于稀释度不同也可造成毒性的差异。一般认为浓溶液较稀溶液吸收快，毒作用强。

③ 溶剂固体与气体态 化学物需事先将之溶解，液体化学物往往需稀释，就需要选择溶剂及助溶剂。有的化学物在溶剂环境中可改变化学物理性质与生物活性，所以，溶剂选择不当，有可能加速或延缓危害物的吸收、排泄而影响其毒性。如 DDT 的油溶液对大鼠的 LD_{50} 为 150mg/kg，而水溶液为 500mg/kg，这是由于油能促进该危害物的吸收。有些溶剂本身有一定毒性，如乙醇经皮下注射时，对小鼠有毒作用，0.5mL 纯乙醇即可使小鼠致死；乙醇本身可产生诱变作用。又如二甲基亚砜（DMSO）在剂量较高时有致畸和诱发姐妹染色单体交换的作用。有些溶剂还可与受试物发生化学反应，改变受试物的化学结构，从而影响毒性。一般来说，选用的溶剂应是无毒、与受试化学物不起化学反应，而且化学物在溶液内应当稳定。最常使用的溶剂

有水（蒸馏水）和植物油（橄榄油、玉米油、葵花籽油），然而，常用溶剂对某些化学物的毒性仍有影响。如，有些化学物如 1,1-二氯乙烯原液毒效应不明显，而经矿物油、玉米油或 50%吐温稀释后肝脏毒性增强。1,1-二氯乙烯当以原液给大鼠灌胃 200mg/kg 剂量，引起 SGOT 活性增高到（82±2）单位，SGPT 达到（21±1）单位，肝/体比值变化不大，为（3.3±0.1）单位；但在相同 200mg/kg 溶于玉米油中灌胃，大鼠血清中 SGOT 则增高达（12023±4047）单位，SGPT 为（2110±554）单位，且肝/体比值也增大为 3.9±0.4；若 1,1-二氯乙烯溶于 5%吐温-80，大鼠血清 SGOT 为（1442±125）单位，SGPT 为（307±115）单位，但肝/体比值正常。又如敌草快溶于不同硬度水中，其对鱼的 LD_{50} 也会有明显差别。

④ 气温危害物及其代谢物　在受体上的浓度吸收、转化、排泄等代谢过程的影响，这些过程又与环境温度有关。在正常生理状况下，高温环境下机体排汗增加，盐分损失增多，胃液分泌减少，且胃酸降低，将影响化学物经消化道吸收的速度和量。低温环境下，一般讲化学物对机体毒性反应减弱，这与化学物的吸收速度较慢、代谢速度较慢有关。但是，化学物经肾排泄速度减慢，化学物或代谢物存留体内时间将延长。高温环境下经皮肤吸收化学物的速度增大，另外，有些危害物本身可直接影响体温调节过程，从而改变机体对环境气温的反应性。有人比较了 58 种化合物在 8℃、26℃和 36℃不同温度下对大鼠 LD_{50} 的影响，结果表明，55 种化学物在 36℃时毒性最大，26℃时毒性最小。引起毒性增高的危害物，如五氯酚、2,4-二硝基酚及 4,6-硝基酚等，在 8℃下毒性最低，而引起毒性下降的危害物如氯丙嗪在 8℃毒性最大。人和动物在高温环境下，皮肤毛细血管扩张，血液循环和呼吸加快，可加速危害物经皮吸收和经呼吸道的吸收。高温时尿量减少也延长了化学物或其代谢产物在体内存留的时间。

⑤ 湿度　在高湿环境下，某些危害物如 HCl、HF、NO 和 H_2S 的刺激作用增大，某些危害物可在高湿条件下改变其形态，从而使毒性增加。在高湿情况下，冬季易散热，夏季反而不易散热，所以会增加机体的体温调节负荷。高温高湿时汗液蒸发困难，呼吸更加快。所以，在高温环境下外源化学物呈气体、蒸气、气溶胶时经呼吸道吸入的机会增加。且高湿环境下还因表皮角质层水合作用增高，化学物更易吸收，多汗时化学物也易黏附于皮肤表面，增加对危害物的吸收。

⑥ 气流气象　气流条件对外来化学物尤其以气态或气溶胶形态存在毒剂的毒作用效果影响很大。不利的气象条件，如无风、风速过小（<1m/s）、风向不利或不定时，使用气态毒剂就会受到很大限制；风速过大（如超过 6m/s）毒剂云团很快吹散，不易造成伤害浓度，甚至无法使用。炎热季节，毒剂蒸发快，有效时间随之缩短；严寒季节，凝固点较高的毒剂则冻结失效。雨、雪可以起到冲刷、水解或暂时覆盖毒剂的作用。

空气垂直稳定度对毒剂初生云的浓度影响很大。对流时，染毒空气迅速向高空扩散，不易造成伤害，有效杀伤时间和范围会明显缩小；逆温时，空气上下无流动，染毒空气沿地面移动，并不断流向坑、沟壑、山谷等低洼处，此种情况下，毒剂浓度高、有效时间长、纵深远；等温是介于逆温和对流之间的居中条件，对毒剂扩散速度也居中。

⑦ 季节和昼夜节律　人和动物对化学物品的反应，也受到季节和昼夜节律的影响，这是受与日光周期有关的昼间性作用，生理能发生相应的变化之故。例如大鼠和小鼠细胞色素 P450 活性是黑夜刚开始时最高。大鼠对苯巴比妥钠的睡眠时间，春季最长，秋季最短，仅为春季的 40% 左右。季节及气候因素与动物的冬眠有关。

⑧ 噪声、振动和紫外线　噪声、振动与紫外线等物理因素与化学物共同作用于机体，可影响化学物对机体的毒性。如发现噪声与 N,N-二甲替甲酰胺（DMF）同时存在时可有协同作用。紫外线与某些致敏化学物联合作用，可引起严重的光感性皮炎。

⑨ 物理和生物有害因素的接触途径与部位　物理和生物有害因素的接触途径不同，也会影响机体的损伤后果和效应的程度。物理因素如辐射、照射部位不同，对机体影响也有很大差别，因为辐射效应与距离的平方呈反比。生物有害因素接触的途径不同，对机体产生的毒性反应也有很大差异。

9.4.8.3　危害物联合作用

（1）联合毒性的定义和种类　联合作用指两种或两种以上危害物同时或前后相继作用于机体而产生的交互毒性作用。人们在生活和工作环境中经常同时或相继接触数种危害物，数种危害物在机体内产生的毒性作用与一种危害物所产生的毒性作用，并不完全相同。多种化学物对机体产生的联合作用可分为以下几种类型。

① 相加作用　相加作用指多种化学物的联合作用等于每一种化学物单独作用的总和。化学结构比较接近，或同系物，或毒作用靶器官相同、作用机理类似的化学物同时存在时，易发生相加作用。大部分刺激性气体的刺激作用多为相加作用；具有麻醉作用的危害物，在麻醉作用方面也多表现为相加作用。

有机磷化合物甲拌磷与乙酰甲胺磷的经口 LD_{50} 不同，小鼠差 300 倍以上，大鼠差 1200 倍以上。但不论以何种剂量配比（从各自 LD_{50} 剂量的 1∶1、1/3∶2/3、2/3∶1/3），对大鼠与小鼠均呈毒性相加作用。大鼠经皮的联合作用，也呈相加作用。但并不是所有的有机磷化合物之间均为相加作用，如谷硫磷与苯硫磷为相加作用，但谷硫磷与敌百虫联合作用则毒性加大 1.5 倍，苯硫磷与对硫磷联合作用毒性增大达 10 倍。因此，同系衍生物，甚至主要的靶酶完全相同也不一定都是相加作用。再者，两个化学物配比不同，联合作用的结果也可能不相同。例如氯胺酮与盐酸赛拉嗪给小鼠肌注，当以药物重量 1∶1 配比时，对小鼠的毒性呈相加作用，而以 3∶1 配比时则毒性增强。

② 协同作用与增强作用　协同作用指几种化学物的联合作用大于各种化学物的单独作用之和。例如四氯化碳与乙醇对肝脏皆具有毒性，如同时进入机体，所引起的肝脏损害作用远比它们单独进入机体时严重。如果一种物质本身无毒性，但与另一有毒物质同时存在时可使该危害物的毒性增加，这种作用称为增强作用。例如异丙醇对肝脏无毒性作用，但可明显增强四氯化碳的肝脏毒性作用。

化学物发生协同作用和增强作用的机理很复杂。有的是各化学物在机体内交互作用产生新的物质，使毒性增强。例如亚硝酸盐和某些胺化合物在胃内发生反应生成亚硝胺，毒性增大，且可能为致癌剂。有的化学物的交互作用是引起化学物的代谢酶系发生变化，例如马拉硫磷与苯硫磷联合作用，有报道对大鼠增毒达 10 倍、狗为 50 倍。其机理可能是苯硫磷抑制肝脏分解马拉硫磷的酯酶。诱导酶的改变，尤其是 MFO 系的诱导与抑制更需注意。例如动物在经苯巴比妥给药后肝 MFO 系被诱导，再给以溴苯，溴苯氧化增强毒性增大。此外致癌化学物与促癌剂之间的关系也可认为是一种协同作用。

③ 拮抗作用　拮抗作用指几种化学物的联合作用小于每种化学物单独作用的总和。凡是能使另一种化学物的生物学作用减弱的物质称为拮抗物。在毒理学或药理学中，常以一种物质抑制另一种物质的毒性或生物学效应，这种作用也称为抑制作用。例如，阿托品对胆碱酯酶抑制剂的拮抗作用；二氯甲烷与乙醇的拮抗作用。

拮抗作用的机理也很复杂，可能是各化学物均作用于相同的系统或受体或酶，但其之间发生竞争，例如阿托品与有机磷化合物之间的拮抗效应是生理性拮抗；而肟类化合物与有机磷化合物之间的竞争性与 AChE 结合，则是生化性质的拮抗。也可能是在两种化学物之中一个可以激活另一化学物的代谢酶，而使毒性减低，如在小鼠先给予苯巴比妥后，再经口给久效磷，使后者 LD_{50} 值增加一倍以上，即久效磷毒性降低。

④ 独立作用　独立作用指多种化学物各自对机体产生不同的效应，其作用的方式、途径和部位也不相同，彼此之间互无影响。

两种或两种以上化学物，由于对机体作用的部位不同、靶器官不同、受体不同、酶不同等，而且化学物的靶位点之间的生理学关系较为不密切，此时各化学物所致的生物学效应表现为各个化学物本身的毒性效应，称之为独立作用。例如乙醇与氯乙烯联合给予大鼠，能引起肝细胞脂质过氧化效应，且呈相加作用。但深入研究得知，乙醇是引起肝细胞的线粒脂质过氧化，而氯乙烯则是引起微粒体脂质过氧化，实为独立效应。

（2）联合作用的机制　由于目前的认识水平和研究方法的限制，目前对于联合作用机制的了解尚不够充分，大致的机制为以下几种。

① 生物转化的改变　联合作用的一个重要机制是一种化学物可改变另一种化学物的生物转化。这往往是通过酶活性改变产生的。常见的微粒体和非微粒体酶系

的诱导剂有苯巴比妥、3-甲基胆蒽、DDT 和 B(a)P，这些诱导剂通过对化学物的解毒作用或活化作用，减弱或增加其他化学物的毒性作用。

② 受体作用　两种化学物与机体的同一受体结合，其中一种化学物可将与另一种化学物生物学效应有关的受体加以阻断，以致不能呈现后者单独与机体接触时的生物学效应。例如阿托品对有机磷化学物的解毒作用以及抗组胺药物对组胺的作用。

③ 化学物间的化学反应　一些物质可在体内与危害物发生化学反应。例如硫代硫酸钠可与氰根发生化学反应，使氰根转变为无毒的硫氰根；又如一些金属螯合剂可与金属危害物（如铅、汞）发生螯合作用，使之成为螯合物而失去毒性作用。

④ 功能叠加或拮抗　两种因素，一种可以激活（或抑制）某种功能酶，而另一种因素可以激活（或封闭）受体或底物。若同时使用，则可出现损害作用增强或减弱，如有机磷农药和神经性毒剂的联合应用等。

⑤ 其他因素　吸收、排泄等功能可能受到一些化学物的作用而使另一危害物吸收或排泄速度改变，于是影响其毒性。例如，氯仿等难溶于水的脂溶性物质在穿透皮肤后仍难吸收，如果与脂溶性及水溶性均强的乙醇混合就很容易吸收，其肝脏毒性明显增强。

（3）危害物的联合作用的方式　人类在生活和劳动过程中实际上不是仅仅单独地接触某个外源化学物，而是经常地同时接触各种各样的多种外源化学物，其中包括食品污染（食品中残留的农药，食物加工添加的色素、防腐剂）、各种药物、烟与酒、水及大气污染物、家庭房间装修物、厨房燃料烟尘、劳动环境中的各种化学物等。这些外源化学物在机体可呈现十分复杂的交互作用，最终对机体引起综合毒性作用。联合作用的方式可为两种：

① 外环境进行的联合作用　几种化学物在环境中共存时发生相互作用而改变其理化性质，从而使毒性增强或减弱。如烟尘中的三氧化二铁、锰等重金属，使 SO_2 氧化成 H_2SO_4 的最好触媒，它凝结在烟尘上形成硫酸雾，其毒性比 SO_2 大 2 倍。再如酸遇到含有砷或锑的矿石、废渣等可产生毒性很高的砷化氢或锑化氢，从而引起急性中毒事故。有些化学物与某种环境因素（如温度、压力等）相互作用，才出现毒性变化，如有机氟聚合物在加热时会发生热裂解，而产生多种无机和有机氟的混合物。汽车排出的氮氧化物、碳氢化合物等废气，在强烈阳光照射下，可发生光化学反应，产生臭氧、过氧酰基硝酸酯（PAN）及其他二次污染物，就会发生"光化学烟雾"，全世界发生过多起千人以上城市居民中毒事件。

② 体内进行的联合作用　这是危害物在体内相互作用的主要方式。环境或职业有害因素在体内的相互作用，多是间接的，常常是通过改变机体的功能状态或代谢能力而实现。它可发生在危害物的摄入、吸收、分布、代谢、转化、排泄而改变各自的体内过程，或是作用于同一靶器官则产生相关的生物学效应。即可通过对各自的危害物代谢动力学及毒效动力学产生影响而发生联合作用效应，其中最有意义的

是在代谢转化与在靶器官作用水平上的相互作用。前者主要通过对危害物代谢酶的作用而产生，如某些可与巯基结合的金属在体内与含巯基酶结合，使通过这些酶催化的危害物代谢减慢而产生增毒作用，例如 Cd^{2+}、Hg^{2+} 对人体红细胞内卤代甲烷的代谢抑制作用即是如此。后者是产生类同的或相反的效应而使毒性加强或减弱。当然危害物亦可产生直接相互作用而使自身的理化性质发生变化，而改变其毒性。另外，通过改变机体的健康状况，抑制某些系统的功能亦可对另一些化学物的毒性产生影响，这种联合作用常是非特异性的。

9.4.9　建立模拟模型

通常在暴露评估中要运用蒙特卡罗（Monte Carlo）方法进行模拟，模拟是建立系统或决策问题的数学或逻辑模型，并以该模型进行试验，以获得对系统行为的认识或帮助解决决策问题的过程，它的主要优点在于它具有将问题或系统的任何适当假设模型化的能力。同时模拟也是围绕着模型进行的，模型是对实际系统、思想和客体的抽象与描述。某些模型是规定型的，即它们决定着最优策略，线性规划模型就是规定型的，因为线性规划的解表明决策制定者应当采取的最佳行动过程。另一些模型则是描述型的，它们直接描述关系和提供评价信息。描述型模型用于解释系统的行为，预测输入规划过程的未来事件，并帮助决策者选择最优方案。

模型也可以是确定型或概率型的。在确定型模型中，所有数据都是确定已知的，或假设为确定已知的。在概率型模型中，某些数据由概率分部来描述。利用这种分类法，线性规划模型是确定型，而排队模型是概率型的。

模型可以是离散型或连续型的。在数学规划中，这种二分法是对模型中的变量类型而言的。例如，线性规划模型是连续型的，而整数规划模型是离散型的。

9.4.9.1　模拟过程

要有效地利用模拟，就必须认真细致地对待建模和实施过程。模拟过程包括五个基本步骤：

（1）建立所研究的系统或问题的理论模型　这一步从理解和定义问题开始，要辨识研究的目的和目标，确定重要输入变量，并规定输出量度。它还可能包括所研究系统的详细逻辑描述。所建立的模拟应尽可能简单，主要关注造成决策差异的关键因素。建模的基本规则是：首先建立简单模型，然后根据需要加以修饰和充实。

（2）建立模拟模型　这包括建立适当的公式或方程，收集所有必要的数据，决定不确定性变量的概率分部，构建记录结果的格式。这可能需要设计电子表格，开发计算机程序，或按照专用计算机模拟语言的句法来表述模型。

（3）验证和确证模型　验证指确保模型没有逻辑错误的过程，即它能做它应该做的事。确证则保证模型是实际系统或问题的合理描述。二者是提供模型可信度并赢得管理者和其他使用者认可的重要步骤。

（4）设计利用模型的试验　这一步是要确定所要研究的可控变量的值或所要回答的问题，以便对准决策者的目标。

（5）进行试验并分析结果　运行适当的模拟，以获得做出有信息依据之决策所需要的信息。

这种方法未必是步步连续的，情况常常是当有新的信息产生或结果建议模型应修正时，就必须回到前面的步骤。因此模拟是一个渐进的过程，不仅分析者和建模者必须参与，结果的使用者也应介入。

9.4.9.2　模拟的优点与局限

模拟的优点：首先它使管理者与分析者无须建立，或者由于现实条件不允许不能实际完成拟议中的系统或决策，就能评价它们，或在不干扰现有系统的情况下对它们进行试验。这种"如果-会怎样"能力是一个显著的优点；其次模拟模型一般比许多分析法更容易理解。

模拟的缺点：第一个就是必须获得足够的输入数据、开发模拟模型和计算机程序；模拟的第二个主要局限就是没有精确的答案。

9.5　风险描述

风险描述的结果就是给出一个对于人体暴露结果的负面影响的可能性估计。风险描述要考虑危害识别、危害描述和暴露评估的结果。对于有阈值的物质，人口的风险就是通过暴露量与 ADI 值（或其他规范数据）的比较得出的。在这种情况下，当暴露量的比较结果小于 ADI 值时，概念上的负面影响作用的可能性为零。对于无阈值的物质，人类的风险在于暴露量和潜在的危害。

在风险描述这一步，风险评估过程每一步的不确定度都要考虑在内。风险描述的不确定度将反映这些步骤之前的不确定性。从动物研究外推到人的结果将产生两种不确定性。

（1）试验动物和人的相关性产生的不确定性。如喂丁基羟基茴香醚（BHA）的大鼠发生前胃肿瘤和喂甜味素引发小鼠神经毒性作用可能并不适用于人。人体对某种化学物质的特异敏感性未必能在试验动物上发现，人对古氨酸盐的高敏感性就是一个例子。在实际工作中，这些不确定性可以通过专家判断和进行额外的试验（特别是人体试验）加以克服。这些试验可以在产品上市前或上市后进行。

（2）农药残留的风险描述应当遵守以下两个重要原则：①农药残留的结果不应当高于"良好农业规范"的结果；②日摄入食品总的农药残留量（如膳食摄入量）不应当超过可以接受的摄入量。

无显著风险水平指即使终生暴露在此条件下，该危害物都不会对人体产生伤害。

9.6　定性估计

根据危害识别、危害描述以及暴露评估的结果给予高、中、低的定性估计。

9.7　定量估计

定量估计包括有阈值的农药危害物、最大残留限量和无阈值的农药危害物。

（1）有阈值的农药危害物　对于农药残留的风险评估，如果是有阈值的化学物，则对人群风险可以摄入量与 ADI 值（或其他测量值）比较作为风险描述。如果所评价的物质的摄入量比 ADI 值小，则对人体健康产生不良作用的可能性为零。即安全范围（margin of safety，MOS）可用式（9-4）表示。

$$MOS = \frac{ADI}{暴露量} \tag{9-4}$$

MOS≤1，该危害物对食品安全影响的风险是可以接受的；

MOS＞1，该危害物对食品安全影响的风险超过了可以接受的限度，应当采取适当的风险管理措施。

（2）最大残留限量　最大残留限量按式（9-5）进行计算：

$$食品中最大残留限量(MRL) = \frac{ADI(mg/kg) \times 平均体重(kg)}{人每日食物摄入总量(kg) \times 食品系数(\%)} \tag{9-5}$$

式中，食品系数是指被测定的食品占食品总量的百分率。另外，ADI 可用式（9-6）表示。

$$ADI = \frac{试验动物无可见作用水品（NOEL）}{安全系数} \tag{9-6}$$

危害物的最大允许限量可以由它们的使用情况而定。例如，一定水平的残留量直到消费时都很稳定，这样最大残留值才与实际摄入量相当。但是很多情况下，我们关心的残留在消费前已经发生变化。如某些物质在食品储存过程中就可能降解或与其他物质发生反应。未加工食品在加工过程中可能降解，也可能积累放大。

最大残留限量的制定必须考虑到食品在进入市场和在一定条件下使用时残留的变化情况。如农药残留物在食品中并没有什么特别的技术方面的作用，其限量的制定应在合理的范围内尽可能低。

（3）无阈值的农药危害物　如果所评价的化学物质没有阈值，那对人群的风险是摄入量和危害程度的综合结果。即：

$$食品安全风险 = 摄入量 \times 危害程度 \tag{9-7}$$

9.8　农药残留测定的食品、农产品类别及测定部位

食品类别及测定部位见表 9-2。

表 9-2　食品类别及测定部位

食品类别	类别说明	测定部位
谷物	稻类 稻谷等	整粒
	麦类 小麦、大麦、燕麦、黑麦、小黑麦等	整粒
	旱粮类 玉米、鲜食玉米、高粱、粟、稷、薏仁、荞麦等	整粒、鲜食玉米（包括玉米粒和轴）
	杂粮类 绿豆、豌豆、赤豆、小扁豆、鹰嘴豆、羽扇豆、豇豆、利马豆、蚕豆等成品粮	
	大米粉、小麦粉、小麦全粉、全麦粉、玉米糁、玉米粉、高粱米、大麦粉、荞麦粉、莜麦粉、甘薯粉、高粱粉、墨麦粉、黑麦全粉、大米、糙米、麦胚等	整粒
油料和油脂	小型油籽类 油菜籽、芝麻、亚麻籽、芥菜籽等	整粒
	中型油籽类 棉籽等	整粒
	大型油籽类 大豆、花生仁、葵花籽、油茶籽等	
	油脂 植物毛油：大豆毛油、菜籽毛油、花生毛油、棉籽毛油、玉米毛油、葵花籽毛油等 植物油：大豆油、菜籽油、花生油、棉籽油、初榨橄榄油、精炼橄榄油、葵花籽油、玉米油等	
蔬菜（鳞茎类）	鳞茎葱类 大蒜、洋葱、薤等	可食部分
	绿叶葱类 韭菜、葱、青蒜、蒜薹、韭葱等	整株
	百合（鲜）	鳞茎头
蔬菜（芸薹属类）	结球芸薹属 结球甘蓝、球茎甘蓝、抱子甘蓝、赤球甘蓝、羽衣甘蓝、皱叶甘蓝等	整棵
	头状花序芸薹属 花椰菜、青花菜等	整棵，去除叶
	茎类芸薹属 芥蓝、菜薹、茎芥菜等	整棵，去除根
蔬菜（叶菜类）	绿叶类 菠菜、普通白菜（小白菜、小油菜、青菜）、苋菜、蕹菜、茼蒿、大叶茼蒿、叶用莴苣、结球莴苣、苦苣、野苣、落葵、油麦菜、叶芥菜、萝卜叶、芜菁叶、菊苣、芋头叶、茎用莴苣叶、甘薯叶等	整棵，去除根

食品类别	类别说明	测定部位
蔬菜（叶菜类）	叶柄类 芹菜、苘香、球茎苘香等	整棵，去除根
	大白菜	整棵，去除根
蔬菜（茄果类）	番茄类 番茄、樱桃、茄等	全果（去柄）
	其他茄果类 茄子、辣椒、甜椒、黄秋葵、酸浆等	全果（去柄）
蔬菜（瓜类）	黄瓜腌制用小黄瓜	全瓜（去柄）
	小型瓜类 西葫芦、节瓜、苦瓜、丝瓜、线瓜、瓠瓜等	全瓜（去柄）
	大型瓜类 冬瓜、南瓜、笋瓜等	全瓜（去柄）
蔬菜（豆类）	荚可食类 豇豆、菜豆、食荚豌豆、四棱豆、扁豆、刀豆等	全豆（带荚）
	荚不可食类 菜用大豆、蚕豆、豌豆、利马豆等	全豆（去荚）
蔬菜（茎类）	芦笋、朝鲜蓟、大黄、茎用莴苣等	整棵
蔬菜（根茎类和薯芋类）	根茎类 萝卜、胡萝卜、根甜菜、根芹菜、根芥菜、姜、辣根、芜菁、桔梗等	整棵，去除顶部叶及叶柄
	马铃薯	全薯
	其他薯芋类 甘薯、山药、牛蒡、木薯、芋、葛、魔芋等	全薯
蔬菜（水生类）	茎叶类 水芹、豆瓣菜、茭白、蒲菜等	整棵，茭白去除外皮
	果实类 菱角、芡实、莲子（鲜）等	全果（去壳）
	根类 莲藕、荸荠、慈姑等	整棵
蔬菜（芽菜类）	绿豆芽、黄豆芽、萝卜芽、苜蓿芽、花根芽、香椿芽等	全部
蔬菜（其他类）	茎叶类水芹、茭白、蒲菜等	全部
干制蔬菜	脱水蔬菜、番茄干、马铃薯干、萝卜干、黄花菜（干）等	全部
水果（柑橘类）	柑橘、橙、柠檬、柚、佛手柑、金橘等	全果（去柄）
水果（仁果类）	苹果、梨、山楂、枇杷、温悖等	全果（去柄），枇杷、山楂参照核果
水果（核果类）	桃、油桃、杏、枣（鲜）、李子、樱桃、青梅等	全果（去柄和果核），残留量计算应计入果核的重量
水果（浆果和其他小型类水果）	藤蔓和灌木类 枸杞（鲜）、黑莓、蓝莓、覆盆子、越橘、加仑子、悬钩子、醋栗、桑葚、唐棣、露莓（包括波森莓和罗甘莓）等	全果（去柄）
	小型攀缘类 皮可食：葡萄（鲜食葡萄和酿酒葡萄）树番茄、五味子。 皮不可食：猕猴桃、西番莲等	全果（去柄） 全果（去柄）

食品类别	类别说明	测定部位
水果（浆果和其他小型类水果）	草莓	全果（去柄），杨梅、橄榄检测果肉部分，残留量计算应计入果核的重量
水果（热带和亚热带类水果）	皮可食 柿子、杨梅、橄榄、无花果、杨桃、莲雾等	全果（去柄和果核），残留量计算应计入果核的重量
	皮不可食 小型果：荔枝、龙眼、红毛丹等	全果，鳄梨和芒果去除核，山竹测定果肉，残留量计算应计入果核的重量
	中型果：杧果、石榴、鳄梨、番荔枝、番石榴、黄皮、山竹等	全果，鳄梨和芒果去除核，山竹测定果肉，残留量计算应计入果核的重量
	大型果：香蕉、番木瓜、椰子等	香蕉测定全蕉；番木瓜测定去除果核的所有部分，残留量计算应计入果核的重量；椰子测定椰汁和椰肉
	带刺果：菠萝、菠萝蜜、榴莲、火龙果等	菠萝、火龙果去除叶冠部分；菠萝蜜、榴莲测定果肉，残留量计算应计入果核的重量
水果（瓜果类）	西瓜	全瓜
	甜瓜类 薄皮甜瓜、哈密瓜、白兰瓜、香瓜、香瓜茄等	全瓜
干制水果	柑橘脯、柑橘肉（干）、李子干、葡萄干、干制无花果、无花果蜜饯、枣干、苹果干等	全果（测定果肉，残留量计算应计入果核的重量）
坚果	小粒坚果 杏仁、榛子、腰果、松仁、开心果等（大粒坚果）	全果（去壳）
	大粒坚果 核桃、板栗、山核桃、澳洲坚果等	全果（去壳）
糖料	甘蔗	整根甘蔗，去除顶部叶及叶柄
	甜菜	整根甜菜，去除顶部叶及叶柄
饮料类	茶叶	
	咖啡豆、可可豆	
	啤酒花	
	菊花（鲜）、菊花（干）、玫瑰花、茉莉花等	
	果汁 蔬菜汁：番茄汁等 水果汁：橙汁、苹果汁、葡萄汁等	
食用菌	蘑菇类 香菇、金针菇、平菇、茶树菇、竹荪、草菇、羊肚菌、牛肝菌、口蘑、松茸、双孢蘑菇、猴头菇、白灵菇、杏鲍菇等	整棵
	木耳类 木耳、银耳、金耳、毛木耳、石耳等	整棵
调味料	芫荽、薄荷、罗勒、艾蒿、紫苏、留兰香、月桂、欧芹、迷迭香、香茅、马郁兰、夏香草等	整棵，去除根
	干辣椒	全果（去柄）

续表

食品类别	类别说明	测定部位
调味料	果类 花椒、胡椒、豆蔻、孜然、番茄酱等	全果
	种子类 芥末、八角茴香、小茴香籽、芫荽籽等	果实整粒
	根茎类 桂皮、山葵等	整棵
药用植物	根茎类 人参（鲜）、人参（干）、三七块根（干）、三七须根（干）、贝母（鲜）、贝母（干）、天麻、甘草、半夏、当归、白术（鲜）、白术（干）、百合（干）、元胡（鲜）、元胡（干）等	根、茎部分
	叶及茎秆类 车前草、鱼屋草、艾、蒿、石斛（鲜）、石斛（干）等花及果实类	茎、叶部分
	枸杞（干）、金银花、银杏、三七花（干）等	花、果实部分
动物源性食品	哺乳动物肉类（海洋哺乳动物除外） 猪、牛、山羊、绵羊、驴、马肉等	肉（去除骨），包括脂肪含量小于10%的脂肪组织
	哺乳动物内脏（海洋哺乳动物除外） 心、肝、肾、舌、胃等	肉（去除骨），包括脂肪含量小于10%的脂肪组织
	哺乳动物脂肪（海洋哺乳动物除外） 猪、牛、山羊、绵羊、驴、马脂肪等	
	哺乳动物脂肪（乳脂肪除外）	
	禽肉类 鸡、鸭、鹅肉等	肉（去除骨）
	禽类内脏 鸡、鸭、鹅内脏等	整付
	禽类脂肪 鸡、鸭、鹅脂肪等	
	蛋类	整枚（去壳）
	生乳 牛、山羊、绵羊、马等生乳	
	乳脂肪	
	水产品	可食部分，去除骨和鳞

9.9　蔬菜中多效唑残留的膳食暴露与风险评估

　　植物生长调节剂在我国农作物生产加工中的应用越来越广泛，已成为提高经济效益必不可少的重要手段之一，但与其相关的食品安全问题也日益增多。其中，多效唑就是一种在我国农业生产中广泛使用的植物生长调节剂。多效唑又名氯丁唑，是一种高效低毒的三唑类生长延缓剂，它能够降低赤霉素和吲哚乙酸的含量，增加乙烯的释放量，提高抗倒伏、抗旱等抗逆性，增加产量，改善作物品质。目前多效唑在我国的登记作物包括水稻（育秧苗和直播苗）、小麦（冬小麦）、大豆、花生、油菜、观赏菊花和南方水果（荔枝、荔枝树、苹果和龙眼树），但是登记情况与实际生产应用情况有很大差别。例如多效唑的登记作物中并无蔬菜品种，但实际调研和市场监测的数据表明，多效唑在我国蔬菜栽培中使用广泛，尤其是马铃薯、番茄、茄子等茄果类蔬菜。而多项研究也表明，多效唑应用在马铃薯、番茄和茄子等蔬菜生产中能缩短节间，增加坐果，刺激幼果膨大，提高产量，增加收益。

兰珊珊等人对马铃薯、番茄和茄子进行了两年一地的多效唑规范残留试验和市场抽样监测，结合国内外可以获得的多效唑毒理学数据、国内人群的膳食数据和@risk 定量风险评估专用软件数据，采用农药残留国家估计膳食摄入量和理论最大膳食摄入量评估方法，对我国各类人群蔬菜中的多效唑膳食摄入风险进行了评估。在此基础上提出了蔬菜中多效唑的最大残留限量（MRL）建议值，并对其安全性进行了评估。

9.9.1　田间残留试验设计

田间试验根据 NY/T 788—2018《农作物中农药残留试验准则》和《农药登记残留田间试验标准操作规程》规范进行。马铃薯试验于 2012～2013 年在云南省嵩明县进行，设高（375mg/L）、中（225mg/L）、低（150mg/L）3 个处理浓度和空白对照区，共 4 个处理小区，每个处理设 3 次重复，每小区 $30m^2$ 于马铃薯初花期施药 1 次；番茄试验于 2013～2014 年在云南省安宁市进行，设高（200mg/L）、中（100mg/L）、低（50mg/L）3 个处理浓度和空白对照区，共 4 个处理小区，每个处理设 3 次重复，每小区 $30m^2$，2013 年试验于番茄初花期施药次，2014 年试验低浓度施药 3 次、中浓度施药 2 次、高浓度施药 1 次，所有施药均在番茄结果前完成，每次施药间隔 7d 以上；茄子试验于 2013～2014 年在云南省嵩明县进行，设高（300mg/L）、中（200mg/L）、低（100mg/L）3 个处理浓度和空白对照区，共 4 个处理小区，每个处理设 3 次重复，每小区 $30m^2$，2013 年试验于茄子初花期施药 1 次，2014 年试验低浓度施药 3 次、中浓度施药 2 次、高浓度施药 1 次，所有施药均在茄子结果前完成，每次施药间隔 7 天以上。以上试验施药方式均采用叶面喷施。分别于作物正常采收期、采收期前 14d、采收期后 14d 采集样品进行残留监测。

9.9.2　抽样方法

按照 NY/T 789—2004《农药残留分析样本的采样方法》和 NY/T 2103—2011《蔬菜抽样技术规范》规定执行。马铃薯、番茄和茄子产品的多效唑残留市场监测于2013～2014 年进行，样品采自云南玉溪、楚雄、大理、曲靖、红河等州市农产品批发市场、农贸市场和超市。其中马铃薯样品 64 个，产地包括云南、贵州和广西；番茄样品 65 个，产地包括云南、山东、海南和广西；茄子样品 80 个，产地包括云南、河北、湖北和陕西。

9.9.3　检测方法

按照国家标准 GB/T 20769—2008《水果和蔬菜中 450 种农药及相关化学品残留量的测定　液相色谱-串联质谱法》的方法测定多效唑残留，检出限 0.1μg/kg。

9.9.4　长期膳食摄入和慢性风险评估

用式（9-8）计算国家估算每日摄入量。

$$\text{NEDI} = \frac{\sum[\text{STMR}_i(\text{或STMR-P}_i) \times F_i]}{\text{bw}} \quad (9\text{-}8)$$

式中　NEDI——国家估算每日摄入量，μg/(kg·d)；

　　STMR 值——第 i 类初级食用农产品的规范残留试验中值，mg/kg；

　　STMR-P$_i$——第 i 类加工食用农产品的规范残留试验中值，mg/kg；

　　　　F_i——第 i 类食用农产品的消费量，kg/d；

　　　　bw——人群平均体重，kg。

多效唑的慢性摄入风险用国家估算每日摄入量占 ADI 的百分比表示，用式（9-9）计算：

$$\text{ADI(\%)} = \frac{\text{NEDI}}{\text{ADI}} \times 100\% \quad (9\text{-}9)$$

式中　ADI——每日允许摄入量，mg/(kg·d)。

本例中多效唑的 ADI 值采用 JMPR（农药残留联席会议）2010 年确定的 0.1mg/（kg·d）；ADI（%）为占 ADI 的百分比。

当 ADI（%）≤100%时，表示慢性风险可以接受，ADI（%）越小，风险越小；当 ADI（%）＞100%时，表示有不可接受的慢性风险，ADI（%）越大，风险越大。

9.9.5　短期膳食摄入和急性风险评估

JMPR 根据评估产品的具体情况分为情形 1、情形 2a、情形 2b、情形 3 共 4 种情景来计算农药短期膳食摄入量，本文评估的产品涉及 2 种情景。马铃薯、番茄在所有人群以及茄子在一般人群的评估符合下列情景，即产品的单个重量高于 25g，但小于个体每顿饭对该食品的最大消耗量，混合样本残留数据不能反映该产品在一顿饭消耗的残留水平，所食用的产品可能含有比混合样本更高的残留，这种情景下用式（9-10）。

$$\text{NESTI} = \frac{U_e \times \text{HR}(\text{或HR-P}) \times v + (\text{LP} - U_e) \times \text{HR}(\text{或HR-P})}{\text{bw}} \quad (9\text{-}10)$$

$$\text{NESTI} = \frac{\text{LP} \times \text{HR}(\text{或HR-P}) \times v}{\text{bw}} \quad (9\text{-}11)$$

式（9-10）、式（9-11）中，NESTI 为国家估计短期摄入量，μg/(kg·d)；LP 为可涵盖 97.5%食用者每天消耗的该类食品的量，g/d；HR 为可食部分的混合样本中的最高残留量，mg/kg；HR-P 为加工农产品的最高残留量，mg/kg；U_e 为单个食品重量（可食部分计），g；v 为变异因子，表示同一批产品中不同个体或同一个体中不同部位的残留变异，定义为 97.5 百分位点残留量与平均残留量的比值，参照 JMPR建议取默认值 3。

$$SM = \frac{ARfD \times bw}{U_e \times v + LP - U_e} \qquad (9-12)$$

$$SM = \frac{ARfD \times bw}{LP \times v} \qquad (9-13)$$

$$ARfD(\%) = \frac{NESTI}{ARfD} \times 100\% \qquad (9-14)$$

式（9-12）、式（9-13）、式（9-14）中，ARfD 为急性参考剂量，mg/(kg·d)，本例中多效唑的 ARfD 值采用欧盟 2011 年确定的 0.1mg/(kg·d)；ARfD（%）表示急性参考剂量的百分比；SM 表示安全界限，mg/kg。

当 ARfD（%）≤100%时，表示急性风险可以接受，ARfD（%）越小，风险越小。当 ARfD（%）>100%时，表示有不可接受的急性风险，ARfD（%）越大，风险越大。

当产品的多效唑残留量在安全界限以内时，急性风险可以接受；反之，则有不可接受的急性风险。

9.9.6　基于市场抽样监测数据的膳食摄入风险评估

基于市场监测数据的膳食摄入风险评估的计算公式与基于规范残留试验数据的评估类似，只是在 NEDI 计算中用市场产品残留监测数据的平均值代替 $STMR_i$（或 $STMR\text{-}P_i$），在 NESTI 计算中用市场产品残留监测数据的 97.5 百分位点值代替 HR（或 HR-P）。

利用@risk 定量风险评估专用软件对监测得到的马铃薯、番茄和茄子中多效唑的残留数据进行处理。在数据处理时假设监测的每个样品在其生产过程中都计算国家估计短期膳食摄入量，用式（9-12）计算安全界限。而茄子在儿童（≤6 岁）中的评估适用如下情景，即产品的单个重量大于大份餐，该产品的一餐量可能含有高于混合样本的残留水平，该情景下用式（9-11）计算国家估计短期摄入量，用式（9-13）计算安全界限。两种情景均用式（9-14）计算急性风险。

曾使用过多效唑，产品也都存在多效唑残留，因此，所有的未检出样品也都是有残留的，其残留量分别在 0 至检出限之间随机取值。同时，利用@risk 的模拟抽样功能，进行了 10000 次的模拟抽样，拟合出马铃薯、番茄和茄子中的多效唑残留分布，并根据残留分布计算残留的平均值和 97.5 百分位点值。

9.9.7 蔬菜中多效唑的推荐 MRL 值评价

以多效唑在蔬菜中的推荐 MRL 值作为农药残留浓度，用式（9-15）计算出各类人群通过蔬菜摄入的多效唑暴露量 [mg/(kg·d)]，以每日暴露量占 ADI 的百分数 ADI（%）来表示风险的大小，将农药暴露量占 ADI 的百分数取倒数，称为安全系数。

$$暴露量 = \frac{农药残留浓度×消费量}{bw} \tag{9-15}$$

当 ADI（%）≤100%，即安全系数≥1 时，表示 MRL 值可以接受，ADI（%）越小，即安全系数越大，MRL 值的保护水平越高。

9.9.8 基于规范残留试验数据的膳食摄入风险评估

规范残留试验中值和最高残留量是按农药最大允许使用方式使用后在可食部分的代表性残留量，残留试验施药浓度是按推荐施用低浓度、推荐施用高浓度（最大允许使用方式）和推荐施用高浓度的 1.5～2 倍浓度来设计的，但因目前多效唑在蔬菜上的应用还没有相关的规范，因此 3 种作物的规范残留试验中值和最高残留量均为采用终残留较高的处理方式得到的残留值。结果表明，多效唑在 3 种蔬菜作物上的规范残留试验中值（STMR）为 0.0027～0.022mg/kg，最高残留量（HR）为 0.0045～0.023mg/kg（表 9-3）。

表 9-3　多效唑在 3 种蔬菜上的规范残留试验结果

作物	施药剂量/(mg/L)	施药次数	间隔期[a]/d	规范残留试验中值(STMR)/(mg/kg)	最高残留量(HR)/(mg/kg)
马铃薯	225	1	32	0.022	0.023
番茄	100	2	45	0.0059	0.0066
茄子	200	2	38	0.0027	0.0045

注：间隔期[a]指从末次施药到正常采收期的天数。

考虑到多效唑在蔬菜种植上虽主要用于马铃薯、番茄和茄子等茄果类品种，但在其他品种上也偶有使用，加之实际生产中农药使用的规范性相对较差，因此按照最大风险原则，假设所有的蔬菜都使用了多效唑，蔬菜中的残留量采用残留试验中最高的 STMR 值 0.022mg/kg 来进行长期膳食摄入的慢性风险评估。结果显示，我国各类人群蔬菜中多效唑的国家估计每日摄入量（NEDI）为 0.10～0.21μg/（kg·d），仅占 ADI 的 0.1%～0.21%，说明多效唑的慢性膳食摄入风险很低（表 9-4）。

表9-4 蔬菜中多效唑长期膳食摄入和慢性风险评估

年龄	平均体重 bw/kg	蔬菜销量 /kg	基于残留试验		基于市场监测	
			国家估计每日摄入量（NEDI）/[μg/（kg·d）]	占每日允许摄入量的百分比/%	国家估计每日摄入量（NEDI）/[μg/（kg·d）]	占每日允许摄入量的百分比/%
2～10	12.7～30.4	0.12～0.20	0.15～0.21	0.15～0.21	0.058～0.084	0.058～0.084
11～17	34.0～53.9	0.23～0.25	0.10～0.15	0.10～0.15	0.040～0.058	0.040～0.058
18～59	55.2～60.8	0.28～0.30	0.11	0.11	0.042～0.044	0.042～0.044
≥60	51.4～57.8	0.24～0.27	0.10	0.10	0.041	0.041

短期膳食摄入的结果显示，马铃薯、番茄和茄子3个蔬菜品种消费带来的多效唑短期膳食摄入量（NESTI）在0.07～0.95μg/(kg·d)，其中马铃薯对6岁以下儿童带来的多效唑短期摄入量最高，番茄对一般人群带来的多效唑短期摄入量最低。虽然不同蔬菜品种以及儿童与成人之间多效唑的国家估计短期摄入量有明显差异，但值都很低，仅占ARfD的0.07%～0.95%，说明急性风险也很低，而且基于规范残留试验获得的多效唑残留水平均远低于各品种在一般人群和儿童中的安全界限（表9-5）。

表9-5 蔬菜中多效唑短期膳食摄入和急性风险评估

农产品	人群	体重 /kg	大份餐（LP）/[g/（kg·d）]	单位重（U_e）/g	安全界限（SM）/（mg/kg）	基于残留试验		基于市场监测	
						国家估计短期摄入量（NESTI）/[μg/（kg·d）]	占急性参考剂量百分比/%	国家估计短期摄入量（NESTI）/[μg/（kg·d）]	占急性参考剂量百分比/%
马铃薯	一般人群	63.0	112.24	156.2	5.81	0.40	0.40	0.34	0.34
	儿童（≤6岁）	15.5	21.10	156.2	2.42	0.95	0.95	0.82	0.82
番茄	一般人群	63.0	7.41	120.6	8.90	0.070	0.070	0.11	0.11
	儿童（≤6岁）	15.5	11.40	120.6	3.71	0.18	0.18	0.27	0.27
茄子	一般人群	63.0	7.27	268.0	6.34	0.071	0.071	0.12	0.12
	儿童（≤6岁）	15.5	13.79	268.0	2.42	0.19	0.19	0.30	0.30

9.9.9 基于市场监测数据的膳食摄入风险评估

根据市场抽样监测得到的马铃薯、番茄和茄子中多效唑的残留结果，利用@risk拟合得到马铃薯、番茄和茄子中多效唑的残留分布。马铃薯、番茄和茄子中多效唑残留的均值分别为 0.0086mg/kg、0.0067mg/kg 和 0.0041mg/kg，97.5 百分位点值分别为 0.020 mg/kg、0.010mg/kg 和 0.0073mg/kg。

虽然目前多效唑主要应用于马铃薯、番茄和茄子等茄果类蔬菜，但在其他蔬菜品种中也偶有使用。按照最大风险原则，假设所有蔬菜在生产过程中均使用了多效唑，并在产品中有残留，因此在进行长期膳食摄入和慢性风险评估时，市场产品残留监测数据的平均值采用 3 个监测品种中残留量最高的马铃薯的残留均值。结果表明，我国各类人群蔬菜中多效唑国家估计每日摄入量在 0.040～0.084μg/(kg•d)之间，仅占 ADI 的 0.040%～0.084%（表 9-4），表明我国各类人群多效唑的慢性膳食摄入风险非常低。

国家估计短期摄入量和急性风险评估采用 97.5 百分位点值进行计算。结果表明，多效唑的国家估计短期摄入量为 0.11～0.82μg/(kg•d)，仅占 ARfD 的 0.11%～0.82%（表 9-5）。结果与基于规范残留试验得到的评估结果相一致，虽然不同品种的评估结果有差异，且多效唑对儿童（≤6 岁）的风险普遍高于一般人群，但总体来说多效唑的急性膳食摄入风险非常低。各蔬菜品种 97.5 百分位点的多效唑残留量也均远低于安全界限。

9.9.10　蔬菜中多效唑的推荐 MRL 值及其风险分析

苹果、荔枝、花生仁、油菜籽、稻谷和小麦等 6 种作物和食品的多效唑 MRL 值均为 0.5mg/kg，油菜籽的 MRL 为 0.2mg/kg。欧盟规定苹果、香蕉、芒果、柑橘等水果中多效唑的 MRL 为 0.5mg/kg，日本和韩国也规定了苹果中多效唑的 MRL 为 0.5mg/kg，而澳大利亚则规定芒果和枇杷中的多效唑 MRL 为 1mg/kg。根据规范残留试验数据及市场监测结果，参照国内外标准并结合我国实际，建议蔬菜中多效唑的最大残留限量 MRL 为 0.5mg/kg（表 9-6）。

表 9-6　蔬菜中多效唑推荐 MRL 值风险分析

年龄	平均体重 bw/kg	蔬菜消费量 /kg	推荐 MRL /（mg/kg）	暴露量 /[mg/(kg•d)]	ADI/%	安全系数	分析结论
2～10	12.7～30.4	0.12～0.20		0.0020～0.0080	2.0～8.0	12.50～50.00	可以接受
11～17	34.0～53.9	0.23～0.25		0.0021～0.0037	2.1～3.7	27.03～47.62	可以接受
18～59	55.2～60.8	0.28～0.30	0.5	0.0023～0.0027	2.3～2.7	37.04～43.48	可以接受
≥60	51.4～57.8	0.24～0.27		0.0021～0.0027	2.1～2.7	37.04～47.62	可以接受

以 0.5mg/kg 作为蔬菜中多效唑的残留浓度计算各类人群的多效唑暴露量，结果表明各类人群蔬菜中多效唑的暴露量为 0.0020～0.0080mg/kg，仅占 ADI 的 2.0%～

8.0%。安全系数在 12.50～50.00 之间，说明蔬菜中多效唑的 MRL 值设定为 0.5mg/kg 其风险水平是完全可以接受的，对各类人群的保护水平达 12.5～50 倍（表 9-6）。

9.9.11　风险评估的不确定性因素分析

虽然多效唑主要在马铃薯、番茄和茄子等茄果类蔬菜中应用，但也不排除在其他蔬菜品种生产中使用，本例仅进行了以上 3 个蔬菜品种的规范残留试验和市场抽样监测。为了弥补残留数据的不确定性，在对蔬菜中多效唑残留进行长期膳食摄入风险评估中采用了最大风险原则，即假设所有的蔬菜在种植过程中都使用了多效唑，基于规范残留试验和市场监测数据的国家估计每日摄入量均采用最高的 STMR 值和残留均值计算。如此，对于蔬菜中多效唑的慢性膳食摄入风险评估是偏于保守的，但由于偏于保守的评估结果仍显示蔬菜中多效唑的慢性风险极低，因此对最终结论无影响。另外，对多效唑进行长期膳食摄入和慢性风险评估时，采用的各类人群平均体重和蔬菜消费量来源于卫生部在 2002 年开展的中国居民营养与健康状况调查。但自 2002 年以来，我国居民的身体条件和膳食结构发生了一定的变化，但蔬菜中多效唑的长期膳食摄入评估采用的食物消耗量是所有蔬菜的总量，而可能存在多效唑残留的只是其中的部分品种，因此完全可以抵消因消费量改变而造成低估风险的可能，对最终评估结果无影响。此外，目前我国尚缺乏可用于短期膳食摄入风险评估的大份餐调查数据，采用全球环境监测系统/食品污染监测与评估计划（GEMS/Food）提供的大份餐数据中最大的用于蔬菜中多效唑的短期膳食摄入风险评估。因此，选用的大份餐数据与中国居民的实际情况可能会有所差异，且可能是偏于高估的，但基于此大份餐数据得到的蔬菜中多效唑的急性风险也非常低，因此对最终评估结果基本无影响。

9.9.12　多效唑的最大残留限量设定

多效唑的最大残留限量（MRL）设定建议：蔬菜中多效唑残留在我国各类人群中的慢性风险和急性风险水平都是非常低的，国家估计每日摄入量为 0.10～0.21μg/(kg·d)和 0.040～0.084μg/(kg·d)，仅占 ADI 的 0.1%～0.21%和 0.040%～0.084%，国家估计短期摄入量 0.07～0.95μg/(kg·d)和 0.11～0.82μg/(kg·d)，只占 ARfD 的 0.07%～0.95%和 0.11%～0.82%，虽然在不同人群和品种之间有差异，且蔬菜中多效唑残留对儿童（≤6 岁）的急性风险要大于对普通人群，但总体来说风险水平都很低；规范残留试验和市场监测得到的多效唑残留水平也远低于安全界限；根据试验结果并参照国内外相关标准，建议蔬菜中多效唑的最大残留限量设定为 0.5mg/kg，该值对我国各类人群蔬菜中多效唑残留暴露量均在可接受范围。

9.10 苹果中农药残留急性、慢性膳食摄入风险评估和最大残留限量估计值计算

聂继云等研究者测定了 200 个苹果样品中的 102 种农药残留污染情况。分别用 ADI（%）和 ARfD（%）进行农药残留慢性膳食摄入风险评估和急性膳食摄入风险评估，用 ADI 值、大份餐和体重计算最大残留限量估计值（eMRL），采用英国兽药残留委员会兽药残留风险排序矩阵进行农药和样品风险排序。对于检出的农药残留，当某个样品中的检测值＜LOD（检测限）时，用 1/2LOD 代替。

9.10.1 慢性膳食摄入风险的计算

根据中国苹果产量，折算出中国居民日均苹果消费量为 0.072kg。用式（9-16）计算各农药的慢性膳食摄入风险［ADI（%）］。ADI（%）越小风险越小，当 ADI（%）≤100%时，表示风险可以接受；反之，当 ADI（%）＞100%时，表示有不可接受的风险。

$$ADI(\%) = \frac{STMR \times 0.072}{bw} / ADI \times 100 \qquad (9\text{-}16)$$

式中 　STMR——规范残留试验中值，取平均残留值，mg/kg；

　　　 0.072——居民日均苹果消费量，kg；

　　　 ADI——每日允许摄入量，mg/kg；

　　　 bw——体重，kg（按 60kg 计）。

9.10.2 急性膳食摄入风险的计算

根据世界卫生组织数据，中国居民苹果消费的大份餐（LP）为 0.6931kg，苹果单果重为 0.255kg，苹果个体之间变异因子（v）为 3。用式（9-17）计算各农药的估计短期摄入量。分别用式（9-18）和式（9-19）计算各农药的急性膳食摄入风险［ARfD（%）］和安全界限（SM）。ARfD（%）越小风险越小，当 ARfD（%）≤100%时，表示风险可以接受；反之，ARfD（%）＞100%时，表示有不可接受的风险。

$$ESTI = \frac{U \times HR \times v + (LP - U) \times HR}{bw} \qquad (9\text{-}17)$$

$$ARfD(\%) = \frac{ESTI}{ARfD} \times 100 \qquad (9\text{-}18)$$

$$SM = \frac{ARfD \times bw}{U \times v + LP - U} \qquad (9\text{-}19)$$

式（9-17）～式（9-19）中　ESTI——估计短期摄入量，kg；

U——单果重量，kg；

HR——最高残留量，取 99.9 百分位点值，mg/kg；

v——变异因子；

LP——大份餐，kg；

ARfD——急性参考剂量，mg/kg。

9.10.3　最大残留限量估计值的计算

理论最大日摄入量应不大于每日允许摄入量，最大残留限量估计值计算公式见式（9-20）：

$$eMRL = \frac{ADI \times bw}{F} \qquad (9\text{-}20)$$

式中　eMRL——最大残留限量估计值，mg/kg；

F——苹果日消费量，按照最大风险原则，取大份餐（LP），kg。

9.10.4　风险排序

采用英国兽药残留委员会兽药残留风险排序矩阵。用毒性指标代替药性指标。膳食比例（苹果占居民总膳食的百分率，单位%）以及农药毒效（即 ADI 值）、使用频率、高暴露人群、残留水平等 5 项指标均采用原赋值标准，各指标的赋值标准见表 9-7。毒性采用急性经口毒性，根据经口半数致死量（LD$_{50}$）分为剧毒、高毒、中毒和低毒 4 类，各农药的 LD$_{50}$从中国农药信息网查得。ADI 值从国家标准查得。

表9-7　苹果农药残留风险排序指标得分赋值标准

指标	指标值/%	得分	指标值/%	得分	指标值/%	得分	指标值/%	得分
毒性	低毒	2	中毒	3	高毒	4	剧毒	5
毒效	$>1\times10^{-2}$	0	$1\times10^{-4}\sim1\times10^{-2}$	1	$1\times10^{-6}\sim1\times10^{-4}$	2	$<1\times10^{-6}$	3
膳食比例	<2.5	0	2.5～20	1	20～50	2	50～100	3
使用频率	<2.5	0	2.5～20	1	20～50	2	50～100	3
高暴露人群	无	0	不太可能	1	很可能	2	有或无相关数据	3
残留水平	未检出	1	<1MRL	2	≥1MRL	3	≥10MRL	4

农药使用频率（FOD）按式（9-21）计算。样品中各农药的残留风险得分（S）用式（9-22）计算。各农药的残留风险得分以该农药在所有样品中的残留风险得分

的平均值计，该值越高，残留风险越大。苹果样品的农药残留风险用风险指数排序，该指数越大，风险越大。风险指数（risk index，RI）按式（9-23）计算。

$$FOD = \frac{T}{P} \times 100 \qquad (9-21)$$

$$S = (A+B) \times (C+D+E+F) \qquad (9-22)$$

$$RI = \sum_{i=1}^{n} S - TS_0 \qquad (9-23)$$

式（9-21）～式（9-23）中　P——果实发育天数（苹果从开花到果实成熟所经历的时间），d；

　T——果实发育过程中使用该农药的次数；

　A——毒性得分；

　B——毒效得分；

　C——苹果膳食比例得分；

　D——农药使用频率得分；

　E——高暴露人群得分；

　F——残留水平得分；

　n——检出的农药，种；

　TS_0——n 种农药均未检出的样品的残留风险得分，用式（9-22）算出 n 种农药各自的残留风险得分后求和得到。

9.10.5　农药残留水平分析

检测的 200 个苹果样品中，各农药的残留水平见表 9-8。

表 9-8　苹果中 26 种农药的残留水平

农药	毒性	最大残留限量	检出残留的样品数	检出率/%	残留水平
矮壮素	低毒	—	2	1	0.1180～0.3376
苯醚甲环唑	低毒	0.5	8	4	0.0250～0.2530
虫酰肼	低毒	—	12	6	0.0054～0.0830
除虫脲	低毒	2	16	8	0.0164～0.0392
毒死蜱	中毒	1	40	20	0.0053～0.1840
多菌灵	低毒	3	153	76.5	0.0053～1.280
二嗪磷	中毒	—	1	0.5	0.9360
氟硅唑	低毒	0.2	2	1	0.0690～0.1740

续表

农药	毒性	最大残留限量	检出残留的样品数	检出率/%	残留水平
甲基硫菌灵	低毒	3	38	19	0.0057～0.1342
乐果	中毒	1	2	1	0.0050～0.0220
联苯菊酯	中毒	0.5	1	0.5	0.0258
磷胺	高毒	0.05	1	0.5	0.0050
氯氟氰菊酯	中毒	0.2	9	4.5	0.0062～0.0265
氯氰菊酯	中毒	2	3	1.5	0.0110～0.0415
灭幼脲	低毒	—	22	11	0.0104～0.2400
氰戊菊酯	中毒	1	5	2.5	0.0078～0.0585
炔螨特	低毒	5	3	1.5	0.0077～0.3250
噻嗪酮	低毒	3	3	1.5	0.0078～0.0499
三氯杀螨醇	低毒	1	3	1.5	0.0293～0.0496
杀扑磷	高毒	0.5	1	0.5	0.0323
戊唑醇	低毒	2	9	4.5	0.0056～0.0530
烯唑醇	低毒	0.2	2	1	0.0050～0.0080
亚胺硫磷	中毒	—	1	0.5	0.0800
氧乐果	高毒	0.02	1	0.5	0.0370
异菌脲	低毒	5	18	9	0.0061～0.1070
抑霉唑	低毒	—	3	1.5	0.0070～0.0220

　　检出的 26 种农药中，磷胺为禁用农药，矮壮素、二嗪磷、噻嗪酮、杀扑磷、亚胺硫磷和氧乐果均未在苹果上登记。

9.10.6　农药残留慢性膳食摄入风险

　　农药残留慢性膳食摄入风险用式（9-16）算得（表 9-9）。从表 9-9 可见，检出的 26 种农药的慢性膳食摄入风险 [ADI（%）] 均远低于 100%，在 0.00%～1.07%，平均为 0.13%。这表明，中国苹果农药残留慢性膳食摄入风险是可以接受的，而且均很低。其中，只有氧乐果的 ADI（%）略高于 1%，为 1.07%；磷胺、杀扑磷、多菌灵、三氯杀螨醇、乐果等 5 种农药（占 19.2%）的 ADI（%）在 0.16%～0.60%；毒死蜱、苯醚甲环唑、二嗪磷等其余 20 种农药（占 76.6%）的 ADI（%）均低于 0.1%，甚至为 0。

表 9-9　农药残留慢性风险评估和急性风险评估

农药	慢性风险评估			急性风险评估					
	每日允许摄入量/（mg/kg）	平均残留量/（mg/kg）	ADI/%	最高残留/（mg/kg）	99.9百分位点/（mg/kg）	急性参考剂量/（mg/kg）	估计短期摄入量/（mg/kg）	ARfD/%	安全限值/（mg/kg）
矮壮素	0.05	0.0048	0.01	0.3376	0.2939	0.05	0.0059	11.79	2.49
苯醚甲环唑	0.01	0.0070	0.08	0.2530	0.2317	0.3	0.0046	1.55	14.96
虫酰肼	0.02	0.0043	0.03	0.0830	0.0819	0.9	0.0016	0.18	44.88
除虫脲	0.02	0.0047	0.03	—	—	—	—	—	—
毒死蜱	0.01	0.0075	6.09	0.1840	0.1633	0.1	0.0033	3.27	4.99
多菌灵	0.03	0.0620	0.25	1.2800	1.1177	0.1	0.0224	22.41	4.99
二嗪磷	0.005	0.0027	0.06	0.0360	0.0293	0.03	0.0006	1.96	1.50
氟硅唑	0.007	0.0037	0.06	0.1740	0.1531	0.02	0.0031	15.35	1.00
甲基硫菌灵	0.08	0.0074	0.01	—	—	—	—	—	—
乐果	0.002	0.0026	0.16	0.0220	0.0186	0.02	0.0004	1.86	1.00
联苯菊酯	0.01	0.0026	0.03	0.0258	0.0212	0.01	0.0004	4.25	0.50
磷胺	0.0005	0.0025	0.60	—	—	—	—	—	—
氯氟氰菊酯	0.02	0.0030	0.02	0.0265	0.0264	0.02	0.0005	2.65	1.00
氯氰菊酯	0.02	0.0028	0.02	0.0415	0.0361	0.04	0.0007	1.81	1.99
灭幼脲	1.25	0.0091	0.00	—	—	—	—	—	—
氰戊菊酯	0.02	0.0031	0.02	0.0585	0.0522	0.2	0.0010	0.52	9.97
炔螨特	0.01	0.0042	0.05	—	—	—	—	—	—
噻嗪酮	0.009	0.0028	0.04	0.0499	0.0429	0.5	0.0009	0.17	24.94
三氯杀螨醇	0.002	0.0031	0.18	0.0496	0.0475	0.2	0.0010	0.48	9.97
杀扑磷	0.001	0.0026	0.32	0.0323	0.0264	0.01	0.0005	5.29	0.50
戊唑醇	0.03	0.0032	0.01	0.0530	0.0506	0.3	0.0010	0.34	14.96
烯唑醇	0.005	0.0025	0.06	—	—	—	—	—	—
亚胺硫磷	0.01	0.0029	0.01	0.0800	0.0666	0.2	0.0013	0.65	9.97
氧乐果	0.0003	0.0027	1.07	0.0370	0.0301	0.02	0.0006	3.02	1.00
异菌脲	0.06	0.0039	0.01	—	—	—	—	—	—
抑霉唑	0.03	0.0027	0.03	0.0220	0.0194	0.05	0.0004	0.78	2.49

9.10.7　农药残留急性膳食摄入风险

根据世界卫生组织数据库，除虫脲、甲基硫菌灵和炔螨特的急性参考剂量（ARfD）信息为"Unnecessary（不必要）"，磷胺、灭幼脲、烯唑醇和异菌脲无 ARfD 信息，其余 19 种农药的 ARfD 见表 9-9。从表 9-9 可见，这 19 种农药的急性膳食摄入风险［ARfD（%）］均远低于 100%，在 0.18%～22.41%，平均为 4.12%。这表明中国苹果农药残留急性膳食摄入风险是可以接受的，而且都很低。

其中，多菌灵、氟硅唑、矮壮素和杀扑磷的 ARfD(%)超过了 5%,分别为 22.41%、15.35%、11.79%和 5.29%；苯醚甲环唑、毒死蜱、二嗪磷等 8 种农药的 ARfD（%）介于 1%和 5%之间；虫酰肼、氰戊菊酯、噻嗪酮等 7 种农药的 ARfD（%）均低于 1%。从表 9-9 还可看出，各农药的最大残留量均远小于安全限值，进一步证实这些农药的急性膳食摄入风险均很低。

9.10.8　农药残留风险排序

根据中国苹果产量、苹果加工消耗量、苹果出口量、苹果贮藏损耗率以及居民食物摄入量推断，中国居民苹果摄入量占总膳食的比例为 2.5%～20%，根据表 9-7 确定苹果膳食比例得分（C）为 1。根据农药合理使用国家标准，每种农药在苹果上最多使用 3 次。本文研究的苹果均属晚中熟品种或晚熟品种，果实发育期在 120d 以上。因此，用式（9-21）算得，各农药的使用频率均小于 2.5%，根据表 9-7 确定农药使用频率得分（D）为 0。虽然中国不同人群之间水果消费存在差异，但并无判定存在高暴露人群的相关数据，因此根据表 9-7 确定高暴露人群得分（E）为 3。将 26 种农药的残留风险得分列于表 9-10。从表 9-10 可见，根据各农药的残留风险得分高低，可将 26 种农药分为 3 类，第 1 类为高风险农药，共有 8 种，风险得分均≥20；第 2 类为中风险农药，共有 10 种，风险得分均在 20～15；第 3 类为低风险农药，共有 8 种，风险得分均<15。

表 9-10　200 个苹果样品中 26 种农药的残留风险得分排序

农药	RI 级差	风险等级
矮壮素	10.0	A
虫酰肼	10.1	
戊唑醇	10.1	
灭幼脲	10.2	
异菌脲	10.2	
除虫脲	10.2	
甲基硫菌灵	10.4	
多菌灵	11.5	
抑霉唑	15.0	B
氧杀螨醇	15.0	
噻嗪酮	15.0	
氯氰菊酯	15.0	

农药	RI 级差	风险等级
炔螨特	15.0	
烯唑醇	15.0	
氟硅唑	15.0	
氯氟氰菊酯	15.1	B
苯醚甲环唑	15.1	
氰戊菊酯	15.1	
乐果	20.0	
亚胺硫磷	20.0	
联苯菊酯	20.0	
二嗪磷	20.0	
毒死蜱	20.8	C
杀扑磷	25.0	
磷胺	25.0	
氧乐果	25.1	

注：A 为低风险；B 为中风险；C 为高风险。

用式（9-23）计算出 200 个苹果样品各自的农药残留风险指数（RI）。以 5 为 RI 级差，可将 200 个苹果样品分为 4 类。第 1 类为高风险样品，RI≥15，共有 3 个样品，占 1.5%；第 2 类为中风险样品，RI<15～10，共有 12 个样品，占 6%；第 3 类为低风险样品，RI<10～5，共有 57 个样品，占 28.5%；第 4 类为极低风险样品，RI<5，共有 128 个样品，占 64%。

这表明，中国苹果农药残留风险水平以中、低和极低为主，占 98.5%。在农药残留风险为高或中的 15 个样品中，1 个样品高毒农药氧乐果超标；其余 14 个样品均为农药多残留样品，检出的农药均在 4 种以上，最多为 8 种。

9.10.9 现有农药最大残留限量的适用性

在检出的 26 种农药中，矮壮素、虫酰肼、二嗪磷、灭幼脲、亚胺硫磷、抑霉唑等 6 种农药中国尚未制定苹果中的最大残留限量。苹果中 26 种农药的最大残留限量估计值（eMRL）见表 9-11。从表 9-11 可见，除虫脲、毒死蜱、多菌灵、磷胺和氯氰菊酯的最大残留限量均比 eMRL 低 15.5%。由于 ADI 值高达 1.25mg/kg，灭幼脲在苹果中的 eMRL 高达 108.21mg/kg，因此，没必要制定苹果中灭幼脲最大残留限量。与 eMRL 相比，氟硅唑、甲基硫菌灵、联苯菊酯、氯氟氰菊酯、氰戊菊酯和烯唑醇的最大残留限量均过严，而乐果、炔螨特、噻嗪酮、三氯杀螨醇和杀扑磷的最大残留限量均过松。按照最大残留限量可比 eMRL 略低或略高的原则，建议矮壮素、苯醚甲环唑、虫酰肼、二嗪磷、氟硅唑、甲基硫菌灵、乐果、联苯菊酯、氯氟氰菊酯、氰戊菊酯、炔螨特、噻嗪酮、三氯杀螨醇、杀扑磷、戊唑醇、烯唑醇、亚胺硫磷和抑霉唑的最大残留限量（mg/kg）分别设为 4、1、2、0.5、0.6、7、0.2、1、2、2、1、0.8、0.2、0.1、3、0.5、1 和 3。从表 9-11 可见，除氧乐果外，各农药的 99.5 百分位点残留值均显著低于最大残留限量或最大残留限量建议值（RMRL），表明这些最大残留限量和最大残留限量建议值能够有效保护消费者健康。

表 9-11　苹果中 26 种农药的最大残留限量估计值和 18 种农药的最大残留限量建议值

农药	ADI/（mg·kg）	eMRL/（mg·kg）	MRL/（mg·kg）	RMRL/（mg·kg）	P99.5/（mg·kg）	农药	ADI/（mg·kg）	eMRL/（mg·kg）	MRL/（mg·kg）	RMRL/（mg·kg）	P99.5/（mg·kg）
矮壮素	0.05	4.3284	—	4	0.3365	氯氰菊酯	0.02	1.7314	2	—	0.0413
苯醚甲环唑	0.01	0.8657	0.5	1	0.2493	灭幼脲	1.25	108.21	—	—	0.2299
虫酰肼	0.02	1.7314	—	2	0.0827	氰戊菊酯	0.02	1.7314	1	2	0.0579
除虫脲	0.02	1.7314	2	—	0.0392	炔螨特	0.01	0.8657	5	1	0.3220
毒死蜱	0.01	0.8957	1	—	0.1637	噻嗪酮	0.009	0.7791	3	0.8	0.0496
多菌灵	0.03	2.597	3	—	0.6601	三氯杀螨醇	0.002	0.1731	1	0.2	0.0495
二嗪磷	0.005	0.4328	—	0.5	0.0360	杀扑磷	0.001	0.0866	0.5	0.1	0.0323
氟硅唑	0.007	0.6060	0.2	0.6	0.1735	戊唑醇	0.03	2.597	2	3	0.0525
甲基硫菌灵	0.08	6.9254	3	7	0.1305	烯唑醇	0.005	0.4328	0.2	0.5	0.0080
乐果	0.002	0.1731	1	0.2	0.0219	亚胺硫磷	0.01	0.8657	—	1	0.0800
联苯菊酯	0.01	0.8657	0.5	1	0.0258	氧乐果	0.0003	0.026	0.2	—	0.0370
磷胺	0.0005	0.0433	0.05	—	0.0050	异菌脲	0.06	5.1941	5	—	0.1002
氯氟氰菊酯	0.02	1.7314	0.2	2	0.0265 1.7314	抑霉唑	0.03	2.597	—	3	0.0219

注：ADI 为每日允许摄入量；eMRL 为最大残留限量估计值；MRL 为最大残留限量；RMRL 为最大残留限量建议值；P99.5 为 99.5 百分位点残留量。

9.11　食用菌中农药残留的食品安全指数法和风险系数法风险评估

采用食品安全指数和农药残留风险系数法，对云南省、四川省和重庆市的 4 大类食用菌产品平菇、金针菇、香菇和双孢蘑菇中 50 种农药残留风险进行评估。各食用菌样品来自食用菌种植基地、食用菌生产企业、食用菌专业交易市场、批发市场、农贸市场和超市，每个种类在每个地区各抽样 10 个，共计 120 个样品，均为新鲜品。按照国家标准或行业标准进行检测。

9.11.1　安全指数

化学污染物的毒害作用与其进入人体的绝对量有关，因此评价某种食品是否安全，应以人体对某化学污染物的实际摄入量与该污染物的安全摄入量进行比较，这样更为科学合理。目前，采用食品安全指数（IFS）来评价食用菌产品中某种农药残留对消费者是否存在危害以及危害程度，用食品安全指数的平均值$\overline{\mathrm{IFS}}$来评价食用菌产品的安全状态。

$$\mathrm{IFS} = (\mathrm{EDI}_c \times f)/(\mathrm{SI}_c \times \mathrm{bw}) \tag{9-24}$$

$$\overline{\mathrm{IFS}} = \sum_{i=1}^{n} \mathrm{IFS}_{ci}/n \tag{9-25}$$

式（9-24）中，EDI_c 为农药的实际摄入量估算值（$\mathrm{EDI}_c = R_i \times F_i \times E_i \times P_i$，式中 R_i 为食用菌 i 中农药 c 的残留水平，F_i 为食用菌 i 的估计摄入量，E_i 为食用菌的可食用部分因子，P_i 为食用菌的加工处理因子，c 为所研究的某种农药）；SI_c 为农药 c 的安全摄入量，采用每日允许摄入量（ADI）表示；bw 为人体平均质量；f 为农药安全摄入量的校正因子。

式（9-25）中，IFS_{ci} 指食用菌 i 中农药 c 的食品安全指数；n 指农药的种类；|$\overline{\mathrm{IFS}}$ 是食用菌 i 中 n 种农药残留食品安全指数值的平均值。

9.11.2　风险系数

危害物风险系数是衡量一个危害物风险程度大小最直观的参数，综合考虑了危害物的超标率或阳性检出率、施检频率和其本身的敏感性的影响，并能直观而全面地反映出危害物在一段时间内的风险程度。故可以采用危害物风险系数 R 来评估食用菌产品中农药残留的风险，其计算公式如下：

$$R = aP + \frac{b}{F} + S \tag{9-26}$$

式中　P——该种农药残留的超标率；

　　　F——该种农药残留的施检频率；

　　　S——该种农药残留的敏感因子；

　　　a,b——分别为响应的权重系数。

P 和 F 均为在指定时间段内的计算值，敏感因子 S 可根据当前该危害物在国内外食品安全上关注的敏感度和重要性进行适当的调整。同时，式中 P、F 和 S 随研究的时间区段而动态变化，可根据具体情况采用长期风险系数、中期风险系数和短期风险系数。

9.11.3　食用菌农药残留情况

云南省、四川省和重庆市三省市检测的 50 种农药残留项目，具体农药种类见表 9-12，表 9-12 中每日允许摄入量参照国家标准 GB 2763—2021《食品安全国家标准 食品中农药最大残留限量》。

表 9-12　150 种农药名称及其每日允许摄入量

编号	农药	每日允许摄入量/[mg/（kg·bw）]	编号	农药	每日允许摄入量/[mg/（kg·bw）]
1	甲胺磷	0.0040	26	溴氰菊酯	0.0100
2	氧乐果	0.0003	27	联苯菊酯	0.0100
3	甲拌磷	0.0007	28	氟胺氰菊酯	0.0050
4	对硫磷	0.0040	29	氟氰戊菊酯	0.0200
5	甲基对硫磷	0.0030	30	三唑酮	0.0300
6	甲基异柳磷	0.0030	31	百菌清	0.0200
7	水胺硫磷	0.0030	32	异菌脲	0.0600
8	乐果	0.0020	33	三氯杀螨醇	0.0020
9	敌敌畏	0.0040	34	腐霉利	0.1000
10	毒死蜱	0.0100	35	乙烯菌核利	0.0100
11	乙酰甲胺磷	0.0300	36	五氯硝基苯	0.0100
12	三唑磷	0.0010	37	涕灭威	0.0030
13	丙溴磷	0.0300	38	六六六	0.0080
14	杀螟硫磷	0.0060	39	灭多威	0.0200
15	二嗪磷	0.0050	40	甲萘威	0.0080
16	马拉硫磷	0.3000	41	氟虫腈	0.0002
17	亚胺硫磷	0.0100	42	啶虫脒	0.0700
18	伏杀硫磷	0.0200	43	哒螨灵	0.0100
19	辛硫磷	0.0040	44	苯醚甲环唑	0.0100
20	克百威	0.0010	45	阿维菌素	0.0020
21	氯氰菊酯	0.0200	46	嘧霉胺	0.2000
22	氰戊菊酯	0.0200	47	除虫脲	0.0200
23	甲氰菊酯	0.0300	48	吡虫啉	0.0600
24	氯氟氰菊酯	0.0200	49	多菌灵	0.0300
25	氟氯氰菊酯	0.0400	50	灭幼脲	1.2500

9.11.4　云南省、四川省和重庆市三省市食用菌农药残留检出率

　　根据表9-13中的农药残留情况，本次检测结果表明在云南省、四川省和重庆市食用菌主产区中，云南省的农残检出率最高，平均达到25.0%，其中平菇的农药残留检出率达到50.0%；重庆市居中，而四川省的农药残留检出率最低，平均为12.5%。从食用菌的种类来看，平菇与香菇的农药残留检出率最高，均达到26.7%，金针菇次之，双孢蘑菇的农药残留检出率最低，仅为6.7%，这与平菇和香菇在种植过程中较多使用杀虫剂的情况相一致。

9-13　不同地区食用菌农药残留情况

样品	重庆			四川			云南		
	抽样个数	检出个数	检出率/%	抽样个数	检出个数	检出率/%	抽样个数	检出个数	检出率/%
平菇	10	3	30.0	10	0	0	10	5	50.0
金针菇	10	1	10.0	10	2	20.0	10	1	10.0
香菇	10	1	30.0	10	2	20.0	10	3	30.0
双孢蘑菇	10	0	0	10	1	10.0	10	1	10.0

9.11.5　云南省、四川省和重庆市三省市食用菌农药残留检出情况

　　在监测的50种农药中，有10种农药有残留检出，详见表9-14。结果显示，在食用菌中残留的农药品种主要为杀虫剂，仅有多菌灵和腐霉利2种杀菌剂有残留检出；农药的残留量均较低，只有2个样品的农药残留量超出国家相关标准的规定，一个是云南省平菇1号样品，溴氰菊酯的残留量为0.2160mg/kg，另一个是云南省香菇4号样品，氰戊菊酯的残留量为0.2370mg/kg，均超出了相关标准0.2000mg/kg的限量，超标数占云南省样品数的5.00%，占样品总数的1.67%。

表9-14　有残留检出的10种农药的残留量

地区	样品	农药残留量/（mg/kg）									
		多菌灵	啶虫脒	溴氰菊酯	毒死蜱	腐霉利	吡虫啉	灭幼脲	除虫脲	涕灭威	氰戊菊酯
重庆	平菇6号	0.1270	ND	ND	ND	ND	ND	ND	ND	ND	ND
	平菇8号	ND	0.0944	ND	ND	ND	ND	ND	ND	ND	ND
	平菇9号	ND	0.1977	ND	ND	ND	ND	ND	ND	ND	ND
	金针菇3号	ND	ND	ND	ND	ND	0.1500	ND	ND	ND	ND
	香菇3号	ND	ND	ND	0.0207	ND	ND	ND	ND	ND	ND
	香菇5号	0.3440	ND	ND	ND	ND	ND	ND	ND	ND	ND
	香菇6号	ND	ND	ND	ND	ND	0.1030	ND	ND	ND	ND

地区	样品	农药残留量/（mg/kg）									
		多菌灵	啶虫脒	溴氰菊酯	毒死蜱	腐霉利	吡虫啉	灭幼脲	除虫脲	涕灭威	氰戊菊酯
四川	金针菇 1 号	0.4660	ND	ND	ND	ND	0.0720	ND	ND	ND	ND
	金针菇 9 号	ND	ND	0.0160	ND	ND	ND	ND	ND	ND	ND
	香菇 7 号	ND	ND	ND	ND	ND	ND	0.2505	ND	ND	ND
	香菇 10 号	ND	ND	ND	ND	0.0570	ND	ND	ND	ND	ND
	双孢蘑菇 1 号	ND	ND	ND	ND	ND	ND	ND	ND	0.0240	ND
云南	平菇 1 号	ND	ND	0.2160	ND	ND	ND	ND	ND	ND	ND
	平菇 2 号	ND	ND	ND	0.0135	ND	ND	ND	ND	ND	ND
	平菇 4 号	ND	0.2621	ND	ND	ND	ND	ND	ND	ND	ND
	平菇 5 号	ND	ND	ND	ND	0.4880	0.0430	ND	ND	ND	ND
	平菇 8 号	ND	0.1690	ND	ND	ND	ND	ND	ND	ND	ND
	金针菇 2 号	ND	ND	ND	ND	ND	ND	0.3531	ND	ND	ND
	香菇 3 号	0.1750	ND	ND	ND	ND	ND	ND	ND	ND	0.0110
	香菇 4 号	ND	ND	ND	ND	ND	ND	ND	ND	ND	0.2370
	香菇 9 号	ND	ND	ND	0.0222	ND	ND	ND	ND	ND	ND
	双孢蘑菇 4 号	ND	ND	ND	ND	ND	ND	ND	0.0420	ND	ND

注：ND 为未检出。

9.11.6　食用菌农药残留安全指数评价

根据相关研究报道，本试验设 F_i=100g（人/d），E_i=1，P_i=1，bw=60kg；SI_c 采用每日允许摄入量，具体值见表 9-12；校正因子 f 值取 1。根据式（9-24）和式（9-25）计算出各种农药在 3 个地区的 IFS 值和 $\overline{\text{IFS}}$ 值（表 9-15）。从表 9-15 可以看出，在不同地区各种农药的 IFS 值均远远小于 1，说明这些农药的残留量对食用菌产品的安全没有影响，其安全状态均在可接受的范围之内。3 个地区的 $\overline{\text{IFS}}$ 值均小于 1，其中重庆市的 $\overline{\text{IFS}}$ 值最小，云南省的 $\overline{\text{IFS}}$ 值最大，说明西南地区 3 个食用菌主产区的食用菌安全状态均为可以接受。

表 9-15　食用菌中农药残留的安全指数

地区	安全指数 IFS										$\overline{\text{IFS}}$
	多菌灵	啶虫脒	溴氰菊酯	毒死蜱	腐霉利	吡虫啉	灭幼脲	除虫脲	涕灭威	氰戊菊酯	
重庆	0.0131	0.0032	0	0.0034	0.0025	0.0029	0	0.0033	0	0	0.0028
四川	0.0259	0	0.0027	0	0	0.0018	0.0003	0	0.0133	0	0.0044
云南	0.0097	0.0051	0.0360	0.0030	0.0081	0.0012	0.0005	0.0035	0	0.0103	0.0077

9.11.7　农药残留的风险系数

本试验采用长期风险系数（1 年）进行分析。设定本试验 $a=100$，$b=0.1$，由于本试验的数据来源于正常施检，所以 $S=1$，假设规定每个季度对三省市食用菌产品的农药残留情况进行抽样检验，则全年的施检频率 $F=0.25$，此时计算的结果若 $R<1.5$，该危害物低度风险；若 $1.5≤R<2.5$，该危害物中度风险；若 $R≥2.5$，该危害物高度风险。

根据式（9-26）计算出每个地区和不同品种食用菌产品的农药残留的风险系数。由于有残留检出的 10 种农药中，只有溴氰菊酯和氰戊菊酯存在残留量超标的情况，因此多菌灵、啶虫脒、毒死蜱、腐霉利、吡虫啉、灭幼脲、除虫脲和涕灭威等 8 种农药的样品残留超标率均为 0，经过计算可知 8 种农药的风险系数 R 均为 1.40，小于 1.5，为低度风险。对溴氰菊酯和氰戊菊酯农药残留的风险系数进行计算，结果显示，溴氰菊酯和氰戊菊酯在重庆市和四川省的样品中的超标率为 0，其风险系数 R 均为 1.40，小于 1.5，为低度风险；而云南省的溴氰菊酯和氰戊菊酯的风险系数 $R=2.5$，为高度风险（表 9-16）。对不同种类食用菌中溴氰菊酯和氰戊菊酯残留的风险系数进行分析，平菇中溴氰菊酯的风险系数 $R>2.5$，为高度风险；香菇中氰戊菊酯的风险系数 $R>2.5$，为高度风险；金针菇和双孢蘑菇中 2 种农药的风险系数及平菇中氰戊菊酯、香菇中溴氰菊酯的风险系数均为 1.40，小于 1.5，均为低度风险（表 9-17）。

表 9-16　不同地区食用菌中溴氰菊酯和氰戊菊酯残留的风险系数

农药种类	重庆		四川		云南	
	超标率/%	风险系数 R	超标率/%	风险系数 R	超标率/%	风险系数 R
溴氰菊酯	0	1.40	0	1.40	—	2.50
氰戊菊酯	0	1.40	0	1.40	—	2.50

表 9-17　不同种类食用菌中溴氰菊酯和氰戊菊酯残留的风险系数

农药种类	平菇		金针菇		香菇		双孢蘑菇	
	超标率/%	风险系数 R	超标率/%	风险系数 R	超标率/%	风险系数 R	超标率/%	风险系数 R
溴氰菊酯	3.33	4.73	0	1.40	0	1.40	0	1.40
氰戊菊酯	0	1.40	0	1.40	3.33	4.73	0	1.40

9.11.8　食用菌中农药残留的食品安全指数法和风险系数法结果的评价

在调查的云南省、四川省和重庆市食用菌主产区中，不同地区和不同品种的农药使用情况都有所不同。四川省的农药残留检出率最低，重庆市居中，而云南省的最高，且云南省有 2 个超标样品，这与云南食用菌产业发展较晚、相应管理起步较迟及本地食用菌的种植特征有关。在抽查的 4 类食用菌产品中，平菇和香菇的农药残留检出率最高，其次为金针菇，双孢蘑菇最低，检出农药的种类主要为杀虫剂和杀菌剂，说明在食用菌种植过程中主要在场地消毒、灭菌和杀虫等环节施用农药，这与实地调研的结果相符。

3 个地区有残留检出的 10 种农药的 IFS 值与各个地区食用菌中农药残留的 $\overline{\text{IFS}}$ 值均远远小于 1，说明这些农药残留量对云南省、四川省和重庆市食用菌产品的安全没有影响，食用菌安全状态均为可以接受。同时对不同地区和不同种类食用菌产品中农药残留的长期风险系数进行分析，结果表明有高度风险的农药为溴氰菊酯和氰戊菊酯，且超标样品均抽自云南省，因此在食用菌的生产过程中，可有的放矢地加强对菊酯类农药的监管，云南省也应加大宣传和管理力度，以保证食用菌的安全生产。

本试验 IFS 值在计算过程中，施检频率、超标率、可食用部分因子和人的平均体质量均为估算值，只能在大体上反映食用菌产品的安全状态，不能精确地适用于所有品种和不同的人；同时由于缺少一些基础的权威的调查数据，特别是一些新兴食品和单一食品品种的单人日均消费量缺失，给基于 IFS 值进行风险评估的结果带来一定的不确定性。风险系数的大小与危害物的超标率（P）、危害物的受关注程度即敏感因子（S）和施检频率（F）有关，P、F、S 应随考察时间区段而动态变化。因此，在利用食品安全指数和风险系数对食品安全进行风险分析时，一定要根据特定的研究范围，适当地调整相应的参数值，从而得到更具可靠性的评估结果，以促进产业发展和保障消费者的膳食安全。

9.12　杨梅中的农药残留联合暴露风险评估

目前，联合暴露的 3 种主要作用类型：浓度相加、独立作用和相互作用。浓度相加法是联合暴露风险评估的基本方法，具有相同作用机理的还有农药的联合暴露评估分组方法（这是常用的评估方法），本节以实际产品的风险评估示例，重点介绍危害指数法（hazard index，HI）、相对毒效因子法（relative potency factor，RPF）、暴露阈值法（margin of exposure，MOE）和分离点指数法（point of departure index，PODI）。

研究表明，与暴露于一种农药残留相比，人体同时或者先后暴露于多种农药残留可能引起更高或者更低的联合效应。因此，传统的仅针对单一农药品种进行评估的方式可能会造成对风险程度的低估或者高估。对于同一评估组中的农药，鉴于实验数据已证明浓度相加法在预估联合毒性效应方面的可行性。因此，在风险评估方法的选择上，一般都以浓度相加法为基础。

9.12.1 危害指数法

危害指数法（HI）适用于毒性相似且具备明确剂量-反应关系的一组化合物，其单个化合物的关键效应可通过剂量反应关系确定，再通过不确定因子外推得到安全参考剂量。一般是将无可见不良作用水平（NOAEL）外推 100 倍，获得其安全参考剂量：每日允许摄入量（ADI）和急性参考剂量（ARfD），其中 ADI 用于描述慢性毒性，ARfD 用于描述急性毒性。单个化合物的暴露量与其安全参考剂量的比值则为该单个化合物的风险，将不同化合物的风险相加即得到联合暴露风险。其计算方法见式（9-27）。

$$HI = \sum_{i=1}^{n} \frac{E_i}{RfD_i} \quad\quad (9-27)$$

式中，E_i 为单个化合物的暴露量；RfD_i 是单个化合物的安全参考剂量。虽然"安全参考剂量"在不同国家的具体表现形式不同，但其实际意义相同。

美国环保署采用参考剂量（reference dose，RfD）；世界卫生组织国际化学品安全规划署采用 ADI 或 ARfD。但是无论哪种形式，在进行联合暴露风险描述时，都是将不同化合物的暴露量与其安全参考剂量的比值相加，从而得到联合暴露风险指数 HI。

当 HI 小于 1，表明联合暴露风险可以接受；大于等于 1，则表明存在潜在的健康风险。

该方法使用快速简便，易于理解，适用于以初步筛查为目的的联合暴露评估。但是由于该方法是基于健康参考剂量进行计算的，因此对于超过健康参考剂量的风险无法进行准确的描述。此外，参考剂量的使用也包含了不确定因子，参考剂量未必能够代表不同化合物真实的毒理学意义上的量。

以杨梅中的农药残留量进行监测的实际数据为例，发现杨梅果实中同时存在毒死蜱、杀扑磷和甲胺磷 3 种农药（见表 9-18）。残留数据采用杨梅中的最高残留值，消费数据来源于杨梅主产区浙江、福建等省开展的杨梅膳食消费调查数据，同时采

表9-18 三种农药在杨梅中的残留数据及联合暴露相关计量值

农药	最高残留量(HR)/(mg/kg)	膳食暴露量/[mg/(kg·d)]	无可见不良作用水平(NOAEL)/[mg/(kg·d)]	基准剂量(BMD₁₀)/[mg/(kg·d)]	急性参考剂量(ARfD)/[mg/(kg·d)]	相对毒效因子(RPF)
毒死蜱	0.120	0.0015	1	1.48	0.1	0.05
杀扑磷	0.013	0.00016	0.1	0.25	0.01	0.32
甲胺磷	0.002	0.00025	0.1	0.08	0.01	1

用儿童的最大份餐值（LP）即 95th 位点值，运用危害指数法，以点评估的方式对杨梅中 3 种有机磷农药的急性膳食暴露风险进行评估，得：

$$HI = \frac{0.0015}{0.1} + \frac{0.00016}{0.01} + \frac{0.00025}{0.01} = 0.056$$

联合暴露的 HI 值低于 1，表明该联合暴露风险为可以接受。

9.12.2　分离点指数法

分离点指数法（PODI）中的分离点一般采用无可见不良作用水平或者基准剂量（benchmark dose，BMD）来表示，将每个化合物的暴露量与其分离点的比值相加即得到联合毒性效应，其计算方法见式（9-28）。

$$PODI = \frac{E_1}{POD_1} + \frac{E_2}{POD_2} + \cdots + \frac{E_n}{POD_n} = \sum_{i=1}^{n} \frac{E_n}{POD_i} \qquad (9\text{-}28)$$

式中，POD 是每个化合物的分离点；PODI 是联合暴露的风险指数，求出 PODI 后再乘以不确定因子（一般采用 100），若结果小于 1，表明其联合暴露风险为可以接受。采用分离点指数法对表 9-18 所述杨梅中的农药残留数据进行评估，得：

$$PODI = \frac{0.0015}{1.48} + \frac{0.00016}{0.25} + \frac{0.00025}{0.08} = 0.0047$$

引入不确定因子 100，结果为 0.47，小于 1，表明该联合暴露风险同样为可以接受。欧盟食品安全局推荐采用分离点指数法代替危害指数法。分离点指数法比危害指数法更加透明，不需要在计算过程中引入不确定因子，而是直接采用实验数据，最后再引入不确定因子。在实际应用中，PODI 的选择一般采用 NOAEL 数据。但该方法也存在一定的不足。首先，NOAEL 数据是根据动物试验或人群流行病学调查结果得到的、未观察到不良健康效应的最大剂量，仅选用了一个点的数据，忽略了整个剂量-反应曲线的斜率。其次，NOAEL 值是根据统计学检验与对照组无统计学差异而确定的数值，其与样本大小有关，受实验设计剂量的影响。因此，毒理学界提倡以基准剂量（BMD）代替 NOAEL。BMD 是指能使某种效应增加到一个特定反应水平时的剂量，其方法是将按剂量梯度设计的动物试验结果，通过适当的模型计算，求得 5%阳性效应反应剂量的 95%置信区间下限值，即为 BMD。采用 BMD 代替 NOAEL 有较大的优势，因为 BMD 参数利用的是毒性测试研究中剂量-反应关系的全部资料，所得结果的可靠性、准确性更好。但基准剂量方法应用的最大局限性，是有些化合物不具备相关信息，数据获取非常困难。

整体来看，分离点指数法的不足之处是国际上尚无统一的评价方法。目前较为常用的方法是通过乘以一定的不确定因子把 PODI 转化成"风险杯"（risk cup）单位。

如可以采用不确定因子 100，则当风险杯数值≤1 时，表示该联合暴露风险为可以接受。

9.12.3　相对毒效因子法

相对毒效因子法（RPF）适用于评估同一类别的化合物，要求受试农药具备相同的毒理学终点、相同的暴露途径和持续时间。每种农药的毒性效应通过指数化合物来表示，指数化合物一般选择混合物中较为典型且研究数据比较充分的化合物。将混合物中各农药乘以其毒效因子，转化成指数化合物的等量物，相加后即得到联合暴露浓度。将联合暴露浓度与指数化合物的参考值进行比较，若联合暴露浓度低于指数化合物的参考值，则认为风险可以接受；反之，则认为该残留水平可能存在风险，需要加强对所评估农药和产品的监管，降低残留浓度。相对毒效因子法已被用于 40 余种乙酰胆碱酯酶抑制剂类农药的联合暴露风险评估；Caldas 等采用该方法对巴西膳食中的 25 种有机磷和氨基甲酸酯类农药的联合暴露风险进行了评估；Miller 等采用该方法评估了 4 种抗雄性激素类农药的联合暴露风险。美国环保署制定了 4 组化合物的相对毒效因子（RPF）：二噁英、多氯联苯、多环芳烃和有机磷农药，并在其指南中给出了 RPF 的计算方法，见式（9-29）。

$$C_m = \sum_{i=1}^{n} C_k \times RPF_k \qquad (9-29)$$

式中　C_m——以指数化合物表示的混合物浓度；

C_k——化合物 k 的浓度；

RPF_k——化合物 k 相对于指数化合物的毒效因子。

表 9-18 中 3 种农药的指数化合物为甲胺磷，3 种农药的基准剂量（BMD）均是以雌性大鼠脑部乙酰胆碱酯酶为靶标得出的急性效应值，采用相对毒效因子法对表 9-18 中所述杨梅中的农药残留数据进行评估，得：

$$C_m = 0.0015 \times 0.05 + 0.00016 \times 0.32 + 0.00025 \times 1 = 0.000376 mg/(kg \cdot d)$$

指数化合物的急性参考剂量（ARfD）值为 0.01mg/(kg·d)，该联合暴露浓度低于指数化合物的急性参考剂量，仅为指数化合物急性参考剂量的 0.0376，因此其联合暴露风险为可以接受。

相对毒效因子法优点明显，简洁易懂，能够根据指数化合物的数据以及同类化合物的相对毒效因子求得联合暴露的风险。但其潜在的不足之处是联合暴露风险结果的准确性依赖于指数化合物数据的准确性，如果指数化合物具有较大的不确定性，则将增大整个联合暴露风险。

9.12.4　暴露阈值法

2005 年，欧盟食品安全局与世界卫生组织联合举办了关于"多种化合物暴露的联合毒性"国际会议，在会议报告中指出，暴露阈值法（MOE）最适合用于评估遗传毒性致癌物。暴露阈值（MOE）的计算方法见式（9-30）。

$$MOE = \frac{POD}{Exposure}$$（9-30）

式中，MOE 为单个化合物的暴露阈值，是参考剂量（POD）与人体暴露量的比值。POD 是剂量-反应曲线上的一个剂量值，一般采用 BMD（基准剂量）。

通常认为：单个化合物的 MOE 高于 100，风险为可以接受，MOE 数据越大，说明风险指数越低。当计算单个化合物的 MOE 时，如果数据是从动物试验中获得的，通常认为 MOE>100 时风险是可以接受的，但如果数据是来源于人体试验，则 MOE>10 为可以接受。对于遗传毒性致癌物，欧盟食品安全局植物保护产品和残留科学委员会认为，如果单个物质的 MOE 不低于 10000，则不会引起健康风险。

联合阈值（MOE_T）是指单个化合物暴露阈值倒数之和的倒数。

$$MOE_T = \sum_{i=1}^{n} \frac{1}{\dfrac{1}{MOE_i}} = \frac{1}{PODI}$$（9-31）

一般认为，当 MOE_T 大于 100 时，其联合暴露风险为可以接受。采用暴露阈值法对表 9-18 所述杨梅中的农药残留数据进行评估得：

$$MOE_T = \frac{1}{0.0047} = 213$$

其 MOE_T 值大于 100，同样表明杨梅中这 3 种农药的联合暴露风险处于可接受水平。

综上所述，由于食品中单个农药的残留水平较低，其能够引起的毒性效应也较低，但是在实际的联合暴露情形下则可能引起较为明显的联合毒性效应。若食品中的多种农药残留是由作用机制相同的组分组成，则可根据浓度相加（CA）方法预测其联合毒性，该方法的适用性在已发表的实际研究中已得到验证。而对于作用机制不同的多种农药残留，是浓度相加法还是独立作用（IA）法更适用，还有待进一步具体研究证明。对于作用靶标相同的多种农药，可将其归类为同一联合暴露评估组（CAG），其联合毒性效应也可通过较为保守的浓度相加法进行预测。可以选用危害指数法（HI）、相对毒效因子法（RPF）、暴露阈值法（MOE）及分离点指数法（PODI）等多种方法对联合暴露风险进行计算与描述。其中，危害指数法简单易行，多用于风险初筛；相对毒效因子法以及分离点指数法相对较复杂，要求更多的毒理学数据，但是其风险评估的结果相对也更为科学合理；暴露阈值法更适用于对遗传毒性致癌物质的评估。

第 10 章

农药污染控制对策和措施

农药是重要的农业生产资料，对于提高产量和防治病虫草害等具有重要作用，同时农药也是农业生产自身产生的重要污染物质，目前我国农药残留污染对生态环境和人体健康的影响是比较严重的，我国农产品中的农药残留超标问题，已成为制约我国食品安全和外贸出口的主要因素之一。

科学使用农药、积极防治农药污染是一项复杂的系统工程。需要农业、化工、环保、卫生、食品等部门共同采取综合性措施，全面贯彻执行病虫草害综合防治的方针，尽量减少化学农药的用量；从宏观上调整和优化使用农药的品种结构，选择使用高效、低毒、低残留的化学农药；充分利用科学技术，改善农药使用技术和方法，以减少农药对人体健康和生态环境产生的危害；加强农药在登记、生产、运输、销售、贮存和使用过程中的管理，贯彻可持续发展战略，提高全民的食品安全意识和环保意识。

10.1 采用科学合理的农业生产措施

目前的农业生产过程，主要是以追求产量为主，在现有的技术条件下，化学农药的使用是产量的重要保护措施，在生产中发挥着巨大的作用。同时，由于农药的使用也给生产的农产品及环境等带来了残留的危害。如何防止或减少农药污染是目前我国农产品安全生产的当务之急，科学合理地使用农药是基本的保证措施。

10.1.1 选用抗虫抗病作物品种

选用抗病抗虫作物品种是实行病虫害综合防治的重要农业措施，可以大大减少化学农药的用量。培育抗病、抗虫品种也是作物育种的主要方向之一，对于某些病虫害，培育抗性品种是目前重要的甚至是主要的防治方法，经过多年的科研发展我国已培育出许多种农作物抗性品种，如抗叶锈、条锈、秆锈三种锈病的小麦品种，抗褐飞虱的水稻品种，抗棉铃虫的棉花品种，抗病毒的蔬菜品种，具有抗白菜霜霉病和白菜软腐病的大白菜品种，抗霜霉病的黄瓜品种等。这些抗性品种大大降低了农药的使用量。

10.1.2　合理肥水调控

良好的营养条件对于培育壮苗、壮株，提高抗病虫能力具有重要意义。为此，首先要施足基肥，配以种肥，做到有机肥与无机肥相配合，氮、磷、钾肥相配合，并施用需要的微量元素肥料。有条件的可进行土壤和作物的营养诊断，做到合理配方使用基肥和指导追肥，并切忌氮肥施用过多。在作物生长中后期慎用氮肥，以免作物群体过大，造成贪青晚熟，为病虫害发生创造良好的环境条件。使用的有机肥需要堆沤腐熟，以杀死其中的虫卵、病菌和草籽，园艺场最好使用工厂化堆制的精制有机肥。

正确掌握灌溉时间和水量，应用喷灌和滴灌等先进技术可有效地控制田间小气候，防止空气湿度过大，这对于抑制病害发生有利。特别在温室和塑料大棚条件下应推广便于控制和降低空气湿度的先进灌溉技术，这是减轻大棚和温室作物病害的重要措施。

10.1.3　其他农业措施

培育壮苗可提高农作物的抗逆能力，其中包括抗病、抗虫和与杂草竞争的能力。选种是培育壮苗的关键之一，在确定良种的基础上要选用无病、杂、劣籽的优质种子，并对种子进行必要的处理，其中包括去病虫处理。蔬菜等需要育苗的作物应选择环境条件适宜的无病苗床，或对苗床进行土壤消毒，要施用腐熟有机肥，防止病菌带入苗床。苗期要防治地下害虫，苗畦可覆盖网纱，防止蚜虫侵入。要去除病苗，选择无病苗、壮苗和无蚜虫苗定植。对于不需要育苗的作物，在播种前应清除农田中带病、带虫的农作物残留物和杂草，防止病虫害越冬。要进行合理密植，保持作物生长中后期通风透光，降低病害发生的程度。

在设施栽培中科学调节棚内温度和湿度、改善通风透光条件对于减少病害极为重要，这可以通过改进灌溉技术、适时揭棚和调节通风等措施来实施。必要时进行高温间棚和化学消毒都有利于减少病害的发生。

应用嫁接和接种技术可提高作物的抗病能力。以南瓜、冬瓜等为砧木，西瓜、黄瓜等作接穗，可提高后者抗瓜类枯萎病的能力。弱病毒是由强病毒诱变成的无危害性侵染，或无症状，或有轻微症状的病毒。弱病毒接种到作物后产生抗性，增加作物的抗病能力，且对作物无危害。

10.2　合理使用农药

在进行病虫草鼠害综合治理和正确选择使用农药品种的前提下，提高和改善农药使用技术，做到合理安全使用。

10.2.1　进行预测预报，做到适时防治

做好病虫草害的预测预报工作是适时合理防治的关键。在预测预报的基础上，根据病虫草害发生情况、危害的经济阈值、气象条件和农田其他情况，确定农药施用的时间和品种。需注意掌握的基本原则是：化学防治只求控制病虫草在经济受害允许水平之下，不求100%杀灭；选择农药品种时要考虑保护天敌和其他有益生物的安全性；尽量做到病虫兼治，根据害虫生活史的薄弱环节进行防治；尽量避免同一种农药一季内多次使用，以防加速有害物抗性发展。

严格遵守《农药安全使用标准》和《农药合理使用准则》的规定，这些规定明确了某种农药在具体作物上的使用剂型、常用药量或稀释倍数、最高用药量或稀释倍数、施药方法、最多使用次数和安全间隔期（即最后一次施药离收获的天数），在《农药合理使用准则》中还提出了该农药在作物上的最大残留限量（MRL）参照值。按这些规定使用农药一般不会造成农药对环境的严重污染和导致农作物中农药残留量超标，更不会发生农药的食品急性中毒事件。因此，对这些规定需严格遵守而不能随意改动，也不能滥用农药品种和随意增加用量和药液浓度。对于一些高毒农药更不能随意扩大使用作物种类和使用方法，否则会产生严重后果。

10.2.2　科学防治，减缓抗性发展

病虫草害的抗药性不仅给化学防治带来了困难，农药用量的增加又必然加重了农药的环境负荷，需要采取积极措施，预防、推迟或克服病虫草害抗药性的发展。实际生产中预防病虫草产生抗药性尤为重要，以害虫为例就要预防抗性个体的发展，并使之不形成抗性种群。为此，除执行综合治理方针外，在农药使用技术方面应该避免一种农药的大面积单一使用和长时期连续使用，最好几种防治机制不同的农药分片使用和分期使用。在确定农药用量和防治次数时，防治指标不宜过高，在防治害虫时可以对成虫和幼虫分别使用两种农药。

农药的混用和交替使用是延缓有害物抗性发展的重要措施。农药的合理混用不仅能推迟抗药性，而且还能起到兼治病虫草害、增强药效、减少农药用量和降低成本等作用。因此，复配农药制剂在国内外得到了很大发展。复配农药制剂要符合下述条件：混用成分要有相互增效作用；混用需要在其中任一农药产生抗性之前（有负交互抗性的除外）；混用成分应有相似的残效期；应避免防治机理相同的农药混用。

需要注意的是有关专家认为,混用将给害虫产生交互抗性和复合抗性创造条件,反而会对今后的防治工作带来更大的困难。因为在经一定间隔期后,抗性个体会相对减少,利用这一现象把两种或几种杀虫机制不同的农药相隔一定时期交换使用,可延缓害虫抗性的产生,隔一定时期换新农药也能起到这种作用。镶嵌式的防治实质上是两种或两种以上杀虫机理不同的杀虫剂在空间上的轮用,即在有目的地划定的不同区域使用,除杀虫剂作用机理不同外,防治对象还需处于敏感阶段。

为提高农药药效可使用增效剂。在一般浓度下单独使用时对害虫并无毒性,但与杀虫剂混合使用时,则能增加杀虫剂的效果,这种药剂称为增效剂。重要的增效剂有增效醚、增效磷、丙基增效剂、增效菊、芝麻油、增效机油和增效柴油等。

10.2.3 农药配制及施用方法

对于不同类型的作物应该制订不同的病虫草害防治方案,使用符合要求的农药品种和保证不超标的农药使用技术。如非结球性叶菜类因其农药起始残留浓度高、多次采收性蔬菜因采收期施药间隔期短和设施作物因农药降解速度慢,它们易受到农药的污染,而且其残留量相对容易超过标准。因此,它们是防治农药污染的重点作物。

10.2.3.1 农药配制要求

(1)不能用井水配制农药 由于井水中矿物质含量较多,尤其是含钙和镁离子,将农药加到井水中容易产生化学作用形成沉淀,从而导致农药药效降低甚至是没有任何药效。

(2)不能用易浑浊的活水配制农药 由于活水中杂质较多,特别用含砂量大的沟渠中的水进行配药更容易堵塞喷头,而且还会破坏药液的悬浮性产生沉淀。

(3)不能随意加大和降低农药用量 要严格按照说明书上规定的或农技人员的建议用量用药,用药过少没有药效,用药过多可能产生药害和加大农产品中的农药残留,都会增加使用成本。

(4)要注意农药混配问题 混配药剂应现配现用,不能放置超过 3 个小时。农药混配顺序要准确,叶面肥与农药等混配的顺序通常为:微肥、水溶肥、可湿性粉剂、水分散粒剂、悬浮剂、微乳剂、水乳剂、水剂、乳油,依次加入(原则上农药混配不要超过三种),每加入一种即充分搅拌混匀,然后再加入下一种。

还有要注意不能混合使用农药的使用禁忌,如波尔多液、石硫合剂等碱性农药,氨基甲酸酯、拟除虫菊酯类杀虫剂,福美双、代森环等二硫代氨基甲酸类杀菌剂易产生反应导致失去药效。所以,使用农药时,应了解各种农药的性质。

10.2.3.2 农药施用要求

（1）天气要求　不能在风雨天气或者烈日下施用农药，有风时施用农药会导致药剂飘散，特别是喷施除草剂时会容易飘到作物上，导致药害；下雨前3个小时及雨天不能喷施农药，雨水冲刷降低药效；烈日下施用农药，容易发生药害。一般最佳的施药时间为无风无雨天气，上午9～11点，下午3～6点。

（2）不能使用过期农药　过期农药药效降低，会造成成本损失。

（3）不能长期使用同一种农药　应注意不同作用机理的农药交替使用，避免产生抗药性。

（4）尽量不要在农作物开花期喷施农药　作物在开花、坐果时喷施容易产生药害，降低果实商品性。所以喷药需避开作物开花和幼果期，尽量做到花前防治，如果花期爆发病虫害，使用特效药进行控制。

（5）不能在作物采收前喷施农药　要严格执行农药使用安全间隔期的规定。任何作物在采收前禁止使用农药。

10.3　加强农药降解相关研究

农药的安全使用需要考虑的一个重要方面，就是用药后产生的农药残留与降解问题。农药残留、降解的过程与农药的使用方法、频率、用量和应用对象、环境条件、农药的物理化学性质密切相关。在农药使用和危害控制研究中，要了解农药残留的状况就必须对农药本身及其降解数据有基本的了解。通过这些性质的研究，可以了解一旦一种农药释放到环境中，将会发生怎样的反应，通过降解过程将变成何种产物，以及以一种怎样的途径在自然界中驱散或消亡。以农药氯氰菊酯的降解研究为例：氯氰菊酯分子量416.3，蒸气压20℃时为$2×10^{-7}$Pa，该数据对研究农药进入大气，随飘尘和空气扩散具有重要意义。

氯氰菊酯的溶解度见表10-1。数据对制剂研究、环境中迁移、吸附和驱散研究具有参考作用。

表10-1　氯氰菊酯的溶解度

溶剂	温度/℃	溶解度/（mg/L）	溶剂	温度/℃	溶解度/（mg/L）
水	20	0.01	二甲苯	20	450
丙酮	20	450	乙醇	20	337
氯仿	20	450	己烷	20	103
环己酮	20	450			

　　降解机理和降解速率：氯氰菊酯在不同的环境条件下具有不同的降解途径和机理，而且降解的速率也不尽一致。表 10-2 列举了氯氰菊酯在水、土壤和生物体中的不同降解产物。如在水中降解为(1RS)-顺,反-3(2,2-二氯乙烯基)-2,2-二甲基环丙基羧酸、3-苯氧基苯基甲醛和二氧化碳。在土壤中光解为(RS)-羰基-1(3-苯氧基苯基)-甲基(1RS)顺,反-3-(2,2-二氯乙烯基)-2,2-二甲基环丙基羧酸酯和二氧化碳；而富氧代谢生成 3(2,2-二氯乙烯基)-2,2-二甲基环丙基羧酸（顺和反）和 3-苯氧基苯基甲酸。在鱼体中的代谢更加复杂。各种代谢的速率也具有较大差异。见表 10-3～表 10-8。这些数据决定了氯氰菊酯的半衰期。

表 10-2　氯氰菊酯的降解产物

序号	降解产物名称	研究方式
1	(1RS)-顺,反-3(2,2-二氯乙烯基)-2,2-二甲基环丙基羧酸	水解
2	(RS)-羰基-1-(3-苯氧基苯基)-甲基(1RS)顺,反-3-(2,2-二氯乙烯基)-2,2-二甲基环丙基羧酸酯	土壤光解
3	3(2,2-二氯乙烯基)-2,2-二甲基环丙基羧酸（顺和反）	土壤富氧代谢
4	3(2,2-二氯乙烯基)-2,2-二甲基环丙基羧酸（顺和反）	土壤厌氧代谢
5	3-苯氧基苯基甲醛	水解
6	3-苯氧基苯基甲酸	土壤富氧代谢
7	二氧化碳	土壤厌氧代谢 土壤富氧代谢 土壤厌氧代谢 水解 土壤光解
8	神经酰胺	鱼体内生物积累
9	二氯乙烯酸甲基酯	鱼体内生物积累
10	顺二氯乙烯酸	鱼体内生物积累
11	3-苯氧基苯基甲酸	鱼体内生物积累
12	3-苯氧基苯基甲醇	鱼体内生物积累
13	3-苯氧基苯基甲醛	鱼体内生物积累
14	反二氯乙烯酸	鱼体内生物积累

表 10-3　氯氰菊酯的水解

序号	pH 值	半衰期/天	温度/℃	研究日期
1	5	508	25	1993/11/10
	7	635	25	1993/11/10
	9	2.5	25	1993/11/10
2	5	769	25	1993/11/10
	7	188	25	1993/11/10
	9	1.8	25	1993/11/10

表10-4　氯氰菊酯的光解

半衰期/天	土壤基质	温度/℃	MRID
55	粉沙壤土	27.2	42129001
55	粉沙壤土	23	42129001

MRID 为 EPA 农药主记录号。

表10-5　氯氰菊酯的富氧代谢

半衰期/天	土壤基质	温度/℃	MRID
60	沙壤	25	42156601
60	沙壤	25	42156601

表10-6　氯氰菊酯的厌氧代谢

半衰期/天	土壤基质	温度/℃	MRID
53	沙壤	25	42156602
63	沙壤	25	42156602

表10-7　氯氰菊酯在土壤中的吸附和脱附

土壤基质	吸附		脱附		MRID
	K_d	K_{OC}	K_d	K_{OC}	
黏壤	416	18326	262	11542	42129003
沙土	657	285650	1263	549130	42129003
沙壤	1163	110760	191	18190	42129003
粉沙壤			602	22977	42129003
粉沙壤	1897	72405			42129003

注：K_d 为分布系数；K_{OC} 为有机碳吸附系数；MRID 为 EPA 农药主记录号。

表10-8　氯氰菊酯在鱼体中的积累

组织	max BCF	max conc/（mg/kg）	time to max/天	MRID
鲫鱼可食部分	111	0.021	21	42868203
鲫鱼内脏	579	0.11	21	42868203
鲫全鱼体	468	0.089	21	42868203
鲤可食部分	161	0.029	21	42868203
鲤内脏	833	0.15	21	42868203
鲤全鱼体	444	0.08	21	42868203

注：max BCF 为最大生物富集系数；max conc 为最大允许浓度；time to max 为最长作用时间；MRID 为 EPA 农药主记录号。

10.4　强化农作物农药污染的预测和评价

对于消费者来说，最关心的是收获时农作物的农药残留量多少和是否安全，即是否超过国家规定的食品中农药残留限量卫生标准。下面介绍张大弟等专家提出的一种预测作物收获时污染程度的方法，主要包括收获时农药残留量的预测和污染程度评价两个方面。

因重点作物农药残留量易超标，因而对计划使用农药进行污染程度预测是必要的。在已知农药用量、降解时间、评价标准和 PIRC，并选用适宜的降解常数 K 时，可按如下公式进行估算。

$$PI = \frac{PIRC \cdot F \cdot D \cdot e^{-Kt}}{90S} \tag{10-1}$$

当 PI＞1 时，则需另选更适宜的农药或相应延长最后一次施药至收获的间隔期。

收获时农药污染程度的预测评价是建立在如下基础和设定条件上的：预测的是农作物收获时的农药残留量，它主要与农药起始残留浓度（PIRC）、农药降解速度和农药降解时间（即最后一次施农药至收获时的间隔期）有关，对于降解半衰期≥2天的农药也与用药次数有关；各种农作物上农药起始残留浓度的变化有一定规律性，在农药用量、药液用量和农药剂型相同时，主要与农作物食用部位或取样测定部位的比表面积有关；在绝大多数情况下，农药在作物上的降解可用 $C = C_0 e^{-Kt}$ 的数学模式表示，并以此式计算降解时间为 t 时的浓度，暂以 $PIRC = 139.3x - 61.8$ 的回归式计算具有不同比表面积作物的一次施药的农药起始残留浓度，单位为 μg/kg。该式的设定条件是农药用量 90g/hm²，药液用量 150L/hm²，农药为乳剂，在不断丰富试验资料的过程中可修改上式，以更好地反映实际情况。

根据 PI 可作污染程度分级，可分两级或多级，一般 PI＞1 为污染严重，严格地讲此类农产品不宜食用；PI≤1 的农产品符合食品卫生标准，准予销售和食用，在这一级中也可分成几个亚级，如中污染、轻污染、微污染或无污染等。

10.5　防治作物农药污染的对策和措施

在保证药效的前提下，防治作物农药污染的主要目的是保证农产品的安全性，即农产品的农药残留量需控制在 MRL 值以下，保证不发生因食用农产品而引起的急性中毒事件，对特殊农产品还需达到更高的要求。为达到此目的应采取相应的对策和措施。

10.5.1　按国家规定使用农药

我国相继颁布实施的相关法律法规有《农药管理条例》《农药管理条例实施办法》《农药安全使用规定》等法规和规章，以及《农药安全使用标准》《农药合理使用准则》《农村农药中毒卫生管理办法（试行）》《食品卫生法》《环境保护法》等，用法律手段来规范农药使用者的行为。对禁止在我国使用的农药和安全使用农药以及控制农产品中农药残留、预防食物中毒等方面作了明确规定。农药安全使用的法律法规是预防农药危害的根本保障。

按国家规定的农药使用方式、方法和用药品种使用农药，绝不随意改变和违反农药使用规定，这是保证农药使用安全的基本方法。

10.5.2　调节药液浓度降低 PIRC

在单位耕地面积农药用量一定时，稀释药液浓度、增加药液用量可以降低农作物食用部位的农药起始残留浓度，在其他条件相同时稀释药液 10 倍降低 PIRC 65% 左右。降低药液浓度必须以保证药效为前提。对于叶菜类和设施作物不主张使用药液用量少、药液浓度高的弥雾机，因这些作物农药容易超标。但是，当使用低容量或超低容量喷药机械能减少农药用量而保证防治效果时例外。对于设施作物，增加药液用量，加大药液雾滴可加快其沉降速度，减少空气中的农药量，有利于农事操作人员。

10.5.3　防止因农药飘移带来的外源污染

生产中既要注意避免使用农药时，造成相邻农田作物等的污染，又要预防其他不预期飘移农药的污染，现在的分析手段可以检测到 μg/kg 级，甚至更低的农药残留量，因邻区飘移而产生的农药残留，往往成为某种农产品不合格的原因。

10.5.4　积极贯彻执行《农产品质量安全法》

我国是农药使用大国，由于农药品种结构不合理，加上有些使用者违反规定不合理使用农药，以及农药残留监管力度不够，致使我国农药残留问题比较突出。一是由于在蔬菜、瓜果上使用高毒农药，采摘后短时间内食用，引起急性中毒事故。二是农副产品中农药残留量超过最大残留限量（MRL），长期食用引起慢性中毒或对人身健康产生潜在的危险。农产品质量安全风险评估是我国农产品质量安全监管工作推进到一定程度的客观需要和必然选择。如今，对农产品质量安全和食品危害因子实施风险评估，已成为国际食品法典委员会（CAC）制定食用农产品和食品质量安全国际标准的一个基本准则。我国将欧美和联合国粮农组织（FAO）、世界卫生组织（WHO）、国际食品法典委员会（CAC）在农产品和食品质量安全领域实施的先进的风险分析系统和风险评估方法通过引进、消化、吸收和转化，提出了我国农产品质量安全风险评估的初步概念、定义、做法和工作思路。至此，对农产品质量安全风险隐患、未知危害因子识别、已知危害因子危害程度评价、关键控制点和关键控制技术实施风险评估，在我国不仅是一项技术和技术体系，更是一项法定制度，已成为我国农产品质量安全科学监管不可或缺的重要技术性、基础性工作。

我国由于农业生产主体多，规模小；农产品品种多，上市散；生产期从 40 天到周年不等，除旺季集中上市外，基本上是周年生产，持续上市；监管环节多，监管流程长。必须严格执行《农产品质量安全法》的有关规定，才能够保证农产品的质量安全。农产品质量安全风险评估与食品安全风险评估，共同构成我国食物质量安全的风险评估。农产品质量安全风险评估，侧重于对农产品中影响人的健康、安全的因子进行风险探测、危害评定和营养功能评价，关注的对象是农产品的质量安全，突出在农产品从种植养殖环节到进入批发、零售市场或生产加工企业前的环节进行科学评估。农产品质量安全风险评估的目的是探测农产品质量安全方面的未知危害因子种类，评价已知危害因子的危害程度，探究各种危害因子在动植物体内的转化代谢规律，评定各种特色农产品的营养功能和特质性品质与活性物质，为农产品质量安全监管重点的锁定、农产品质量安全标准的制修订、生产的科学指导、消费的正确引导、及时的科普宣传、突发问题的应急处置、准确的科学研究、公正的国际贸易技术措施评定、各种有关农产品质量安全的质疑以及"潜规则"的识别提供科学数据和技术依据。

目前，我国农产品质量安全监管已从前些年的突出问题专项整治迈入多因子、全过程"科学管理、依法监督"的新阶段，有重点、有目的和有计划地对农产品质量安全相关危害、相关产品、相关环节、相关时节和相关产地进行精准监管，已成为一种共识和必然趋势。

参考文献

[1] 胡二邦. 环境风险评价实用技术和方法. 北京: 中国环境科学出版社, 2006.

[2] 蔡道基. 农药环境毒理学研究. 北京: 中国环境科学出版社, 1999.

[3] 林玉锁. 农药环境污染调查与诊断技术. 北京: 化学工业出版社, 2003.

[4] 屠豫钦. 农药使用技术图解——技术决策. 北京: 中国农业出版社, 2004.

[5] 屠豫钦. 农药使用技术标准化. 北京: 中国标准出版社, 2007.

[6] 宋怿. 食品风险分析理论与实践. 北京: 中国标准出版社, 2005.

[7] 赵冰. 蔬菜品质学概论. 北京: 化学工业出版社, 2003.

[8] 张大弟, 张晓红. 农药污染与防治. 北京: 化学工业出版社, 2001.

[9] 王大宁. 食品安全风险分析指南. 北京: 中国标准出版社, 2004.

[10] 黄伯俊. 农药毒理学. 北京: 人民军医出版社, 2004.

[11] 刘维屏. 农药环境化学. 北京: 化学工业出版社, 2006.

[12] 林玉锁, 龚瑞忠. 农药与生态环境保护. 北京: 化学工业出版社, 2000.

[13] 欧盟食品安全标准及法律专集. 北京: 中国标准化增刊, 2003.

[14] 陈炳卿. 食品污染与健康. 北京: 化学工业出版社, 2002.

[15] 孙胜龙. 环境污染与控制. 北京: 化学工业出版社, 2001.

[16] 姚卫蓉, 钱和. 食品安全指南. 北京: 中国轻工业出版社, 2005.

[17] 徐应明, 刘潇威. 农产品与环境中有害物质快速检测技术. 北京: 化学工业出版社, 2006.

[18] 王大宁, 董益阳. 农药残留检测与监控技术. 北京: 化学工业出版社, 2006.

[19] 冯裕华. 环境污染控制. 北京: 中国环境科学出版社, 2004.

[20] 中国农业科学院农业质量标准与检测技术研究所. 农产品质量安全风险评估: 原理方法和应用. 北京: 中国标准出版社, 2007.

[21] NY/T 395—2012　农田土壤环境质量监测技术规范.

[22] NY/T 398—2000　农、畜、水产品污染监测技术规范.

[23] GB 3838—2002　地表水环境质量标准.

[24] 赵小中, 魏小春, 朱香玲, 等. 7 类重要蔬菜中农药残留风险分析. 河南农业科学, 2013, 42(12): 98-101.

[25] 马丽萍, 汪少敏, 姜慎, 等. 利用食品安全指数法对地产蔬菜农药安全风险评价. 中国卫生检验杂志, 2014, 24(2): 247-249.

[26] 柴勇, 杨俊英, 李燕, 等. 基于食品安全指数法评估重庆市蔬菜中农药残留的风险. 西南农业学报, 2010, 23(1): 98-102.

[27] 金彬, 吴丹亚, 陈宇博. 散户蔬菜农药残留风险评估和监管建议. 农产品质量与安全, 2015(5): 63-67.

[28] 兰珊珊, 林昕, 邹艳红, 等. 蔬菜中多效唑残留的膳食暴露与风险评估. 现代食品科技, 2016, 32(2): 336-341.

[29] 张志恒, 袁玉伟, 郑蔚然, 等. 三唑磷残留的膳食摄入与风险评估. 农药学学报, 2011, 13(5): 485-495.

[30] 高仁君, 王蔚, 陈隆智, 等. JMPR 农药残留急性膳食摄入量计算方法. 中国农学通报, 2006, 22(4): 101-105.

[31] 张志恒, 汤涛, 徐浩, 等. 果蔬中氯吡脲残留的膳食摄入风险评估. 中国农业科学, 2012, 45(10): 1982-1991.

[32] 王冬群, 胡寅侠, 华晓霞. 慈溪市梨农药残留膳食摄入风险评估. 江苏农业学报, 2016, 32(3): 698-704.

[33] 梁俊, 赵政阳, 樊明涛, 等. 陕西苹果主产区果实农药残留水平及其评价. 园艺学报, 2007, 34(5): 1123-1128.

[34] 聂继云, 丛佩华, 杨振锋, 等. 中国苹果农药残留研究初报. 中国农学通报, 2005, 21(10): 88-90.

[35] 张磊, 李凤琴, 刘兆平. 食品中化学物累积风险评估方法及应用. 中国食品卫生杂志, 2011, 23(4): 378-382.

[36] 王冬群, 华晓霞. 慈溪市葡萄农药残留膳食摄入风险评估. 食品安全质量检测学报, 2017, 8(3):1018-1024.

[37] 赵敏娴, 王灿楠, 李亭亭, 等. 江苏居民有机磷农药膳食累积暴露急性风险评估. 卫生研究, 2013, 42(5): 844-848.

[38] 聂继云, 李志霞, 刘传德, 等. 苹果农药残留风险评估. 中国农业科学, 2014, 47(18): 3655-3667.